KB160590

주의 표지	101 +자형교차로	102 T자형교차로	Y자형				107 우합류도로	108 좌합류도로	109 회전형교차로
	110 철길건널목	111 우로굽은도로	112 좌로굽은도로	113 우좌로 이중굽은도로	114 좌우로 이중굽은도로	115 2방향통행	116 오르막경사	117 내리막경사	118 도로폭좁아짐	119 우측차로 없어짐	120 좌측차로 없어짐

	110 철길건널목	111 우로굽은도로	112 좌로굽은도로	113 우좌로 이중굽은도로	114 좌우로 이중굽은도로	115 2방향통행	116 오르막경사	117 내리막경사	118 도로폭좁아짐	119 우측차로 없어짐	120 좌측차로 없어짐
	121 우측방통행	122 양측방통행	123 중앙분리대 시작	124 중앙분리대 끝남	125 신호기	126 미끄러운도로	127 강변도로	128 노면고르지 못함	129 과속방지턱	130 낙석도로	132 횡단보도
	133 어린이보호	134 자전거	135 도로공사중	136 비행기	137 횡풍	138 터널	138의 2 교량	139 야생동물보호	140 위험	141 상습정체구간	

규제 표지	201 통행금지	202 자동차 통행금지	203 화물자동차 통행금지	204 승합자동차 통행금지	205 이륜자동차 및 원동기장치 자전거통행금지		206 자동차,이륜자동차 및 원동기장치 자전거통행금지		
	207 경운기, 트랙터 및 손수레통행금지	210 자전거 통행금지	211 진입금지	212 직진금지	213 우회전금지	214 좌회전금지	216 유턴금지	217 앞지르기금지	218 정차주차금지	219 주차금지
	220 차중량제한	221 차높이제한	222 차폭제한	223 차간거리확보	224 최고속도제한	225 최저속도제한	226 서행	227 일시정지	228 양보	230 보행자 보행금지	231 위험물적재차 량통행금지

	220 차중량제한	221 차높이제한	222 차폭제한	223 차간거리확보	224 최고속도제한	225 최저속도제한	226 서행	227 일시정지	228 양보	230 보행자 보행금지	231 위험물적재차 량통행금지
	5.5 t	3.5m	↔2.2 m	50m	50	30	천천히 SLOW	정 지 STOP	양 보 YIELD		

지시 표지	301 자동차 전용도로	302 자전거 전용도로	303 자전거및보행 자겸용도로	304 회전교차로	305 직진	306 우회전	307 좌회전	308 직진 및 우회전	309 직진 및 좌회전
	309의2 좌회전 및 유턴	310 좌우회전	311 유턴	312 양측방통행	313 우측면통행	314 좌측면통행	315 진행방향별 통행구분	316 우회로	317 자전거 및 보행자 통행구분	318 자전거 전용차로
	319 주차장	320 자전거주차장	321 보행자 전용도로	322 횡단보도	323 노인보호 (노인보호구역 안)		324 어린이보호 (어린이보호구역 안)		324의 2 장애인 보호 (장애인보호구역 안)	325 자전거횡단도

1

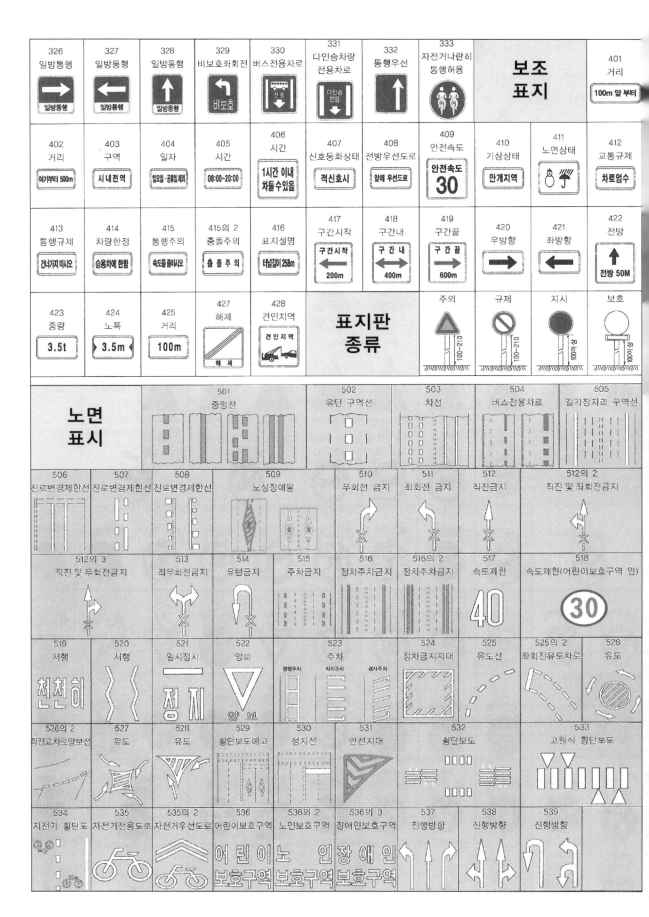

326 일방통행	327 일방통행	328 일방통행	329 비보호좌회전	330 버스전용차로	331 다인승차량 전용차로	332 통행우선	333 자전거나란히 통행허용	보조 표지		401 거리
일방통행	일방통행	일방통행	비보호		다인승 전용					100m 앞 부터

402 거리	403 구역	404 일자	405 시간	406 시간	407 신호등화상태	408 전방우선도로	409 안전속도	410 기상상태	411 노면상태	412 교통규제
여기부터 500m	시내전역	일요일·공휴일제외	08:00~20:00	1시간 이내 차둘수있음	적신호시	앞에 우선도로	안전속도 30	안개지역		차로엄수

413 통행규제	414 차량한정	415 통행주의	415의 2 충돌주의	416 표지설명	417 구간시작	418 구간내	419 구간끝	420 우방향	421 좌방향	422 전방
건너가지마시오	승용차에 한함	속도를줄이시오	충 돌 주 의	터널길이 258m	구간시작 200m	구 간 내 400m	구 간 끝 600m	→	←	전방 50M

423 중량	424 노폭	425 거리	427 해제	428 견인지역	표지판 종류	주의	규제	지시	보호
3.5t	3.5m	100m	해제	견인지역					

노면 표시	501 중앙선	502 유턴 구역선	503 차선	504 버스전용차로	505 길가장자리 구역선

506 진로변경제한선	507 진로변경제한선	508 진로변경제한선	509 노상장애물	510 우회전 금지	511 좌회전 금지	512 직진금지	512의 2 직진 및 좌회전금지

512의 3 직진 및 우회전금지	513 좌우회전금지	514 유턴금지	515 주차금지	516 정차주차금지	516의 2 정차주차금지	517 속도제한	518 속도제한(어린이보호구역 안)
						40	30

519 서행	520 서행	521 일시정지	522 양보	523 주차	524 정차금지지대	525 유도선	525의 2 좌회전유도차로	526 유도
천천히		정 지	양 보	평행주차 직각주차 경사주차				

526의 2 회전교차로양보선	527 유도	528 유도	529 횡단보도예고	530 정지선	531 안전지대	532 횡단보도	533 고원식 횡단보도

534 자전거 횡단도	535 자전거전용도로	535의 2 자전거우선도로	536 어린이보호구역	536의 2 노인보호구역	536의 3 장애인보호구역	537 진행방향	538 진행방향	539 진행방향
			어린이 보호구역	노인 보호구역	장애인 보호구역			

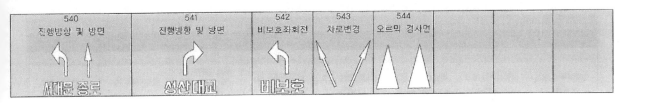

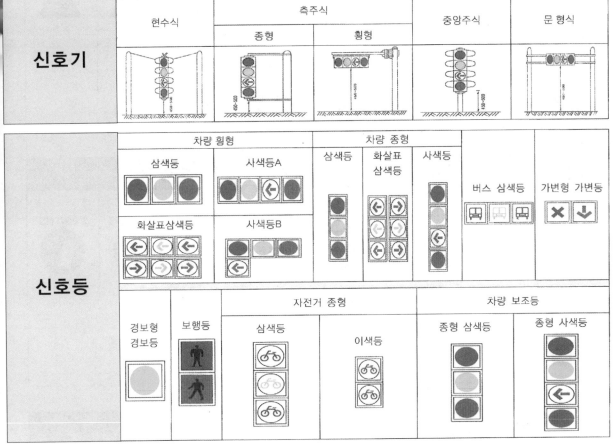

출처 : 경찰청 / 도로교통공단

산업안전표지일람표

금지표지							
출입금지	보행금지	차량통행금지	사용금지	탑승금지	금연	화기금지	물체이동금지

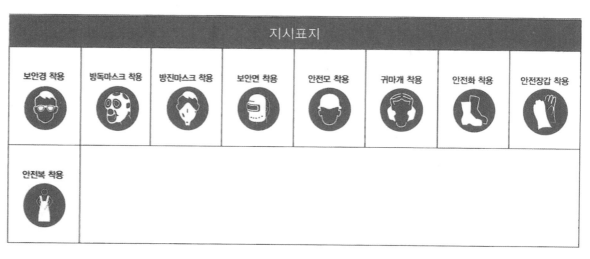

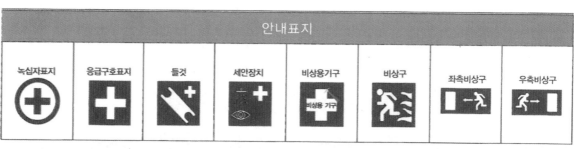

경고표지

인화성물질 경고	산화성물질 경고	폭발성물질 경고	급성독성물질 경고	부식성물질 경고	발암성·변이원성·생식독성·전신독성·호흡기과민성 물질 경고	방사성물질 경고	고압전기 경고
매달린 물체 경고	낙하물 경고	고온 경고	저온 경고	몸균형 상실 경고	레이저광선 경고	위험장소 경고	

지시표지

보안경 착용	방독마스크 착용	방진마스크 착용	보안면 착용	안전모 착용	귀마개 착용	안전화 착용	안전장갑 착용
안전복 착용							

안내표지

녹십자표지	응급구호표지	들것	세안장치	비상용기구	비상구	좌측비상구	우측비상구

관계자 외 출입금지

허가대상물질 작업장 관계자외 출입금지 (허가물질 명칭) 제조/사용/보관 중 보호구/보호복 착용 흡연 및 음식물 섭취 금지	석면취급/해체 작업장 관계자외 출입금지 석면 취급/해체 중 보호구/보호복 착용 흡연 및 음식물 섭취 금지	금지대상물질의 취급 실험실 등 관계자외 출입금지 발암물질 취급 중 보호구/보호복 착용 흡연 및 음식물 섭취 금지				

도로명 표지일람표

도로의 시작점	도로의 끝지점
홍길동로 Honggildong-ro 1→1000	1←1000 홍길동로 Honggildong-ro
교차지점	**진행 방향**
1 홍길동로 Honggildong-ro 5	홍길동로 999 Honggildong-do ↑ 1
예고용 도로명판	**기초 번호판**
중앙로 200m Jungang-ro	중앙로 Jungang-ro **45**
건물 번호판 일반용	**일반용**
홍길동로 1 Honggildong-ro	평촌길 Pyeongchon-gil **30**
문화재·관광용	**관공서용**
ⓘ **100** 홍길동로 **Honggildong-ro**	**100** 홍길동로 Honggildong-ro

도로명판

도로명 표지	도로명 예고
차로 지정	1지명 이정표
2지명 이정표	3지명 이정표
경계 표지 (시 경계 = 시계표지)	노선 유도 표지
노선 방향 표지	노선 확인 표지

도로 표지판

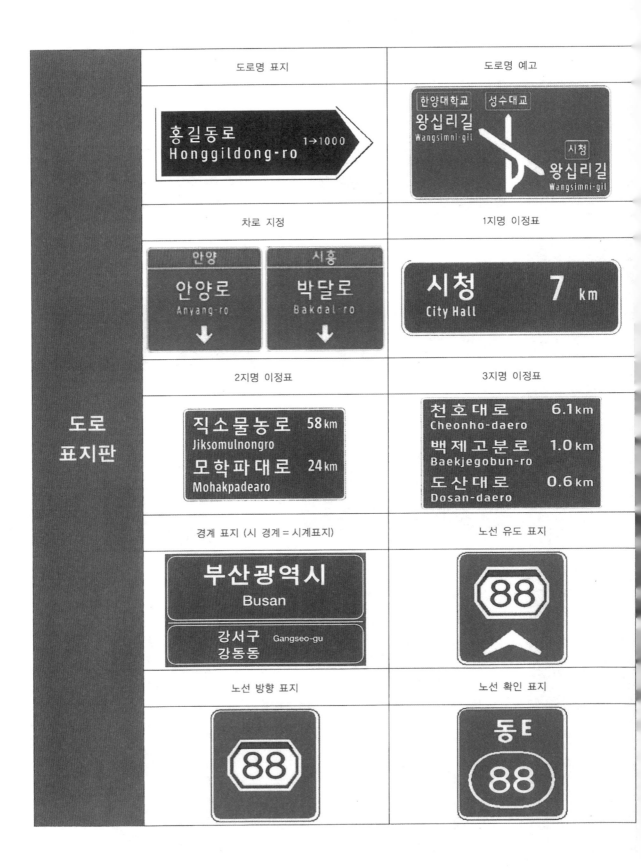

홍길동로
Honggildong-ro 1→1000

한양대학교 성수대교
왕십리길
Wangsimni-gil 시청
왕십리길
Wangsimni-gil

안양 시흥
안양로 박달로
Anyang-ro Bakdal-ro

시청 7 km
City Hall

직소물농로 58 km
Jiksomulnongro
모학파대로 24 km
Mohakpadearo

천호대로 6.1 km
Cheonho-daero
백제고분로 1.0 km
Baekjegobun-ro
도산대로 0.6 km
Dosan-daero

부산광역시
Busan
강서구 Gangseo-gu
강동동

88

88

동E
88

도로 표지판	공공시설 표지	관광지 표지
	일산서구청 Ilsanseo-gu Dist Ofc →	해인사 海印寺 Haeinsa →
	주차장 표지	하천 표지
	주 차 Parking ← 100m	한 강 Hangang(Riv)
	교량 표지	터널 표지
	서강대교 Seoganggyo(Br)	도내터널 Donae Tunnel 500m
	도로관리기관 표지	자동차 전용도로
	도로관리기관 전주시청 불편신고:063-111-1111	

CBT 필기시험 미리보기

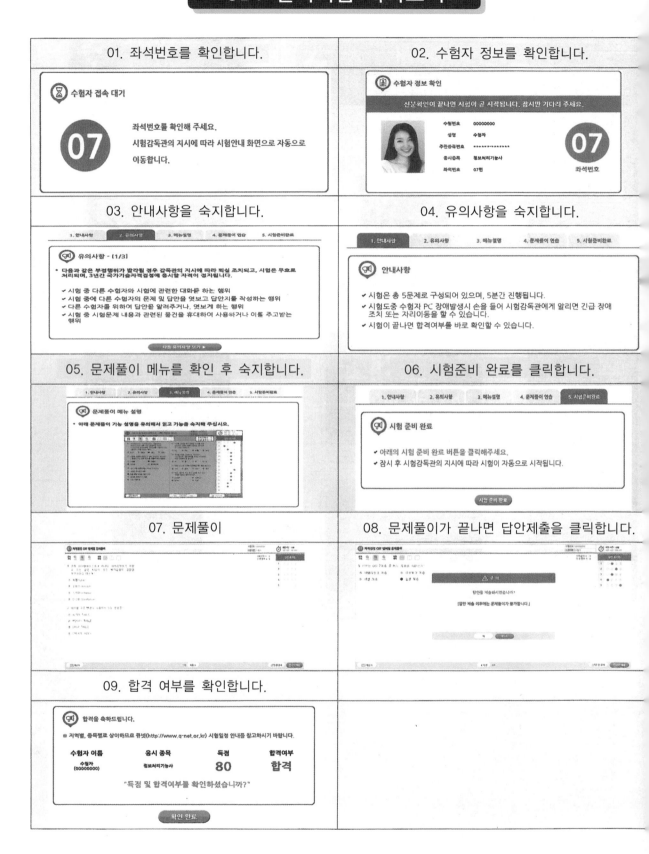

01. 좌석번호를 확인합니다.

수험자 접속 대기

좌석번호를 확인해 주세요.
시험감독관의 지시에 따라 시험안내 화면으로 자동으로
이동합니다.

02. 수험자 정보를 확인합니다.

수험자 정보 확인

신분확인이 끝나면 시험이 곧 시작됩니다. 잠시만 기다려 주세요.

수험번호 00000000
성명 수험자
주민등록번호 ************
응시종목 정보처리기능사
좌석번호 07번

03. 안내사항을 숙지합니다.

1. 안내사항 2. 유의사항 3. 메뉴설명 4. 문제풀이 연습 5. 시험준비완료

유의사항 - [1/3]

• 다음과 같은 부정행위가 발각될 경우 감독관의 지시에 따라 퇴실 조치되고, 시험은 무효로
처리되며, 3년간 국가기술자격검정에 응시할 자격이 정지됩니다.
  - 시험 중 다른 수험자와 시험에 관련한 대화를 하는 행위
  - 시험 중에 다른 수험자의 문제 및 답안을 엿보고 답안지를 작성하는 행위
  - 다른 수험자를 위하여 답안을 알려주거나, 엿보게 하는 행위
  - 시험 중 시험문제 내용과 관련된 물건을 휴대하거나 사용하거나 이를 주고받는
    행위

다음 유의사항 보기 ▶

04. 유의사항을 숙지합니다.

1. 안내사항 2. 유의사항 3. 메뉴설명 4. 문제풀이 연습 5. 시험준비완료

안내사항

✔ 시험은 총 5문제로 구성되어 있으며, 5분간 진행됩니다.
✔ 시험도중 수험자 PC 장애발생시 손을 들어 시험감독관에게 알리면 긴급 장애
  조치 또는 자리이동을 할 수 있습니다.
✔ 시험이 끝나면 합격여부를 바로 확인할 수 있습니다.

05. 문제풀이 메뉴를 확인 후 숙지합니다.

1. 안내사항 2. 유의사항 3. 메뉴설명 4. 문제풀이 연습 5. 시험준비완료

문제풀이 메뉴 설명

• 아래 문제풀이 기능 설명을 유의해서 읽고 기능을 숙지해 주십시오.

06. 시험준비 완료를 클릭합니다.

1. 안내사항 2. 유의사항 3. 메뉴설명 4. 문제풀이 연습 5. 시험준비완료

시험 준비 완료

✔ 아래의 시험 준비 완료 버튼을 클릭해주세요.
✔ 잠시 후 시험감독관의 지시에 따라 시험이 자동으로 시작됩니다.

시험 준비 완료

07. 문제풀이

08. 문제풀이가 끝나면 답안제출을 클릭합니다.

⚠ 경고

답안을 제출하시겠습니까?

[답안 제출 이후에는 문제풀이가 불가합니다.]

09. 합격 여부를 확인합니다.

합격을 축하드립니다.

※ 지역별, 종목별로 상이하므로 큐넷(http://www.q-net.or.kr) 시험일정 안내를 참고하시기 바랍니다.

수험자 이름	응시 종목	득점	합격여부
수험자 (00000000)	정보처리기능사	80	합격

"득점 및 합격여부를 확인하셨습니까?"

확인 완료

최신판

건설기계
운전기능사

굴착기 · 지게차
기중기 · 로더

필기

조성만 · 조기현 · 노경성 공저

새로운
출제기준에 맞춘
핵심이론
1

과목별 출제
예상문제
수록
2

CBT검정 출제
예상문제
수록
3

 도서
출판 건기원

머리말

우리나라는 제4차 산업혁명을 맞이하여, 다시 한번 도약할 수 있는 과도기를 맞이하고 있다. 그에 반해 고령화 사회로 인하여, 생산 가능 인구가 점점 줄어들면서 숙련된 기능인의 수요가 더욱 증가하고 중요해질 것으로 예상되는 실정이다. 또한 앞으로도 꾸준하게 국가와 민간기업 등에서는 토목, 건설 등의 대형 사업이 시행될 것이므로 건설기계 기능인들의 전망은 매우 밝다고 할 수 있다.

이 책의 중요 내용은 다음과 같다.

1. 건설 기계(굴착기, 지게차, 기중기, 로더)를 총망라하여 중장비의 이론·필기를 집대성한 책이다.

2. 필기시험에 맞추어 필기시험에 모두 합격할 수 있도록 과년도 문제를 엄선하여 편집하였으며, 국가기술자격시험 과년도 문제를 삽입하여 필기시험 시 유용하게 하였다.

3. 국가 경쟁력에서의 전문과정을 중요시하였으며, 항상 발전하는 독자의 삶이 되도록 심혈을 기울였다.

자격증의 취득을 고대하면서 시험의 횟수가 거듭될수록 수정·보완할 것을 약속하며, 책이 만들어지기까지 본 졸고를 다듬어 출간하는데 아낌없는 노력을 쏟아주신 도서출판 건기원 관계자 및 편집진 여러분께 진심으로 감사를 표한다.

저자 일동

굴착기·기중기·로더
필기시험 출제기준

시험과목	출제 기준	
	주요 항목	세부 항목
건설기계의 기관, 전기 및 작업 장치	1. 건설기계 기관 구조, 기능 및 점검	① 기관 본체 ② 연료장치 ③ 냉각장치 ④ 윤활장치 ⑤ 과급기
	2. 전기장치 구조, 기능 및 점검	① 시동장치 ② 충전장치 ③ 조명장치 ④ 계기류 ⑤ 예열장치
	3. 섀시 구조, 기능 및 점검	① 동력전달장치 ② 제동장치 ③ 조향장치 ④ 주행장치
	4. 건설기계 작업장치	① 굴착기 ② 기중기 ③ 로더
유압 일반	1. 유압유	① 유압유
	2. 유압기기	① 유압 펌프 ② 제어밸브 ③ 유압 실린더와 유압 모터 ④ 유압기호 및 회로 ⑤ 기타 부속장치 등
건설기계 관리법 및 도로교통법	1. 건설기계 등록검사	① 건설기계 등록 ② 건설기계 검사
	2. 면허, 사업, 벌칙	① 건설기계 조종사 면허 및 건설기계 사업 ② 건설기계 관리법규 벌칙
	3. 건설기계 도로교통법	① 도로통행방법에 관한 사항 ② 도로교통법규 벌칙
안전관리	1. 안전관리	① 산업안전일반 ② 기계·기기 및 공구에 관한 사항 ③ 오염방지장치
	2. 작업안전	① 작업상 안전 ② 기타 안전관련 사항

지게차 운전기능사
필기시험 출제기준

시험과목	출제 기준	
	주 요 항 목	세 부 항 목
지게차 주행, 화물적재, 운반, 하역, 안전관리	1. 안전관리	1. 안전보호구 착용 및 안전장치 확인 2. 위험요소 확인 3. 안전운반 작업 4. 장비 안전관리
	2. 작업 전 점검	1. 외관 점검 2. 누유 · 누수 확인 3. 계기판 점검 4. 마스트 · 체인 점검 5. 엔진시동 상태 점검
	3. 화물적재 및 하역작업	1. 화물의 무게중심 확인 2. 화물 하역작업
	4. 화물운반작업	1. 전 · 후진 주행 2. 화물운반작업
	5. 운전시야 확보	1. 운전시야 확보 2. 장비 및 주변상태 확인
	6. 작업 후 점검	1. 안전 주차 2. 연료 상태 점검 3. 외관 점검 4. 작업 및 관리일지 작성
	7. 도로주행	1. 교통법규 준수 2. 안전운전 준수 3. 건설기계 관리법
	8. 응급대처	1. 고장 시 응급처치 2. 교통사고시 대처
	9. 장비구조	1. 엔진 구조 익히기 2. 전기장치 익히기 3. 전 · 후진 주행장치 익히기 4. 유압장치 익히기 5. 작업장치 익히기

이 책의 차례 C·O·N·T·E·N·T·S

PART

01

건설기계 기관

• 기관 일반 • 기관 본체 • 윤활장치 • 냉각장치 • 디젤 연료장치
• CRDI엔진 • 흡·배기장치 • 출제예상문제

01 기관 일반(Engine)

건설기계 운전기능사 필기

1 열 기관

열기관은 연료의 연소에 의해 발생된 열에너지를 기계적인 에너지로 바꾸는 장치이다.

* 엔진 구조명칭
 – 상사점 : 피스톤 헤드가 실린더 맨 위쪽에 도달한 점
 – 하사점 : 피스톤 헤드가 실린더 맨 아래쪽에 도달한 점
 – 행정 : 피스톤이 상사점에서 하사점 또는 하사점에서 상사점으로 이동한 거리

(1) 실린더 배열에 따른 분류

① 직렬형 : 실린더가 수직 일렬로 배열된 형식
② 수평 대향형 : 실린더가 서로 마주보게 수평으로 배열된 형식, 엔진의 높이가 가장 낮은 형식
③ V형 : 실린더가 V형으로 배열된 형식
④ 성형 : 실린더가 방사선형으로 배열된 형식

(2) 실린더 내경(D)과 행정(L)의 비

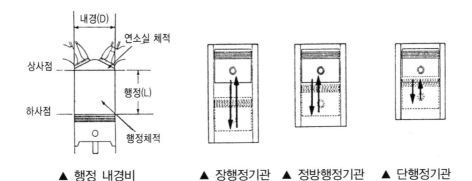

▲ 행정 내경비　　▲ 장행정기관　▲ 정방행정기관　▲ 단행정기관

① 단행정기관(오버 스퀘어 기관) : L<D, D/L>1
② 정방행정기관(스퀘어 기관) : L=D, D/L=1
③ 장행정기관(언더 스퀘어 기관) : L>D, D/L<1

단행정(오버 스퀘어, over square) 기관의 장·단점
- 피스톤의 평균 속도를 올리지 않고, 회전속도를 높일 수 있다.
- 흡기 효율을 높일 수 있다.
- 엔진 높이를 낮출 수 있다.
- 엔진의 길이가 길어진다.
- 냉각이 곤란하다.
- 측압이 증대된다.

2 건설기계 작동원리

(1) 4행정 사이클 기관의 작동원리

1) 흡입행정

피스톤이 하강하며 실린더 내에 혼합기(가솔린 기관)나 공기(디젤기관)를 흡입, 흡기밸브는 열려 있고, 배기밸브는 닫혀 있다(크랭크 축은 180° 회전).

> **POINT** 가솔린 : 공기와 연료가 섞여있는 혼합기를 흡입
> 디 젤 : 공기만을 흡입

2) 압축행정

피스톤이 상승하며 혼합기나 공기를 연소실에서 압축한다. 흡기밸브 및 배기밸브는 모두 닫힌 상태이다(크랭크 축은 360° 회전).

3) 동력행정(= 폭발행정)

혼합기가 연소하며 피스톤이 하강한다. 이때 발생하는 폭발압력에 의해 피스톤이 커넥팅로드를 통하여 크랭크 축에 동력을 전달한다. 흡기밸브 및 배기밸브는 모두 닫힌 상태이다(크랭크 축은 540° 회전).

4) 배기행정

피스톤이 상승하며 연소가스를 배기밸브를 통하여 배출하며 흡기밸브는 닫혀 있고, 배기밸브는 열린 상태이다(크랭크 축은 720° 회전).

※ 배기압력 : 3~4kg/cm²

(a) 흡입행정　　　(b) 압축행정　　　(c) 동력행정　　　(d) 배기행정

▲ 4행정 사이클 기관의 작동

5) 밸브 개폐시기 선도

① 밸브 오버랩(valve over lap) : 흡 · 배기 효율을 향상시키기 위해 흡 · 배기밸브가 동시에
열려 있는 상태이다.

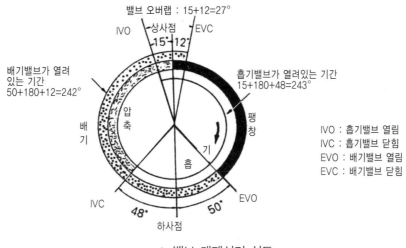

▲ 밸브 개폐시기 선도

② 블로 다운(blow down) : 2행정 사이클 엔진에서 폭발행정 말이나 배기행정 초기에 피스톤은
하향하나 배기밸브가 열려 배기가스 자체의 압력에 의해서 배출되는 현상이다.

(2) 4행정 사이클 기관의 특징

(장점)

① 작동이 확실하게 구분되어 있어 체적효율이 좋으며, 안정성이 있다.
② 저속에서 고속까지 회전속도 변화의 범위가 넓다.
③ 기동이 쉽고 연료 소비율도 적다.

(단점)

① 밸브 기구가 있어 구조상 복잡하고 이에 따른 충격 및 소음이 많다.

② 기통수가 적으면 회전이 원활하지 못하다.

2) 4행정 사이클 기관의 크랭크 축 기어와 캠축기어의 지름비 및 회전비는 1 : 2, 2 : 1이다.

2행정기관의 크랭크 축 기어와 캠축기어의 지름비 및 회전비는 1 : 1, 1 : 1이다.

02 기관 본체

건설기계 운전기능사 필기

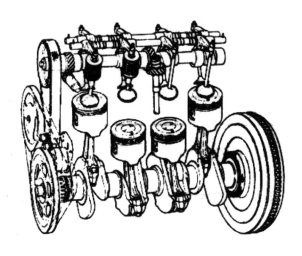

1 실린더 헤드

실린더 블록 위에 개스킷을 사이에 두고 설치되어 있으며, 주철 또는 알루미늄 합금 재질을
사용한다.

※ 알루미늄 합금을 사용하는 이유 : 열전도성이 크고 가볍기 때문

▲ 실린더 헤드

(1) 실린더 헤드의 정비

① 실린더 헤드의 분해 : 실린더 헤드 볼트를 풀 때는 실린더 헤드의 변형을 방지하기 위하여
힌지 핸들을 사용하여 대각선의 바깥쪽에서 중앙을 향하여 푼다.

② 실린더 헤드의 조립 : 실린더 헤드 볼트를 조일 때는 실린더 헤드의 변형을 방지하기 위하여 토크 렌치를 사용하여 규정 토크를 3회 나누어 대각선의 중앙에서 바깥쪽을 향하여 조인다.

③ 변형 점검
- 실린더 헤드 변형의 원인
  ㉠ 제작 시 열처리 조작이 불충분 할 때
  ㉡ 헤드 개스킷이 불량할 때
  ㉢ 실린더 헤드 볼트의 불균일한 조임
  ㉣ 기관이 과열되었을 때
  ㉤ 냉각수가 동결되었을 때

(2) 연소실

주로 실린더 헤드에 의해 구성되며, 압축비와 엔진의 요구조건에 따라 그 형상이 달라진다.

1) 연소실 기능

① 실린더 헤드, 실린더, 피스톤에 의해서 이루어진다.
② 혼합기를 연소하여 동력이 발생하는 곳으로 밸브 및 분사노즐이 설치되어 있다.

2) 연소실의 구비조건

① 화염 전파에 요하는 시간을 최소로 할 것
② 연소실 내의 표면적이 최소가 되도록 할 것
③ 가열되기 쉬운 돌출부를 두지 말 것
④ 흡·배기 작용이 원활하게 이루어지도록 할 것
⑤ 압축 시 혼합기에 와류를 일으키게 할 것

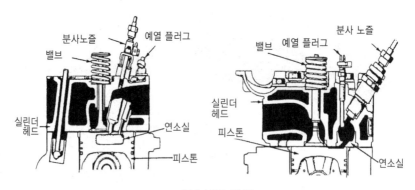

▲ 연소실의 위치

(3) 실린더 헤드 개스킷

1) 기능

① 실린더 블록과 실린더 헤드 사이에 설치되어 압축가스가 누설되지 않도록 기밀을 유지한다.

② 오일 및 냉각수가 누출되는 것을 방지한다(기밀, 유밀, 수밀 작용).

2) 개스킷 종류

① 보통 개스킷 : 석면을 구리판으로 싸서 만든 것

② 스틸베스토 개스킷 : 강판 양쪽 면에 돌출물을 만들고 석면을 압착한 후 표면에 흑연을 발라 완성한 것

③ 스틸 개스킷 : 강판만으로 만든 것

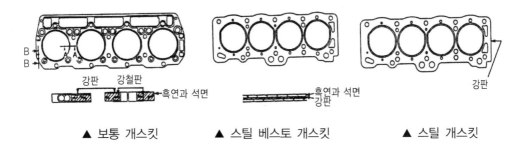

▲ 보통 개스킷   ▲ 스틸 베스토 개스킷   ▲ 스틸 개스킷

2 실린더 블록

(1) 실린더 블록

① 엔진의 기초 구조물로 상부에는 실린더 헤드, 하부에는 크랭크 축이 설치되며, 실린더 블록 내부에는 피스톤이 왕복 운동하는 실린더를 설치한다.

② 재료는 주철 또는 알루미늄 합금을 사용한다.

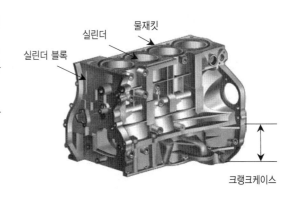

▲ 실린더 블록 구조

(2) 실린더

① 피스톤의 상하 운동을 안내하는 역할, 피스톤 행정의 약 2배 길이인 진 원통형이다.

② 실린더 벽은 약 0.1mm 정도 크롬 도금된 것도 있다.

③ 주위에는 물 재킷이 설치되어 있다.

④ 종류 : 일체식과 라이너식

(3) 실린더 라이너

1) 건식 라이너

① 냉각수와 간접 접촉되는 형식

② 두께 : 2~4mm

③ 라이너 탈·장착 시 압입 프레스를 이용하며 내경 100mm 당 2~3ton의 힘을 필요로 한다.

④ 주로 소형기관에서 사용한다.

2) 습식 라이너

① 냉각수와 직접 접촉되는 형식

② 두께 : 5~8mm

③ 조립 시 고무링에 진한 비눗물을 바르고 손으로 가볍게 눌러 끼운다.

④ 라이너 외주에 내유·내열성을 가진 고무링을 2~3개 설치한다.

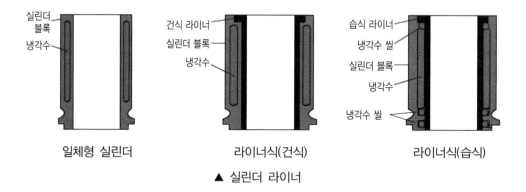

▲ 실린더 라이너

(4) 실린더 정비

① 엔진 분해 순서 : 헤드 → 오일 팬 → 리지 제거 → 피스톤 어셈블리 분해

② 오버사이즈(O/S) 피스톤으로 교환 후 재사용 가능

3 피스톤

피스톤은 실린더 내를 왕복 운동하며, 폭발 압력은 피스톤에 작용되어 커넥팅 로드 및 크랭크 축에 전달하게 된다.

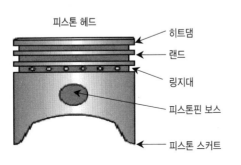

▲ 피스톤 구조

(1) 피스톤의 구조

① 피스톤 헤드부 : 연소실 일부 형성, 열적 부하가 크다.
② 링지대 : 피스톤 링이 설치되는 부분
③ 피스톤 핀 보스 : 피스톤 핀이 설치되는 부분
④ 스커트 부 : 측압을 감소시키는 부분
⑤ 스커트 부의 지름이 헤드부의 지름보다 크다.

(2) 피스톤이 갖추어야 할 조건

① 폭발 압력에 충분히 견딜 것
② 가벼울 것
③ 열팽창이 적고 열전도율이 좋을 것
④ 가스누출을 방지하여 기밀을 유지할 것

POINT **히트 댐** : 헤드부의 고온 열이 스커트부로 전달되는 것을 방지

(3) 피스톤의 재질

1) 특수 주철

① 알루미늄 합금에 비해 강도가 크다.
② 열팽창이 작다.
③ 관성이 크기 때문에 고속 엔진에 부적합하다.

2) 알루미늄 합금

① 열전도가 좋다.

② 고속, 고압축 기관에 적합하다.

③ 열팽창 계수가 크고 강도가 낮다.

④ Y 합금 = Al + Cu + Mg + Ni

⑤ 로우엑스(Lo-ex) 합금 = Al + Cu + Si + Ni

POINT 피스톤의 상호 중량 오차는 2%(7g) 이내이어야 한다.

(4) 피스톤 간극

① 피스톤 간극은 **열팽창을 고려**하여 둔다(합금 피스톤의 경우 실린더 내경의 0.05% 정도).

② 간극이 크면 : 압축압력 저하, 오일의 희석, 블로바이 현상, 피스톤 슬랩 발생

③ 간극이 작으면 : 마멸 증대, 소결(스틱, 고착, 들러붙음, 타붙음)현상

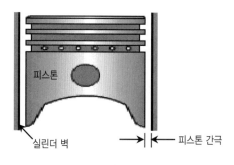

▲ 피스톤 간극

POINT • 오일의 희석 : 블로 바이(Blow-by)현상에 의한 gas와 오일이 화학변화를 일으켜 오일이 굳어지는 현상이다.

• 피스톤 슬랩(piston slap) : 피스톤 간극이 클 때 실린더 벽에 충격적으로 접촉되어 금속음을 발생하는 것으로 일종의 사이드 노크이다.

방지책 ☞ 오프셋 피스톤(off-set piston)을 사용!

※ 블로바이 현상 : 피스톤 간격이 클 때 미연소가스가 실린더 벽을 타고 내려가 크랭크 케이스로 고이는 현상

4 │ 피스톤 링

(1) 피스톤 링

1) 3대 작용

① 기밀 유지

② 오일 제어

③ 열전도 작용(냉각 작용)

> **POINT** • 압축 링 : 열전도 작용(냉각 작용)과 기밀작용 및 오일제어 작용함(2~3개).
> • 오일 링 : 압축링의 오일 제어 작용 시 긁어내린 오일을 받아 신속히 아래로 배출함
> ※ 1번 압축링의 이음 간극이 가장 크다(열팽창 고려 ; 1~2개).

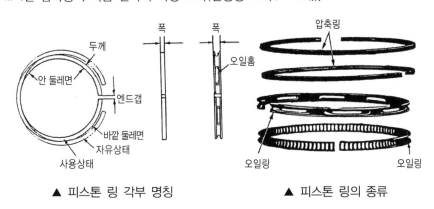

▲ 피스톤 링 각부 명칭   ▲ 피스톤 링의 종류

(2) 링 이음 간극[절개구 간극 : 엔드 갭(end gap)]

① 열팽창을 고려하여 둔다.

② 규정보다 크면 → 블로바이 현상으로 인해 압축압력 저하, 연소실 내 오일 유입 연소

규정보다 작으면 → 소결(스틱) 현상 발생

(3) 피스톤 링의 형상

① 동심형 링 : 제작이 쉬워 일반적으로 많이 사용한다.

② 편심형 링 : 실린더 벽에 가하는 압력이 균일하다.

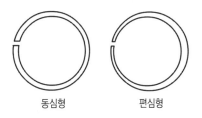

동심형   편심형

(4) 링의 조립 시 주의사항

① 링 이음부의 위치는 120° 또는 180°간격으로 조립한다.
② 링 이음부는 축방향 또는 측압방향을 피해서 조립한다.
③ 피스톤 링에 문자가 찍혀있는 부분이 윗면이다.

5 피스톤 핀

피스톤 핀은 피스톤과 커넥팅 로드를 연결하며, 피스톤에서 받은 압력을 커넥팅 로드를 통해 크랭크 축에 전달한다.

(1) 피스톤 핀의 구비조건

① 가벼울 것
② 충분한 강성이 있을 것
③ 내마멸성이 우수할 것

(2) 피스톤 핀의 설치방법

① 고정식 : 피스톤 보스부에 피스톤 핀을 고정 볼트로 고정한 형식
② 반부동식(요동식) : 피스톤 핀을 커넥팅 로드 소단부에 클램프 볼트로 고정한 형식
③ 전부동식 : 핀을 어디에도 고정하지 않은 형식으로 피스톤 핀이 빠져나오지 않게 스냅링 또는 엔드 와셔를 설치한 형식

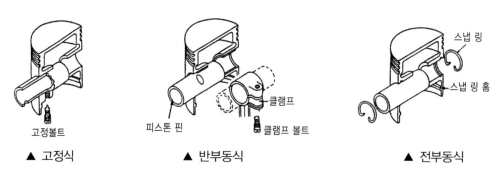

고정볼트

피스톤 핀   클램프   클램프 볼트

스냅 링   스냅 링 홈

▲ 고정식   ▲ 반부동식   ▲ 전부동식

6   커넥팅 로드

소단부, 대단부, 섕크부로 구성되며, 피스톤에서 받은 압력을 크랭크 축에 전달한다.

(1) 구비조건

① 충분한 강성을 가지고 있을 것
② 가벼울 것

(2) 커넥팅 로드의 길이

피스톤 행정의 약 1.5~2.3배 정도이다.
① 길이가 짧으면 : 측압은 증대되고 엔진 높이는 낮아진다.
② 길이가 길면 : 측압이 감소되고 강성은 작아진다.

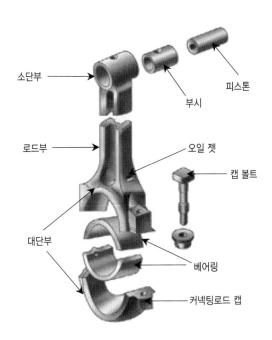

▲ 커넥팅 로드의 구조

7   크랭크 축

피스톤의 직선 운동을 회전운동으로 바꾸어 플라이휠을 통해 외부로 전달한다.

(1) 구비조건

① 고속 회전을 하기 때문에 동적 평형 및 정적 평형이 유지되어야 한다.
② 강성 및 강도가 충분하고 내마멸성이 커야 한다.
③ 기관의 고속화 및 축의 강성을 증대시키기 위하여 크랭크 축을 오버랩시킨다.

> POINT **크랭크 축 구조명칭**
> • 메인저널 : 크랭크 축이 상부 크랭크 케이스에 고정되는 부분
> • 핀저널(크랭크 핀) : 커넥팅 로드 대단부와 접촉하는 부분
> • 크랭크 암 : 메인저널과 핀저널을 연결하는 부분
> • 평형추 : 크랭크 축이 회전할 때 동적·정적 평형을 유지하기 위한 부분

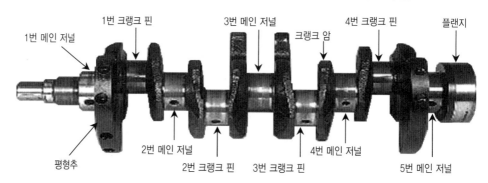

▲ 크랭크 축의 구조

(2) 크랭크 축의 형식과 점화순서

1) 4기통 기관

① 크랭크 축의 위상각 : 180°
② 점화순서 : 1 → 3 → 4 → 2 (**우수식**) 또는 1 → 2 → 4 → 3 (좌수식)

2) 6기통 기관

① 크랭크 축의 위상각 : 120°
② 우수식 점화순서 : 1 → 5 → 3 → 6 → 2 → 4
③ 좌수식 점화순서 : 1 → 4 → 2 → 6 → 3 → 5

> POINT   위상각(위상차) $= \dfrac{720°}{기통수} =$ 폭발각도

4기통 기관의 작동행정을 찾는 방법
- 작동행정은 시계 방향으로 기록한다.
- 점화순서는 반시계 방향으로 차례로 기록한다.

8 플라이 휠

① 엔진 회전력의 맥동을 방지하기 위하여 회전 관정을 이용하여 동력을 저장, 흡입, 압축 배기행정 시 동력을 고르게 분배하여 회전속도를 원활하게 한다.
② 엔진 기동을 위해 외주에 링 기어가 설치되어 있다.
③ 클러치가 부착된다.
④ 실린더 수가 많고 회전속도가 빠르면 플라이 휠 무게는 가볍게 한다.

9 엔진 베어링

엔진 베어링은 회전 부분에 사용되는 것으로 엔진에서는 보통 평면(플레인) 분할 베어링이 사용된다.

(1) 오일 간극

① 오일 간극 두는 이유 : 열팽창 및 오일공급을 고려해서
② 오일 간극이 크면 : 유압 저하, 윤활유 소비증가
③ 오일 간극이 작으면 : 마모촉진, 소결현상

(2) 엔진 베어링의 구조

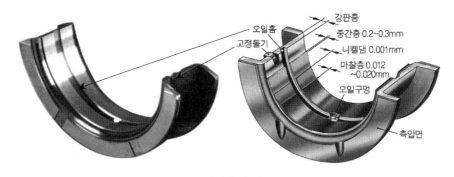

▲ 베어링의 구조

① 베어링 돌기 : 베어링이 하우징 내에서의 움직임을 방지(하우징에는 홈 설치)
② 베어링 크러시 : 베어링 하우징의 내경과 베어링을 끼웠을 때, 베어링 바깥 둘레와 하우징 안 둘레와의 차

    ☞ 베어링 이동방지, 열전도 양호

③ 베어링 스프레드 : 베어링 하우징의 내경과 베어링을 끼우지 않았을 때, 베어링 하우징의 내경과 베어링 외경과의 차

    ☞ 작업용이, 크러시에 의한 베어링의 찌그러짐 방지, 밀착 양호

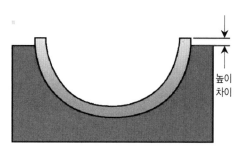

▲ 베어링 크러시

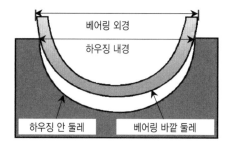

▲ 베어링 스프레드

10 밸브 및 밸브 기구

(1) 밸브(valve)

실린더 헤드 흡입구 및 배기구를 개폐하여, 압축, 동력 시 연소실의 기밀을 유지한다.

1) 구비조건
① 큰 하중에 견디고 변형을 일으키지 않을 것
② 가스 흐름에 대해 저항이 적을 것
③ 중량이 가볍고 내구성이 있을 것
④ 열전도가 잘 될 것

2) 구조
① 밸브 헤드 : 연소실의 일부를 형성하는 부분으로 열적부하가 크다.

POINT 밸브 헤드의 지름을 크게 하면 흡입 효율은 증대되나 냉각이 곤란하다(흡기 지름 〉 배기 지름).

② 밸브면(페이스) : 밸브시트와 접촉되어 연소실의 기밀을 유지하는 부분이다.

POINT 밸브면 각도 : 30°, 45°, 60°(45°를 많이 사용)

③ 마진 : 밸브 사용여부의 기준이 되며 너무 얇으면 연소실 내의 기밀유지가 곤란하다. 보통 마진은 0.8mm 이하 또는 **신품의 1/2이상 감소하면 교환**한다.

④ 스템 : 밸브 가이드에 끼워져 밸브운동을 안내한다.

POINT 밸브 스템 엔드는 평면으로 다듬질되어야 한다.
밸브를 냉각시키기 위해 스템 중앙을 중공으로 하여 금속 나트륨을 봉입한 특수 밸브(나트륨 밸브)방식도 있다.

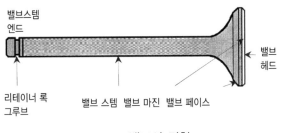

▲ 밸브의 명칭

(2) 밸브 시트

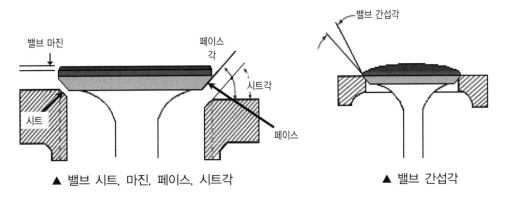

▲ 밸브 시트, 마진, 페이스, 시트각 　　　　　▲ 밸브 간섭각

① 밸브면과 밀착하여 연소실의 기밀을 유지한다.

② 배기는 냉각 효율을 증대시키기 위해 조금 넓게 한다.

③ 밸브 시트의 폭 : 1.4~2.0mm

④ 밸브 간섭각 : 열팽창을 고려하여 밸브면 각도를 시트 면의 각도보다 1/4~1°적게 한 것이다.

(3) 밸브 스프링

밸브가 닫혀 있는 동안 연소실 내의 기밀을 유지한다.

1) 구비조건

① 스프링의 장력이 충분할 것
② 밸브가 캠의 형상에 따라 개폐될 것
③ 내구성이 있을 것
④ 서징을 일으키지 않을 것

> **POINT** 스프링의 3점검
> • 자유고 = 3% 이상 감소 시 교환
> • 직각도 = 자유고의 3% 이상 변형 시 교환
> • 장력 = 15% 이상 감소 시 교환

2) 밸브 서징 현상

고속 시에 발생되며 캠에 의한 스프링의 강제진동과 스프링의 고유진동이 공진하여 캠에 의한 작동과 관계없이 밸브가 여닫히게 되는 현상이다.

3) 밸브 서징 현상 방지책

① 부등피치 스프링 사용
② 2중 스프링 사용
③ 원뿔형 스프링 사용

(4) 리테이너 및 리테이너 록

① 스프링을 밸브 스템에 고정한다.
② 리테이너 록은 2개로 되어 있고 원뿔형을 많이 사용한다.

(5) 밸브 회전기구

밸브 시트의 카본 제거 및 편 마멸 방지, 균일한 온도 분포를 위해 밸브를 편심(off-set)회전시킨다.
① 릴리스형식 : 밸브가 열릴 때 엔진 진동으로 회전
② 포지티브 형식 : 밸브가 열릴 때 강제로 회전

(6) 캠축

엔진의 밸브 수와 동일한 캠이 배열되어 있다.

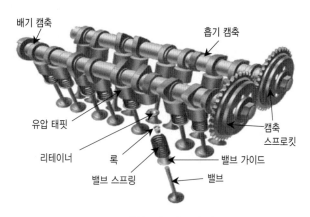

▲ 캠축 및 밸브장치

(7) 캠(cam)

밸브 리프터를 밀어주는 역할(캠의 수 = 밸브의 수)

① 종류 : 접선 캠, 오목 캠, 볼록 캠(=원호 캠)

② 양정(lift) = 캠 높이 − 기초원

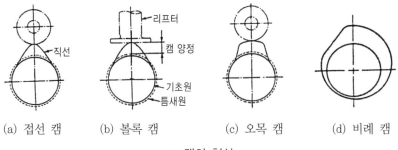

(a) 접선 캠   (b) 볼록 캠   (c) 오목 캠   (d) 비례 캠

▲ 캠의 형상

(8) 캠축 구동방식

① 기어 구동식 : 타이밍 기어(헬리컬 기어)의 물림에 의해 구동한다.

☞ L 헤드형, I 헤드형 기관에서 많이 사용

② 체인 구동식 : 사일런트 또는 롤러 체인으로 구동한다.

　㉠ 소음이 적고 전달 효율이 높다.

　㉡ 캠 축의 위치를 자유로이 선정 가능

　㉢ 텐셔너에 의해서 체인의 장력이 조정

　㉣ OHC형 기관에서 많이 사용

③ 벨트 구동식 : 타이밍 벨트로 코크 벨트가 사용된다.

☞ 타이밍 체인 형식에 비해 소음을 방지할 목적으로 사용

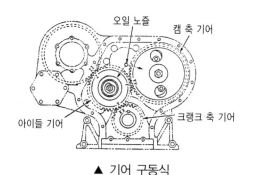

▲ 기어 구동식

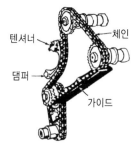

▲ 체인 구동식

(9) 밸브 리프터(valve lifter)

캠의 회전운동을 상·하 직선 운동으로 바꾸어 밸브 또는 푸시로드에 전달된다.

① 기계식 리프터 : 열팽창을 고려해서 밸브 간극을 둔다.

② 유압식 리프터 : 밸브 간극은 항상 0

　ㄱ 밸브 간극을 조정하지 않는다.

　ㄴ 밸브 개폐시기가 정확하여 엔진성능이 향상된다.

　ㄷ 유압을 이용하기 때문에 소음이 적고 밸브기구 사용수명이 길다.

　ㄹ 오일펌프나 유압회로 고장 시 작동이 불량이다.

POINT **밸브 간극에 의한 영향**
- 밸브 간극이 크다.
  - 밸브의 열림이 적어 흡·배기 효율이 저하된다.
  - 소음이 발생된다.
  - 출력이 저하된다.
  - 정상온도에서 밸브가 완전히 개방되지 않는다.
- 밸브 간극이 작다.
  - 밸브가 완전히 닫히지 않아 기밀유지가 불량하다.
  - 역화 및 후화 등 이상 연소가 발생된다.
  - 출력이 저하된다.

(10) 밸브 설치에 따른 엔진 분류

① ㄴ 헤드형 밸브 기구 : 캠 축, 밸브 리프터(태핏) 및 밸브로 구성되어 있다.

　ㄱ SV형 : 실린더 블록 한쪽에 흡·배기밸브 설치

　ㄴ L헤드형 : 실린더 블록 양쪽에 흡·배기밸브 설치

② ㅣ 헤드형 밸브 기구 : 캠 축, 밸브 리프터, 푸시로드, 로커암 밸브 등으로 구성되어 있으며, 현재 가장 많이 사용되는 밸브 기구이다(흡·배기밸브가 모두 실린더 헤드에 설치).

③ F 헤드형 밸브 기구 : L 헤드형과 I 헤드형 밸브 기구를 조합한 형식이다(흡기밸브 : 헤드에 설치, 배기밸브 : 블록에 설치).

④ OHC(Over head cam shaft)형 밸브 기구 : 캠축이 실린더 헤드 위에 설치된 형식으로 캠축이 헤드 위에 1개인 것을 SOHC(Single Over Head Cam shaft)라 하고, 캠축이 실린더 헤드 위에 2개가 설치된 것을 DOHC(Double Over Head Cam shaft)라 한다.

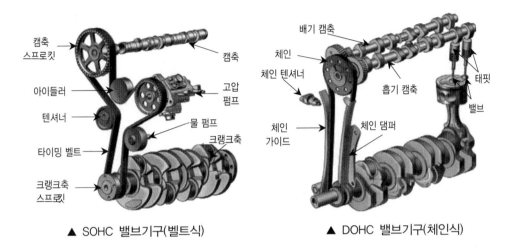

▲ SOHC 밸브기구(벨트식)   ▲ DOHC 밸브기구(체인식)

03 윤활장치

1 개요

기관 내부의 각 운동 부분에 윤활유를 공급하여 마찰 손실과 부품의 마모를 최소화시켜 기계 효율을 향상시키기 위한 장치이다(고체마찰 → 유체마찰).

2 윤활유 기능

① 마찰 감소 및 마멸 방지작용(감마작용)
② 밀봉 작용
③ 냉각 작용
④ 세척 작용
⑤ 방청 작용
⑥ 충격완화 및 소음방지
⑦ 응력분산 작용

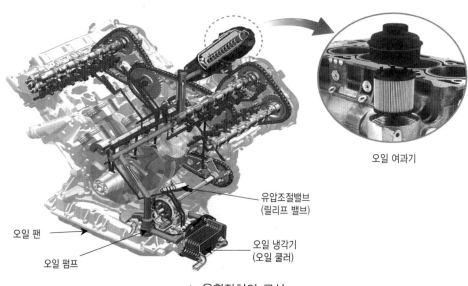

오일 여과기

유압조절밸브
(릴리프 밸브)

오일 팬

오일 펌프

오일 냉각기
(오일 쿨러)

▲ 윤활장치의 구성

3 윤활유가 갖추어야 할 조건

① 점도가 적당할 것
② 청정력이 클 것
③ 카본 생성이 적을 것
④ 응고점이 낮을 것
⑤ 비중이 적당할 것
⑥ 인화점 및 발화점이 높을 것
⑦ 점성과 온도와의 관계가 양호할 것
⑧ 쉽게 산화하지 말 것
⑨ 열과 산에 대하여 안정성이 있을 것
⑩ 기포의 발생에 대한 저항력이 있을 것
⑪ 카본 생성이 적으며 강한 유막을 형성할 것

4 윤활 방식의 종류

① 압송식 : 오일펌프를 이용하여 강제로 윤활시키는 형식으로 압력식이라고도 한다.
② 비산식 : 커넥팅 로드 대단부에 설치된 주걱으로 오일을 뿌려서 윤활시키는 형식이다.
③ 비산 압송식 : 압송식과 비산식을 조합하여 기관의 주요부는 압송, 실린더 벽은 비산시키는 형식이다.

5 여과 방식에 따른 분류

① 전류식 : 오일 펌프에서 공급된 오일이 모두 여과기를 통하여 불순물을 여과한 다음 윤활부에 공급되는 방식으로 오일의 청정작용이 가장 좋다.
② 분류식 : 오일 펌프에서 공급되는 일부 오일을 여과하지 않은 상태에서 윤활부에 공급되고 나머지 오일은 여과기의 엘리먼트를 통하여 여과시킨 후 오일 팬으로 보내는 방식이다.
③ 샨트식(복합식) : 오일 펌프에서 공급된 일부 오일을 여과기를 통하여 불순물을 여과한 다음 윤활부에 공급되고 나머지 오일은 여과기의 엘리먼트를 통하여 여과시킨 후 오일 팬으로 되돌려 보내는 방식으로 전류식과 분류식을 혼합한 여과 방식이다.

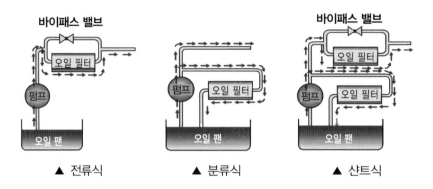

▲ 전류식　　　　　▲ 분류식　　　　　▲ 샨트식

6 윤활장치 구성

① 오일 팬 : 오일을 저장하는 용기로서, 섬프, 배플(칸막이), 드레인 플러그(오일배출 볼트) 등이 설치되어 있다.

② 오일펌프 : 캠축 또는 크랭크 축에 의해 구동되어 오일을 압송하며, 종류는 기어식, 로터리식, 베인식, 플런저식 등이 있다.

③ 유압 조절 밸브(릴리프 밸브) : 오일 펌프의 배출쪽에 설치되어 회로 내의 유압이 과도하게 상승되는 것을 방지한다(가솔린 2~3kgf/cm², 디젤 3~4kgf/cm²).

> POINT **유압이 높아지는 이유**
> • 유압 조절 밸브가 고착되었을 때
> • 유압 조절 밸브 스프링의 장력이 클 때
> • 오일의 점도가 높거나 회로가 막혔을 때
> • 각 마찰부의 베어링 간극이 적을 때
>
> **유압이 낮아지는 이유**
> • 오일이 희석되어 점도가 낮을 때
> • 유압 조절 밸브의 접촉이 불량할 때
> • 유압 조절 밸브 스프링의 장력이 작을 때
> • 오일 통로에 공기가 유입되었을 때
> • 오일 펌프 설치 볼트의 조임이 불량할 때
> • 오일 펌프의 마멸이 과대할 때
> • 오일 통로의 파손 및 오일이 누출될 때
> • 오일 팬 내의 오일이 부족할 때
> • 베어링의 윤활 간극이 너무 크다.
> • 압력조절 밸브의 설정 압력이 너무 낮다.

④ 바이패스 밸브 : 오일 펌프의 출구 쪽 또는 여과기 내부에 설치되어 엘리먼트가 막혔을 때 밸브가 열려 오일은 엘리먼트를 통하지 않고 바이패스 통로를 통하여 윤활부에 오일이 공급된다.

⑤ 오일 스트레이너 : 오일 속에 포함된 비교적 큰 불순물을 제거(고정식, 부동식)

⑥ 오일 여과기 : 금속 분말, 먼지 등 미세한 불순물 제거(여과기 성능 0.01mm)

⑦ 오일레벨 게이지(유면 표시기) : 운전자가 엔진 오일의 양과 오일의 색깔을 점검할 수 있는 장치이다.

⑧ 오일 냉각기(oil cooler) : 윤활용으로 사용되어 온도가 상승한 오일을 냉각하는 장치로, 엔진의 오일 온도를 70~90℃ 정도로 유지시키는 역할을 한다.

7 윤활유

(1) 점도 및 점도지수

① 점 도 : 오일의 끈적끈적한 정도를 나타내는 것으로 **유체의 유동저항**이다.

　㉠ 점도가 높으면 : 끈적끈적하여 유동성이 저하된다(= 유압이 높다).

　㉡ 점도가 낮으면 : 오일이 묽어 유동성이 좋다(= 유압이 낮다).

② 점도지수 : 온도에 따른 점도 변화를 나타내는 수치이다.

　㉠ 점도지수가 크면 : 온도변화에 따른 점도의 변화가 작다.

　㉡ 점도지수 작으면 : 온도변화에 따른 점도의 변화가 크다.

③ 유 성 : 오일이 금속 마찰면에 유막을 형성하는 성질이다.

(2) 윤활유의 종류

① 점도에 의한 분류 : 미국자동차기술협회에서 제정한 SAE 번호로 분류

계　절	겨울	봄, 가을	여름
SAE 번호	10~20	30	40~50

※ 4계절이 있는 경우에는 다급 점도 오일을 사용(5W-30 10W-30, 10W-40, 15W-40)

② 윤활유의 용도와 기관의 운전조건에 의한 분류 : 미국석유협회(API)에서 제정

API 분류	가솔린 기관	디젤기관
좋은 조건의 운전(경부하)	ML	DG
중간 조건의 운전(중부하)	MM	DM
가혹한 조건의 운전(고부하)	MS	DS

③ API 분류와 SAE 신분류의 비교

가솔린 기관		디젤기관	
API 분류	SAE 신분류	API 분류	SAE 신분류
ML	SA	DG	CA
MM	SB	DM	CB CC
MS	SC SD	DS	CD

8 윤활유 색

① 검은색 : 심한 오염
② 우유색 : 냉각수 침입
③ 붉은색 : 가솔린 유입
④ 회색 : 4에틸납, 연소 생성물 혼입

9 엔진오일 양 점검

지면이 평탄한 곳에서 건설기계를 주차시켜 워밍업 한 후 엔진을 정지시킨 다음 5 ~10분이 경과한 후(☞ 온간상태) 점검하며, 유량계를 빼내어 "F"(MAX) 마크 근처에 있으면 정상이다.

10 윤활유 소비증대 원인

① 연소와 누설
② 오일 연소 후 백색 가스 배출

POINT 오일 보충 및 교환 시 주의사항
• 기관에 알맞은 오일을 선택한다.
• 오일 보충 시에 동일 등급의 오일을 사용한다.
• 재생 오일을 사용하지 않는다.
• 오일 교환시기에 맞추어 교환한다.
• 오일을 기관에 주입할 때 불순물이 유입되지 않도록 한다.
• 한 번에 주입하지 말고 오일량을 점검하면서 몇 번에 나누어 주입한다.

CHAPTER 04 냉각장치

1 개요

연소열에 의한 부품의 변형 및 과열을 방지하기 위해 기관의 온도 75~85℃(정상 온도)를 일정하게 유지시키는 장치이다.

① 기관이 과열 되었을 때의 영향 : 각 부품의 변형, 기관의 손상, 출력의 저하
② 기관이 과냉 되었을 때의 영향 : 연료 소비율의 증대, 베어링의 마모 촉진, 출력의 저하
③ 기관의 작동 온도 : 실린더 헤드의 냉각수 온도로 표시 → 실린더 헤드의 물 재킷부

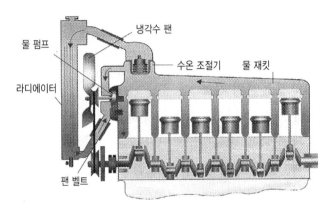

▲ 수냉식 냉각장치

2 냉각 방식

(1) **공랭식** : 냉각수로 인한 관리문제(보충, 누수, 동파)가 없다.

① 자연 통풍식 : 주행 중 맞은편에서 불어오는 주행풍에 의해 냉각하는 방식으로, 오토바이 등에 사용된다.
② 강제 통풍식 : 냉각 팬을 강제로 회전시켜 공기를 유입·냉각시키는 방식으로 건설기계에 사용된다.

(2) 수냉식 : 공랭식에 비해 엔진의 온도를 균일하게 유지할 수 있다.

① 자연 순환식 : 물 펌프 없이 **냉각수의 대류를 이용**하는 형식으로 현재는 거의 사용되지 않는다.

② 강제 순환식 : **물 펌프의 작동**으로 냉각수를 강제로 순환시켜 라디에이터에서 냉각시키는 형식으로 자동차 및 건설기계 등에 많이 사용된다.

3 수냉식 냉각장치 구성

(1) 라디에이터(방열기)

가열된 냉각수를 냉각시키는 것으로 엔진에 유·출입되는 온도 차는 5~10℃ 정도이다 (상부온도 〉 하부온도).

1) 라디에이터의 구비조건

① 단위 면적당 방열량이 클 것　　　② 공기의 유동저항이 작을 것
③ 소형 경량이고 강도가 클 것　　　④ 냉각수의 유동저항이 작을 것

2) 라디에이터의 구조

① 상부탱크 : 입구파이프, 냉각수 주입구 설치
② 코어부 : 튜브와 핀으로 구성
③ 하부탱크 : 출구파이프, 드레인 콕, 팬 써모 스위치 설치
④ 코어 막힘률이 **20% 이상**이면 라디에이터를 교환한다.
⑤ 라디에이터의 냉각 핀 청소는 압축공기를 엔진 쪽에서 밖으로 불어낸다.

▲ 라디에이터 구조

(2) 라디에이터 압력 캡

① 내부의 온도 및 압력을 조정하여 냉각 효과를 향상시키는 압력식 캡을 사용한다.
② 냉각장치 내의 압력을 $0.2 \sim 1.05 kgf/cm^2$ 정도로 유지하여 비점을 $112℃$로 상승시킨다.
    ㉠ 압력 밸브 : 엔진이 과열되어 압력이 규정값 이상으로 상승 시 압력 밸브가 열려 냉각수를 보조 탱크로 배출해서 압력이 규정값 이상으로 상승되는 것을 방지한다.
    ㉡ 진공(부압) 밸브 : 냉각수가 냉각되어 라디에이터 내의 압력이 대기압보다 낮아지면 진공 밸브가 열려 보조 탱크에 있는 냉각수를 유입시켜 대기압과 동일하게 하여 코어의 파손을 방지한다.

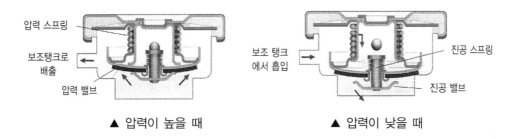

▲ 압력이 높을 때   ▲ 압력이 낮을 때

POINT 라디에이터 캡을 열어 보았더니 냉각수에 기름이 떠 있거나 연소가스가 올라올 경우
   ☞ 헤드 개스킷의 파손, 헤드볼트 이완, 헤드의 균열, 오일 냉각기 균열 등이 있다.

(3) 물 펌프(워터 펌프)

① 물 펌프는 냉각수를 강제로 순환시키며 원심식을 사용한다.
② 구조는 펌프 보디, 임펠러, 펌프 축, 베어링, 풀리 등으로 구성된다.
③ V벨트에 의해서 크랭크 축의 동력을 받아 회전한다.
④ 물 펌프는 기관 회전수의 $1.2 \sim 1.6$배로 회전한다.

(4) 수온 조절기(서모스탯, Thermostat : 정온기)

① 냉각수의 온도에 따라 자동적으로 개폐되어 냉각수의 온도를 조절한다.
② $65℃$에서 열리기 시작하여 $85℃$에서 완전히 개방한다.
③ 종류
    ㉠ 펠릿형 : 냉각수의 온도에 의해서 왁스나 고무, 스프링을 이용, 가장 많이 사용한다.
    ㉡ 벨로즈형 : 에틸이나 알코올이 냉각수의 온도에 의해서 팽창하여 밸브가 열린다.
④ 수온조절기의 고장
    ㉠ 열린 상태로 고장 : 워밍업시간이 길어지고 연료소모량 증대되어 과냉의 원인이다.
    ㉡ 닫힌 상태로 고장 : 냉각수 순환 불량으로 인해 엔진 과열(Over Heat)의 원인이다.

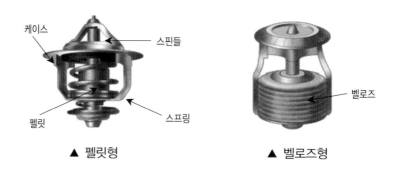

| 케이스 | 스핀들 |
| 펠릿 | 스프링 |

▲ 펠릿형   ▲ 벨로즈형

(5) 물 재킷

기관 내부 냉각수가 순환하는 통로

(6) 냉각 팬과 팬벨트

① 냉각 팬 : 구동벨트(팬 벨트) 또는 모터에 의해서 회전하며, 강제적으로 공기를 흡입시켜 라디에이터(방열기) 내부 냉각수를 냉각한다.

② 팬 벨트 : 보통 이음이 없는 V 벨트를 사용한다(V벨트 각도 40°). 크랭크 축에 의하여 물 펌프와 발전기를 구동한다.

③ 팬 벨트의 장력 : 엄지손가락으로 10kgf의 힘을 가하여 눌렀을 때 13~20mm 정도 유격 유지한다.

    ㉠ 장력이 규정보다 클 때 나타나는 현상 → 벨트의 이상변형 · 마모, 물 펌프 · 발전기 베어링의 손상 마멸 촉진

    ㉡ 장력이 규정보다 작을 때 나타나는 현상 → 물 펌프의 냉각수 순환 불량으로 엔진 과열, 발전기의 배터리 충전 부족 현상

4 냉각수와 부동액

① 냉각수 : 연수(증류수, 수돗물)를 사용한다.

② 부동액 : 겨울철에 냉각수가 동결되는 것을 방지하기 위하여 냉각수에 혼합하여 사용하며, 부동액의 종류는 **메탄올, 에틸렌글리콜, 글리세린** 등이 있다.

> POINT **코어홀 플러그** : 수냉식 엔진의 실린더 헤드 및 실린더 블록에 설치된 플러그로 냉각수가 빙결되었을 때 체적의 증가에 의해서 코어 플러그가 빠지게 되어 실린더 블록의 파손을 방지한다.
> • 메탄올 : 반영구형으로 냉각수 보충 시 혼합액을 보충
>   – 비등점 : 82℃
>   – 빙점 : −30℃

- 에틸렌 글리콜 : 영구형으로 냉각수 보충 시 물만 보충
  - 비등점 : 197.2℃
  - 빙점 : −50℃
  - 무색 무취
  - 불연성

③ 일반적으로 냉각수와 부동액을 50 : 50 정도로 혼합해서 사용한다.

④ 부동액의 비중은 비중계로 측정하며, 혼합 비율은 그 지방 최저 온도보다 5~10℃ 정도 더 낮은 기준으로 해야 갑자기 추워지는 날씨(기상이변)로부터 차량의 동파를 예방할 수 있다.

⑤ 부동액의 구비조건
   ㉠ 침전물이 발생되지 않을 것
   ㉡ 냉각수와 혼합이 잘 될 것
   ㉢ 휘발성이 없고 유동성이 좋을 것
   ㉣ 내식성이 크고 팽창계수가 작을 것
   ㉤ 비점(끓는 점)이 높고 응고점이 낮을 것

5　엔진 과열 원인

① 냉각수가 부족하거나 냉각수 흐름 저항 증가
② 냉각 팬 모터 또는 팬 모터 릴레이 불량
③ 라디에이터 압력 캡의 스프링 장력부족
④ 수온 스위치 불량 및 고장
⑤ 물펌프 결함 또는 팬벨트 장력부족 또는 끊어짐
⑥ 라디에이터 코어 또는 냉각수 통로 막힘(스케일)
⑦ 수온 조절기가 닫힌 채로 고장
⑧ 기관의 윤활 불량 및 오일 냉각기의 막힘
⑨ 엔진의 과부하나 냉각수 이물질 혼입

6　엔진 과냉의 원인

① 수온 조절기가 열린 채로 고장
② 대기온도가 너무 낮을 때

05 디젤(Diesel) 연료장치

1 디젤 연료장치

디젤기관은 실린더 내에 공기만을 흡입하여 압축시킨 다음 연료를 분사시켜 압축열(500~550℃)에 의해서 연소하는 자기착화기관이다.

① 착화지연기간(연소 준비기간) : 분사된 연료의 입자가 공기의 압축열에 의해서 증발하여 연소를 일으킬 때까지의 기간
② 화염 전파기간(폭발 연소기간) : 분사된 연료의 모두에 화염이 전파되어 동시에 연소되는 기간
③ 직접 연소기간(제어 연소기간) : 화염 전파 기간에서의 화염 때문에 연료의 분사와 거의 동시에 연소되는 기간
④ 후기 연소기간(후 연소기간) : 직접 연소기간에 연소하지 못한 연료가 연소, 팽창하는 기간

POINT 착화지연기간과 후연소기간은 짧을수록 좋다.

(1) 연료 분무 3대 요건

① 무화도
② 관통도(관통력) ⇒ 분사 도달거리가 길 것
③ 분포도(분산도)

POINT 분사노즐 구비조건 : 연료분무 3요건 + 후적방지

$$세탄가(\%) = \frac{세탄}{세탄 + \propto 메틸\ 나프탈렌} \times 100$$

(2) 디젤 노크

자기착화 온도에 도달할 때, 전체 미연소 가스가 동시에 격렬한 연소를 일으키며 화염파가 연소실 벽을 치는 현상이다.

디젤 노크 방지법
① 압축비를 높인다.
② 흡기 온도를 높인다.
③ 실린더 벽의 온도를 높인다.
④ 착화성이 좋은(착화점 = 발화점이 낮은), 즉 세탄가가 높은 연료를 사용
⑤ 와류가 일어나게 한다.
⑥ 분사시기를 늦춘다.
⑦ 초기 분사량을 적게 분사
⑧ 흡기 압력을 높게 한다.
⑨ 착화지연기간을 짧게 할 것
⑩ 기관의 회전속도를 빠르게 한다.

(3) 디젤기관의 연소실

1) 구비조건

① 연소 시간이 짧을 것
② 평균 유효압력이 높을 것
③ 열효율이 높을 것
④ 기동이 잘 될 것
⑤ 디젤 노크가 적고, 연소 상태가 좋을 것

2) 종류

① 단실식(연소실 1개) : 직접 분사실식
② 복실식(부실식) : 예연소실식, 공기실식, 와류실식

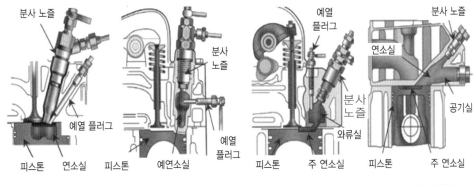

▲ 직접 분사식   ▲ 예연소실식   ▲ 와류실식   ▲ 공기실식

3) 직접 분사실식

① 구조가 간단하다.
② 기동이 쉽다.
③ 고급유를 사용한다.
④ 연료소비가 적다.
⑤ 분사 압력이 높다($150 \sim 300 kg/cm^2$).
⑥ 구멍형(홀형, hole type) 노즐을 사용한다.
⑦ 연료 누출이 많다.
⑧ 냉각 손실이 적다.
⑨ 노크 발생이 많다.
⑩ 예열장치(히트렌지) : 흡기가열식
⑪ 노즐수명이 짧다.
⑫ NOx가 타 연소실보다 많이 배출된다.

4) 예연소실식

① 구조가 복잡하다.
② 기동이 어렵다.
③ 저질유~고급유를 사용한다.
④ 연료 소비가 많다.
⑤ 분사 압력이 낮다($100 \sim 140 kg/cm^2$).
⑥ 핀틀형 · 스로틀형 노즐을 사용한다.
⑦ 연료 누출이 적다.
⑧ 냉각 손실이 많다.
⑨ 디젤 노크가 잘 일어나지 않는다.
⑩ 예열장치(예열플러그)
⑪ 노즐수명이 길다.

5) 와류실식 : 분사압력이 낮다($100 \sim 140 kg/cm^2$).

6) 공기실식 : 분사압력이 낮다($100 \sim 140 kg/cm^2$).

(4) 기계식 디젤기관 연료장치

연료를 고압으로 압송시켜 연소실 내에 연료를 분사한다.

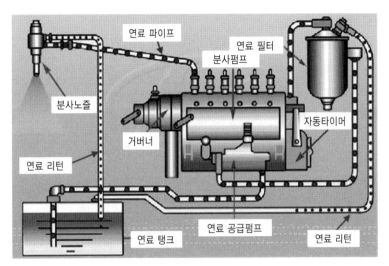

▲ 디젤 연료 계통도

1) 연료 공급순서

연료 탱크 → 연료 공급 펌프 → 연료 여과기(필터) → 연료분사 펌프(인젝션 펌프) → 연료분사 노즐(인젝터) → 연소실

2) 공급 펌프(피드 펌프)

연료 탱크의 연료를 분사 펌프로 압송

① 송출 압력 : 2~3kg/cm^2

② 연료분사펌프 캠축에 의해 작용

3) 프라이밍 펌프(수동 펌프, priming pump)

① 공기빼기 작업 시 수동으로 연료를 펌핑하기 위해 설치한다.

☞ 독립식에서는 공급펌프에, 분배식은 연료 여과기에 설치

② 공기빼기 순서 : 공급 펌프 → 연료 여과기 → 분사 펌프 → 분사 노즐

☞ 분사 펌프 : 프라이밍 펌프를 작동하면서 공기배출

☞ 분사 노즐 : 크랭킹하면서 노즐 순서대로 공기배출

4) 연료 여과기(연료 필터)

① 자동차에 공급되는 연료 중 먼지나 수분 등과 같은 불순물을 여과하여 깨끗한 연료를 엔진에 공급하는 역할을 한다.

② 연료 여과기의 성능은 0.01mm 이상의 불순물을 여과할 수 있어야 한다.

5) 오버플로 밸브

여과기 내 압력이 규정 압력 이상으로 되면 열려 연료를 연료 필터나 탱크로 되돌려 보낸다 (1.5kg/cm^2로 유지).

- 오버플로 밸브의 기능
  ① 회로 내 공기배출
  ② 연료 여과기 보호
  ③ 연료 탱크 내 기포 발생 방지
  ④ 분사 펌프의 소음 발생 방지
  ⑤ 연료 송유압이 높아지는 것 방지

6) 분사(인젝션) 펌프

캠축의 회전속도는 4행정 사이클 기관은 크랭크 축 회전속도의 1/2로 회전하고, 2행정 사이클 기관은 크랭크 축 회전속도와 같다.

① 펌프 엘리먼트(플런저와 배럴) : 공급펌프에서 공급된 연료를 고압으로 변화시켜 분사 노즐에 공급

　㉠ 플런저의 예비행정 : 플런저가 하사점 위치에서 상승하여 공급 구멍을 막을 때까지 움직인 거리

　㉡ 플런저의 유효행정 : 플런저 윗면이 캠 작용에 의해서 플런저 배럴의 연료 공급 구멍을 막은 다음부터 바이패스 홈이 연료의 공급 구멍과 일치될 때까지 플런저가 이동한 거리로 연료의 분사량이 변화된다. **유효행정이 길어지면 연료의 분사량이 많아진다.**

POINT 플런저와 배럴사이 윤활은 경유에 의해 윤활한다.

② 플런저 리드

　㉠ 정리드 : 분사 초기는 일정하고 분사 말기는 변화된다.
　㉡ 역리드 : 분사 초기는 변화되고 분사 말기는 일정하다.
　㉢ 양리드 : 분사 초기와 분사 말기 모두 변화된다.

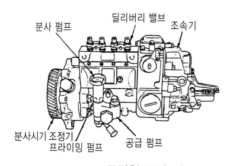

▲ 독립형 분사 펌프

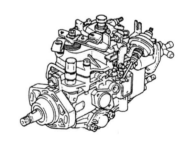

▲ 분배형 분사 펌프

③ 딜리버리 밸브 : 회로 내 잔압 유지와 후적 방지 및 연료의 역류 방지(유압시험 : 150kgf/cm²)

④ 분사량 조절기구 : 제어 래크, 제어 피니언, 제어 슬리브로 구성

⑤ 조속기(거버너) : 연료의 분사량 조정(제어 슬리브와 제어 피니언의 위치 변경)

    ㉠ 기계식 조속기 : 엔진 회전속도에 따라 분사량 조절

    ㉡ 공기식(진공식) 조속기 : 엔진 부하에 따라 분사량 조절

⑥ 펌프의 타이밍 기어 커플링(분사시기 조정기) : 연료의 분사시기 조정(타이머)

⑦ 분사 압력 조절 : 노즐 홀더의 분사압력 조정 나사

7) 분사 노즐(인젝터)

① 개방형 노즐 : 니들밸브 · 노즐 스프링 없이 노즐이 항상 열려있는 형식, 후적 발생, 분사압력 조정이 불가능하다.

② 밀폐(폐지)형 노즐

    ㉠ 핀틀형 노즐

        ⓐ 분공이 막힐 우려가 없다.

        ⓑ 분사 압력을 낮게 할 수 있다(100~150kg/cm²).

        ⓒ 무화가 좋다.

        ⓓ 구조가 간단하고 고장이 적다.

        ⓔ 분사각도 : 3~5°

    ㉡ 스로틀형 노즐 : 핀틀형 노즐을 개량한 형식. 핀틀형에 비해 분포가 좋다(분사각도 45~65°).

    ㉢ 구멍형 노즐(단공형, 다공형) : 직접 분사실식 기관에서 많이 사용된다.

        ⓐ 분사량이 높아 무화가 양호하다.

        ⓑ 기동이 쉽다.

        ⓒ 연료 소비량이 적다.

        ⓓ 분공이 작아 가공이 어렵다.

        ⓔ 분공이 막힐 염려가 있다.

        ⓕ 분사 펌프 수명이 짧다.

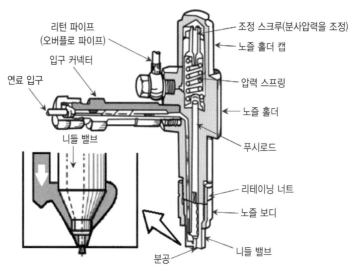

▲ 분사 노즐의 구조

2 예열장치

(1) 예열(글로우) 플러그

겨울철과 같이 외기의 온도가 차가울 때 기동을 도와주는 디젤기관의 시동 보조장치이다.

① 실드형 예열플러그(굵은 열선)

금속 튜브 속에 히트 코일, 홀딩 핀이 삽입되어 있고 코일형에 비해 적열 상태가 늦으며, 배선은 병렬로 연결되어 있다.

② 코일형 예열플러그(가는 열선)

히트 코일이 노출되어 있어 공기와의 접촉이 용이하여 적열 상태는 좋으나 부식에 약하며, 배선은 직렬로 연결되어 있으나 현재는 사용하지 않는다.

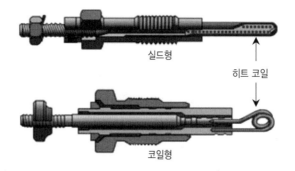

실드형

히트 코일

코일형

(2) 흡기 가열식

디젤기관에서 직접 분사실식 또는 공기실식은 예열 플러그를 설치할 곳이 없기 때문에 흡기 다기관에 설치한 히터이다.

1) 흡기 히터식

① 난방용 가스 히터와 같은 작용을 한다.
② 열선을 정기적으로 가열한 후 경유를 연소시켜 이 연소열로 흡입 공기를 가열한다.
③ 보조 연료 공급 탱크를 설치한다.

2) 히터 렌지식

① 전기 히터와 같은 작용을 한다.
② 축전지 전류에 의해서 열선이 가열되어 흡입 공기를 가열한다.
③ 전력량 용량 : 약 400~600W

3 디젤엔진 진동(부조현상) 원인

* 부조현상 : 기관 회전이 불량한 상태
① 각 실린더의 압축 압력의 오차에 의한 폭발 압력의 불균형
② 연료분사량, 분사 압력, 분사시기의 불균형에 의한 진동
③ 흡입 및 배기장치 불량
④ 각 피스톤 중량 오차가 2% 초과 시

06 CRDI(커먼레일) 엔진

1 CRDI(커먼레일) 엔진 개요

CRDI 엔진은 커먼레일(Common Rail; 일종의 어큐뮬레이터)로 엔진은 기존의 기계식 연료분사펌프 방식에서 구현할 수 없었던 초고압의 연료를 정교하게 계량하고, 정확한 타이밍에 연소실에 분사함으로써 연소효율을 높일 수 있다.

※ 특징

① 배기가스의 현저한 감소
② 출력 향상
③ 연비 향상
④ 응답성 향상
⑤ 소음과 진동의 감소
⑥ 엔진의 고속화 실현

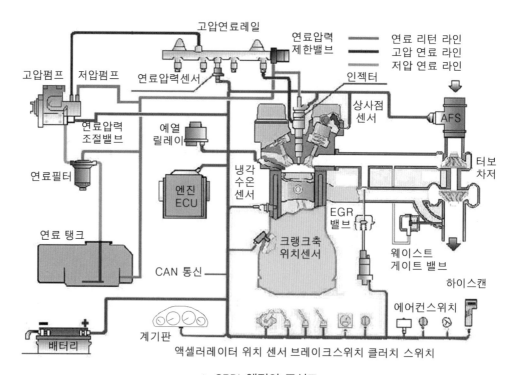

▲ CRDI 엔진의 구성도

2 CRDI 엔진 구성

(1) 연료 장치

1) 저압부

① 저압 연료펌프 : 연료 탱크에 저장된 경유를 펌핑하여 고압펌프에 공급한다.
  ㉠ 기계식 : 고압펌프에 장착되어 작동되는 형식(연료탱크 → 연료여과기 → 저압펌프 → 고압펌프)
  ㉡ 전동식 : 전동모터에 의해 작동하는 형식(연료탱크 → 저압펌프 → 연료여과기 → 고압펌프)
② 연료필터 어셈블리 : 연료필터와 겨울철 경유의 응고로 인한 왁스현상을 제거하기 위한 연료히터 그리고 히팅의 여부와 시간을 결정하는 연료 온도센서가 있다.

2) 고압부

① 연료압력조절밸브 : 고압펌프 입구에 부착되어 저압 연료펌프에서 공급되는 연료의 유량을 조절한다. 이를 통해 고압펌프가 만들어야 하는 연료압력을 1차적으로 조절한다.

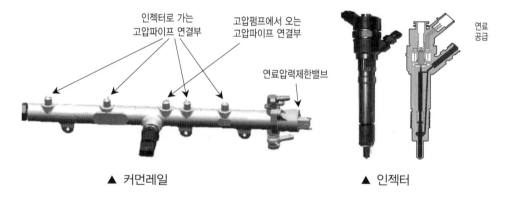

▲ 커먼레일   ▲ 인젝터

② 커먼레일 : 고압연료펌프로부터 공급된 연료가 저장되는 부분이며, 모든 실린더의 인젝터가 이곳에서 공통으로 연료를 공급받게 된다.
③ 인젝터 : 초고압의 연료를 연소실에 분사하는 장치로 ECU에 의해 제어된다.

(2) 제어장치

1) 입력요소

① 액셀러레이터 페달 포지션 센서 1, 2(APS ; Accelerator pedal Position Sensor) : 운전자의 가속 의지(APS1)와 센서의 고장 여부(APS2)를 ECU에 입력한다.
② 크랭크 각도 센서(CAS ; Crank Angle Sensor 또는 CPS ; Crank Position Sensor) : 크랭크 축의 각도 및 피스톤의 위치, 엔진의 회전속도 등을 연산하여 ECU에 제공한다.

엑셀러레이터
포지션센서

크랭크위치센서

캠위치센서

③ 캠축 위치 센서(CMP; CaM Position sensor) : 캠축의 끝단에 설치되어 캠축 1회전 당 1회의 펄스를 발생시켜 ECU로 입력한다. 연료분사의 순서를 결정하는데 사용한다.

④ 수온 센서(WTS ; Water Temperature Sensor) : 실린더 헤드의 물 재킷에 설치된 부특성 서미스터이며, 엔진 냉각수 온도를 검출한다.

⑤ 레일 압력 센서(RPS ; Rail Pressure Sensor) : 고압펌프로부터 공급되어 조절된 연료 공급 압력을 측정한다.

⑥ 차량 속도 센서(VSS ; Vehicle Speed Sensor) : 자동차의 주행속도를 측정한다.

⑦ 대기압 센서(BPS ; Barometric Pressure Sensor) : 대기 압력 및 부스터 압력을 감지한다.

⑧ 공기 유량 센서(AFS ; Air Flow Sensor)와 흡기 온도 센서(ATS ; Air Temperature Sensor)

   ㉠ 공기 유량 센서 : 전자제어 가솔린엔진에서 공기유량센서는 기본분사량을 결정하는 중요한 센서로 사용되지만 CRDI 엔진에서는 EGR량을 제어하는데 주로 이용된다. 주로 열막 방식(hot film type)으로 공기의 질량을 직접 검출하는 방식을 사용한다.

   ㉡ 흡기 온도 센서 : 부특성 서미스터로서 공기 유량 센서에 내장되어 흡입 공기온도를 감지하고 공기의 밀도에 따라서 연료량, 분사시기의 보정 신호로 사용된다.

2) 출력 제어요소

① 인젝터 제어 : 파일럿분사, 프리 분사, 메인분사, 후분사, 포스트 분사이다. 파일럿 분사 와 프리분사는 시동성 향상과 엔진의 소음과 진동 감소에 관계하며, 메인분사는 엔진의 출력, 후분사와 포스트분사는 DPF의 매연을 태우거나 배기가스 온도의 조절용도로 사용 된다.

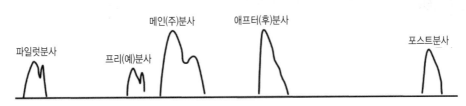

▲ 피에조 인젝터의 분사 형태

② 예열플러그 제어

연소실 예열 플러그에 전류를 공급하기 위해 예열플러그 릴레이를 작동시키는 제어이며, 냉간 시동성 향상 및 냉간 시 발생되는 유해 배기가스를 감소하는 역할을 한다. ECU는 엔진 냉각수 온도와 엔진 회전속도를 입력받아 제어를 실시한다.

③ EGR 솔레노이드 밸브 제어 : EGR 솔레노이드 밸브를 ECU가 PWM으로 제어하며, 최대 EGR량은 보통 흡입공기의 30%정도이며, 이는 AFS를 통해 정확하게 제어할 수 있다.

④ 냉각수 히터 제어 : 프리 히터는 냉각수 라인 내에 직접 설치되어 있으며, 외기 온도가 낮을 경우 일정한 시간 동안 작동시켜 엔진에서 히터로 유입되는 냉각수 온도를 높여 히터의 난방 성능을 향상시키는 장치로 운전자에게 신속한 난방 환경을 제공하는 것을 목표로 한다. 3개의 글로 플러그로 구성되어 있으며, 플러그의 소비전력은 900W이다. 엔진 ECU에 의해 자동 제어되며, 냉각수 온도가 65℃ 이상 되면 엔진 ECU는 프리 히터 전원을 OFF시킨다.

⑤ 공기 가열식 히터(PTC ; Positive Temperature Coefficient) 제어 : 직접분사방식 연소실을 사용하는 디젤엔진은 냉각손실이 적은 대신에 실내히터의 온도가 상승하지 않아서 겨울에 난방성능이 떨어지는 단점이 있다. 이런 문제점을 해결하기 위하여 별도의 공기 가열기인 PTC를 설치하여 외기온도 10℃, 냉각수온도 80℃ 이내에서 릴레이를 제어한다.

⑥ DPF 제어 : 유해 배기가스 중 DPM(Diesel Particle Matter)을 줄이기 위해 DPF(Diesel Particle matter Filter)를 설치하여 입자상물질(DPM)을 포집한다. 그리고 포집된 양을 DPF 전/후 압력차센서(Differential Pressure Sensor)를 이용하여 모니터링 한 후 일정량 이상 포집되었다고 판단되면 포스트분사를 실시하여 DPF에서 연료를 연소하게 제어한다. 연소에 의한 배기가스 온도를 500℃ 이상으로 만들어지면 포집된 DPM이 연소되어 강제 제거되게 된다. 이때의 배기가스온도는 배기가스온도센서가 모니터링하고, ECU는 일정 온도를 유지하기 위해 포스트 분사량을 제어한다.

⑦ 터보차저 부스터 냉각제어 : 엔진 정시 시 냉각수 온도가 102℃ 이상이면 VGT 쿨링 펌프를 가동하여 5분간 냉각수를 터보차저에 공급하여 냉각시킨다.

07 흡·배기장치

1 흡기 다기관

혼합기나 공기를 각 실린더에 균일하게 분배하여 유도하는 관이며, 재질은 주철이나 알루미늄이 사용된다. 흡기 다기관이 갖추어야 할 조건은 다음과 같다.

① 혼합기가 각 실린더에 골고루 분배되어야 한다.
② 굴곡을 두지 말아야 한다.
③ 혼합기에 알맞은 난류를 주어 기화를 좋게 하여야 한다.

2 공기청정기

엔진을 효율적으로 운전하기 위하여 공기 중에 섞여있는 수분·먼지 등을 깨끗하게 여과한 후 실린더에 공급하는 장치이다.

(1) 종류

① 건식 : 내부에 여과지(엘리먼트)가 설치되어 공기 중의 먼지, 수분, 소음을 감소시킨다. **청소할 때는 압축공기를 이용하여 안에서 밖으로 불어 낸다.**
② 습식 : 내부에 스틸 울이나 천에 엔진 오일이 묻어 있으며 공기가 통과하면서 무거운 먼지는 유면에 떨어지고 가벼운 먼지 등은 스틸 울이나 천을 통과하면서 이물질을 제거한다.

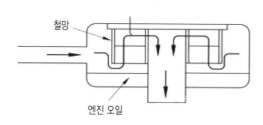

철망
엔진 오일

▲ 습식 에어 클리너

▲ 건식 에어 클리너

(2) 공기청정기(에어 클리너, 에어 필터, 공기 여과기)가 막힐 때

☞ 엔진 출력은 감소하고, 배출 가스 색은 검은색이다.

(3) 윤활유가 연소실에서 연소 시

☞ 배출가스색은 백색이다.

3 과급기(charger)

과급기(charger)는 기관 출력을 높이기 위하여 흡입 공기량을 증가시켜 흡기에 압력을 가하는 일종의 공기 펌프이다.

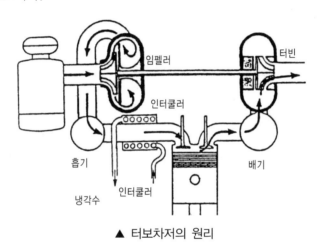

▲ 터보차저의 원리

(1) 과급기의 특징

① 엔진의 무게는 10~15% 증가하나(단점), 엔진 출력이 35~45% 증가된다(장점).
② 연료 소비율이 향상된다.
③ 착화지연기간이 짧다.
④ 회전력이 증가된다.
⑤ 밸브 오버랩 기간에 연소실의 공기를 순환시킨다.
⑥ 고출력일 때 배기 온도가 저하된다.
⑦ 질이 나쁜 연료의 사용이 가능하다.
⑧ 윤활 : 엔진오일 사용
⑨ 고장 : 소음발생 및 출력감소

POINT **디퓨져** : 공기의 속도 에너지를 압력 에너지로 바꾸는 장치

(2) 종류

① 터보차저 : 배기가스 배출 에너지를 이용, 터빈과 임펠러를 회전, 공기를 압축
② 슈퍼차저 : 크랭크 축 또는 전동모터를 이용, 루터를 회전, 공기를 압축

4　인터쿨러

인터쿨러(intercooler)는 흡기 다기관과 과급기 사이에 설치되어 공기를 냉각시켜 공기의
밀도를 높여 체적효율을 높이는 냉각기이다.

5　배기 다기관

배기 다기관(exhaust manifold)은 배출 가스를 모으는 것으로 2기통 이상일 때 사용된다.

6　배소음기(머플러)

배기가스가 배출되는 중간에 1, 2차 소음기를 두어 압력과 속도를 낮추어 배기음을 줄이기
위해 설치한다.

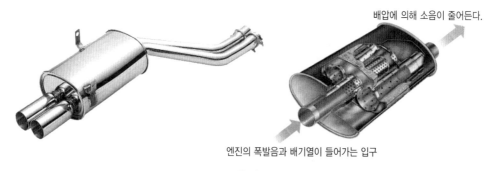

배압에 의해 소음이 줄어든다.

엔진의 폭발음과 배기열이 들어가는 입구

▲ 소음기 구조

출제예상문제

기관 일반

1 고속 디젤기관의 열역학적 사이클은?

① 오토 사이클　② 디젤 사이클
③ 사바테 사이클　④ 카르노 사이클

해설 사바테 사이클 : 복합(합성) 사이클이라고도 부르며 고속 디젤기관에 적용

2 엔진의 헤드부에 모든 밸브가 있는 형식은?

① T　② F
③ I　④ L

해설 I 헤드형 : 흡 · 배기밸브 모두 실린더 헤드에 설치된 형식을 말한다.

3 고속 디젤기관이 가솔린 기관보다 좋은 점은?

① 엔진의 출력당 무게가 가볍다.
② 운전이 정숙하고 진동이 적다.
③ 엔진의 압축비가 낮다.
④ 열효율이 좋고 연료 소비율이 작다.

해설 디젤기관의 가장 큰 장점은 열효율이 높고 연료 소비율이 낮은 것이다.

4 디젤기관의 단점(가솔린 기관과 비교)은?

① 연료 소비량이 크다.
② 열효율이 낮다.
③ 마력 당 중량이 무겁다.
④ 화재의 위험이 많다.

해설 디젤기관은 열효율이 높고 연료 소비량은 적으나 마력당 중량이 무겁고 진동과 소음이 큰 결점을 가지고 있다.

5 가솔린 연료의 중요한 성질은?

① 세탄가가 높을 것
② 옥탄가가 높을 것
③ 점성이 높을 것
④ 인화성은 나쁘고 발화성은 좋을 것

해설 가솔린 연료의 중요한 성질은 가속을 위한 휘발성과 노킹 방지를 위한 옥탄가이다.

6 2행정 사이클 기관은 크랭크 축이 몇 도 회전할 때 1사이클을 완성하는가?

① 90°　② 180°
③ 360°　④ 720°

7 다음 중 밸브의 오버랩(over lap)에 대한 설명으로 옳은 것은?

① 밸브가 닫힐 때 튀면서 닫히는 현상
② 배기행정 시 실린더 내의 배기가스 압력에 의해서 서서히 배기가스가 배출되는 현상
③ 흡기 행정 시 하사점에서 흡기밸브를 닫지 않고 40~50°지나서 닫는 현상
④ 흡 · 배기밸브가 동시에 열려 있는 현상

해설 밸브 오버랩 : 흡 · 배기 효율을 향상시키기 위하여 흡기와 배기밸브 열림구간을 길게 두게 되는데 이때 배기밸브와 흡기밸브가 동시에 열리는 구간이 발생되며 이 구간을 밸브 오버랩 구간이라 한다.

기관 주요부

1 엔진의 열효율이 높다는 것은 무엇을 뜻하는가?
① 엔진이 과열했을 때의 상태
② 일정한 연료 소비로 높은 출력을 얻을 때
③ 엔진의 진동 소음이 적을 때
④ 연료의 완전 연소율이 높지 않을 때

해설 **열효율** : 엔진의 출력과 출력을 내기 위해 소모한 연료의 에너지 비를 말한다.

2 기관의 출력이 부족한 것과 관련이 없는 것은?
① 냉각수량 과다
② 실린더 압축압력 저하
③ 분사펌프 불량
④ 에어 클리너(공기청정기)의 막힘

3 엔진이 고속에서 회전력이 저하되는 원인은?
① 체적효율이 낮아서
② 냉각이 너무 잘 되어서
③ 혼합기가 농후해서
④ 분사시기의 진각이 안 이루어져서

해설 엔진의 회전속도가 빨라지면 흡기를 위한 충분한 시간이 없으므로 체적효율이 저하되어 엔진의 출력이 떨어진다.

4 엔진에서 압축압력이 저하되는 원인은?
① 피스톤 링의 마모
② 냉각수 부족
③ 오일의 부족
④ 분사시기의 조정 불량

해설 압축압력의 저하원인은 실린더의 마모, 피스톤 링의 마모 및 기능 저하, 피스톤 링의 설치 불량 등에 있다.

5 개스킷의 구비조건으로 적당치 않은 것은?
① 복원성이 있을 것
② 적당한 강도가 있을 것
③ 오일이 잘 배며 융통성이 좋을 것
④ 내열성이 좋을 것

해설 **개스킷의 구비조건**
• 내열, 내압성이 클 것
• 내수, 내유성이 클 것
• 적당한 강도와 복원성이 있을 것
• 기밀을 유지할 것

6 실린더 마모가 제일 큰 부분은?
① 실린더 아래 부분
② 실린더 윗부분
③ 실린더 중간 부분
④ 상·중·하 전체 부분

해설 실린더의 마모는 실린더의 상사점 부근(실린더의 윗부분) 축의 회전 방향에서 가장 크다. 그 이유로는 피스톤 링의 호흡작용, 윤활 불량과 고온 고압 속의 마찰에 있다.

7 실린더에서 측압(슬랩)이란?
① 행정이 바뀔 때 피스톤이 실린더에 가하는 압력
② 배기행정에서 실린더의 소음
③ 압축 시 실린더와 피스톤 사이로 새어 나가는 가스
④ 폭발행정 시 실린더 벽에 가해지는 가스의 압력

해설 **피스톤 슬랩** : 압축행정에서 동력행정으로 변환시 피스톤이 실린더 벽을 때리는 현상을 말한다.

8 실린더 헤드 볼트를 조일 때 사용되는 공구가 아닌 것은?

① 직각정규　　　② 스피드 핸들
③ 토크 렌치　　　④ 복스 렌치

해설 직각정규는 측정용 공구이다. 실린더 헤드 볼트를 조일 때는 안에서 밖으로 대각선 방향에 따라 조이며, 규정대로 조이기 위하여 토크 렌치를 사용한다.

9 기관의 실린더 수가 많은 경우 장점이 아닌 것은?

① 기관의 진동이 작다.
② 저속회전이 용이하고 큰 동력을 얻을 수 있다.
③ 연료소비가 적고 큰 동력을 얻을 수 있다.
④ 가속이 원활하고 신속하다.

10 실린더의 압축압력이 감소되는 원인에 속하지 않는 것은?

① 실린더 벽의 마멸
② 피스톤 링의 탄력 부족
③ 피스톤의 마멸 또는 상부에 금이 갔을 때
④ 피스톤 링의 절개부가 180°로 위치되어 있을 때

해설 피스톤 링의 절개부는 피스톤 링에 탄력을 부여하며, 피스톤에 조립을 할 수 있도록 하기 위해 둔 것으로 조립시 120° 또는 180° 위치로 가도록 설치하여 압축가스의 누설을 방지하여야 한다.

11 실린더 벽이 마멸되었을 때 일어나는 현상은?

① 열효율이 높아진다.
② 기관의 회전수가 증가된다.

③ 폭발압력이 증대된다.
④ 압축압력이 저하된다.

해설 실린더 벽이 마모되면 압축가스의 누설로 압축압력, 폭발압력, 출력 등이 저하되고 오일이 연소실로 침입하게 되어 불완전 연소를 일으키게 된다.

12 실린더(연소실) 내에 카본이 끼게 되는 원인은?

① 희박한 혼합비
② 혼합가스의 완전연소
③ 오일이 연소실에서 연소
④ 연소실에 냉각수의 유입

해설 연소실에 카본 발생원인은 오일의 연소, 농후한 혼합 가스에 의한 불완전 연소에 기인한다.

13 크랭크 케이스의 환기 파이프가 막히면 나타나는 현상으로 옳은 것은?

① 오일이 희석된다.
② 오일 냉각이 잘 된다.
③ 오일 순환이 잘 된다.
④ 오일 순환이 안 된다.

해설 환기 파이프가 막히면 오존가스 및 연소생성물 등에 의하여 오일이 희석되고, 크랭크 케이스 내에 내압이 발생되어 축의 회전에 저항을 주게 된다.

14 다음 중 기관의 블록을 세척할 때 가장 좋은 용액은?

① 파라핀유
② 스핀들유
③ 그리스
④ 석유

해설 장비부품의 세척제로는 석유, 솔벤트, 경유가 사용된다.

15 실린더 블록의 동파 방지를 위해 설치한 것을 무엇이라 하는가?

① 정온기   ② 라디에이터
③ 코어 플러그   ④ 냉각수 통로

해설 수냉식 엔진의 경우 온도저하로 인한 동결에 의해 엔진이 파손 또는 균열을 방지하기 위하여 실린더 블록과 실린더 헤드에 코어 플러그(동파 방지기)가 설치되어 있다.

16 습식 라이너의 단점은?

① 냉각효과가 불량하다.
② 라이너 압입 압력이 높다.
③ 라이너의 열변형이 심하다.
④ 냉각수가 크랭크 케이스로 들어갈 염려가 있다.

해설 습식 라이너는 냉각수와 직접 접촉하기 때문에 실이 파손되면 냉각수가 크랭크 케이스로 들어갈 염려가 있다.

17 다음 중 실린더 라이너의 종류는?

① 건식과 습식
② 압입식과 팽창식
③ 전부동식과 반부동식
④ 교체식과 반부동식

18 엔진의 작동에 대한 설명으로 다음 중 가장 적당치 않은 것은?

① 출력과 토크는 관계가 있다.
② 2행정기관은 흡입과 배기를 위하여 송풍기가 필요하다.
③ 2행정기관은 크랭크 축이 1회전 할 때에 1회의 폭발이 있다.
④ 출력은 평균 유효압력에 비례한다.

해설 엔진의 출력은 회전속도에 비례하며 토크는 회전속도에 관계없이 일정하게 발생된다.

19 피스톤과 실린더 사이의 간극이 작으면 일어나는 사항은?

① 소결현상이 일어난다.
② 블로바이 현상이 일어난다.
③ 압축압력이 저하된다.
④ 압축압력이 증가한다.

20 피스톤과 실린더 간극이 커졌다. 다음 중 맞는 것은?

① 기관의 회전속도가 빨라진다.
② 블로바이가 생긴다.
③ 기관의 출력이 증가한다.
④ 엔진이 과열한다.

21 피스톤 행정(스트로크)이란?

① 실린더 전체의 길이
② 피스톤 전체의 길이
③ 상사점과 하사점 사이의 거리
④ 밸브와 피스톤의 거리

해설 행정 : 피스톤이 움직인 거리(상사점에서 하사점 사이의 거리)를 말한다.

22 다음 중 피스톤의 측압이 가장 큰 것은 어느 것인가?

① 흡기행정   ② 압축행정
③ 폭발행정   ④ 배기행정

23 피스톤과 실린더의 간극이 클 때 일어나는 현상으로 틀린 것은?

① 피스톤 슬랩 현상이 생긴다.
② 압축 압력이 저하된다.
③ 오일이 연소실로 올라온다.
④ 피스톤과 실린더의 소결이 일어난다.

해설 소결이란 열에 의해 타 붙음을 말하며 간극이 작을 때 나타난다.

24 커넥팅 로드가 굽었을 때 엔진에서 영향이 크게 미치는 곳은?

① 행정
② 압축압력
③ 실린더 벽
④ 크랭크 축 저널

해설 커넥팅 로드 휨 또는 비틀림이 있으면 실린더 벽, 크랭크 축, 피스톤 핀, 피스톤 등에 편 마모가 생긴다.

25 다음 중 크랭크 축을 교환하여야 할 경우로 옳은 것은?

① 균열이 생겼을 때
② 오일 구멍이 막혔을 때
③ 경미하게 휘었을 때
④ 베어링 저널이 긁혔을 때

해설 크랭크 축을 교환하여야 하는 경우로는 축의 균열이나, 축의 휨이 한계 이상으로 휘었을 경우에 교환한다.

26 4행정 사이클 4실린더 기관의 분사 순서가 1 → 3 → 4 → 2일 때 3번 실린더가 배기행정을 할 때 1번 실린더는 무슨 행정을 하는가?

① 흡입
② 압축
③ 폭발
④ 배기

27 직렬 6실린더 우수식 기관의 점화순서는?

① 1→2→4→6→5→3
② 1→5→3→6→2→4
③ 1→5→4→6→2→3
④ 1→2→3→6→5→4

해설 6기통 실린더 점화순서
• 좌수식 : 1→4→2→6→3→5
• 우수식 : 1→5→3→6→2→4

28 크랭크 축의 구조명칭이 아닌 것은?

① 암
② 핀
③ 저널
④ 플라이 휠

해설 플라이휠은 별개의 부품으로 크랭크 축에 볼트로 부착되어 엔진의 맥동적인 출력을 원활히 해준다.

29 내연기관의 동력 전달순서로 옳은 것은?

① 피스톤→커넥팅 로드→클러치→크랭크 축
② 피스톤→클러치→크랭크 축
③ 피스톤→크랭크 축→커넥팅 로드→클러치
④ 피스톤→커넥팅 로드→크랭크 축→클러치

해설 내연기관의 동력전달순서는 피스톤→커넥팅 로드→크랭크 축→플라이 휠→클러치 순으로 이루어진다.

30 플라이휠에 관한 설명으로 옳은 것은?

① 플라이휠의 크기는 기통수에 비례한다.
② 저속에서 고속 또는 고속에서 저속으로의 속도 변화를 용이하게 한다.
③ 속도 변화가 큰 건설기계일수록 무겁게 한다.
④ 원주 외부에는 링 기어가 열박음 되어 있다.

해설 플라이휠의 무게는 기통수와 회전속도에 반비례하며, 엔진의 맥동적인 출력을 원활히 하기 위한 것으로 외주에는 시동을 위한 링 기어가 열박음으로 설치되어 있다.

31 기관 플라이휠의 작용으로 가장 적당한 것은?

① 밸브 개폐시기 조정
② 기관 회전속도 증가
③ 피스톤의 상·하 운동을 빠르게
④ 폭발 행정 시 생기는 동력을 저장

32 유압 태핏의 밸브 간극 조정은 어떻게 하는가?

① 조정하지 않는다(간극은 0의 상태에서).
② 매일 점검 조정한다.
③ 매주 점검 조정한다.
④ 다른 태핏과 같다.

해설 유압 태핏은 밸브 간극 조정이 필요 없으며 밸브 간극은 항상 0이다.

33 다음 중 흡·배기밸브의 구비조건이 아닌 것은?

① 열전도율이 좋을 것
② 열에 대한 팽창률이 작을 것
③ 열에 대한 저항력이 작을 것
④ 가스에 견디고 고온에 견딜 것

해설 밸브의 구비조건
• 충분한 강도가 있을 것
• 열전도성이 클 것
• 열팽창률이 작을 것
• 열에 대한 항장력이 클 것

34 밸브 스템과 태핏 사이의 간극을 무엇이라 하는가?

① 스템 간극
② 로커암 간극
③ 여유 간극
④ 밸브 간극

35 밸브의 구비조건이 아닌 것은?

① 부식성이 좋을 것
② 고온에 잘 견딜 것
③ 열전도율이 양호할 것
④ 단조와 열처리가 쉬울 것

36 밸브 간극이 너무 크면 엔진에 어떤 현상이 생기게 되는가?

① 엔진이 과열된다.
② 밸브 시트의 마모가 급격해 진다.
③ 밸브가 완전히 열리지 않아 흡기, 배기의 작용이 충분하지 않다.
④ 기관의 압축압력이 높아진다.

37 밸브 스프링의 장력이 약할 때는 기관에서 나타나는 현상은?

① 배기가스 량이 적어진다.
② 밀착불량으로 압축가스가 샌다.
③ 밀착은 정상이나 캠이 조기 마멸된다.
④ 흡입 공기량이 많아져서 출력이 증가된다.

해설 밸브 스프링의 장력 약화 시 현상 : 밀착불량, 가스누설, 과열, 소음, 서징현상 발생

38 블로바이 현상에 대한 설명으로 옳은 것은?

① 밸브가 닫힐 때 튀면서 닫히는 현상
② 실린더와 피스톤의 틈으로 압축가스 및 폭발가스가 크랭크 케이스로 새는 현상
③ 압축행정 시 피스톤과 실린더 사이로 공기가 흡입되는 현상
④ 배기행정 시 잔류 가스를 완전히 배출하기 위하여 흡·배기밸브를 동시에 열어주는 현상

해설 블로바이 : 실린더와 피스톤 사이로 압축가스가 크랭크 케이스로 새는 현상을 말한다.

윤활장치

1 다음 중 윤활이 필요 없는 것은?

① 플라이휠
② 변속기
③ 로커암 축
④ 차동장치

해설 플라이휠은 엔진의 회전속도를 고르게 하기 위한 것이며, 뒷면에는 클러치가 연결되어 마찰에 의한 동력을 외부로 인출하는 것으로 윤활이 필요 없다.

2 윤활유 점도에 관한 설명으로 틀리는 것은?

① 윤활유 점도가 높을수록 끈적한 점도가 작다.
② 여름철에는 윤활유 점도가 높은 것을 사용한다.
③ 겨울철에는 윤활유 점도가 낮은 것을 사용한다.
④ 윤활유의 점도지수가 클수록 온도변화에 따른 점도 변화가 작다.

3 엔진 오일의 색깔이 붉은색을 띠고 있는 이유는?

① 가솔린의 혼입
② 4에틸납의 혼입
③ 장기간 사용으로 인한 변질
④ 엔진 오일 본래의 색이 붉은색이다.

4 윤활유의 구비조건으로 적당치 않은 것은?

① 온도에 관계없이 점도가 적당할 것
② 윤활성이 좋을 것
③ 응고점이 높을 것
④ 인화점이 높을 것

해설 응고점 : 오일이 고체로 되는 온도를 말하며, 응고점이 낮아야 저온에서 유동성을 유지할 수 있다.

5 엔진 오일에 연료가 섞이면 오일은 어떻게 되는가?

① 기관 회전이 원활하다.
② 마모 현상이 촉진된다.
③ 발화점이 높아진다.
④ 점도가 높아진다.

해설 엔진 오일에 연료가 유입되면 오일이 희석되어 점도가 낮아지며, 유성의 변질로 인한 마찰마모가 증대된다.

6 엔진 오일을 규정량보다 많이 보충했을 때에 어떤 현상이 일어나는가?

① 윤활작용이 양호해진다.
② 연소실에 오일이 침입한다.
③ 냉각 효과가 불량하다.
④ 오일을 열화 시킨다.

7 유압 조절 밸브의 설치 목적은?

① 계통 내의 최대 압력을 조절하기 위해
② 오일의 각 계통으로 빨리 전달키 위해
③ 계통 내의 오일양을 조절하기 위해
④ 순환되는 오일을 깨끗이 하기 위해

해설 유압 조절 밸브는 오일펌프에서의 오일 송출 압력이 과도하게 높아지는 것을 방지하고 일정한 유압을 유지하기 위하여 설치되어 있다.

8 다음 중 윤활유의 작용이 아닌 것은?

① 마찰의 감소
② 오일제어 작용
③ 냉각 작용
④ 밀봉 작용

9 다음 중에서 옳은 것은?

① 오일 팬은 가는 철망으로 되어 있으며 비교적 큰 오물을 제거한다.
② 윤활 방식에는 전류식. 분류식. 압송식 등이 있다.
③ 점도가 다른 엔진오일은 혼합하여 점도를 맞추어 보충한다.
④ 엔진 오일의 SAE 번호는 숫자가 클수록 점도가 높다.

해설 오일 팬은 강판으로 되어 있으며, 오일의 저장과 냉각 작용을 하고 윤활 방식으로는 전류, 분류, 샨트식으로 구분되며, 점도가 다른 오일을 혼합하여 사용하여서는 안 된다.

10 기관의 연소실에 윤활유가 올라와 연소할 때 배기가스의 색은?

① 검은색   ② 청색
③ 붉은색   ④ 흰색

11 다음 설명 중 옳은 것은?

① 인화점과 발화점은 같은 뜻이다.
② 압축 압력이 높을수록 연료의 착화 온도도 높게 된다.
③ 착화점이 낮은 연료는 착화 늦음 기간이 짧다.
④ 경유는 가솔린에 비하여 인화성은 좋으나 착화성은 좋지 않다.

12 윤활유의 주요 기능이 아닌 것은?

① 기밀 작용
② 방청 작용
③ 냉각 작용
④ 산화 작용

13 다음 중 기관 오일 압력이 상승하는 원인은?

① 오일펌프 고장
② 오일 점도가 높을 때
③ 윤활유가 너무 적을 때
④ 유압 조절 밸브 스프링이 약할 때

해설 유압이 높아지는 원인
• 유압 조절 밸브의 고착
• 오일 점도 과다
• 윤활 간극의 과소
• 오일 필터의 막힘
• 오일 회로의 막힘
• 유압 조절 밸브 스프링의 장력 과다

14 엔진 오일이 우유색을 띄고 있을 때의 원인은?

① 냉각수가 섞여 있다.
② 4에틸납의 연소생성물이 섞여 있다.
③ 연료가 섞여 있다.
④ 먼지 등이 섞여 있다.

해설 우유색 또는 회백색의 오일 색은 물이 혼입된 상태로 실린더 헤드 볼트의 이완 또는 헤드 개스킷의 파손, 오일 쿨러의 소손 등에 의해 물이 유입된다.

15 윤활유의 성질 중 가장 중요한 것은?

① 점도   ② 습도
③ 온도   ④ 열효율

16 오일에 거품이 생길 때 해당되지 않은 것은?

① 오일 탱크와 펌프 사이에서 공기가 침투한다.
② 오일이 많이 부족하다.
③ 안전밸브를 통한 오일의 바이패스가 과다하다.
④ 오일펌프의 마모가 심하다.

해설 오일에 거품이 발생되는 것은 회로의 공기유입과 오일부족, 바이패스 되는 오일량의 과다 등에 원인이 있다.

17 다음 중 윤활유의 기능을 바르게 설명한 것은?

① 마찰감소, 스러스트 작용, 밀봉작용, 냉각작용
② 마멸방지, 수분흡수, 밀봉작용, 마찰증대
③ 마찰감소, 마멸방지, 밀봉작용, 냉각작용
④ 마찰증대, 냉각 작용, 스러스트 작용, 응력분산

18 윤활작용에 속하지 않는 것은?

① 동력손실을 적게 한다.
② 가스의 누설을 방지한다.
③ 방청 작용을 한다.
④ 오일 작용을 양호케 한다.

19 기관의 윤활유 유압이 높을 때의 원인과 관계가 없는 것은?

① 윤활유 점도가 높을 때
② 유압 조절 밸브 스프링 장력이 강할 때
③ 오일 파이프의 일부가 막혔을 때
④ 베어링과 저널의 틈새가 클 때

해설 베어링과 저널의 틈새가 크면 유압이 낮아진다.

20 기관의 배기색이 백색이라면 그 원인은?

① 소음기의 막힘
② 노즐의 막힘
③ 분사시기의 늦음
④ 오일이 연소실로 유입

21 다음 중 기관 오일의 소비가 과대하게 되는 원인은?

① 기관의 과열
② 마멸된 베어링과 피스톤 링
③ 기능이 약한 방열기
④ 점화 시기의 부적당

해설 오일소비가 과대하게 일어나는 원인은 연소와 누설에 있다.

22 오일 레벨게이지는 무엇을 측정하며 어디에 설치되어 있는가?

① 오일의 압력을 측정하며 엔진에 설치된다.
② 오일의 순환 속도를 측정하며 엔진에 설치된다.
③ 오일 량을 측정하며 엔진에 설치된다.
④ 오일의 점도를 측정하며 엔진에 설치된다.

해설 오일 레벨게이지는 엔진의 오일량과 오일의 점도, 색 등을 점검, 측정하며 엔진측면에 설치된다.

23 엔진이 작동할 때 유압계를 살펴보니 지침이 청색을 지시하고 있다면 오일의 상태는 어느 상태인가?

① 오일 부족   ② 오일 불량
③ 정상   ④ 오일 점도 불량

24 윤활유 유압이 낮을 때의 원인과 관계 없는 것은?

① 유압조정밸브 접촉면의 불량
② 기관 각부의 마멸에 의한 윤활유 틈 새가 커졌을 때
③ 윤활유의 회로 내 누출될 때
④ 윤활유 점도가 높을 때

해설 유압이 낮아지는 원인
• 오일량 부족
• 오일 펌프의 마모 또는 불량
• 유압조정밸브 스프링의 약화 및 조절 불량
• 윤활부의 마모
• 오일의 점도 약화

25 윤활유 여과방식 중 오일펌프에서 나온 오일 전부 여과하여 윤활부로 가게 한 형식은?

① 분류식 　　② 전류식
③ 복합식 　　④ 샨트식

해설 전류식 : 오일 펌프에서 나온 오일 전부를 여과 하여 윤활부로 공급

26 디젤기관의 유압계(오일 미터)의 설치 목적은?

① 오일 순환량 측정
② 오일의 순환압력 측정
③ 오일의 순환온도 측정
④ 오일의 순환점도 측정

해설 유압계는 윤활 회로 내 오일의 순환 상태 및 회 로 내 압력을 운전석에 지시한다.

27 디젤기관의 해체정비와 관계가 없는 것은?

① 연료 소비량 　　② 윤활유 소비량
③ 압축비 　　④ 압축압력

냉각장치

1 기관의 팬벨트 유격이 너무 크면 어떤 현상이 발생하는가?

① 기관이 과열된다.
② 벨트의 수명이 길다.
③ 기관이 과냉될 우려가 있다.
④ 각 부분의 베어링 마멸이 빠르다.

2 운전 중 온도계에서 이상이 나타나면 먼저 점검할 사항은?

① 오일펌프를 점검한다.
② 연료분사 펌프의 기능을 점검한다.
③ 물 펌프를 점검한다.
④ 에어 클리너 엘리먼트를 점검한다.

해설 온도계의 온도 지시가 높게(지침이 적색 부분에 위치) 나타날 경우에 가장 먼저 점검하여야 할 부분은 냉각 계통의 이상 유무를 먼저 확인한다.

3 라디에이터의 구조에 들지 않는 것은?

① 코어
② 냉각수 주입구
③ 오버플로 튜브
④ 물 재킷

4 물의 대류작용을 이용하여 냉각시키는 방식은?

① 자연 순환식 　　② 강제 순환식
③ 자연 통풍식 　　④ 강제 통풍식

해설 수냉식의 냉각방식에는 물의 대류작용을 이용하 는 자연 순환식과 물 펌프를 이용하여 물을 강 제로 순환시키는 강제 순환식이 있으며, 거의 강 제 순환식을 사용한다.

5 냉각수의 수온을 측정하는 곳으로 다음 중 가장 적당한 곳은?

① 실린더 헤드내의 물 재킷 부
② 물 펌프 부분
③ 라디에이터 상부
④ 라디에이터 하부

6 방열기 캡을 열어 보았더니 냉각수에 기름이 떠 있다. 그 원인은?

① 실린더 헤드 개스킷 파손
② 밸브 틈새 과대
③ 피스톤 링의 파손
④ 물 펌프의 기능 마비

해설 냉각수에 기름이 떠있는 원인
• 실린더 헤드 볼트의 이완
• 실린더 헤드 개스킷의 파손
• 오일 쿨러의 소손

7 수냉식 건설기계 기관에서 라디에이터에 유입되는 냉각수의 온도와 유출되는 온도의 차이는 몇 도인가?

① 1~5°
② 10~15°
③ 5~10°
④ 15~20°

해설 라디에이터에 유 · 출입되는 냉각수의 온도 차이는 약 5~10° 정도이다.

8 부동액의 구비조건으로 틀린 것은?

① 휘발성이 없을 것
② 물과 혼합이 잘 될 것
③ 팽창계수가 클 것
④ 순환이 잘 될 것

해설 부동액이란 물이 얼어붙는 것을 방지하기 위한 것으로 팽창계수가 적어야 한다.

9 다음은 라디에이터의 점검에 관한 설명이다. 틀린 것은?

① 코어의 막힘은 20%가 넘으면 교환한다.
② 누설시험은 물속에 넣고 라디에이터 속에 공기를 주입하여 기포로서 알 수 있다.
③ 라디에이터의 막힘은 무게로서 측정한다.
④ 방열기의 누설은 납 또는 방열기 시멘트로 수정한다.

해설 라디에이터의 막힘은 냉각수의 주수량으로 측정한다.

10 냉각장치에서 냉각수의 비등점을 올리기 위한 장치는?

① 진공식 캡   ② 압력식 캡
③ 라디에이터   ④ 물 재킷

해설 냉각수의 비점을 높이기 위해 압력식 캡을 사용하며 냉각수의 비점을 112℃로 높인다.

11 라디에이터의 구비조건으로 옳지 않은 것은?

① 공기 저항이 작을 것
② 냉각수의 유동저항이 작을 것
③ 단위 면적당 방열량이 작을 것
④ 가볍고 작으며 강도가 클 것

12 V 벨트 접촉면의 각도는?

① 10°   ② 20°
③ 30°   ④ 40°

해설 V 벨트는 크랭크 축에서 동력을 받아 발전기와 물 펌프를 구동하는 벨트로서 V각도는 40°이다.

13 엔진이 과열되는 원인이 아닌 것은?

① 냉각수의 양이 적다.
② 물 재킷에 스케일이 많이 쌓여 있다.
③ 물 펌프의 작동이 불완전하다.
④ 온도 조절기가 열린 채로 고장이 났다.

14 다음 중 기관의 냉각 불충분으로 일어나는 현상이 아닌 것은?

① 기관의 수명이 짧아진다.
② 기계적 손실이 증가된다.
③ 가솔린 기관은 노크와 조기점화의 원인이 된다.
④ 디젤기관에서는 연료의 착화가 늦어진다.

해설 디젤엔진에서는 연료의 착화는 빨라지나 각 부품의 변형, 유막의 파괴 등에 의해 기계적 손실과 기관의 수명이 짧아지며 가솔린 기관에서는 노킹과 조기점화를 일으키게 된다.

15 라디에이터의 세척액으로 주로 사용되는 것은?

① 중성 세제　② 황산과 증류수
③ 탄산소다　④ 비눗물

해설 냉각 계통의 세척액으로는 탄산소다 또는 중탄산소다, 산. 알칼리 용액을 사용한다.

16 주로 냉각수로 많이 사용되는 것은?

① 수돗물　② 약국의 증류수
③ 소금물　④ 오염된 빗물

17 라디에이터 코어의 막힘은 몇 % 이상이면 청소 또는 교환하는가?

① 10%　② 15%
③ 20%　④ 25%

18 다음 중 부동액이 될 수 없는 것은?

① 그리스　② 글리세린
③ 에틸렌 글리콜　④ 메탄올

19 다음 중 엔진의 과열 원인이 아닌 것은?

① 팬벨트가 장력이 느슨하다.
② 물 펌프의 작용이 불량하다.
③ 냉각수가 부족하다.
④ 엔진오일이 너무 많다.

20 실린더 블록과 헤드에 물 재킷을 설치하고 물 펌프로 냉각시키는 방식은?

① 자연 통풍식　② 강제 통풍식
③ 자연 순환식　④ 강제 순환식

21 팬벨트에 유격에 대한 설명으로 틀린 것은?

① 유격이 헐거우면 냉각수 순환이 불량하다.
② 유격이 헐거우면 엔진 과열의 원인이 된다.
③ 팬벨트의 유격은 손으로 눌러 팽팽(전혀 들어가지 않음)해야 한다.
④ 팬벨트가 늘어나면 워터(물)펌프의 회전이 느리다.

해설 팬벨트의 유격은 10kg의 힘으로 눌렀을 때 그 처짐량이 13~20mm 정도이면 정상이다.

22 냉각 계통에서 배기가스의 누설은 무엇 때문에 일어나기 쉬운가?

① 실린더 헤드 개스킷 불량
② 매니폴드의 개스킷 불량
③ 워터 펌프의 불량
④ 냉각 팬의 벨트 유격 과대

23 다음에서 머플러(소음기)의 설명으로 틀린 것은?

① 카본이 많이 끼면 엔진이 과열된다.
② 머플러를 제거하면 배기음이 커진다.
③ 카본이 끼면 엔진 출력이 떨어진다.
④ 배기가스의 압력을 높여 열효율을 증가시킨다.

해설 머플러는 배기가스에 저항을 주어 배기음을 감소시키므로 엔진의 출력이 저하된다.

24 공기청정기에 오일과 엘리먼트를 넣은 형식을 무엇이라 하는가?

① 습식   ② 건식
③ 엘리먼트식   ④ 오일식

해설 습식의 형식으로 건설기계 등에 많이 사용되며 먼지가 많이 발생하는 곳에 사용한다.

25 공기청정기에 대한 설명으로 틀린 것은?

① 실린더 마멸에 영향을 준다.
② 공기청정기가 막히면 흡입효율이 저하된다.
③ 습식은 오일이 담겨있다.
④ 건식은 수돗물이 담겨있다.

26 에어 클리너가 막히면 기관에 어떤 영향을 주는가?

① 기관의 마모가 일어난다.
② 혼합 가스가 진해진다.
③ 윤활유가 굳어진다.
④ 배기가스가 백색이 된다.

해설 에어 클리너가 막히면 공기의 유입량이 적어져 진한 혼합비를 형성하게 되고, 배기색은 검은색의 배기가스를 배출하게 된다.

27 소음기에 카본이나 퇴적물이 많이 쌓이면 어떻게 되는가?

① 역화 발생   ② 기관의 과열
③ 기관의 과냉   ④ 폭발압 상승

해설 소음기에 카본이나 퇴적물 등이 쌓이면 배기가스의 배출에 저항이 발생되어 배압의 상승으로 출력의 저하와 엔진의 과열의 원인이 된다.

28 공기청정기의 설치 목적은?

① 공기의 여과와 소음 방지
② 연료의 여과와 소음 방지
③ 연료의 여과와 기압작용
④ 오일의 여과

해설 공기청정기는 공기 속의 불순물을 여과하고 소음을 방지하며, 역화시 불꽃을 저지한다.

29 배압이 기관에 미치는 영향으로 틀린 것은?

① 기관 과열
② 오일 소비율 증가
③ 출력감소
④ 피스톤 운동을 방해

해설 배압 : 배출되는 가스의 압력으로 배압이 높아지는 원인은 소음기의 막힘, 점화 시기 또는 분사 시기의 늦음, 후연소기간이 길 때 등이다.

30 습식 공기청정기에 사용하는 오일은?

① OE   ② GO
③ HB   ④ GAA

해설 ① OE : 엔진 오일
② GO : 기어 오일
③ HB : 브레이크 오일
④ GAA : 그리스
⑤ HO : 작동유(유압유)

디젤 연료, 과급장치

1 디젤기관의 부품으로 관계가 없는 것은?

① 예열 플러그   ② 배전기

③ 분사펌프   ④ 압력방출레버

> **해설** 배전기는 가솔린기관의 점화장치 부품으로 고전압을 분배해 주는 부품이다.

2 디젤기관과 가솔린 기관을 비교할 때 디젤기관의 장점이 아닌 것은?

① 저속에서 큰 회전력이 발생한다.

② 연료비가 저렴하다.

③ 동일체적 실린더에서 가솔린 기관보다 기관 마력이 높다.

④ 마력 당 중량이 크다.

> **해설** 마력 당 중량이 큰 것은 단점에 속한다.

3 디젤엔진 연료 공급장치의 공기빼기 순서로 옳은 것은?

① 공급 펌프→연료 여과기→분사 펌프

② 연료 여과기→분사 펌프→공급 펌프

③ 분사 노즐→공급 펌프→연료 여과기

④ 분사 펌프→연료 여과기→공급 펌프

> **해설** 연료장치의 공기빼기는 연료 탱크로부터 가까운 곳부터 실시한다.

4 디젤기관의 연료로서 필요한 조건은?

① 발화점이 낮아야 한다.

② 인화점이 낮아야 한다.

③ 점도가 높아야 한다.

④ 수분을 다소 포함하여야 한다.

> **해설** 디젤유(경유)는 발화점(착화점)이 낮아야 착화지연기간이 짧게 되며 디젤 노크를 방지할 수 있다.

5 디젤기관의 구성품이 아닌 것은?

① 분사 펌프   ② 공기청정기

③ 점화 플러그   ④ 흡기 다기관

6 디젤기관용 연료의 내폭성을 표시하는 것은?

① 옥탄가   ② 부탄가

③ 프로판가   ④ 세탄가

> **해설** 세탄가는 디젤 연료의 착화성을 나타내는 것으로 일반적으로 45~60 정도이다.

7 디젤기관의 연료로 적당치 않은 것은?

① 세탄가가 높아야 한다.

② 자연 발화점이 높아야 한다.

③ 유황분 함량이 적어야 한다.

④ 취급이 용이하며 화재의 위험성이 작을 것

8 디젤엔진에서 연료는 분사되는 되는데 시동이 되지 않는 원인으로 틀린 것은?

① 분사시기의 부적당

② 점화 플러그의 작동불량

③ 압축압력의 저하

④ 연료분사 압력 저하

> **해설** 점화 플러그는 가솔린 기관의 점화장치 부품으로 연소실에 설치되며, 혼합가스를 연소시키기 위한 불꽃발생기이다.

9 디젤 노크의 원인으로 옳은 것은?

① 압축력이 높을 때

② 흡기의 온도가 높을 때

③ 연료의 착화지연기간이 짧을 때

④ 기관의 온도가 낮고 분사상태가 불량할 때

10 디젤기관의 진동 원인 중 적당치 않은 것은?

① 피스톤 및 커넥팅 로드의 중량차
② 분사 압력, 분사량의 불균형
③ 연료 탱크에 공기가 있을 때
④ 실린더 안지름의 차이가 심할 때

해설 연료 탱크에 공기(대기)가 없으면 연료의 공급이 불량해진다.

11 디젤기관이 역회전을 할 경우 가장 먼저 취해야 할 조치는 어느 것인가?

① 공장장께 급히 보고한다.
② 흡입구를 손으로 급히 막는다.
③ 연료 탱크의 연료를 급히 제거한다.
④ 분사 펌프의 스톱 레버로 연료를 차단한다.

12 겨울철에 연료 탱크에 연료를 가득히 채우는 이유는?

① 연료가 적으면 증발하여 연료 손실을 가져오므로
② 연료가 적으면 출렁거리므로
③ 공기 중에 수증기가 응고하여 물이 되어 들어가므로
④ 연료 계기의 고장이 생기므로

해설 겨울철에 건설기계 운전 후 연료 탱크에 연료를 채우지 않으면 야간(정지 후)에 기온이 저하되었을 때 공기중의 수증기가 응축되어 물을 생성하고 연료 속에 혼입되어 연료의 흐름을 방해하게 된다.

13 다음 사항은 디젤엔진에서 연료는 공급되나 기동이 되지 않는 이유이다. 관계가 없는 것은?

① 밸브의 밀착이 불량할 때

② 압축 압력의 저하
③ 밸브 개폐 시기의 부적합
④ 점화 불꽃이 약하다.

해설 디젤기관은 자연착화기관으로 점화장치가 없으며 가솔린 기관에 점화장치가 설치되어 있다.

14 디젤기관이 역회전을 할 때 가장 위험한 사항은 어느 것인가?

① 열효율의 저하
② 연료, 분사 펌프의 역작용
③ 윤활유 펌프의 역작용
④ 흡·배기밸브의 마모

해설 기관이 역회전을 하면 오일펌프의 역회전에 의해 각 윤활부에 공급되는 오일의 공급이 중단되어 마찰부는 마찰마모 및 소결을 일으키게 된다.

15 기관이 실화(miss fire)현상을 일으킬 때 나타나는 현상은?

① 피스톤 링이 파손된다.
② 연료소비가 적다.
③ 엔진이 과냉된다.
④ 엔진의 회전이 불량해진다.

해설 기관이 실화되면 연료소비가 많아지며 기관이 과열되고 출력이 저하와 엔진의 회전이 고르지 못하다.

16 디젤의 노크 방지와 관계되는 설명으로 틀린 것은?

① 엔진의 온도를 낮춘다.
② 착화성이 좋은 연료를 사용한다.
③ 흡입 공기의 압축압력과 온도를 높인다.
④ 연료분사시기 및 분사 상태를 조정한다.

17 디젤기관의 진동 원인이 아닌 것은?

① 피스톤 및 커넥팅 로드의 중량차
② 실린더 안지름의 차이가 심할 때
③ 분사 압력, 분사량의 불균형
④ 실린더 수가 많은 다기통일수록

해설 실린더 수가 많은 엔진일수록 동력의 겹침이 많아 엔진의 진동은 적어진다.

18 디젤 노크를 일으키는 원인으로 옳은 것은?

① 압축 압력이 높을 때
② 흡기의 온도가 높을 때
③ 연료의 착화지연기간이 짧을 때
④ 기관의 온도가 낮고 분사상태가 불량한 때

해설 기관의 온도가 낮고 분사상태가 불량하면 착화지연기간이 길어져 디젤 노크를 일으키게 된다.

19 디젤기관용 연료의 구비조건으로 틀린 것은?

① 옥탄가가 높을 것
② 불순물이 없을 것
③ 착화성이 좋을 것
④ 점도가 적당할 것

20 다음 중 디젤기관과 관계가 없는 것은?

① 시동 모터 ② 플런저
③ 분사 노즐 ④ 기화기

해설 기화기는 가솔린 기관에서 연료와 공기를 연소가 가능한 범위로 혼합시켜 주는 기구이다.

21 연료 여과기의 기능에 관한 설명이다. 맞는 것은?

① 분사 노즐의 막힘을 촉진한다.

② 연료 속의 먼지를 녹인다.
③ 연료 속의 먼지나 수분을 제거 또는 분리한다.
④ 연료 속의 윤활유를 흡수한다.

해설 연료 여과기의 기능 : 연료 속의 이물질 제거, 연료 속의 수분 분리, 연료의 맥동 방지

22 디젤기관의 연소과정에 속하지 않는 것은?

① 착화지연기간
② 제어연소기간
③ 불완전연소기간
④ 후기 연소기간

23 예연소실식 연소실에 대한 설명으로 틀린 것은?

① 예열 플러그를 설치한다.
② 사용연료의 변화에 민감하다.
③ 예연소실은 주 연소실보다 작다.
④ 분사 압력이 직접 분사실식 보다 낮다.

24 직접 분사실식의 장점으로 틀린 것은?

① 노킹이 잘 일어나지 않는다.
② 구조가 간단하다.
③ 시동이 용이하다.
④ 열효율이 높다.

25 다음에서 연료의 분사 압력이 가장 낮은 형식은?

① 직접 분사실식
② 와류실식
③ 예연소실식
④ 공기실식

26 예연소실식의 장점을 든 것으로 틀린 것은?

① 연료장치의 고장이 적고 수명이 길다.
② 운전상태가 정숙하고 디젤 노크가 적다.
③ 사용 연료의 변화에 둔감하다.
④ 기동이 쉽고 실린더 헤드의 구조가 간단하다.

해설 복실식 연소실은 연소실의 구조가 복잡하고 기동이 어려워 예열장치를 설치하여 사용한다.

27 직접 분사실식의 장점으로 틀린 것은?

① 실린더 헤드의 구조가 간단하다.
② 연소실 체적에 대한 표면적이 작다.
③ 연료 소비율이 낮다.
④ 노즐의 수명이 길다.

28 직접 분사실식 엔진의 장점을 열거한 것으로 틀린 것은?

① 구조가 간단하고 열효율이 높다.
② 연료분사압력이 낮다.
③ 실린더 헤드의 구조가 간단하다.
④ 냉각 손실이 적다.

해설 직접 분사실식의 단점
• 노킹이 잘 일어난다.
• 분사 압력이 높아야 한다.
• 연료장치의 내구성이 낮다.

29 연료의 분사 압력이 가장 큰 형식의 디젤기관의 연소실은?

① 직접 분사실식
② 예연소실식
③ 와류실식
④ 공기실식

30 디젤엔진의 연소실 중 시동이 제일 잘 되는 연소실의 형식은?

① 와류실식
② 공기실식
③ 직접 분사실식
④ 예연소실식

31 다음 디젤기관의 연소실 중 복실식이 아닌 것은?

① 와류실식
② 예연소실식
③ 공기실식
④ 직접 분사실식

해설 직접 분사실식은 단실식이며, 복실식 연소실에는 예연소실식, 와류실식, 공기실식이 있다.

32 직접분사실식 기관에서 예연소실이 없기 때문에 흡기 다기관에 다음 중 어느 것을 설치하는가?

① 레귤레이터
② 히트 렌지
③ 예열 플러그
④ 스파크 플러그

해설 직접분사실식의 기관에서는 예열장치로 흡기 가열식의 예열장치를 설치하며 종류로는 흡기 히터형과 히트 렌지형이 있고 주로 흡기 다기관에 설치하는 히트 렌지를 사용하고 있다.

33 디젤엔진의 직접 분사실식 단점에 속하지 않는 것은?

① 토크가 크다.
② 분사 압력이 높아야 한다.
③ 분사상태가 좋아야 한다.
④ 연료의 질이 좋아야 한다.

34 분사 펌프 분사량 불균율은 전 부하에서 얼마 이내이어야 하는가?

① ±1%
② ±3%
③ ±5%
④ ±10%

35 디젤기관에 설치된 타이머의 기능은?

① 후 연소시기를 조정한다.

② 연료의 분사량을 조정한다.

③ 연료의 분사시기를 조정한다.

④ 연료량과 기관의 속도를 조절한다.

해설 엔진의 회전속도에 따라 자동적으로 연료의 분사시기를 조절한다.

36 디젤엔진에서 연료분사 펌프의 거버너는 어떤 역할을 하는가?

① 연료분사량을 조정한다.

② 연료분사시기를 조정한다.

③ 착화성을 조정한다.

④ 분사 압력을 조정한다.

37 디젤기관에서 타이머의 작용으로 다음 중 가장 적당한 것은?

① 연료분사량을 조정한다.

② 연료분사시기를 조정한다.

③ 연료의 양과 기관의 속도를 조절한다.

④ 분사 압력을 조정한다.

38 4행정 사이클 기관에서 기관이 2,000rpm으로 회전하면 분사 펌프의 캠축은 몇 회전 하는가?

① 500rpm

② 1,000rpm

③ 2,000rpm

④ 4,000rpm

해설 밸브를 작동시키는 캠축과 분사펌프를 작동하는 캠축은 4행정의 경우는 크랭크 축의 회전에 1/2로 회전하며 2행정의 경우에는 같은 비율로 회전한다.

39 분사펌프 계통에 공기가 침입되었을 때 배출작업으로 다음 중 가장 적당한 정비방법은?

① 기관을 크랭킹 하면서 뺀다.

② 냉각수 펌프를 가동시켜 연료를 보충한다.

③ 기관을 가동하면서 벤트 플러그를 열고 연료가 빠질 때 막고 펌프를 고정한다.

④ 수동 펌프를 작동하면서 벤트 플러그를 열고 연료가 빠질 때 막고 펌프를 고정한다.

해설 수동 펌프를 작동하면서 벤트 플러그를 열고 연료가 빠질 때 막고 펌프를 고정하여 공기의 재유입을 차단하여야 하며 공기빼기의 순서는 공급 펌프 → 연료 여과기 → 분사펌프 순으로 작업한다.

40 디젤기관의 연료분사시기가 늦으면 나타나는 현상은?

① 기관이 역회전 한다.

② 기관의 연소가 완전하다.

③ 배기가스의 색이 백색이다.

④ 배기가스의 색이 흑색이다.

해설 분사시기가 늦어지면 불안전 연소로 엔진 출력이 저하되고 연료 소비량이 증가하며 배기색이 흑색이 된다.

41 디젤기관의 연료분사 펌프 플런저 유효행정을 크게 하면 어떤 현상이 생기는가?

① 연료 송출량이 감소한다.

② 연료 송출량이 증가한다.

③ 연료분사압력이 낮아진다.

④ 연료분사압력이 높아진다.

42 다음 중 디젤기관의 연료 공급 펌프를 구동시키는 것은?

① 분사펌프 내의 캠 샤프트
② 배전기 연결 축
③ 딜리버리 밸브
④ 타이밍 라이트

해설 디젤 연료장치에서 공급펌프는 연료 탱크의 연료를 분사펌프에 공급하기 위한 펌프로 분사펌프의 측면에 부착되어 있으며, 분사펌프 내 캠축의 구동 캠에 의해 구동된다.

43 디젤엔진에서 착화시기(타이밍)를 필요로 하지 않는 기어는?

① 크랭크 샤프트 기어
② 캠 샤프트 기어
③ 연료분사펌프 기어
④ 오일펌프 기어

44 디젤기관의 분사펌프에서 플런저 스프링이 약해 졌을 때 일어나는 사항은?

① 캠 작용이 끝난 다음 플런저의 리턴이 불량하다.
② 태핏 간극이 작아진다.
③ 연료의 분사량이 증대된다.
④ 연료분사개시 압력이 낮아진다.

45 디젤기관에서 연료분사 펌프의 거버너는 어떤 작용을 하는가?

① 분사량을 조절한다.
② 분사시기를 조절한다.
③ 착화성을 조절한다.
④ 분사 압력을 조절한다.

46 공기식 조속기의 구조에 들지 않는 것은?

① 막판   ② 진공실
③ 원심추   ④ 주 스프링

해설 공기식 조속기는 흡기 다기관의 진공을 이용하며 기계식 조속기는 엔진의 회전에 따른 원심력을 이용한다.

47 분사 노즐의 분사 압력이 낮을 때 조정 방법으로 옳은 것은?

① 노즐 압력 스프링의 자유높이를 길게 한다.
② 노즐 압력 스프링의 자유높이를 고정한다.
③ 노즐 압력 스프링의 자유높이를 짧게 한다.
④ 노즐 압력 스프링 키의 위치를 변경한다.

해설 분사압력의 조절은 노즐홀더로 노즐 압력 스프링의 장력(스프링의 길이)을 가·감조절하여 조정한다.

48 연료 인젝션 펌프와 노즐 사이에 밸브가 없고 항상 열려 있는 노즐은?

① 밀폐형 노즐
② 개방형 노즐
③ 핀틀형 노즐
④ 스로틀형 노즐

49 노즐 시험기로 노즐을 시험하는 항목이다. 틀린 것은?

① 분사 각도   ② 분사량
③ 분사 압력   ④ 후적의 상태

해설 분사량의 시험은 분사펌프 시험기로 점검한다.

50 분사 노즐이 과열되는 원인이 아닌 것은?

① 분사시기 틀림

② 노즐 냉각기 불량

③ 분사량의 과다

④ 과부하에서 연속 운전

해설 분사 노즐의 냉각기는 별도로 없으며 엔진의 냉각장치에 의해 냉각된다.

51 다음은 분사노즐에 요구되는 조건을 든 것이다. 맞지 않는 것은?

① 연료를 미세한 안개 모양으로 하여 쉽게 착화되게 할 것

② 분무가 연소실 구석구석까지 뿌려지게 할 것

③ 분사량을 회전속도에 알맞게 조정할 수 있을 것

④ 후적이 일어나지 않게 할 것

해설 노즐 분무 형성의 3대 조건 : 무화(안개화), 분산도(분포도), 관통력(관통도)

52 직접 분사실식에 가장 알맞는 노즐은?

① 구멍형 노즐　　② 개방형 노즐

③ 스로틀형 노즐　④ 핀틀형 노즐

53 노즐의 기능이 불량할 때 일어나는 사항이다. 틀린 것은?

① 연소 불량

② 노크

③ 출력증대

④ 연소실 내에 탄소의 달라붙음

54 다음 중 엔진 시동 시 예열이 필요한 때는?

① 추운 곳에서 시동을 할 때

② 작업 중 과부하로 엔진이 꺼져 다시 시동할 때

③ 시동하여도 시동 모터가 돌지 않을 때

④ 배터리가 방전되었을 때

해설 예열장치는 한랭시 시동을 쉽게 해주는 시동 보조장치이다.

55 디젤기관의 전속도 범위에서 공기와 연료의 비율을 적당하게 유지시키는 장치로 다음 중 가장 적당한 것은?

① 라이너 장치

② 디콤프 장치

③ 앵글라이히 장치

④ 거버너 장치

해설 앵글라이히 장치 : 전속도 범위에서 공기와 연료의 비율을 적당하게 유지시키는 장치이다.

56 디젤엔진의 시동을 끄고자 한다. 가장 알맞은 방법은?

① 디콤프(감압) 레버를 당긴다.

② 2차 전원을 차단한다.

③ 점화 스위치를 끈다.

④ 예열 플러그의 전원을 차단한다.

해설 디젤엔진의 시동정지방법으로는 연료의 공급을 차단하는 방법, 흡입되는 공기를 차단하는 방법과 압축압력을 저하시키는 방법이 있으며 주로 연료를 차단하는 방법이 사용된다.

57 디젤기관이 시동이 잘 안 된다. 관계가 없는 것은?

① 압축행정시간이 길기 때문이다.

② 발열시간이 길므로 온도 저하가 생기기 때문이다.

③ 시동 시 크랭크 축의 속도가 느리기 때문이다.

④ 압축비가 높아서 압축공기의 온도가 너무 높기 때문이다.

58 다음의 장치 중 디젤기관의 시동을 쉽게 해주는 장치가 아닌 것은?

① 히트 렌지　　② 디콤프
③ 예열 플러그　④ 디퓨저

해설 디퓨저는 원심식 과급기에서 속도에너지를 압력 에너지로 바꾸어 주는 장치이다.

59 다음에서 시동을 쉽게 해주는 보조장치가 아닌 것은?

① 예열장치
② 감압장치
③ 과급장치
④ 연소 촉진제 공급장치

해설 과급장치는 엔진의 충진효율을 높여 엔진의 출력, 회전력, 연료 소비율을 향상시키기 위해 흡기에 압력을 가하는 장치로 일종의 공기 펌프이다.

60 다음은 감압장치에 관한 설명으로 틀린 것은?

① 주로 디젤기관에 사용한다.
② 주로 가솔린 기관에 사용한다.
③ 기동 전동기에 무리가 가는 것을 예방할 수 있다.
④ 기동 시 연소실의 압력을 낮추어 준다.

해설 가솔린 기관에는 감압장치를 사용하지 않는다.

61 터보차저의 작동에 이용되는 힘은?

① 흡입 공기
② 배기가스
③ 크랭크 축
④ 분사 펌프

해설 과급기로서 엔진의 출력을 증대시키기 위하여 설치되며 기계식 과급기(슈퍼차저)는 엔진의 동력을 이용하고, 배기가스 터빈식(터보차저)은 배기가스의 압력을 이용하여 작동된다.

62 디젤기관에 사용되는 과급기의 역할은?

① 출력증대
② 냉각효율의 증대
③ 배기의 정화
④ 윤활성의 증대

63 디콤프(Decomp)장치에 대한 설명으로 옳은 것은?

① 출력을 증가시키는 장치
② 연료 손실을 감소시키는 장치
③ 화염 전파속도를 빨리 해 주는 장치
④ 한냉 시 시동을 도와주는 장치

해설 디콤프(decomp)장치 : 한랭 기동시 흡·배기밸브를 열어 압축 압력을 인위적으로 감소시켜 엔진의 회전을 원활 시동을 용이하게 해준다.

64 과급기 케이스 내부에 설치되어 공기의 속도 에너지를 압력 에너지로 바꾸는 장치는?

① 디퓨저
② 루트 슈퍼차지
③ 터빈
④ 디플렉터

해설 디퓨저(defuser) : 감압 확산장치로 흡기 통로 등에 설치된 나팔관을 말한다.

65 과급기를 사용하면 엔진의 중량은 10~15% 증가하나 출력은 얼마가 높아지는가?

① 5~10%　　② 15~25%
③ 35~45%　④ 50~65%

해설 과급기를 설치할 경우 고속 시 체적효율의 저하가 방지되고, 평균 유효압력을 높게 할 수 있기 때문에 엔진의 중량은 10~15% 증가하나 출력은 35~45%가 증대된다.

CRDI
(커먼레일, 전자제어 디젤기관)

1 다음 중 전자제어 디젤기관의 특징이 아닌 것은?

① 출력이 향상된다.

② 연비가 향상된다.

③ 소음과 진동이 감소된다.

④ NOx는 감소하나 매연이 증가한다.

[해설] 전자제어 디젤기관의 가장 큰 특징은 NOx(질소 산화물)를 절감하여 매연 발생을 감소하게 한다.

2 전자제어 디젤기관의 구성품이 아닌 것은?

① 인젝터

② 커먼레일

③ 분사펌프

④ 연려압력 조정기

[해설] 분사펌프는 기계식 디젤기관의 구성품이다.

3 전자제어 디젤기관의 연료장치를 저압부와 고압부로 구분하였을 때 저압부에 속하는 것은?

① 연료공급 펌프   ② 고압펌프

③ 커먼레일   ④ 인젝터

4 CRDI 디젤기관에서 커먼레일에 장착되어 인젝터에 공급되는 연료압력을 조절하는 것은?

① 연료압력제어 밸브

② 연료압력제한 밸브

③ 연료공급조절 밸브

④ 고압 연료조절 밸브

[해설]
• 연료압력제한 밸브 : 커먼레일에 장착되어 인젝터에 공급압력 조절
• 연료압력제어 밸브 : 고압펌프에 장착되어 커먼레일에 공급되는 연료압력 조절

5 커먼레일 디젤기관에 사용되는 공기유량센서로 사용되는 것은?

① 베인방식   ② 열막방식

③ 칼만 와류방식   ④ 맵센서 방식

6 전자제어 디젤기관에서 엔진의 회전속도를 검출하는 센서는?

① 캠축 센서

② 가속페달 위치센서

③ 크랭크 각 센서

④ 냉각수온 센서

7 건설기계에 사용되는 전자제어 디젤기관에서 조종사의 의지를 검출하여 연료 분사량 및 분사시기를 제어하기 위한 센서는?

① 엔진 오일 온도센서

② 연료압력센서

③ 가속페달 위치센서

④ 감각센서

8 전자제어 디젤기관을 사용하는 건설기계의 계기판에 점등되는 경고등이 아닌 것은?

① 연료수분 감지

② DPF 재생

③ 예열플러그 작동

④ 연료차단

높음

해설 전자제어 디젤기관에 사용되는 경고등에는 연료 수분 감지경고등, DPF 재생경고등, 예열플러그 작동지시등, 오일온도 경고등, 작동유 온도경고 등, 충전장치 경고등 등이 있다.

9 CRDI 디젤기관에 사용하는 예열플러 그 제어방식이 아닌 것은?

① 스타트 제어
② 프리제어
③ 애프터 제어
④ 포스트 제어

해설 전자제어 디젤기관의 예열플러그 제어에는 프리 제어, 애프터 제어, 포스트 제어가 있다.

10 CRDI 디젤기관에서 사용되는 입력요 소와 출력요소 중 입력요소에 해당하 지 않는 것은?

① 공기유량 센서
② 크랭크각 센서
③ 캠각 센서
④ 인젝터

해설 각종 센서 및 스위치 신호 등은 입력요소에 해 당하며, 인젝터, 연료압력제한기, ERG 밸브 등 은 출력요소에 해당한다.

11 전자제어 디젤기관을 사용하는 건설기 계에서 크랭킹은 가능하나 기관이 시동 되지 않는다. 점검부위로 틀린 것은?

① 인젝터
② 레일압력
③ 연료탱크 내 연료량
④ 분사펌프 딜리버리 밸브

해설 분사펌프 딜리버리 밸브는 기계식 디젤기관의 구성품으로서 연료를 송출하는 역할을 한다.

12 CRDI 디젤엔진에서 기계식 저압펌프 의 연료공급 경로가 맞는 것은?

① 연료탱크 → 저압펌프 → 연료여과기 → 고압펌프 → 커먼레일 → 인젝터
② 연료탱크 → 연료여과기 → 저압펌프 → 고압펌프 → 커먼레일 → 인젝터
③ 연료탱크 → 저압펌프 → 연료여과기 → 커먼레일 → 고압펌프 → 인젝터
④ 연료탱크 → 저압여과기 → 저압펌프 → 커먼레일 → 고압펌프 → 인젝터

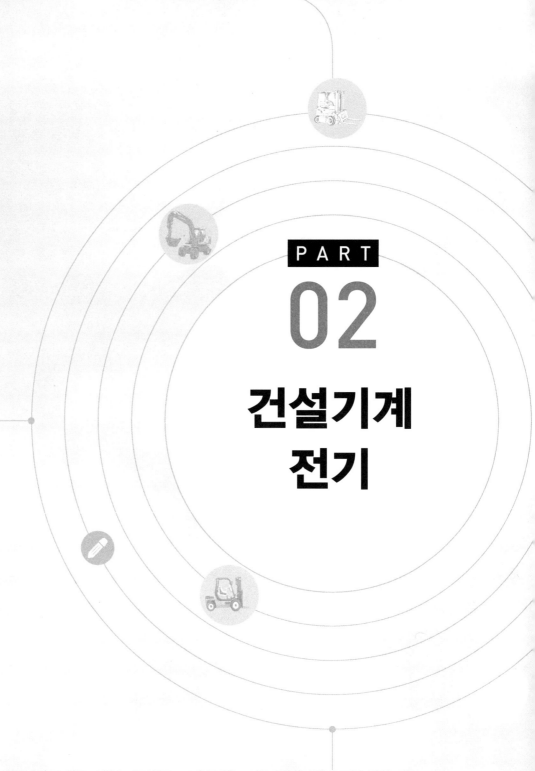

PART

02

건설기계
전기

• 전기 일반 • 축전지 • 시동장치 • 충전장치 • 조명장치, 냉 · 난방장치
• 계기장치 • 출제예상문제

01 전기 일반

1　전기 기초

(1) 전류(A)

① 전자의 이동, 흐름, 전하 이동량

② 단위　☞ 암페어[A]

③ 전류의 3대 작용

　㉠ **발열**작용 : 예열 플러그, 열선, 각종 전구, 시거

　㉡ **화학**작용 : 배터리, 전기 도금

　㉢ **자기**작용 : 릴레이, 전동기, 발전기

(2) 전압(V, 전위차)

① 전류를 흐르게 하는 전기적 압력

② 단위　☞ 볼트[V]

POINT **전기의 종류**

　• 교류 : 시간변화에 따라 전류·전압이 시시각각 변화하는 것

　• 직류 : 시간변화에 따라 전류 및 전압이 변화하지 않고 일정값 유지하는 것

(3) 저항(Ω)

① 물질 속을 전류의 흐름을 방해하는 것

② 단위　☞ 옴[Ω]

＊ 옴(Ω)의 법칙 : 도체에 흐르는 전류는 도체에 가해지는 전압에 (정)비례하고 그 도체의 저항에는 반비례한다.

☞ $I = \dfrac{E}{R}$, $R = \dfrac{E}{I}$, $E = I \times R$

I : 도체에 흐르는 전류(A), R : 도체의 저항(Ω), E : 도체에 가해지는 전압(V)

(4) 저항 및 배터리의 접속방법

1) 직렬 접속

① 몇 개의 저항을 한 줄로 연결 : $\overset{R_1}{\underset{}{\wedge\wedge\wedge}}\ \overset{R_2}{\underset{}{\wedge\wedge\wedge}}$

② 합성저항은 각 저항을 더함 : R(합성저항) = R_1 + R_2

③ 용량은 1개 때와 같다(배터리).

④ 전압은 개수 배가 된다(배터리).

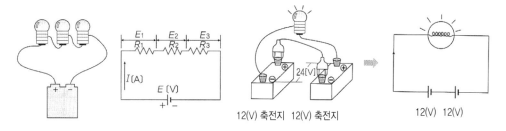

▲ 직렬 접속   ▲ 축전지 직렬 접속

2) 병렬 접속

① 몇 개의 저항을 극성이 동일하도록 연결 :

② 합성저항은 회로 중 가장 적은 저항 값보다 작다. :

③ 용량은 개수 배가 된다(배터리).

④ 전압은 1개 때와 같다(배터리).

$$\frac{1}{R} = \frac{1}{R_1} + \frac{1}{R_2}$$

$$\rightarrow R(합성저항) = \frac{R_1 \times R_2}{R_1 + R_2}$$

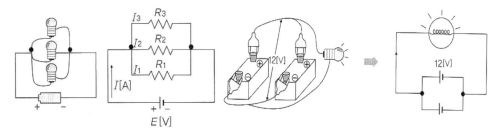

▲ 병렬 접속   ▲ 축전지 병렬 접속

(5) 전력(W)

① 전기가 하는 일의 크기

② 단위 ☞ 와트[W]

$$P(\text{Power, 전력, Watt}) = I(\text{A, 전류}) \times E(\text{V, 전압}) = I^2R = \frac{E^2}{R}$$

2 전기와 자기

(1) 플레밍의 왼손 법칙

전자력의 방향을 알려고 할 때 왼손의 엄지, 인지, 가운데손가락을 직각이 되도록 하여 인지를 자력선의 방향, 가운데손가락을 전류의 방향으로 일치시킬 때 엄지손가락은 전자력 방향을 나타낸다.

　* 응용 기기 : 기동 전동기, 전압계, 전류계

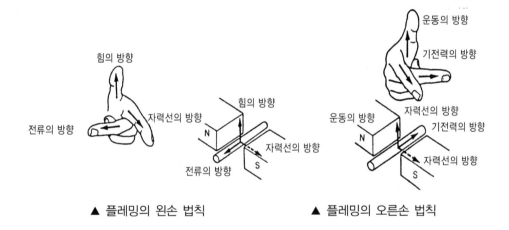

▲ 플레밍의 왼손 법칙　　　　　▲ 플레밍의 오른손 법칙

(2) 플레밍의 오른손 법칙

유도 기전력을 알고자 할 때 오른손의 엄지, 인지, 가운데손가락을 직각이 되도록 하여 **엄지손가락**을 운동의 방향, 인지를 자력선의 방향으로 일치시키면 가운데손가락은 유도 기전력 방향을 나타낸다.

　* 응용 기기 : 발전기

CHAPTER 02 축전지(battery)

건설기계 운전기능사 필기

1 개요

전류의 화학작용을 이용, 화학적 에너지 → 전기적 에너지로(방전) 바꾸는 장치이다.
① 1차 전지 : 방전되었을 때 다시 충전할 수 없다(건전지).
② 2차 전지 : 외부의 전원으로 충전하면 다시 기능을 회복할 수 있다(축전지).

2 역할

① 기관 시동시의 모든 전기적 부하를 담당한다.
② 발전기에 고장이 발생된 경우 건설기계의 운전을 위한 비상전원으로 작동한다.
③ 발전기 출력과 전기적 부하와의 언밸런스를 조절한다.

3 구조(납산 축전지)

1개의 케이스에 여러 개의 셀(cell)이 있으며, 셀에는 양극판, 음극판 및 전해액이 들어 있다.
또한 셀 당 기전력은 2.1V 이고 셀 당 음극판이 양극판보다 1장 더 많다(→ 화학적 평형 고려).

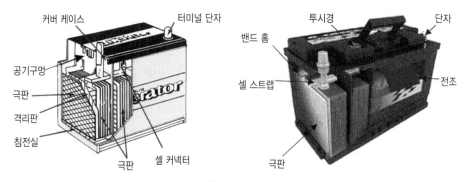

▲ 축전지의 구조

(1) 극판

1) 양극판

격자에 작용물질인 과산화납은 암갈색으로 다공성이며, 사용함에 따라 결정성 입자가 떨어지게 된다.

2) 음극판

격자에 작용물질인 해면상 납은 회색으로 결합력이 강하고 반응성이 풍부하다.

POINT **격자** : 납과 안티몬의 합금으로 되어 있으며, 작용물질을 유지한다.

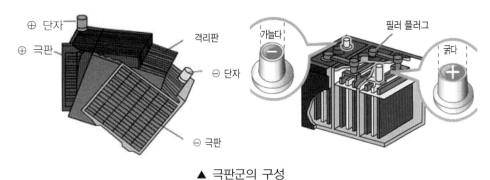

▲ 극판군의 구성

3) 격리판

양극판과 음극판 사이에 끼워 있으며, 양극판과 음극판이 단락되는 것을 방지한다.

(2) 격리판의 구비조건

① 기계적 강도가 있어야 한다.
② 다공성이 있어야 한다.
③ 비전도성 이어야 한다.
④ 전해액에 부식되지 않고 확산이 잘 되어야 한다.
⑤ 극판에 나쁜 물질을 내뿜지 않아야 한다.

(3) 단자 기둥의 표시

기호(+,−), 문자(P, N), 굵기(+ : 굵다, − : 가늘다), 색(적색, 흑색)

4 축전지의 화학작용

과산화납		묽은황산		해면상납(순납)	방전 ⇄ 충전	황산납		물		황산납
PbO_2	+	$2H_2SO_4$	+	Pb		$PbSO_4$	+	$2H_2O$	+	$PbSO_4$
양극판		전해액		음극판		양극판		전해액		음극판

POINT
- 충전 시 양극판에서는 산소 가스를, 음극판에서는 수소 가스(폭발성,가연성)를 발생
- 방전된 상태로 방치 ☞ 영구 황산납(설페이션)

5 벤트 플러그(필러 플러그)

작은 구멍(벤트 홀)이 있어 축전지 내부에서 발생한 수소 가스나 산소 가스를 방출한다.

6 전해액

증류수에 순도 높은 황산을 혼합한 묽은 황산을 사용한다.

(1) 비중

물체의 무게와 동등한 용량을 순수한 4℃에서 물의 무게와의 비를 말하며, 완전 충전상태에서 전해액의 비중은 1,260~1,280이다.
① 전해액의 비중은 온도에 따라 변화된다(반비례).
  온도가 높으면 비중은 낮아지고, 온도가 낮으면 비중은 높아진다.
② 전해액의 비중에 따른 충전상태

전해액 비중	충전된 양(%)	전압
1,260	100	12 V
1,210	75	
1,150	50	⇓
1,100	25	
1,050	거의 0이다.	0 V

※ 100% 충전(완전 충전) 시 비중 ☞ 1,280

☞ 1,260~1,280

7 방전 종지전압

방전 종지전압은 어떤 전압(시동 下) 이하로 방전해서는 안 되는 전압을 말하며, 한 셀 당 약 1.7~1.8V(20 시간 기준율은 1.75V)이다. 12V 배터리의 경우 10.5V이다.

8 축전지 용량

① 완전 충전된 축전지를 일정한 전류로 연속 방전하여 방전 중의 단자 전압이 규정의 방전 종지전압이 될 때까지 꺼낼 수 있는 전기량을 말한다.

② 축전지 용량은 극판의 크기, 극판의 수, 전해액의 양에 의해서 정해진다.
　㉠ 축전지 용량 표시는 25℃를 기준으로 한다.
　㉡ 축전지 용량의 단위는 AH로 표시한다.
　㉢ 축전지 용량의 공식 : AH = A × H(A : 방전 전류, H : 방전 시간)

POINT 축전지 2개를 직렬로 연결하면 전압이 상승하고 병렬로 연결하면 용량이 커진다.

(1) 용량과 온도와의 관계

전해액의 온도가 높으면 용량이 증대되고 온도가 낮으면 용량도 감소된다. 그러므로 용량을 표시할 때는 반드시 온도를 표시하여야 한다.

POINT 용량 표시는 25℃를 표준으로 한다.

9 축전지 자기방전

충전된 축전지를 방치해 두면 사용하지 않아도 조금씩 방전하여 용량이 감소된다.

(1) 자기방전의 원인

① 구조상 부득이한 것
② 불순물에 의한 것
③ 단락에 의한 것

(2) 자기방전량

24시간 동안의 자기방전량은 실용량의 0.3~1.5% 정도이며, 전해액의 온도가 높을수록, 비중이 높을수록 자기방전량은 크다.

10 축전지 충전

(1) 보 충전

사용 중에 소비된 전기 에너지를 보충하기 위해 하는 충전하는 방법이다.

1) 정전류 충전(일반적으로 많이 사용)

충전의 시작에서부터 종료까지 일정한 전류로 충전하는 방법이다.
① 표준전류 : 축전지 용량의 1/10(10%)
② 최소전류 : 축전지 용량의 5%
③ 최대전류 : 축전지 용량의 20%

2) 정전압 충전

충전의 시작에서부터 종료까지 일정한 전압으로 충전하는 방법이다.

3) 단별 전류 충전(가장 좋은 충전법)

충전 중에 단계적으로 전류를 감소시켜 충전하는 방법이다.

POINT 충전된 축전지는 사용치 않더라도 15일마다 충전하여야 한다.

4) 급속 충전

충전 전류는 축전지 용량의 1/2(50%)로 시간적 여유가 없고 긴급할 때 하는 충전하는 방법으로 주의사항은 다음과 같다.
① 충전 중 전해액의 온도를 45℃ 이상 올리지 말 것
② 차에 설치한 상태에서 급속 충전을 할 경우 배터리 ⊕ 단자를 떼어 놓을 것(발전기 다이오드 보호)
③ 급속 충전은 통풍이 잘 되는 곳에서 실시한다.
④ 충전 시간을 가능한 한 짧게 한다(약 30분 정도).

11 MF(maintenance free) 축전지

자기방전이나 화학 반응 시 발생하는 가스로 인한 전해액 감소를 방지하고 축전지의 점검, 정비를 줄이기 위하여 개발되었다.

① 증류수 점검, 보충이 필요하지 않다.

② 자기방전 비율이 적다.

③ 장기간 보관이 가능하다.

④ 내부에서 발생한 수소가스를 촉매를 사용하여 다시 증류수로 환원시킨다.

1 개요

내연기관은 자기 기동을 하지 못하므로 외부에서 크랭크 축을 회전시켜 기동시키기 위한 장치이다.

(1) 전동기의 종류와 특성

① 직류 직권 전동기 : 전기자 코일과 계자 코일을 직렬로 결선된 전동기(기동 전동기, stating motor, 스타터)이다.
   ☞ 현재 사용되고 있는 기동 전동기
   ㉠ 장점 : 기동 회전력이 크다.
   ㉡ 단점 : 회전속도의 변화가 크다.
② 분권 전동기 : 전기자 코일과 계자 코일이 병렬로 결선된 전동기(발전기)
   ㉠ 장점 : 회전속도가 거의 일정하다.
   ㉡ 단점 : 회전력이 비교적 작다.
③ 복권 전동기 : 전기자 코일과 계자 코일이 직·병렬로 결선된 전동기(와이퍼 모터)
   ㉠ 장점 : 회전속도가 거의 일정하고 회전력이 비교적 크다.
   ㉡ 단점 : 직권 전동기에 비하여 구조가 복잡하다.

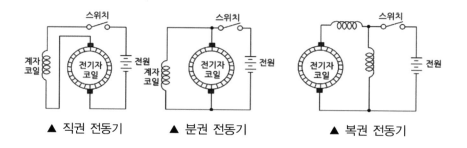

▲ 직권 전동기   ▲ 분권 전동기   ▲ 복권 전동기

2 직권식 전동기 구조 및 작동원리

(1) 3주요부

① 회전력이 발생되는 부분
② 회전력을 전달하는 부분
③ 피니언 기어를 섭동시키는 부분

(2) 전동기

① 회전 부분 : 전기자, 정류자
② 고정 부분 : 계자 코일, 계자 철심, 브러시
   ㉠ 전기자(아마추어) : 회전력을 발생시킨다.
     전기자 철심 : 맴돌이 전류를 감소시켜 자력선이 잘 통과하도록 한다.
   ㉡ 정류자(커뮤테이터) : 전류를 일정한 방향으로만 흐르게 한다.

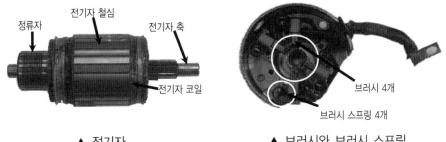

▲ 전기자　　　　　▲ 브러시와 브러시 스프링

> **POINT** 정류자편 사이에 운모(마이카)가 1mm 정도의 두께로 절연되어 있고 정류자 면보다 0.5~0.8mm 낮게 파져 있으며 이것을 언더 컷(under cut)이라 한다.
> • 브러시는 1/3 이상 마모되면 교환한다.
> • 베어링 : 하중이 크고 사용 시간이 짧으므로 부싱을 사용한다.
> • 브러시 수 → 4개

(3) 동력 전달기구에 따른 분류

① 벤딕스식 : 피니언의 관성을 이용하여 전달(오버런닝 클러치가 필요 없다.)
② 전기자 섭동식 : 자력선이 가까운 거리로 통과하려는 성질을 이용하여 전달(오버런닝 클러치가 필요하며 다판 클러치가 사용되고 있다.)
③ 피니언 섭동식 : 전자석 스위치를 이용하여 전달(오버런닝 클러치가 필요하며 현재 가장 많이 사용하고 있다.)

오버런닝 클러치 : 엔진이 시동 후에도 피니언이 링 기어와 맞물려 있으면 시동 모터가 파손되는데, 이를 방지하기 위해서 엔진의 회전력이 시동 모터에 전달되지 않게 한다.

(4) 마그네틱(솔레노이드) 스위치(전자석 스위치)

2개의 여자 코일이 감겨 있는 전자석과 접촉판이 설치되어 있으며, 풀인 코일과 홀드인 코일로 되어 있다.

① 풀인 코일 : 기동 전동기 단자에 접속되어 있으며 플런저를 잡아 당긴다(피니언은 전진).

② 홀드인 코일 : 스위치 케이스 내에 접지되어 있으며 피니언의 물림을 유지시킨다.

3 기동전동기 취급상 주의사항

① 연속 사용하는 시간은 10~15초 정도로 한다.

② 시동이 된 다음에는 스위치를 열어 놓을 것

04 충전장치

1 개요

플레밍의 오른손 법칙을 이용하여 기계적 에너지를 전기적 에너지로 변화시키는 구성 등이 있다.

☞ 제너레이터(발전기), 레귤레이터(조정기) 등

2 교류 발전기(AC : 알터네이터)

(1) 교류 발전기 특징

1) 타여자식 발전기이다.

① 소형이고 경량이며, 출력이 크다.
② 3상 교류 발전기로 저속에서 충전 성능이 우수하다.
③ 정류자를 두지 않아 풀리비를 크게 할 수 있다.
④ 정류자가 없기 때문에 브러시 수명이 길다.
⑤ 실리콘 다이오드(배터리로 가는 역류방지)를 사용하기 때문에 정류 특성이 우수하다.
⑥ 발전기 조정기는 전압 조정기만 있으면 된다.

(2) 교류 발전기의 구조

1) 스테이터(고정자) 코일

① 스테이터 : 직류 발전기의 전기자에 해당하는 것으로 3상 교류가 유기된다(전기가 발생되는 부분).
  • 결선 방법
    ㉠ 스타결선(Y결선) : 선간 전압은 각 상전압의 $\sqrt{3}$ 배가 된다.
    ㉡ 델타결선[△(삼각)결선] : 선간 전류는 각 상전류의 $\sqrt{3}$ 배가 된다.

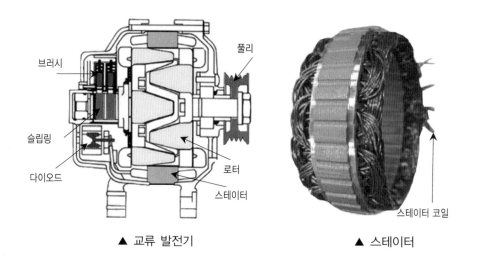

▲ 교류 발전기   ▲ 스테이터

2) 로터(회전자) 코일

① 직류 발전기의 계자 코일과 계자 철심에 해당하는 것으로 회전하며, 자속을 형성한다(자석이 되는 부분).

② 로터 철심, 로터 코일, 로터 축, 슬립 링 등으로 구성되어 있다.

③ 교류 발전기에서 브러시와 슬립 링은 로터 코일을 자화시킨다.

④ 크랭크 축 풀리와 벨트로 연결되어 회전한다.

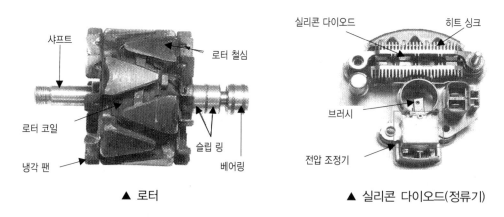

▲ 로터   ▲ 실리콘 다이오드(정류기)

3) 슬립 링과 브러시

로터 코일에 전류를 보내기 위하여 설치되어 있으며, 2개의 슬립 링과 2개의 브러시가 있다.

4) 실리콘 다이오드

① 스테이터에서 발생된 교류를 직류로 정류하여 외부에 보낸다.

② 발전기 전압이 낮을 때 축전지에서 발전기로 전류가 역류하는 것을 방지한다.

③ 실리콘 다이오드는 6개(⊕ 3개, ⊖ 3개)로 서로 다른 극성을 가지고 있으며, 다이오드 방열판의 히트 싱크인 홀더에 납땜되어 있다.

5) 전압 조정기

① 회전속도 및 부하변동이 크기 때문에 전압 조정기만 필요하다.
② 실리콘 다이오드(반도체 정류기)를 사용하기 때문에 컷 아웃 릴레이가 필요없다.
③ 축전지 전류에 의해 여자되기 때문에 전류 조정기(전류 제한기)가 필요없다.
④ 교류 발전기에서 충전 전압은 보통 13.8~14.8V이다.

(3) 교류 발전기의 취급 시 주의사항

① 축전지의 극성에 주의하며, 역 접속하면 안 된다.
② 역 접속하면 발전기에 과대 전류가 흘러 다이오드가 파괴된다.
③ 급속 충전 시에는 다이오드의 손상을 방지하기 위해 축전지의 ⊕의 케이블을 떼어 낸다.
④ 발전기 B 단자에서 전선을 떼어 내고 기관을 회전시켜서는 안 된다.
⑤ F 단자에 축전기를 접속하여서는 안 된다.
⑥ 세차 시에 다이오드 손상을 방지하기 위해 발전기에 물이 뿌려지지 않도록 한다.

POINT 발전기 벨트의 장력은 물 펌프(워터 펌프) 풀리와 발전기 풀리 사이를 엄지 손가락으로 10kgf의 힘으로 눌렀을 때 13~20mm의 장력이 있어야 한다(장력이 높으면 베어링 마모의 원인이 된다).

CHAPTER 05 조명장치, 냉·난방장치

1 전조등(헤드 라이트)

(1) 전조등 회로

① 전조등 회로는 병렬로 연결되어 있다.
② 전류가 많이 흐르기 때문에 복선식 배선을 사용한다.

(2) 전조등의 종류

1) 실드 빔 전조등

① 반사경과 렌즈, 필라멘트가 일체로 된 형식이다.
② 램프 내부에는 질소, 아르곤 등의 가스를 넣고 밀봉되어 있기 때문에 광도의 변화가 적다.
③ 먼지나 습기에 의한 반사경이 흐리지 않는다.
④ 필라멘트 단선 시 전체를 교환해야 하기 때문에 비용이 증가한다.
⑤ 전조등의 3요소 : 필라멘트, 반사경, 렌즈

2) 세미 실드 빔 식

① 렌즈와 반사경이 일체로 되어 있고 필라멘트를 전구로 사용하는 형식이다.
② 공기가 유통되기(이물질이 내부로 유입) 때문에 반사경이 흐려질 수 있다.
③ 전구는 별개로 설치한다.
④ 필라멘트가 끊어지면 전구만 교환하기 때문에 경제적이다.

2 방향 지시등

(1) 설치 목적

① 자동차의 주행 방향을 알리는 장치이다.
② 플래셔 유닛을 사용하여 방향 지시등에 흐르는 전류를 일정한 주기로 단속하여 1분당 60~120회 이하로 점멸한다.

(2) 플래셔 유닛

- 방향 지시등 플래셔 유닛
  - ㉠ 전류를 일정한 주기로 단속하여 점멸시키는 역할을 한다.
  - ㉡ 종류 : 축전기식 전류형 플래셔 유닛, 축전기식 전압형 플래셔 유닛, 전자 열선식 플래셔 유닛, 바이메탈식 플래셔 유닛, 수은식 플래셔 유닛

(3) 방향 지시등의 고장

① 좌우 방향 지시등의 점멸 횟수가 다른 원인
  - ㉠ 전구의 용량이 규정과 다르다.
  - ㉡ 전구의 접지가 불량하다.
  - ㉢ 하나의 전구가 단선되었다.
② 좌우 방향 지시등의 점멸이 느릴 때의 원인
  - ㉠ 전구의 용량이 규정보다 작다.
  - ㉡ 축전지 용량이 저하되었다.
  - ㉢ 플래셔 유닛에 결함이 있다.

3 퓨즈

① 합금 : 납(Pb), 주석(Sn), 아연의 합금
② 회로연결 : 직렬 → 과대로 인해 배설 및 전장품이 파손되는 것을 방지
③ 용량 : A(암페어)

4 냉 · 난방장치

(1) 냉방장치의 구성품

자동차 냉동 사이클 : 압축기 → 응축기 → 리시버 드라이어 → 팽창 밸브 → 증발기

1) 압축기

① V 벨트를 통하여 크랭크 축 풀리에 의해 구동된다.
② 증발기에서 열을 흡수하여 기화된 저온 · 저압의 기체 냉매를 고온 · 고압 기체 냉매로 만들어 응축기에 보낸다.

③ 전자 클러치 : 컴퓨터의 제어 신호나 에어컨 스위치의 ON, OFF에 의해서 풀리의 회전을 압축기 구동축에 전달 또는 차단하는 역할을 한다.

2) 응축기(콘덴서)

① 고온·고압의 기체 냉매를 냉각, 응축시켜 고온·고압의 액체 냉매로 만든다.
② 액체 냉매를 리시버 드라이어에 공급하는 역할을 한다.

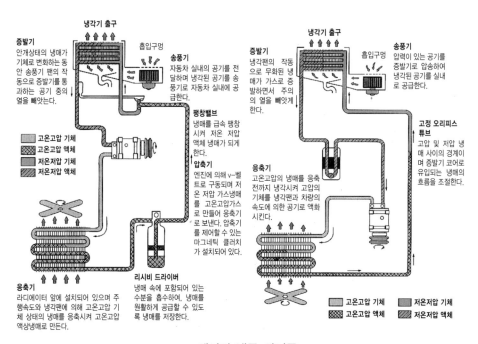

▲ 에어컨 냉동 사이클

3) 리시버 드라이어(건조기)

① 냉매 속에 포함된 수분을 흡수하여 냉매를 원활하게 공급할 수 있도록 냉매를 저장한다.
② 액체 냉매의 저장, 기포 분리, 수분 및 이물질 제거 등의 기능을 한다.
③ 냉매를 팽창 밸브에 공급하는 역할을 한다.

4) 팽창 밸브

① 냉매를 급속하게 팽창시켜 저온·저압의 액체 냉매를 만든다.
② 리시버 드라이어에서 유입된 고압의 액체 냉매를 분사시켜 저압으로 감압시키는 역할을 한다.
③ 증발기에 공급되는 액체 냉매의 양을 자동적으로 조정하는 역할을 한다.

5) 증발기(이베퍼레이터)

냉매가스가 기체화되면서 주위의 열을 흡수하는 증발감열을 일으킨다.

06 계기장치

1 일반적인 경고등

속도계

안전벨트 미착용
경고등

엔진오일 압력
경고등

연료 부족 경고등

충전 경고등

엔진 정비 지시등

예열 표시등

와셔액 부족 경고등

냉각수 수온계

연료계

방향지시등/
비상경고등

브레이크 경고등

수분 경고등

마스트 록킹

엔진오일 압력

D/A 오일 온도

2 계기장치

① 엔진오일 경고등 : 엔진오일의 순환 압력을 나타내는 게이지, 이 경고등이 점등되면
   오일의 양, 누유되는 부분 윤활장치 등을 점검한다.
② 냉각수 경고등 : 엔진의 물 재킷 내의 온도를 나타내는 게이지, 이 경고등이 점등되면
   냉각수량, 냉각장치 등을 점검한다.
③ 연료계 : 연료 탱크내의 잔류 연료량을 나타내는 게이지
④ 충전 경고등 : 이 경고등이 점등되면 발전기 구동벨트, 발전기 상태 등을 점검
⑤ 엔진정비 경고등 : 이 경고등이 점등되면 센서류 등을 점검
⑥ 브레이크 경고등 : 이 경고등이 점등되면 브레이크 오일양 등을 점검

출제예상문제

전기 일반

1 12V 축전지에 30W의 전구를 연결하면 이 전구에는 몇 A 전류가 흐르는가?

① 0.4A   ② 2.5A

③ 4A   ④ 25A

해설 $P = E \times I$

$I = \dfrac{P}{E} = \dfrac{30}{12} = 2.5A$

2 12V 45AH 용량의 축전지를 2개 병렬로 연결하면?

① 24V, 90AH

② 12V, 90AH

③ 24V, 45AH

④ 12V, 45AH

해설 전지의 병렬연결을 하면
- 전압은 1개 때와 같다 : 12V
- 용량은 개수배로 증가 : 45×2= 90AH
따라서 12V 90AH가 된다.

3 다음 중 전류의 3대 작용에 속하지 않는 것은?

① 전기 작용   ② 발열 작용

③ 자기 작용   ④ 화학 작용

4 전기가 가장 잘 통하는 금속은?

① 금   ② 백금

③ 은   ④ 구리

5 다음 중 전자력을 이용한 것이 아닌 것은?

① 기동 전동기

② 전류계

③ 전압계

④ 점화 코일

6 전압이 12V, 저항이 2Ω일 때 전류는?

① 2A   ② 3A

③ 6A   ④ 12A

해설 $I = \dfrac{E}{R} = \dfrac{12}{2} = 6A$

7 저항이 350Ω이고 전류가 0.5A인 전구를 켜려면 몇 볼트(V)의 전압이 필요한가?

① 1.42V

② 175V

③ 349.5V

④ 700V

해설 $E = I \times R = 350 \times 0.5 = 175V$

8 12V 배터리 2개를 병렬로 접속시켰다. 이때의 전압은 얼마인가?

① 6V   ② 12V

③ 24V   ④ 36V

해설 전지를 병렬 접속시 전압은 1개 때와 같고 용량은 개수배로 증가한다.

축전지

1 축전지가 유지하여야 할 가장 적당한 비중은?

① 1.260   ② 1.280

③ 1.300   ④ 1.240

해설 축전지 전해액의 비중은 20℃에서 1.280이어야 한다.

2 축전지의 셀당 방전 종지전압(V)에 해당하는 것은?

① 1.65   ② 1.75

③ 1.85   ④ 1.95

해설 방전 종지전압은 더 이상 방전되지 않을 때 축전지 전압을 말하며 셀당 1.75V, 단자간 10.5V이다.

3 충전 중 화기를 가까이하면 축전지가 폭발할 위험이 있는데 무엇 때문인가?

① 황산

② 수증기

③ 산소 가스

④ 수소 가스

해설 충전시 음극에서 발생하는 수소 가스는 가연성 물질로 폭발의 위험이 있으므로 화기를 가까이 하면 안되고, 환기가 잘 되는 곳에서 충전을 실시해야 한다.

4 축전지 커버를 닦는데 알맞은 것은?

① 비눗물

② 걸레

③ 중탄산소다

④ 증류수

해설 축전지 케이스를 닦을 때에는 중탄산소다(베이킹 소다)로 중화 후 마른걸레로 닦는다.

5 축전지의 양단자 기둥은 음극이 양극보다 어떻게 다른가?

① 양극보다 작다.

② 양극보다 크다.

③ 양극과 음극은 같다.

④ 양극보다 높이가 높다.

해설 축전지 단자 기둥 식별법
- 양(+)극 단자가 음(−)극 단자보다 굵다.
- POS : (+)극, NEG : (−)극
- 다갈색 : (+)극, 회색 : (−)극
- 기포발생 : (+)극
- 감자색의 변함 : (+)극

6 축전지는 다음 중 무엇을 작동시키기 위한 것인가?

① 기동 전동기   ② 연료 펌프

③ 배전기   ④ 냉각기

7 시동용 축전지의 극판에서 양극판과 음극판의 수는?

① 양극판이 음극판보다 1장 더 많다.

② 양극판이 음극판보다 1장 적다.

③ 양극판이 음극판보다 2장 더 많다.

④ 양극판이 음극판보다 2장 적다.

해설 양극판이 음극판보다 화학적으로 활성적이기 때문에 화학적 평형을 유지하기 위해 음극판을 1장 더 둔다.

8 전해액의 온도가 0℃일 때 비중이 1.280이었다. 20℃일 때의 비중은 얼마인가?

① 1.294   ② 1.273

③ 1.266   ④ 1.243

해설 $S_{20} = 1.280 + 0.0007(0-20)$
$= 1.280 - 0.014 = 1.266$

9 12V 축전지의 구성은?

① 6개의 셀이 병렬로 접속되었다.

② 6개의 셀이 직렬로 접속되었다.

③ 6개의 셀이 직·병렬로 접속되었다.

④ 6개의 셀 중 3개는 직렬, 나머지 3개는 병렬로 접속되었다.

10 용량이 작은 배터리에서 충분한 전류를 얻으려면 다음 중 맞는 것은?

① 직렬 연결법

② 병렬 연결법

③ 직·병렬 연결법

④ 아무래도 관계없다.

11 0℃에서 양호한 상태인 100AH 축전지는 300A의 전류로 방전시킬 때 이론상 얼마동안 방전시킬 수 있는가?

① 5분　　　　② 10분

③ 15분　　　　④ 20분

해설 100AH = 300A × ?

$? = \dfrac{100AH}{300A} = 1/3[H] = 20분$

12 다음은 축전지방전의 정의를 설명하였다. 옳은 것은?

① 전기적인 에너지가 화학적인 에너지로 변한다.

② 기계적인 에너지가 전기적인 에너지로 변한다.

③ 화학적인 에너지가 전기적인 에너지로 변한다.

④ 화학적인 에너지가 기계적인 에너지로 변한다.

해설 축전지는 가역적인 2차 전지로 화학적인 에너지를 전기적 에너지로 변환하는 것이며 통상 납산 축전지를 사용한다.

13 다음 중 배터리에 보충하는 물로서 가장 알맞은 것은?

① 강물

② 우물물

③ 수돗물

④ 증류수

14 축전지의 양극 단자와 음극 단자의 판별이 잘못된 것은?

① 양극 단자는 적색, 음극 단자는 흑색이다.

② 음극 단자의 직경이 양극단자의 직경보다 크다.

③ 양극단자는 (+), 음극 단자는 (−)이다.

④ 수소(H_2)가 나오는 쪽이 음극판, 산소(O)가 나오는 쪽이 양극판이다.

15 다음은 축전지 점검에 관한 것이다. 관계가 없는 것은?

① 셀 당 전압을 측정한다.

② 전해액의 비중을 측정한다.

③ 극판의 수를 점검한다.

④ 통기공의 막힘 상태를 확인한다.

해설 축전지의 점점 항목

• 비중 및 양의 점검

• 전압 및 단자 상태 점검

• 외부 오염 및 통기공의 막힘 점검

16 축전지에 자주 물을 보충해야 된다면 무슨 이유인가?

① 정상적이다.
② 황산화되고 있다.
③ 과부하가 걸리고 있다.
④ 과충전이 되고 있다.

해설 충전시 양극에서는 산소, 음극에서는 수소가 발생되기 때문에 과충전이 되고 있으면 전해액이 부족 되므로 증류수를 보충하여야 한다.

17 축전지가 방전되면 극판은 어떻게 변화하는가?

① 과산화납으로 변화한다.
② 황산납으로 변화한다.
③ 염산 납으로 변화한다.
④ 해면상 납으로 변화한다.

18 축전지 전해액은 다음 중 어느 것인가?

① 탄산나트륨
② 수증기
③ 묽은 황산
④ 황산소다

해설 납 – 산 축전지의 전해액은 묽은 황산이다(진한 황산+증류수).

19 배터리의 취급상 유의할 사항 중 좋은 방법이 아닌 것은?

① 액의 보충은 증류수만 보충할 것
② 완전 충전상태로 유지할 것
③ 어둡고 냉한 곳에 둘 것
④ 과충전을 가끔 시킬 것

해설 배터리는 충전을 너무 시키게 되면 과충전이 되며 극판이 휘어져 수명을 단축시키게 된다.

20 축전지를 오랫동안 방전상태로 두면 못 쓰게 되는 이유는?

① 극판이 영구 황산납이 되기 때문이다.
② 극판에 산화납이 형성되기 때문이다.
③ 극판에 수소가 형성되기 때문이다.
④ 산화납과 수소가 형성되기 때문이다.

21 배터리를 충전할 때 배터리 내에 수소가스가 발생되는데 그 성질은 어떠한가?

① 중성 가스
② 소화 가스
③ 불연소 가스
④ 가연성 가스

22 축전지 용량의 단위는?

① Ah
② Wh
③ μF
④ kW/h

해설 축전지의 용량은 단위시간에 방전전류(A)와 방전 종지전압에 이를 때까지 방전한 시간(h)으로 표시한다.

23 축전지 셀의 극판 수를 늘리면?

① 전압이 증가 또는 감소한다.
② 이용 전류, 즉 용량이 커진다.
③ 저항이 증가한다.
④ 방전 종지전압이 높아진다.

24 6V의 축전지 4개로 24V의 기능을 발휘시키려면?

① 병렬로 연결한다.
② 직렬로 연결한다.
③ 직·병렬로 연결한다.
④ 24V가 되게 할 수 없다.

25 축전지의 용량이 80Ah일 때 20시간 방전 전류는 몇 A인가?

① 2A ② 4A
③ 20A ④ 40A

해설 80 ÷ 20 = 4A

26 축전지 전해액의 비중이 측정결과 1.240이었고 이때의 온도가 40℃이었다. 표준 상태(20℃)의 환산 비중은 얼마인가?

① 1.226 ② 1.254
③ 1.240 ④ 1.248

해설 S_{20} = 1.240 + 0.0007(40−20)
= 1.240+0.014= 1.254

27 12V 배터리 2개를 직렬로 연결했을 경우의 전압은?

① 12V ② 24V
③ 6V ④ 10V

해설 12 × 2 = 24V

28 12V 배터리 2개를 병렬로 연결하면 몇 V가 되는가?

① 6V ② 12V
③ 24V ④ 36V

해설 배터리를 병렬 연결하면 전압은 그대로 용량은 배로 상승한다.

29 12V, 15Ah의 축전지 3개를 병렬로 연결하면?

① 36V, 45Ah가 된다.
② 12V, 45Ah가 된다.
③ 36V, 15Ah가 된다.
④ 12V, 15Ah가 된다.

30 축전지에 대한 설명 중 틀린 것은?

① 축전지는 사용하지 않아도 용량은 감소한다.
② 전해액이 넘치거나 새지 않고 줄어들 때(황산의 양은 불변) 증류수를 보충하면 된다.
③ 전해액의 비중은 완전 충전 시 20℃에서 1.260~1.280 정도이다.
④ 전해액의 비중은 액온의 저하에 따라서 저하되거나 또는 증가하기도 한다.

해설 전해액의 비중은 온도 1℃ 변화함에 따라 0.00074의 변화를 보이며 온도가 내려가면 비중은 높아진다.

31 축전지의 온도가 올라가면 자기방전율은 어떻게 되는가?

① 높게 된다.
② 낮게 된다
③ 변함없다.
④ 높았다가 점점 낮아진다.

32 장시간 사용한 축전지의 전해액은 그 비중이 어떻게 변화하나?

① 낮게 된다.
② 높게 된다.
③ 변함이 없다.
④ 축전지 구조에 따라 다르다.

해설 축전지를 방전시키면 전해액이 점차 물로 변하므로 비중이 낮아진다.

33 다음 중 배터리의 취급방법이 잘못된 것은?

① 충전 시는 충분히 과충전 한다.
② 어둡고 서늘한 곳에 보관한다.
③ 완전 충전상태로 유지한다.
④ 전해액 보충은 증류수로 한다.

해설 축전지를 사용하지 않고 보관 시는 어둡고 서늘하며 건조한 곳에 보관해야 하며, 15일마다 보충전을 해야 한다.

34 건설기계에서 축전지가 충전 부족이 되는 원인이 아닌 것은?

① 전압 조정기의 조정 전압이 너무 낮을 때
② 전압 조정기의 조정 전압이 너무 높을 때
③ 충전회로에 누전이 있을 때
④ 전기의 사용이 너무 많을 때

35 축전지를 방전하면 양극판과 음극판은 어떻게 되는가?

① 황산납
② 해면상납
③ 일산화납
④ 과산화납

36 건설기계에 축전지를 설치할 때 가장 안전한 작업 방법은?

① 절연 케이블을 나중에 연결한다.
② 접지 케이블을 나중에 연결한다.
③ 음극 케이블을 프레임에 연결한다.
④ 두 케이블을 동시에 연결한다.

해설 전기선은 항상 접지선을 나중에 연결하여야 한다.

37 축전지가 충전은 되는데 즉시 방전된다. 이유 중 가장 거리가 먼 것은?

① 축전지 내부에 침전물 과대
② 축전지가 방전 종지전압까지 된 상태에서 충전 시
③ 레귤레이터 불량
④ 축전지 내부격판 부착

해설 레귤레이터(발전기 조정기)가 불량하면 충전이 되지 않는다.

38 다음 중 축전지 전해액의 양 중 적당한 것은?

① 극판까지만 차 있으면 좋다.
② 별 관계없이 조금 있으나 많이 있으나 좋다.
③ 극판에서 10~13mm 내려와 있으면 좋다.
④ 극판 위 10~13mm 올라와 있으면 좋다.

해설 전해액 양이 증발하여 부족해지면 증류수를 보충하여 극판에서 10~13mm 정도 올라와 있도록 보충한다. 이때 전해액이 넘치지 않도록 주의한다.

39 같은 축전지를 직렬로 접속하면?

① 전압은 개수의 배가 되고 용량은 1개 때와 같다.
② 전압은 1개 때와 같고 용량은 개수 배가 된다.
③ 전압과 용량은 변화 없다.
④ 전압과 용량 모두 개수 배가 된다.

40 축전지 전해액 보충 시 가장 좋은 물은?

① 시냇물   ② 바닷물
③ 증류수   ④ 수돗물

해설 전해액 보충시는 불순물이 없는 증류수를 보충한다.

41 전해액을 만들 때 반드시 해야 할 일은?

① 황산을 물에 부어야 한다.
② 물을 황산에 부어야 한다.
③ 철제의 용기를 사용한다.
④ 황산을 가열하여야 한다.

해설 전해액을 만들 때는 반드시 황산을 물에 부으면서 잘 섞어야 한다. 그릇은 도전성이 없는 질그릇을 사용한다.

42 다음 축전지의 구조에 관한 설명이다. 맞는 것은?

① 양극판이 음극판보다 1장 더 많다.
② 양극판과 음극판 수는 같다.
③ 양극판은 암갈색의 과산화납이다.
④ 음극판은 회청색으로 결합력이 약하다.

43 4A로 연속 방전하여 방전 종지전압에 이를 때까지 20시간이 소요되었다. 이 축전지의 용량은?

① 5AH   ② 8AH
③ 80AH   ④ 400AH

해설 4 × 20 = 80AH

44 건설기계용인 축전지의 단자 식별법이 아닌 것은?

① 문자에 의한 식별
② 자기에 의한 식별
③ 크기에 의한 식별
④ 도색에 의한 식별

해설 자기에 의한 식별법은 없다.

45 전해액의 비중이 낮아졌을 때 빙점(어는점)은 어떻게 되는가?

① 높아진다.   ② 낮아진다.
③ 변함없다.   ④ 알 수 없다.

해설 비중과 빙점은 서로 반비례한다.

46 축전지가 20℃에서 완전 충전되었을 때 전해액의 비중은 약 얼마인가?

① 1.000~1.120
② 1.260~1.280
③ 1.200~1.250
④ 1.300~1.350

47 축전지의 연결방법에 관한 내용이다. 적절한 것은?

① 12V 축전지 2개를 직렬로 연결하여 12V로 사용한다.
② 12V 축전지 2개를 직렬로 연결하여 24V를 만들어 사용한다.
③ 12V 축전지 2개를 병렬로 연결하여 24V를 만들어 사용한다.
④ 12V 하나의 축전지를 사용한다.

해설 전지를 직렬로 접속하면 전압은 개수배로 증가하고 용량은 1개 때와 같아진다.

48 건식 축전지가 습식 축전지와 다른 점은?

① 전해액을 넣으면 전류가 흐른다.
② 극판을 빼냈다.
③ 격리판이 건조되어 있다.
④ 전압이 낮다.

해설 건식 축전지는 완전히 충전되어 있는 것으로 규정 비중의 전해액을 넣으면 사용할 수 있는 축전지이다.

49 축전지의 용량은 어떻게 결정되는가?

① 극판의 수, 극판의 크기, 셀의 수

② 극판의 수, 전해액의 비중, 셀의 수

③ 극판의 크기, 극판의 수, 전해액의 양

④ 셀의 수, 극판의 수, 발전기의 충전 능력

해설 축전지 용량은 극판의 수, 극판의 크기, 전해액 속의 황산의 양으로 결정된다.

50 축전지 극판의 황산납 현상의 원인은?

① 과충전

② 과방전

③ 전해액 비중의 온도저하

④ 극판의 용량 부족

해설 황산납 현상(셀페이션 현상)
• 전해액 양의 부족
• 냉전 상태로 장시간 방치
• 과도한 방전

기동장치

1 기관을 크랭킹 시켰을 경우, 시동 모터가 너무 천천히 회전한다. 다음 중 고장 원인과 관계없는 것은?

① 시동회로에 저항이 생김

② 축전지가 방전됨

③ 기동모터 브러시 또는 정류자의 소손

④ 시동 모터 구동장치의 결함

해설 시동 모터 구동장치에 결함이 있을 경우에는 엔진 크랭킹이 잘 되지 않는다.

2 기동 전동기의 충분한 기동출력을 얻으려면 기동 전동기의 회로 상태는?

① 회로에 저항이 많아야 한다.

② 회로에 저항이 작아야 한다.

③ 회로의 접속부를 용접한다.

④ 회로를 3선식으로 하여야 한다.

3 기동 모터에 큰 전류는 흐르나 아마추어가 회전하지 않는 고장 원인은?

① 계자 코일 연결 상태 불량

② 아마추어나 계자 코일의 단락

③ 브러시 연결선 단선

④ 마그네틱 스위치 접지

4 건설기계에 사용되는 직권 전동기의 설명 중 틀린 것은?

① 기동회전력이 분권전동기에 비해 크다.

② 회전속도의 변화가 크다.

③ 부하가 걸렸을 때에는 회전속도는 낮으나 회전력이 크다.

④ 회전속도가 거의 일정하다.

해설 직권 전동기 : 시동 회전력은 크나 부하에 따라 회전속도의 변화가 크다.

5 전기자 코일의 단락, 단선시험에 사용하는 시험기는 다음 중 어느 것인가?

① 타코 메타

② 드웰 테스터

③ 그롤러 테스터

④ 멀티 테스터

해설 전기자 코일의 단선, 단락, 접지시험은 그롤러 시험기로 한다.

6 기동 전동기에서 전기자 코일과 계자 코일의 연결은?

① 직렬로 연결되었다.

② 병렬로 연결되었다.

③ 직·병렬로 연결되었다.

④ 수직 연결되었다.

해설 기동 전동기는 직권식이므로 전기자 코일과 계자 코일은 직렬로 연결되어 있다.

7 기동 전동기가 회전하지 않는다. 그 원인 중 틀린 것은?

① 시동 스위치의 불량

② 브러시 스프링이 너무 강하다.

③ 축전지가 방전되었다.

④ 전기자 코일이 단락되었다.

해설 기동 전동기가 회전하지 않는 원인
• 전기자 코일의 단락, 단선
• 계자 코일의 단선, 단락
• 시동 스위치 접촉 불량
• 축전지 방전
• 전기자 축의 휨
• 베어링의 과도 마모

8 기동 전동기의 브러시는 무엇으로 되어 있는가?

① 전기 흑연계   ② 금속 흑연계

③ 구리   ④ 흑연

해설 기동 전동기 브러시는 구리분말과 흑연을 섞어 소결시킨 금속 흑연계로 마모한계는 1/30이다.

9 기동 전동기의 브러시 스프링 장력의 측정에 알맞는 것은?

① 필러게이지

② 다이얼 게이지

③ 스프링 저울

④ 버니어 캘리퍼스

해설 기동 전동기나 발전기 브러시 스프링의 장력점검은 스프링 저울로 한다.

10 다음 중 벤딕스식 기동 전동기의 구동 피니언은 어느 곳에 부착되어 있는가?

① 클러치   ② 변속기

③ 전기자축   ④ 뒤차축

11 건설기계에서 기관시동에 사용되는 기동 전동기는?

① 직류 직권식   ② 직류 분권식

③ 교류 직권식   ④ 교류 복권식

해설 시동 전동기로는 시동 회전력이 큰 직류 직권 전동기를 사용한다.

12 다음 중 기동 전동기의 부품이 아닌 것은?

① 전기자

② 계자 철심

③ 솔레노이드 스위치

④ 슬립링

해설 슬립링은 발전기 로터 코일에 전류를 공급하는 작용을 한다.

13 기동 전동기의 시험항목에 해당하지 않는 것은?

① 무부하 시험   ② 중부하 시험

③ 회전력 시험   ④ 저항 시험

14 전동기는 무슨 원리를 응용하였는가?

① 플레밍의 오른손 법칙

② 렌츠의 법칙

③ 플레밍의 왼손 법칙

④ 오른 나사의 법칙

해설 시동 전동기는 프레임의 왼손법칙을 응용하며, 발전기는 플레밍의 오른손 법칙을 응용한다.

15 기동 전동기를 시험한 결과 많은 전류가 흐르나 작동되지 않는 원인으로 가장 적당한 것은?
① 전기자 코일의 개회로
② 내부 저항의 과대
③ 내부접지
④ 계자 코일의 개회로

16 전자석 스위치를 사용하고 있는 기동 모터는?
① 벤딕스 드라이브 장치를 하고 있다.
② 오버런닝 클러치를 장치하고 있다.
③ 다이어 드라이브를 장치하고 있다.
④ 솔레노이드 드라이브를 장치하고 있다.

해설 전자석 스위치를 사용하는 형식은 오버런닝 클러치를 사용하는 피니언 섭동식 시동장치이다.

17 기동 전동기로 기관을 시동할 때 피니언 기어는 어느 부분과 결합되는가?
① 피니언 베벨 기어
② 플라이휠 링 기어
③ 파이널 드라이버기어
④ 플라이휠 아이들 기어

해설 기동 전동기로 기관 크랭킹시 피니언은 플라이휠의 링 기어와 치합된다.

충전장치

1 직류 발전기에서 교류를 직류로 바꾸어 주는 것은?
① 정류자와 브러시
② 실리콘 다이오드
③ 아마추어 코일
④ 필드 코일

해설 직류 발전기에서 교류를 직류로 바꾸어 주는 것은 정류자와 브러시이다.

2 교류 발전기에서 나온 교류를 직류로 바꾸어 주는 부분은?
① 실리콘 다이오드
② 브러시와 슬립링
③ 스테이터 코일
④ 컨덴서

해설 교류 발전기에서 교류를 직류로 바꾸는 부품은 실리콘 다이오드이다.

3 DC 발전기에서 전류가 흐를 때 전자석이 되는 것은?
① 전기자   ② 계자 철심
③ 계자 코일   ④ 전기자 코일

해설 전기자는 계자 내에 회전되어 전류를 발생하며 계자 코일은 계자 철심을 자화시킨다.

4 교류 발전기에서 히트 싱크(heat sink)는 다음 어디에 설치되어 있는가?
① 로터   ② 슬립링
③ 스테이터   ④ 엔드 프레임

해설 교류 발전기의 히트 싱크는 다이오드에서 발생된 열을 방열하는 것으로 엔드 프레임에 설치된다.

5 DC 발전기의 3조정기에 속하지 않는 것은?

① 컷 아웃 릴레이 ② 전력 조정기
③ 전류 조정기   ④ 전압 조정기

6 교류 발전기에서 교류를 직류로 바뀌도록 하는 것은?

① 필드 코일
② 브러시
③ 아마추어
④ 정류자와 실리콘 다이오드

해설 직류 발전기에서는 정류자와 브러시가 정류하고 교류 발전기에서는 다이오드가 정류작용을 한다.

7 교류 발전기에서 유도 전류가 발생하는 곳은?

① 전기자
② 회전자(로터)
③ 고정자(스테이터)
④ 계자

8 AC 발전기에서 전류가 발생하는 곳은?

① 계자 코일   ② 로터
③ 스테이터   ④ 전기자

9 충전용 전압 조정기의 기능은 다음 중 어느 것인가?

① 전류의 크기를 일정하게 한다.
② 역전류를 방지한다.
③ 전압을 높여 준다.
④ 전압을 일정하게 유지한다.

해설 전압 조정기는 발생 전압을 유지해 준다.

10 발전기는 어떤 축에 의해 구동되는가?

① 크랭크 축
② 캠 축
③ 뒤차축
④ 변속기 입력축

해설 발전기는 크랭크 축에 의해 팬 벨트로 구동된다.

11 AC 발전기의 다이오드는 무슨 작용을 하는가?

① 발전기 출력을 증가시킨다.
② 발전되는 교류를 직류로 정류한다.
③ 전압을 증가시킨다.
④ 발전되는 직류를 교류로 정류한다.

해설 교류 발전기 다이오드는 교류를 직류로 정류하고 축전지에서 발전기로 전류가 역류하는 것을 방지한다.

12 DC 발전기 조정기의 컷 아웃 릴레이의 작용은?

① 전압을 조정한다.
② 전류를 제한한다.
③ 전류가 역류하는 것을 방지한다.
④ 교류를 정류한다.

해설 직류 발전기 컷 아웃 릴레이는 축전지에서 발전기로 전류가 역류하는 것을 방지한다.

13 교류 발전기의 조정기는 다음 중 어느 것에 해당되는가?

① 교류 조정기
② 전압 조정기
③ 컷 아웃 릴레이
④ 전류, 전압 조정기

해설 직류 발전기 조정기는 전압 조정기와 전류 제한기 그리고 컷 아웃 릴레이가 있으나 교류 발전기 조정기는 전압 조정기만 있으면 된다.

2

건설기계 전기

14 다음에서 건설기계용 AC 발전기의 정류기로 사용되는 것은 어느 것인가?

① 마이카 정류기
② 셀렌 정류기
③ 텅카 밸브 정류기
④ 실리콘 다이오드

해설 교류 발전기에서 사용하는 다이오드는 실리콘 다이오드를 사용하며 일반적으로 6개를 사용한다.

15 일반적으로 교류 발전기내의 다이오드는 몇 개인가?

① 3개
② 6개
③ 7개
④ 8개

해설 다이오드는 (+) 3개, (−) 3개 모두 6개를 사용하며, 히트 싱크에 설치한다.

16 충전 계통 고장진단 결과이다. 다음 중 충전 경고등에 대하여 바르게 설명한 것은?

① 충전 경고등은 극히 저속 공회전시는 소등되어야 정상이다.
② 기관 회전수가 증가되어도 소등되지 않으면 충전계통에 고장이 있다.
③ 충전계통에 이상이 없어도 수온이 지나치게 높으면 소등되지 않는다.
④ 고속에서 충전 경고등이 켜지지 않는 것은 충전이 되지 않고 있는 것이다.

해설 충전 경고등은 충전이 되지 않으면 점등되고 충전이 시작되면 소등된다.

예열장치

1 다음 사항 중 디젤기관만이 볼 수 있는 회로는?

① 예열 플러그 회로
② 기동회로
③ 충전회로
④ 등화회로

해설 디젤엔진은 압축열에 의한 자연착화 엔진으로서 한랭 시 시동이 곤란한 경우가 발생되며 이것을 방지하기 위하여 예열장치를 설치한다.

2 예열 플러그 저항기를 반드시 설치하여야 하는 형식의 예열 플러그는?

① 코일형
② 실드형
③ 니크롬형
④ 직접 가열형

해설 예열 플러그 저항기는 코일형의 예열 플러그에서 전압강하를 시켜 예열 플러그의 소손을 방지하기 위하여 둔다.

3 디젤기관에서 감압장치의 기능은?

① 크랭크 축을 느리게 회전시킨다.
② 타이밍 기어를 조절한다.
③ 캠축을 회전시킨다.
④ 각 실린더의 배기밸브를 열어 주어 축을 가볍게 회전시킨다.

해설 감압장치의 기능
• 한랭 시 엔진의 회전을 원활하게 하는 시동보조
• 엔진 정지

4 흡기 가열식 예열장치에서 흡기 히터는 어디에 설치되는가?

① 연료 탱크 위에
② 연소실 내에
③ 흡기 다기관 내에
④ 노즐 위에

해설 흡기 히터는 직접 분사실식 디젤기관에 사용하는 시동 보조장치로 흡기 다기관에 설치되어 흡입되는 공기를 가열한다.

5 디젤기관에서 시동곤란 대비 사항이 아닌 것은?

① 흡기온도를 상승시킨다.
② 압축비를 높인다.
③ 예열 플러그를 사용한다.
④ 기동 시 기관의 회전수를 저하시킨다.

해설 디젤기관은 시동 저항이 크기 때문에 감압장치를 설치하고 예열장치를 두어 시동을 보조하며, 시동시 기관의 회전속도가 낮으면 압축열이 낮아 시동이 어렵다.

6 다음 중 디젤엔진의 시동을 쉽게 해주는 보조장치가 아닌 것은?

① 감압장치
② 연소촉진제 공급장치
③ 예열장치
④ 과급장치

해설 과급장치는 흡기 공기에 압력을 가하는 일종의 공기펌프이다.

7 실드형 예열 플러그의 설명으로 알맞은 것은?

① 발열량이 30~40w이다.
② 회로는 병렬로 접속되어 있다.
③ 사용전류는 30~60A이다.
④ 예열시간은 40~60초이다.

해설 실드형의 예열 플러그는 가는 실선을 튜브로 감싼 형태로 병렬로 접속되어 있으며 예열시간은 60~90초이다.

8 다음은 디젤기관의 앵글라이히 장치에 관한 설명이다. 가장 알맞은 것은?

① 조정래크의 위치가 동일한 때 기관의 흡입 공기에 알맞는 연료를 분사한다.
② 조정래크의 위치를 변경시켜 분사량을 크게 한다.
③ 조정래크의 위치를 변경시켜 분사량을 감소시킨다.
④ 막판의 위치를 조정하여 분사량을 알맞게 조정한다.

해설 앵글라이히 장치란 모든 속도의 범위에서 공기와 연료의 혼합비율을 일정하게 하는 장치를 말하며 조속기 내에 설치된다.

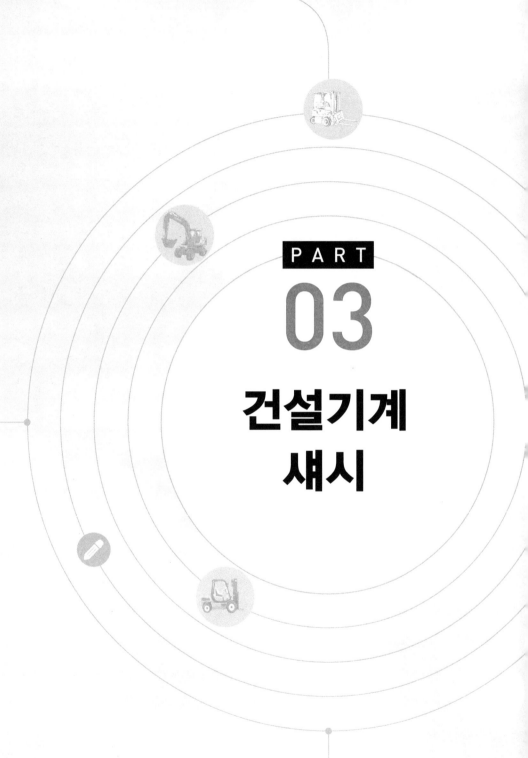

PART

03

건설기계
섀시

• 클러치 • 변속기 • 드라이브 라인 • 뒤차축 • 조향장치
• 전 차륜 정렬 • 제동장치 • 주행장치(타이어) • 출제예상문제

건설기계 운전기능사 필기

CHAPTER 01 클러치(clutch)

1 개요

클러치는 엔진과 변속기 사이에 설치되어 엔진의 동력을 변속기에 전달하거나 차단하는 역할을 한다.

2 클러치의 필요성

① 엔진을 시동할 때 무부하 상태로 하기 위해서
② 기어변속을 위해서
③ 관성운전을 위해서

3 구비조건

① 동력의 차단이 신속하고 확실할 것
② 구조가 간단하고 고장이 적을 것
③ 방열이 양호하고 과열되지 않을 것
④ 회전 부분의 평형이 좋을 것
⑤ 회전 관성이 적을 것
⑥ 클러치가 접속되면 미끄러지는 일이 절대로 없을 것
⑦ 동력의 전달이 시작될 경우에는 미끄러지면서 서서히 전달될 것

4 클러치의 구성 및 기능

(1) 클러치 판(클러치 디스크)

① 플라이 휠과 압력판 사이에 설치되며, 변속기 입력축 스플라인을 통해 연결되어 클러치 판이 플라이 휠에 접촉되면 변속기로 동력을 전달한다.

② 비틀림 코일 스프링 : 비틀림 코일 스프링은 동력이 전달(클러치 접속 시에)될 때 회전 충격을 흡수하는 역할을 하며, 댐퍼 스프링 또는 토션 스프링이라고도 한다.

③ 쿠션 스프링 : 클러치 작용 시 수직으로 받은 충격을 흡수하여, 클러치판의 변형·편마멸· 파손을 방지한다.

④ 클러치판의 마모가 심할 경우

    ☞ 페달 유격이 작아져서 클러치 미끌림 원인이 됨

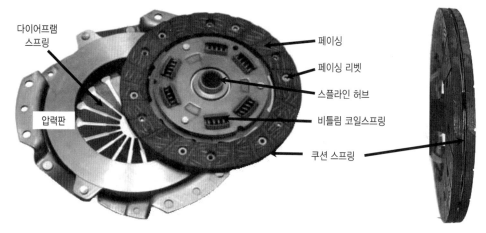

▲ 클러치판의 구조

(2) 압력판

클러치 스프링의 장력으로 클러치판을 플라이휠에 밀착한다.

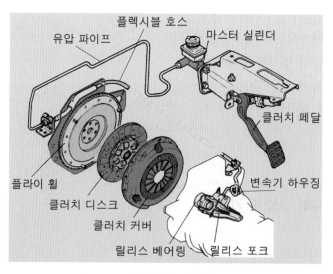

▲ 클러치의 구성품

(3) 릴리스 레버

릴리스 베어링의 힘을 받아 압력판을 움직이는 역할을 한다.

(4) 클러치 스프링

클러치 커버와 압력판 사이에 설치되어 압력판에 압력을 발생시킨다.

(5) 릴리스 베어링

릴리스 포크에 의해 클러치 축의 길이 방향으로 움직이며, 회전 중인 릴리스 레버를 눌러 동력을 차단한다.

① 종류 : 앵귤러형, 볼 베어링형, 카본형

② 릴리스 베어링은 솔벤트 등으로 세척하지 않으며, 처음 조립 시 그리스를 넣은 후 추가 주유가 필요 없는 오일리스 베어링(영구 주유식)을 사용한다.

5 유체 클러치

엔진의 동력을 유체 에너지로 바꾸고 다시 회전력으로 바꾸는 장치이다.

① 펌프 임펠러 : 오일 속에 잠겨져 있으며, 엔진(기관, 크랭크 축)과 함께 회전

② 터빈 런너 : 오일 속에 잠겨져 있으며, 변속기 입력축과 연결

③ 가이드 링 : 오일은 맴돌이 흐름(와류)을 하기 때문에 내부에서 유체 간에 충돌이 발생되어 클러치 효율이 저하됨에 따라 중심부에 가이드 링을 설치하여 와류 발생을 감소시켜 유체 충돌의 발생을 억제하여 클러치 효율을 높이는 역할

④ 토크 변환율 ☞ 1 : 1

6 토크 컨버터

유체 클러치의 개량형으로, 동력전달 효율은 97~98%(2~3% 슬립율) 정도이다.

① 펌프 임펠러 : 엔진(기관, 크랭크 축)과 함께 회전

② 터빈 런너 : 변속기 입력축과 연결

③ 스테이터 : 오일의 흐름 방향을 전환하여 터빈의 회전력을 증대

④ 토크 변환율 : 2~3 : 1

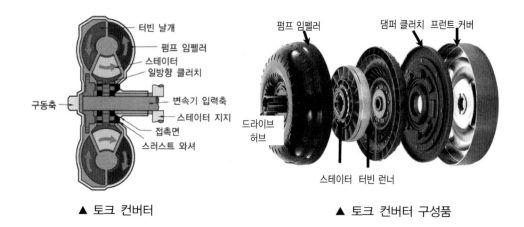

▲ 토크 컨버터   ▲ 토크 컨버터 구성품

7 클러치 정비

(1) 클러치가 미끄러지는 원인

① 클러치의 자유 유격이 작을 때
② 클러치 스프링의 장력 쇠손 또는 절손
③ 클러치 페이싱 면의 과대 마모 시
④ 클러치 페이싱에 기름 부착

POINT **클러치면 리벳 깊이 : 0.3mm 이상**

(2) 클러치 끊어짐(차단)이 불량한 원인

① 클러치 페달의 유격이 과대할 때
② 클러치판이 흔들리거나 비틀어졌을 때
③ 릴리스 레버 높이 불량
④ 릴리스 레버 마멸

(3) 출발 시 진동이 생기는 원인

① 릴리스 레버의 높이가 일정치 않다.
② 클러치판의 허브가 마모되었을 때
③ 클러치 판 커버 볼트의 이완

8 클러치 페달 유격(자유간극)

일반적으로 20~30mm 유지하며 클러치 페달을 밟았을 때, 릴리스 베어링이 릴리스 레버에 닿을 때까지 클러치 페달이 움직인 거리이다.

(1) 클러치 페달의 유격을 두는 이유

① 클러치의 미끄러짐을 방지
② 클러치 페이싱의 마멸을 적게 하기 위해
③ 릴리스 베어링의 계속 회전을 방지하여 수명을 연장을 위해

(2) 클러치 유격이 작을 때

① **클러치 미끄럼이 발생**하여 동력 전달이 불량
② 클러치판과 릴리스 베어링이 빨리 마모
③ 연료소비 증가

(3) 클러치 유격이 클 때

① 동력차단 불량으로 기어변속의 곤란
② 응답성의 지연
③ **클러치 소음 발생**(공회전시)

POINT 클러치 디스크가 과마모 시 엔진 RPM은 상승하나 차는 가속(증속)되지 않으며 등판능력이 감소된다.

CHAPTER 02 변속기(trans mission)

1 개요

엔진과 추진축 사이에 설치되어 엔진의 동력을 주행 상태에 알맞도록 회전력과 속도를 바꾸어 구동 바퀴에 전달하는 장치이다.

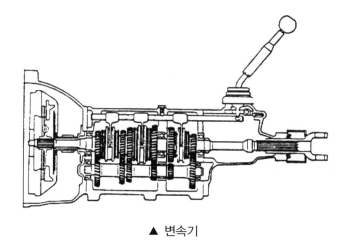

▲ 변속기

2 변속기의 필요성

① 엔진의 회전속도를 감속하여 회전력을 증대시키기 위하여 필요하다.
② 엔진을 시동할 때 무부하 상태로 있게 하기 위하여 필요하다(기어 중립).
③ 엔진은 역회전할 수 없기 때문에 자동차의 후진을 위하여 필요하다.

3 변속기의 요구조건

① 단계없이 연속적으로 변속이 이루어질 것
② 조작하기 쉽고 신속 · 정확 · 정숙하게 변속될 것
③ 전달 효율이 좋을 것
④ 소형 경량이고 고장이 적으며, 다루기 쉬울 것

4 변속기의 종류

(1) 점진 기어식

운전 중 1속에서 직접 톱 기어로 변속할 수 없으며, 1속에서 2속을 거쳐 톱 기어로 변속한다.

(2) 선택 기어식

섭동 기어식, 상시 물림식, 동기 물림식

(3) 유성 기어식(자동 변속기)

구성 : 선 기어, 유성 기어, 유성 기어 캐리어, 링 기어

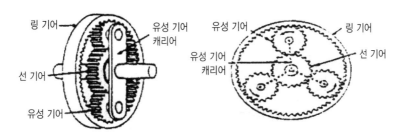

▲ 유성 기어 유닛의 구조

5 트랜스퍼 케이스

2륜에서 4륜구동으로 변환시키는 장치로, 엔진의 동력을 모든 차축에 전달하여 구동력을 증가시킨다.

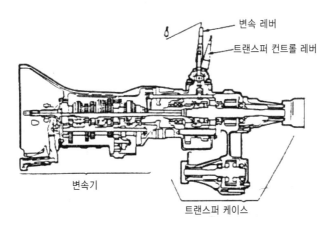

▲ 트랜스퍼 케이스(일체식)

6 오버 드라이브(O/D) 장치

(1) 오버 드라이브의 특징

엔진의 여유 출력을 이용하여 추진축의 회전속도를 엔진의 속도보다 빠르게 한다.

(2) 오버 드라이브의 장점

① 엔진의 회전속도를 30% 낮추어도 자동차는 주행속도를 유지한다.
② 엔진의 회전속도가 같으면 자동차의 속도가 30% 정도 빠르다.
③ 평탄로 주행 시 약 20% 정도의 연료가 절약된다.
④ 엔진의 운전이 정숙하다.

7 변속기의 정비

(1) 기어가 잘 들어가지 않을 때

① 클러치 차단 불량
② 싱크로나이저 링과 기어 콘부와의 접촉 불량 및 마멸
③ 인터록 장치의 파손
④ 변속 레버 및 시프트 레버 선단의 선모

(2) 주행 중 기어가 빠질 때

① 기어의 과도한 마멸 시
② 각 베어링의 마모 또는 불량 시
③ 인서트 키의 마멸 또는 불량 시
④ 로킹 볼 스프링의 마멸 또는 절손 시

(3) 변속기에서 소음이 날 때

① 윤활유의 불량 또는 부족 시
② 기어 물림의 불량
③ 각 베어링의 과도한 마모
④ 각 기어의 과도한 마모

(4) 인터록장치

기어가 이중으로 물리는 것을 방지한다.

(5) 로킹 볼

기어가 빠지는 것을 방지한다.

(6) 싱크로나이저 링

변속이 쉽게 되게 하며 변속 시에만 작동시킨다.

03 드라이브 라인

1 개요

변속기의 출력을 구동축에 전달시키는 장치이다.

2 추진축(propeller shaft)

변속기의 회전력을 종감속 장치에 전달하여 바퀴를 회전시키는 부분이다.

① 추진축의 구조 : 강한 비틀림 하중을 받으면서 회전하기 때문에 속이 빈 강관으로 되어 있다.
② 양끝에는 자재이음의 요크가 설치되고 다른 쪽에는 스플라인축이 설치되어 있다.
③ 추진축이 진동하는 원인
  ㉠ 중간 베어링이 마모된 경우
  ㉡ 슬립 이음의 스플라인부가 마모
  ㉢ 추진축이 휘었거나 밸런스 웨이트가 떨어진 경우
  ㉣ 구동축과 피동축의 요크 방향이 다른 경우
  ㉤ 종감속 기어 장치의 플랜지와 체결 볼트의 조임이 헐거운 경우
  ㉥ 십자축 베어링이 마모된 경우

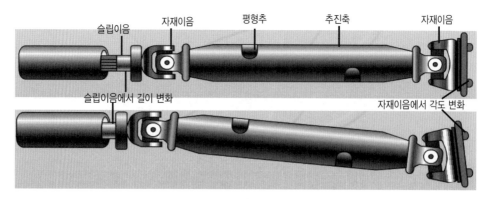

▲ 추진축 구조

3 자재이음(universal joint)

자재이음은 각도를 가진 2개의 축 사이에 설치되어 원활한 동력을 전달할 수 있도록 사용되며, 추진축의 각도 변화를 가능케 한다.

① 십자형 자재이음 : 각도 변화를 12~18° 이하로 하고 있다(훅 조인트, 카르단 조인트, 크로스 조인트).

　• 훅 조인트는 그리스를 급유해야 한다.

② 플랙시블 이음 : 설치 각도는 3~5°이다.

　* 특징 : 윤활하지 않는다.

③ CV 자재이음 : 설치 각도는 29~30°이다(등속이음).

④ 볼 앤드 트러니언 자재이음 : 자재이음과 슬립이음의 역할을 동시에 한다.

4 슬립 이음(slip joint)

추진축 길이의 변화를 가능하게 하기 위하여 사용되며, 뒤차축의 상하 운동을 할 때 추진축의 길이 변화를 가능케 한다.

04 뒤 차축

1 개요

차량 뒤쪽에 설치되어 차량의 중량을 지지함과 동시에 엔진의 회전력을 구동 바퀴에 전달하는
장치로 구성에는 종감속 기어, 차동 기어장치, 액슬 축 및 하우징이 있다.

2 종감속 기어(final gear)

(1) 기 능

① 회전력을 직각 또는 직각에 가까운 각도로 바꾸어 차축에 전달한다.
② 회전속도를 감속하여 회전력을 증대시킨다.

(2) 종감속 기어의 종류

① 웜과 웜기어
② 스퍼 베벨 기어
③ 스파이럴 베벨 기어
④ 하이포이드기어[스파이럴 베벨 기어의 옵셋(편심) 기어]
　　㉠ 구동 피니언의 옵셋(편심) 량은 링 기어 직경의 10~20%이다.
　　㉡ 구동 피니언의 옵셋에 의해 추진축의 높이를 낮게 할 수 있다.
　　㉢ 바닥이 낮게 되어 거주성이 향상된다.
　　㉣ 자동차의 전고가 낮아 안전성이 증대된다.
　　㉤ 구동 피니언을 크게 할 수 있어 강도가 증가되고 기어의 물림율이 크다.
　　㉥ 하이포이드기어에 사용하는 기어오일은 극압 윤활유를 사용한다.

(3) 종감속비

① 종감속 기어는 링 기어와 구동 피니언으로 구성되어 있다.
② 종감속 기어의 감속비는 차량의 중량, 등판 성능, 엔진의 출력, 가속 성능 등에 따라
결정된다.

③ 종감속비가 크면 등판 성능 및 가속 성능은 향상되고 고속 성능은 저하된다.

④ 종감속비가 작으면 등판 성능 및 가속 성능은 저하되고 고속 성능은 향상된다.

⑤ 종감속비는 나누어지지 않는 값으로 정하여 특정 이가 물리는 것을 방지하여 이의 마멸을 고르게 한다.

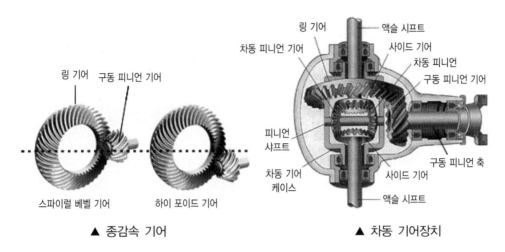

▲ 종감속 기어   ▲ 차동 기어장치

3 차동기어 장치(differential gear)

(1) 기 능

① 회전할 때 안쪽 바퀴보다 바깥쪽 바퀴의 회전수를 빠르게 하여 원활하게 이루어지도록 한다.

② 차동기어 장치는 래크와 피니언의 원리를 이용하여 좌우 바퀴의 회전수를 변화시킨다.

③ 차동 기어 장치에서 링 기어와 항상 같은 속도로 회전하는 것은 차동 기어 케이스이다.

④ 요철 노면을 주행할 경우 양쪽 바퀴의 회전수를 변화시켜 원활한 주행이 이루어지도록 한다.

(2) 차동기어 동력전달순서

① 구동 피니언 축 → 구동 피니언 기어 → 링 기어 → 차동 기어 케이스 → 차동 피니언 축 → 차동 피니언 기어 → 사이드 기어 → 액슬축 → 구동 바퀴

4 | 액슬 축

안쪽 끝 부분의 스플라인은 사이드 기어 스플라인과 결합되어 있고 바깥쪽 끝 부분은 구동바퀴와 결합되어 있다.

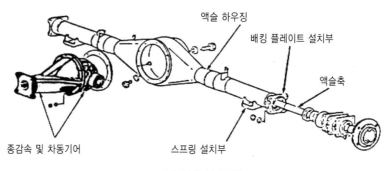

▲ 뒤 차축의 구성

(1) 액슬 축의 지지방식(액슬 축의 보호방식에 따라)

① 전부동식 : 차량의 중량은 액슬 하우징이 지지하고 액슬 축은 동력만 전달, 바퀴는 떼어내지 않고 액슬 축을 떼어 낼 수 있다.

② 3/4 부동식 : 차량 중량의 1/4 을 액슬 축이 지지하고 나머지는 액슬 하우징이 지지 액슬 축을 그대로 떼어 낼 수 없다.

③ 반부동식 : 차량 중량의 1/2 을 액슬 축이 지지하고 나머지는 액슬 하우징이지지, 바퀴와 고정장치를 떼어내어야 액슬축을 탈기할 수 있다.

05 조향장치

1 개요

건설기계의 주행 방향을 임의로 바꾸는 장치로 조향 핸들을 돌려서 앞바퀴 또는 뒷바퀴의
방향을 바꾸게 하는 장치이다.

2 애커먼 장토식의 원리

선회하는 안쪽 바퀴의 조향각이 바깥 바퀴의 조향각보다 크게 되어 앞 차축 또는 뒤 차축의
연장선상의 한 점 0을 중심으로 하여 동심원을 그리게 한 애커먼 장토식의 원리를 이용한다.

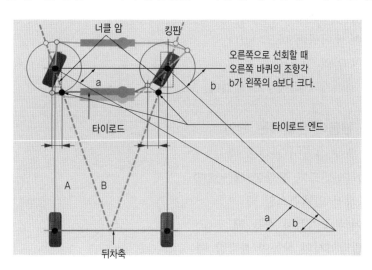

▲ 애커먼 장토식 조향 원리

3 최소 회전반경

자동차가 최대 조향각도를 유지하면서 선회할 때 앞차축의 바깥쪽 바퀴의 접지면 중심이
그리는 궤적은 원이 되는데 이 궤적의 원의 반지름을 최소 회전반경이라 하고, 안전 기준은
12m 이내로 되어 있다.

4 조향 기어

(1) 조향 기어비

조향 기어비란 조향 핸들이 회전한 각도와 피트먼 암이 회전한 각도의 비를 말한다.

$$조향\ 기어비 = \frac{조향\ 핸들이\ 회전한\ 각도}{피트먼\ 암이\ 회전한\ 각도} = \frac{조향\ 핸들이\ 회전한\ 각도}{조향\ 바퀴가\ 회전한\ 각도}$$

① 조향 기어비가 크게 하면 조향 조작력이 가벼우나 조향 조작이 늦어지고, 충격이 조향 핸들에 전달되지 않으므로 마모되기 쉽다.

② 조향 기어비를 작게 하면 조향 조작이 신속하게 이루어지나 조작이 무겁다.

(2) 조향장치의 정비

1) 조향 핸들 유격이 크게 되는 원인

① 조향 링키지의 볼 이음 접속 부분의 헐거움 및 볼 이음이 마모되었다.

② 조향 너클이 헐겁다.

③ 조향기어의 백래시가 크다.

④ 앞바퀴 베어링이 마모되었다.

⑤ 피트먼 암의 헐거움

⑥ 조향 링키지의 접속부가 헐겁다.

2) 주행 중 핸들이 흔들리는 원인

① 조향 핸들 유격이 과대할 때

② 휠 얼라인먼트가 불량할 때(트램핑)

③ 휠의 정적 언밸런스일 때

④ 타이어의 공기압이 적을 때

⑤ 스테빌라이저의 작동이 불량할 때

⑥ 쇼크 업소버의 작동이 불량할 때

3) 브레이크 작동 시 핸들이 한쪽으로 쏠리는 원인

① 타이어 공기압이 같지 않다.

② 라이닝의 접촉이 불량하다.

③ 브레이크의 조정이 불량하다.

④ 스테빌라이저 바가 절손되었다.

4) 주행 중 조향 핸들이 쏠리는 원인

① 좌우의 축거가 다를 때
② 좌우 타이어 공기압이 같지 않을 때
③ 바퀴 얼라인먼트의 조정 불량일 때
④ 앞차축 한쪽의 현가 스프링이 절손되었을 때
⑤ 좌우의 캠버가 같지 않을 때
⑥ 뒤차축이 차의 중심선에 대하여 직각이 되지 않을 때

(3) 조향장치가 갖추어야 할 조건

① 조향 조작이 주행 중의 충격에 영향을 받지 않을 것
② 조작하기 쉽고 방향 변환이 원활하게 행하여 질 것
③ 회전반경이 작을 것
④ 조향 핸들의 회전과 바퀴의 선회 차가 크지 않을 것
⑤ 수명이 길고 다루기가 쉬우며, 정비하기 쉬울 것
⑥ 고속 주행에서도 조향 핸들이 안정될 것

POINT 조향핸들 유격 → 해당 건설기계 핸들 지름의 12.5% 이내

5 동력식 조향장치

조향력을 작게 하여 큰 하중의 건설기계도 쉽게 조향할 수 있고 타이어 접촉 저항의 증대에 의한 조향 조작력이 증대되기 때문에 동력조향장치를 설치하여 핸들의 조작력을 가볍게 함으로써 쉽게 조향할 수 있도록 한 것이다.

(1) 동력식 조향장치의 장점

① 가벼운 조향 조작력이 가볍다.
② 조향 조작력에 관계없이 조향 기어비의 설정이 가능하다.
③ 불규칙한 노면에서 조향 핸들을 빼앗기는 일이 없다.
④ 충격을 흡수하여 핸들에 전달되는 것을 방지한다.

(2) 동력 조향장치의 단점

① 구조가 복잡하고 값이 비싸다.

② 고장이 발생하면 정비가 어렵다.

③ 오일펌프 구동에 엔진의 출력이 일부 소비된다.

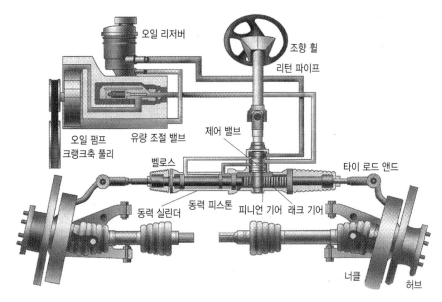

▲ 동력 조향기구(링키지형)

POINT 안전체크밸브 ☞ 동력조향장치 고장 시 수동조작을 가능하게 한다.

(3) 동력 조향장치의 유압이 낮은 원인

① 펌프의 구동 벨트가 헐겁다.

② 제어 밸브가 교착되었다.

③ 압력 조절 밸브가 교착되었다.

④ 오일이 누출된다.

(4) 동력 조향 핸들이 무거운 원인

① 오일 라인에 공기가 유입되었다.

② 조향기어 박스의 오일이 부족하다.

③ 앞 타이어의 공기가 빠졌다.

④ 볼 조인트의 과도한 마모

CHAPTER 06 전 차륜 정렬(휠 얼라인먼트)

건설기계 운전기능사 필기

1 목적

① 조향 핸들의 조작을 가볍게 할 수 있도록 한다.
② 조향 핸들의 조작을 확실하게 하고 안정성을 준다.
③ 조향 핸들에 복원성을 준다.
④ 타이어의 마멸을 최소로 한다.

2 구성요소와 필요성

(1) 토 인

앞바퀴를 위에서 볼 때 좌·우 바퀴의 중심선 사이의 거리가 앞쪽이 뒤쪽보다 조금 좁게 되어 있다(A 〈 B).

① 앞바퀴를 주행 중에 평행하게 회전한다.
② 앞 바퀴가 옆방향으로 미끄러짐(사이드 슬립)을 방지한다.
③ 타이어의 마멸을 방지한다.
④ 조향 링키지의 마멸에 의한 **토 아웃이 되는 것을 방지**한다.
⑤ 토인 조정 : 타이로드를 돌려서 조정한다.

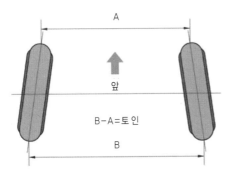

▲ 토인

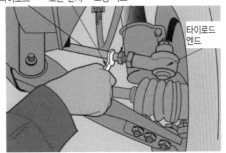

▲ 타이로드를 돌려서 토인 조정

(2) 캠버

앞바퀴를 앞에서 보았을 때 윗부분이 바깥쪽으로 약간 벌어져 상부가 하부보다 넓게 되어 있다.

- 필요성
  ① 조향 핸들의 조작을 가볍게 한다.
  ② 수직 방향의 하중에 의한 앞 차축의 휨을 방지한다.
  ③ 바퀴가 허브 스핀들에서 이탈되는 것을 방지한다.
  ④ 바퀴의 아래쪽이 바깥쪽으로 벌어지는 것을 방지한다.

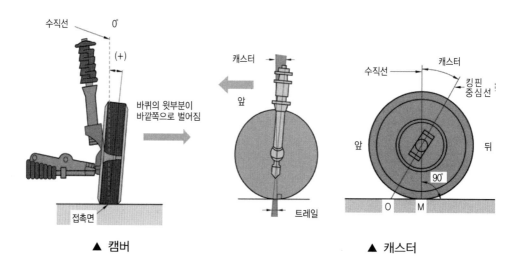

▲ 캠버　　　　　　　　　　▲ 캐스터

(3) 캐스터

① 앞바퀴를 옆에서 보았을 때 킹핀의 중심선이 수선에 일정한 각도를 이룬 것이다.
② 필요성
　㉠ 주행 중 바퀴에 방향성(직진성)을 준다.
　㉡ 조향하였을 때 직진 방향으로 되돌아오는 복원력이 발생한다.

(4) 킹핀 경사각

① 앞바퀴를 앞에서 보았을 때 킹핀의 중심선이 수선에 대해 일정한 각도를 이룬 것이다.
② 필요성
　㉠ 캠버와 함께 조향 핸들의 조작력을 작게 한다.
　㉡ 바퀴의 시미 현상을 방지한다.
　㉢ 앞바퀴에 복원성을 주어 직진 위치로 쉽게 되돌아가게 한다.

CHAPTER 07 제동장치

건설기계 운전기능사 필기

1 개요

주행 중인 차량을 감속 또는 정지시키기 위해 사용하는 장치이다.

2 제동장치 종류

① 유압식 : 유압을 이용하는 것으로 풋 브레이크에 사용
② 공기식 : 압축공기를 이용하는 것으로 풋 브레이크에 사용

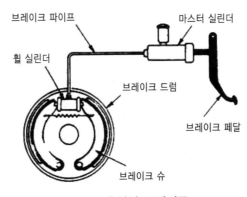

▲ 유압식 조작기구

3 유압식 브레이크 장치

(1) 유압의 일반(파스칼의 원리를 이용한 것)

① 공기는 압축이 되지만 액체는 비압축
② 액체는 운동을 전달
③ 액체는 힘을 증대
④ 액체는 작용력을 감소

(2) 유압식 브레이크의 구조와 작용

1) 마스터 실린더

브레이크 페달을 밟을 때 페달의 힘을 받아 유압을 발생시켜 파이프를 통해 휠 실린더에 보내는 역할을 한다.

① 1차 컵 : 유압 발생실의 **유압발생**을 유지

② 2차 컵 : 마스터 실린더에서 외부로 **오일이 누출되는 것을 방지**

③ 체크 밸브

　　㉠ 오일을 한쪽 방향으로만 흐르게 하는 역할을 한다.

　　㉡ 회로에 잔압을 유지한다.

　　㉢ 잔압을 두는 이유 : 브레이크의 재시동성 향상, 휠 실린더 오일누출, 베이퍼 록 방지

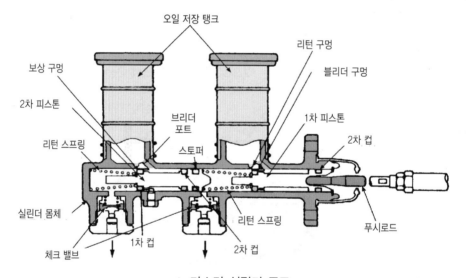

▲ 마스터 실린더 구조

④ 베이퍼록 현상 : 브레이크 계통의 오일이 열을 받아 기화 증발하여 오일의 흐름을 방해하는 현상으로 그 원인은 다음과 같다.

　　㉠ 긴 내리막길에서 과도한 브레이크 사용

　　㉡ 비점이 낮은 브레이크액을 사용했을 때

　　㉢ 브레이크 드럼과 라이닝의 끌림에 의한 가열

　　㉣ 브레이크슈 리턴스프링의 쇠손에 의한 잔압 저하

　　㉤ 브레이크 오일 변질에 의한 비점의 저하 및 불량한 오일을 사용할 때

⑤ 페이드 현상 : 과도한 브레이크 사용으로 드럼과 슈의 마찰열이 축적되어 제동력이 감소되는 현상으로 방지책은 다음과 같다.

　　㉠ 드럼의 냉각성능을 크게 한다.

    ⓛ 드럼의 재질을 열팽창률이 적은 것으로 사용한다.

    ⓒ 온도 상승에 따른 마찰계수 변화가 적은 라이닝을 사용한다.

POINT 마스터 실린더의 보상포트(구멍)이 막히면 제동이 풀리지 않는다.

4   드럼 브레이크

(1) 라이닝의 구비조건

    ① 고열에 견디고 내마멸성이 우수할 것

    ② 마찰계수가 클 것($0.3\sim0.5u$)

    ③ 온도변화 및 물에 의한 마찰계수 변화가 적고 기계적 강도가 클 것

(2) 브레이크 드럼

바퀴와 함께 회전하며, 브레이크 슈와 마찰에 의해서 제동력을 발생시키는 역할을 한다.

  • 드럼의 구비조건

    ① 정적 동적 평형이 잡혀 있을 것

    ② 충분한 강성이 있을 것

    ③ 마찰면에 내마멸성이 우수할 것

    ④ 방열이 잘될 것

    ⑤ 가벼울 것

(3) 브레이크 파이프

마스터 실린더와 휠 실린더의 오일 통로로 방청처리가 된 강 파이프나 플렉시블 호스로 제작되었다.

5   디스크 브레이크

(1) 디스크 브레이크의 장점

    ① 디스크가 대기 중에 노출되어 회전하기 때문에 방열성이 좋아 페이드 현상이 없어 제동력이 안정된다.

    ② 제동력의 변화가 적어 제동 성능이 안정된다.

    ③ 한쪽만 브레이크 되는 경우가 적다.

(2) 디스크 브레이크의 단점

① 마찰 면적이 적기 때문에 압착하는 힘을 크게 하여야 한다.
② 자기 작동을 하지 않기 때문에 페달을 밟는 힘이 커야 한다.
③ 패드를 강도가 큰 재료로 만들어야 한다.

6 브레이크 오일

(1) 브레이크 오일 구비조건

① 화학적으로 안정적이고 빙점이 낮고 인화점이 높을 것
② 비점이 높고 베이퍼 록을 일으키지 않을 것
③ 금속을 부식하지 말고 윤활성능이 있을 것
④ 알맞은 점도를 가지고 온도에 대한 점도 변화가 적을 것
⑤ 고무제품에 팽창을 일으키지 않을 것

(2) 오일 보충 및 교환 시 주의사항

① 지정된 오일을 사용하고 빼낸 오일은 재사용하지 않는다.
② 브레이크 부품 세척 시 알콜 또는 브레이크 세척용 오일을 사용한다.
③ 브레이크 오일의 주성분은 식물성 오일(피마자 + 알콜)을 사용한다.
④ 브레이크 장치 공기빼기 작업은 마스터 실린더에서 제일 먼 쪽부터 실시한다.

7 브레이크 고장점검

(1) 브레이크 라이닝과 드럼과의 간극이 클 때

① 브레이크 작용이 지연
② 브레이크 페달의 행정이 길어진다.
③ 브레이크 페달이 발판에 닿아 브레이크 작용이 어렵게 된다.

(2) 브레이크 라이닝과 드럼과의 간극이 적을 때

① 라이닝과 드럼의 마모가 촉진

② 베이퍼 록의 원인
③ 라이닝의 소손 원인

(3) 브레이크가 풀리지 않는 원인

① 마스터 실린더 리턴 구멍이 막힌 경우
② 마스터 실린더 컵이 부풀었을 경우
③ 브레이크 페달의 자유 간극이 작은 경우
④ 브레이크 페달 리턴 스프링이 불량일 경우
⑤ 마스터 실린더 리턴 스프링이 불량일 경우
⑥ 라이닝이 드럼에 소결(스틱)됐을 경우
⑦ 푸시로드 길이를 길게 조정한 경우

(4) 브레이크가 잘 듣지 않는 원인

① 회로 내의 오일 누설 및 공기의 혼입
② 라이닝에 오일, 물 등이 묻어 있을 때
③ 라이닝 또는 드럼의 과다한 편 마모
④ 라이닝과 드럼과의 간극이 너무 큰 경우
⑤ 브레이크 페달의 자유 간극이 너무 큰 경우

(5) 브레이크 시 한쪽으로 차체가 쏠리는 원인

① 브레이크의 드럼 간극 조정 불량
② 타이어 공기압의 불균일
③ 라이닝의 접촉 불량
④ 브레이크의 드럼의 편 마모

(6) 브레이크 작동 시 소음이 발생하는 원인

① 라이닝의 표면 경화
② 라이닝의 과대 마모

CHAPTER 08 주행장치(타이어)

1 개요

주행 중 충격을 흡수하여 승차감을 좋게하는 장치이다.

2 타이어 종류

(1) 사용 압력에 의한 분류

① 고압 타이어   ② 저압 타이어   ③ 초저압 타이어

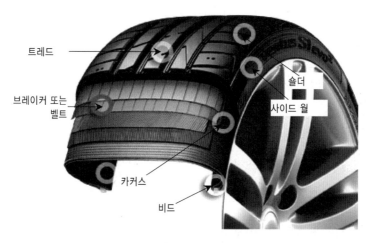

트레드

브레이커 또는
벨트

숄더

사이드 월

카커스

비드

▲ 타이어의 구성

* 트레드 부 : 견인력, 제동력 요인(노면과 직접 접촉하는 부분)
* 카커스 부 : 타이어 골격 형성(공기압 및 하중, 충격에 견디는 역할)
* 비드 부 : 강선[타이어를 림(Rim)에 장착시키는 역할]
* 사이드 월 : 타이어 정보를 기입하는 부분

(2) 형상에 의한 분류

① 보통 타이어
② 레디얼 타이어

③ 평편 타이어

④ 스노 타이어

(3) 튜브리스 타이어

1) 튜브리스 타이어의 장점

① 튜브가 없기 때문에 중량이 가볍다.

② 펑크의 수리가 간단하다.

③ 고속으로 주행하여도 발열이 적다.

④ 못 같은 것이 박혀도 공기가 잘 새지 않는다.

2) 튜브리스 타이어의 단점

① 림이 변형되어 타이어와의 밀착이 좋지 않으면 공기가 누출되기 쉽다.

② 유리 조각 등에 의해 손상되면 수리가 어렵다.

3 타이어 호칭 치수

타이어의 호칭 치수는 폭, 타이어 내경, 플라이 수로 표시한다.

① 저압 타이어 : 타이어 폭(인치) − 타이어 내경(인치) − 플라이 수(코드층의 겹수)

② 고압 타이어 : 타이어 외경(인치) × 타이어 폭(인치) − 플라이(PY, PR) 수(코드층의 겹수)

③ 11.00 − 20 − 12PR

* 11.00 : 타이어 폭(인치)   * 20 : 타이어 내경(인치)   * 12 : 플라이 수

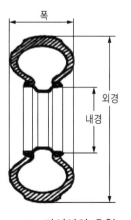

▲ 타이어의 호칭

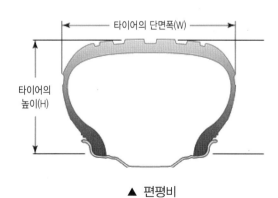

▲ 편평비

* 편평비 = 타이어 높이 / 타이어 폭

4 트레드 패턴

(1) 트레드 패턴의 종류

① 리브 패턴 : 고속회전에 알맞은 패턴
② 러그 패턴
③ 블록 패턴

(2) 트레드 패턴의 필요성

① 타이어 내부의 열을 발산한다.
② 트레드에 생긴 절상 등의 확대를 방지한다.
③ 구동력이나 선회 성능을 향상시킨다.
④ 타이어의 옆방향 및 전진 방향의 미끄럼을 방지한다.

5 트레드 패턴 설계 제작 시 고려사항

구동력, 사이드슬립(옆 방향 미끄러짐), 방수, 균열방지, 방열 등을 고려하여 설계한다.

> POINT
> • **스탠딩 웨이브** : 고속주행시 공기가 적을 때 타이어가 연속적으로 찌그러지는 현상으로 타이어 파손이 쉽고 진동저항 증가한다.
> • **하이드로 플래닝** : 비올 때 노면의 빗물에 의해 공중에 뜬 상태로 물 위에서 미끄러지는 상태가 되어 자동차의 조종이 어렵게 되는 현상
> • 타이어 온도가 120~130℃(임계온도)가 되면 강도와 내마멸성이 급감한다.
> • **타이어 박리(세퍼레이션)현상** : 지속적인 스탠딩 웨이브 현상에 의해 내부의 열이 임계온도에 도달하여 트레드와 카커스가 분리되는 것

출제예상문제

클러치

1 플라이 휠 클러치판의 마모가 심하면 페달의 유격은?

① 작아진다.　　② 커진다.
③ 변화 없다.　　④ 관계없다.

해설 클러치 라이닝이 마모되면 클러치 페달의 유격은 작아진다.

2 유체 클러치의 전달 토크는?

① 1 : 1　　　② 2 : 1
③ 3 : 1　　　④ 4 : 1

해설 유체 클러치의 전달 토크는 1 : 1이며, 토크 컨버터의 전달 토크는 2.5~3 : 1이다.

3 유체 클러치에서 와류를 감소시키는 장치로 다음 중 옳은 것은?

① 커플링 케이스　② 베인
③ 펌프　　　　　④ 가이드링

해설 유체 클러치에서 유체 충돌을 방지하고 와류를 감소시키는 부품은 가이드 링이다.

4 유압식 클러치에서 마스터 실린더의 리턴 구멍이 막히면 어떤 현상이 일어나는가?

① 페달의 유격이 작게 된다.
② 페달의 유격이 커진다.
③ 페달의 유격과 관계없다.
④ 클러치 연결이 불량해진다.

해설 마스터 실린더의 리턴 구멍이 막히면 클러치 작용 후 오일의 복귀가 이루어지지 않아 클러치의 작용이 차단된 상태로 있게되어 클러치의 연결이 이루어지지 않는다.

5 토크 컨버터의 구성부품이 아닌 것은?

① 스테이터
② 펌프 임펠러
③ 터빈 러너
④ 플런저 펌프

6 토크 변환기가 설치된 굴착기의 기동 요령으로 옳은 것은?

① 클러치 페달을 밟고 저·고속 레버를 저속 위치로 한다.
② 브레이크 페달을 밟고 저·고속 레버를 저속 위치로 한다.
③ 클러치 페달에서 서서히 발을 떼면서 가속 페달을 밟는다.
④ 페달을 조작할 필요 없이 가속 페달을 서서히 밟는다.

7 토크 컨버터와 관계가 없는 것은?

① 펌프, 터빈, 스테이터로 되어있다.
② 스톨 포인트에서 토크 변환비가 가장 크다.
③ 스테이터는 터빈과 같은 축상에 있다.
④ 토크 변환비는 1 : 1 이상이다.

8 클러치의 구비조건으로 다음 중 가장 적당치 않은 것은?

① 동력차단이 신속, 확실할 것

② 회전 관성이 매우 클 것

③ 방열이 잘 될 것

④ 동력전달이 서서히 되고 전달 후에는 미끄러지지 말 것

해설 회전 관성이 작아야 하며, 구조가 간단하고 다루기 쉽고 고장이 작아야 한다.

9 클러치 끊음이 불량한 이유가 될 수 없는 것은?

① 릴리스 레버 마멸

② 클러치판의 흔들림

③ 페달 유격 과대

④ 토션 스프링 파손

해설 토션 스프링이 파손되면 클러치 접속시 충격적으로 접촉하며, 소음이 발생된다.

10 클러치에서 타는 냄새가 나는 원인은?

① 라이닝에 그리스 부착

② 기어오일 부족

③ 클러치 스프링의 장력 과다

④ 릴리스 레버 마모

해설 클러치가 미끄러지는 현상에 의해 타는 냄새가 나는 것으로 그 원인은 라이닝에 오일 등의 부착, 클러치 스프링 장력 약화, 라이닝의 과대 마모, 페달의 유격 과소 등에 있다.

11 클러치 스프링의 장력이 약하게 되면 어떻게 되는가?

① 페달의 유격이 크게 된다.

② 페달의 유격이 작게 된다.

③ 클러치 용량이 작게 된다.

④ 클러치 용량이 크게 된다.

해설 클러치 스프링의 장력이 약해지면 클러치가 미끄러져 동력의 전달이 불량해지고, 클러치의 용량이 작게 된다. 따라서 클러치의 용량은 스프링 장력, 클러치판의 마찰계수, 클러치 마찰면의 크기에 비례하며 엔진 회전력보다 커야 한다.

12 유체 클러치에서 변속기의 입력축에 연결된 것은?

① 펌프

② 임펠러

③ 스테이터

④ 터빈 러너

해설 유체 클러치의 연결
• 펌프 임펠러 : 엔진에 연결
• 터빈 러너 : 변속기 입력축에 연결
• 가이드링 : 오일의 충돌 방지

13 토크 컨버터의 온도 지시기는 무엇을 나타내는가?

① 냉각수 온도

② 대기 온도

③ 오일 온도

④ 엔진 작동 온도

해설 토크 컨버터 내 오일의 온도를 지시하는 것으로 일반적으로 40~80°범위가 정상온도이다.

14 자동 변속기의 과열 원인이 아닌 것은?

① 오일 수준이 높다.

② 과부하 연속 운전

③ 메인 압력이 높다.

④ 트랜스미션 오일 쿨러의 막힘

해설 자동 변속기의 과열 원인 : 과부하 연속 운전, 오일 쿨러의 불량, 오일 점도 과다, 오일 필터의 막힘, 오일 압력 과다, 오일량 저하 및 변질

15 유체클러치에서 유체 충돌로 인한 효율 저하를 방지하는 것은?

① 터빈

② 임펠러

③ 가이드 링

④ 베인

해설 가이드 링은 유동오일의 흐름 방향을 안내하여 유체 충돌을 방지한다.

16 마찰 클러치가 미끄러지는 원인으로 틀린 것은?

① 기관의 과열
② 페이싱의 심한 마모
③ 페이싱에 오일 부착
④ 클러치 페달의 유격이 너무 작음

17 클러치 용량이 결정되는 요인과 관계가 없는 것은?

① 스프링의 세기
② 클러치판의 직경
③ 마찰계수
④ 압력판의 높이

해설 클러치의~용량 = $T \times f \times r \geq C$
T : 스프링 장력 f : 마찰계수
r : 클러치 반경 C : 엔진 회전력

18 클러치 고장의 원인이 아닌 것은?

① 클러치 디스크에 기름 부착
② 디스크 면의 과다 마멸
③ 클러치 릴리스 레버의 조정 불량
④ 플라이 휠 링 기어의 마멸

해설 플라이 휠 링 기어는 엔진 시동을 위한 기어로 클러치와는 무관하다.

19 주행 중 클러치를 밟아도 동력이 전달되는 이유는?

① 클러치 릴리스 베어링과 릴리스 레버의 거리가 너무 멀 때
② 클러치 페달의 유격이 작을 때

③ 압력판의 압력 스프링이 쇠약해졌을 때
④ 클러치판의 면이 마모되었을 때

해설 클러치 차단이 불량한 원인 : 클러치 페달의 유격 과다, 링키지 작동 불량, 클러치판의 런 아웃

20 다음 중 클러치에 관한 설명으로 옳은 것은?

① 클러치판의 토션 스프링이 약해지면 클러치 미끄럼이 생긴다.
② 클러치 스프링이 손상되면 페달의 유격이 증가한다.
③ 클러치 축의 파일럿 베어링이 마모되면 클러치의 끊김이 불량해진다.
④ 클러치 스프링의 장력이 약해지면 클러치 미끄럼이 생긴다.

해설 클러치 스프링의 장력이 약하면 클러치판에 가해지는 압력이 작아 클러치가 미끄러진다.

21 클러치가 미끄러지는 원인을 선택하면?

① 클러치 페달의 유격이 크다.
② 릴리스 레버가 마모되었다.
③ 클러치판의 런 아웃
④ 클러치 스프링의 자유길이가 감소되었다.

해설 클러치 스프링의 자유길이가 감소하면 장력이 감소되어 클러치 용량이 저하되고 미끄러져 동력의 전달이 불량해진다.

22 클러치의 종류에 속하지 않는 것은?

① 원판 클러치
② 커플링 클러치
③ 교합식 클러치
④ 원추 클러치

3
건설기계 섀시

23 굴착기의 토크 컨버터에 대한 설명으로 틀린 것은?

① 펌프는 기관과 직결되어 있으므로 기관이 회전하면 같이 작동한다.
② 토크 컨버터의 오일을 냉각시키기 위하여 오일 쿨러를 설치한다.
③ 터빈 축은 변속기의 입력축과 연결되어 있다.
④ 토크 컨버터 내의 유압은 0.5~1kg/cm^{2}이다.

해설 토크 컨버터 내의 유압은 일반적으로 8.5~9.5 kg/cm^2 정도이다.

24 토크 컨버터에서 스테이터의 작용은 무엇인가?

① 출력축의 회전속도를 입력축의 회전속도보다 빠르게 한다.
② 오일의 흐름 방향을 바꾸어 준다.
③ 저속과 중속에서 토크를 작게 하고 고속에서는 크게 한다.
④ 저속과 중속에서 토크를 크게 하고 고속에서는 작게 한다.

해설 스테이터는 터빈을 떠난 오일의 흐름 방향을 바꾸어 토크를 증대시킨다.

25 건설기계의 파워 시프트 트랜스미션 클러치디스크의 검사 항목이 아닌 것은?

① 디스크의 두께 측정
② 디스크의 열화 여부 확인
③ 디스크의 접촉 면적 측정
④ 디스크의 비틀림 여부 확인

해설 클러치의 점검 항목은 디스크의 마모, 열화, 런아웃, 비틀림, 리벳깊이 등을 점검한다.

26 다음 중 토크 컨버터의 역할은?

① 주행 장치의 제동
② 변속 및 동력전달
③ 엔진 회전수의 증감
④ 회전력 증대

해설 토크 컨버터는 토크를 2~3배 증대시키며, 변속기와 클러치의 기능을 가진다.

27 다음은 클러치 페달유격이 너무 클 때의 현상이다. 관계없는 것은?

① 클러치 끊김은 좋으나 동력전달은 영향을 미치지 않는다.
② 클러치가 잘 끊기지 않고 끌림 현상이 나타난다.
③ 변속할 때 소음이 나고 변속 조작이 잘 안 된다.
④ 동력 차단이 불량하다.

28 클러치 스프링의 장력이 약하면 어떤 현상이 나타나는가?

① 클러치의 분리가 잘 안 된다.
② 출력이 증가한다.
③ 클러치가 미끄러진다.
④ 출력축의 회전속도가 증가한다.

29 클러치판의 변형을 방지하는 것은?

① 마찰 판
② 쿠션 스프링
③ 클러치 스프링
④ 릴리스 레버 스프링

30 클러치의 압력판은 무슨 역할을 하는가?

① 클러치판을 밀어서 플라이휠에 압착시키는 역할을 한다.
② 동력 전달을 용이하게 한다.
③ 릴리스 베어링의 회전을 용이하게 한다.
④ 엔진의 동력을 받아 속도를 조절한다.

해설 압력판은 클러치 스프링의 장력으로 클러치판을 플라이휠에 압착시킨다.

31 클러치가 미끄러지는 원인이 아닌 것은?

① 클러치 페달의 자유간극 과다
② 클러치 페이싱의 경화 및 오일 부착
③ 클러치 압력 스프링의 쇠약 또는 절손
④ 압력판 및 플라이휠의 손상

32 3요소 단상 토크 변환기는 회전력을 어느 정도 변화시킬 수 있는가?

① 1~3배   ② 2~3배
③ 3~4배   ④ 4~5배

해설 토크 변환기는 펌프, 터빈, 스테이터로 구성되며, 회전력을 2~3배 증대시킨다.

33 터빈 축은 어디에 동력을 전달 하는가?

① 변속기   ② 펌프
③ 가이드 링   ④ 임펠러

34 디스크식 클러치판에 있는 토션 스프링은 무슨 역할을 하는가?

① 압력판의 마멸을 방지한다.
② 클러치 작용시의 충격을 흡수한다.
③ 클러치판의 밀착을 좋게 한다.
④ 클러치판의 마멸을 방지한다.

해설 토션 스프링이란 비틀림 코일 스프링 또는 댐퍼 스프링이라고도 부르며 클러치 접속시에 회전 충격을 흡수한다.

35 클러치를 연결하고 기어변속을 하면?

① 소리가 나고 기어가 상한다.
② 클러치 디스크가 상한다.
③ 엔진의 출력이 커진다.
④ 변속이 더욱 자연스러워 진다.

해설 클러치 연결 상태에서 기어를 변속하면 구동축과 피동축의 속도가 일치되지 않아 변속이 곤란하며 소음이 나고 기어가 파손되기 쉽다.

36 클러치의 소음은 어느 때 현저한가?

① 중속
② 가속
③ 공전
④ 후진

37 단판 클러치 압력 스프링에 의한 분류 중 맞지 않은 것은?

① 코일 스프링 형식
② 막 스프링 형식
③ 크라운 프레셔 스프링 형식
④ 릴리스 스프링 형식

해설 클러치 스프링의 종류로는 코일 스프링 형식, 막 스프링 형식과 크라운 프레셔 스프링 형식이 있다.

38 클러치 사용법으로 적당한 것은?

① 클러치 페달에 발을 올려놓는다.
② 변속 시와 정차 시에 밟는다.
③ 급커브에서 회전할 때 밟는다.
④ 저속 운행시만 밟는다.

39 클러치 조작은 어떻게 하는 것이 좋은가?

① 빨리 전달하고 서서히 분리한다.

② 서서히 전달하고 빨리 분리한다.

③ 서서히 분리하고 서서히 전달한다.

④ 빨리 분리하고 빨리 전달한다.

40 클러치가 슬립하는 원인 중 틀린 것은?

① 클러치 유격이 너무 적다.

② 페이싱에 기름이 묻어 있다.

③ 구동판 베어링의 고착

④ 클러치 스프링의 절손 및 쇠약

해설 클러치가 미끄러지는 원인은 클러치판에 기름이 묻거나, 유격이 너무 적거나, 스프링이 약하거나 하면 발생한다.

41 클러치 스프링의 점검사항에 들지 않는 것은?

① 인장도   ② 장력

③ 직각도   ④ 자유고

해설 스프링의 점검 항목 : 직각도, 자유고, 장력

42 클러치의 미끄러짐은 언제가 가장 심한가?

① 아이들링시   ② 가속시

③ 기동시   ④ 저속시

해설 클러치의 미끄러짐은 고부하시 또는 가속시에 현저히 나타난다.

43 클러치 페달의 자유간극에 대한 설명으로 옳은 것은?

① 릴리스 베어링이 릴리스 레버에 닿을 때까지 페달이 움직인 거리

② 페달 밑판까지의 거리

③ 클러치 차단에 필요한 거리

④ 보통 10cm 정도이다.

해설 클러치 페달의 여유간극은 클러치의 미끄러짐을 방지하기 위하려 두는 간극으로 릴리스 베어링이 릴리스 레버에 닿을 때까지 페달이 움직인 거리를 말하며 보통 20~30mm 정도를 둔다.

44 클러치판은 무엇으로 청소하는가?

① 압축공기로 한다.

② 휘발유로 세척한다.

③ 세척유로 세척한다.

④ 청소나 세척할 필요 없다.

45 유체 클러치에서 크랭크 축에 의해 같이 회전되는 것은?

① 스테이터   ② 펌프 임펠러

③ 터빈 러너   ④ 프리 휠링

변속기

1 변속기에서 기어변속이 잘 안 되는 원인이 아닌 것은?

① 클러치 차단이 불량하다.

② 기어가 약간 마모되었다.

③ 기어오일이 응고되었다.

④ 클러치 축이 계속 회전한다.

2 변속기의 변속기어가 잘 들어가지 않는다. 그 원인은?

① 클러치 스프링이 약하다.

② 클러치 페달의 유격이 크다.

③ 클러치판에 오일이 묻어 있다.

④ 압력판이 마모되었다.

해설 클러치 페달 유격이 크면 동력차단이 불량하여 기어가 잘 들어가지 않는다.

3 변속기에 잡음이 심한 원인으로 틀린 것은?

① 오일량 부족
② 시프트 포크가 마모되었다.
③ 오일질이 나쁘다.
④ 기어 치합 불량

4 변속기의 이빨이 물릴 때 소음이 발생하는 원인은?

① 라이닝의 마모
② 변속기의 앞 베어링 마모
③ 변속기 뒤 베어링 마모
④ 클러치가 분리되지 않았을 때

해설 변속시의 소음 발생원인은 클러치 차단의 불량이다.

5 변속기에서 심한 잡음이 발생되는 원인이 아닌 것은?

① 윤활유의 점도가 클 때
② 윤활유가 부족한 때
③ 기어가 마모되었을 때
④ 기어 샤프트의 지지 베어링이 마모되었을 때

해설 윤활유의 점도가 크면 회전저항이 커진다.

6 급경사를 내려갈 때의 안전한 조정방법은?

① 기관의 시동 스위치를 끊는다.
② 변속기어의 위치를 중립으로 한다.

③ 변속기어의 위치를 고속으로 하고 빨리 내려간다.
④ 변속기어의 위치를 저속으로 하고 천천히 내려간다.

해설 경사지 운전시는 저속 기어로 엔진 브레이크를 사용하며, 클러치 페달을 밟지 않고 브레이크 페달로 속도를 조절하여 저속 주행한다.

7 트랜스미션에서 잡음이 심하면 최초의 확인은?

① GO의 질
② 기어의 치합 상태
③ 기어 이의 마모
④ GO의 양

해설 GO라 함은 기어오일을 말하며 변속기에서의 소음 발생 시 최초의 점검사항은 오일량을 점검한다.

8 트랜스미션의 메인 압력이 떨어지는 이유가 아닌 것은?

① 클러치 판 마모
② 오일 부족
③ 오일 필터의 막힘
④ 오일펌프 공기 생성

9 유압식 변속기의 장점은?

① 건설기계가 정지 상태에서만 변속이 가능하다.
② 변속이 쉬우며 소음이 없다.
③ 변속기에 과부하가 걸리면 기어가 자동 탈락된다.
④ 기어의 마모가 빠르며 고장이 잦다.

3

건설기계 섀시

10 오버 드라이브 장치란 무엇인가?

① 윈치 등 차에 의해 타 장치를 구동시키는 장치

② 앞, 뒤 바퀴 구동을 위한 장치

③ 추진축의 회전속도를 증가시키는 장치

④ 악조건의 도로를 주행시키기 위한 장치

해설 오버 드라이브 장치는 엔진의 여유 출력을 이용하여 추진축의 회전속도를 엔진의 회전속도 보다 빠르게 하여 평탄로에서 연료 소비율을 감소시키고 엔진의 수명연장과 정숙한 운전이 되도록 한다.

11 유성 기어장치의 일부가 아닌 것은?

① 선 기어

② 링 기어

③ 유성 피니언

④ 하이포이드 기어

12 오버 드라이브 장치를 설치하였을 때 장점이 아닌 것은?

① 타이어의 마멸을 감소시킨다.

② 엔진의 수명이 연장된다.

③ 운전이 조용하다.

④ 평탄도로에서 20%의 연료가 절약된다.

해설 오버 드라이브를 설치하면 타이어의 마멸은 증대되는 경향이 있다.

13 다음 중 속도계는 어디에 설치되어 있는가?

① 출력축

② 부축

③ 1속 기어

④ 톱 기어

해설 속도계 구동기어는 변속기의 출력축에 설치되어 구동된다.

14 다음 중 싱크로메시 기구가 작용하는 시기는?

① 기어가 빠질 때

② 기어가 물릴 때

③ 중립에서

④ 고속에서

해설 싱크로메시 기구는 동기 물림식에서 사용하며 기어가 물릴 때 원활하고 정숙한 변속이 되도록 한다.

15 변속기의 필요성과 관계없는 것은?

① 회전수를 높인다.

② 엔진을 무부하 상태에 있게 한다.

③ 회전력을 증가시킨다.

④ 장비의 후진을 위하여 필요하다.

16 변속기를 저속으로 변속하면 관계되는 사항으로 알맞은 것은?

① 출력축의 회전속도를 빠르게 한다.

② 출력축의 회전력이 크게 된다.

③ 기관의 회전속도가 저하된다.

④ 기관의 회전력이 작게 된다

해설 저속으로 변속하면 회전속도는 느려지고 회전력은 커진다.

17 다음 중 변속기의 요구조건이 아닌 것은?

① 전달 효율이 좋을 것

② 단계가 없이 연속적으로 변속될 것

③ 조작하기가 쉽고 또한 신속·확실·정숙하게 행해질 것

④ 방열이 잘되어 과열되지 않을 것

18 변속 시 기어 소리가 나는 원인이 아닌 것은?

① 주 클러치 판의 변형
② 싱크로메시 기구의 불량
③ 클러치 베어링의 주유 과다
④ 기어의 이빨 손상

해설 클러치 차단이 불량하면 변속시 기어가 충돌하는 소음이 발생한다.

19 선택 기어식 변속기에 속하는 것은?

① 섭동 기어식, 상시 물림식, 동기 물림식
② 상시 물림식, 정기 치합식, 점진 기어식
③ 점진 기어식, 상시 물림식, 동기 물림식
④ 정기 물림식, 유성 기어식, 섭동 기어식

20 변속이 무겁게 되는 원인과 가장 관계가 적은 것은?

① 포크 샤프트 로킹 스프링이 절손 되었다.
② 윤활유의 점도가 높다.
③ 포크 샤프트가 휘었다.
④ 기어와 축의 스플라인이 무겁다.

해설 변속기에서 로킹 볼을 두는 이유는 변속되어 물린 기어가 빠지지 않도록 하기 위함이다.

드라이브 라인

1 다음에서 CV(등속) 자재이음이 아닌 것은?

① 트랙터형 자재이음
② 벤딕스 와이스형 자재이음
③ 볼 앤드 트러니언 자재이음
④ 제파형 자재이음

2 추진축이 진동하는 원인이 아닌 것은?

① 요크 방향이 다르다.
② 밸런스 웨이트가 떨어졌다.
③ 플랜지 볼트를 너무 조였다.
④ 중간 베어링이 마모되었다.

3 슬립 이음(슬립 조인트)이 변화를 가능케 하는 것은?

① 축의 길이
② 회전력
③ 드라이브 각
④ 축의 비틀림

해설 슬립 이음은 추진축의 길이 변화를 흡수하기 위해 설치하며 스플라인으로 되어 있다.

4 자재이음의 설명 중 틀린 것은?

① 자재이음은 양축의 얼라이먼트에 관계없이 동력을 전달한다.
② 자재이음은 차체의 상·하 진동을 가능하게 한다.
③ 앞·뒤 요크의 설치는 동일 평면상에 있게 설치한다.
④ 축의 길이 변화를 가능케 하는 것이 자재이음이 있기 때문이다.

자재이음은 드라이브 각의 변화를 흡수하기 위한 것으로, 십자축 자재이음의 경우에는 앞, 뒤 2개를 사용하며 동일 평면상에 위치해야 추진축이 진동하지 않는다.

5 자재이음은 무엇을 가능케 하는가?

① 축의 길이
② 회전속도
③ 축의 완충
④ 구동각

뒤 차축

1 구동 피니언의 잇수가 8, 링기어 잇수가 35인 경우 종감속비는 얼마인가?

① 4.375 : 1
② 8 : 1
③ 35 : 1
④ 3.785 : 1

해설 종감속비 $= \dfrac{\text{링기어 잇수}}{\text{구동 피니언 잇수}} = \dfrac{35}{8} = 4.375$

2 차동 기어장치에 대한 설명으로 틀린 것은?

① 선회할 때 좌·우 구동 바퀴의 회전속도를 다르게 한다.
② 선회할 때 바깥바퀴의 회전속도를 증대시킨다.
③ 보통 차동 기어장치는 노면의 저항을 작게 받는 구동바퀴에 동력을 많이 전달한다.
④ 엔진의 회전력을 크게 하여 구동바퀴에 전달한다.

3 커브를 돌 때 장비의 회전을 원활히 해 주는 장치는?

① 변속기
② 차동장치
③ 최종 감속 기어
④ 최종 구동 기어

4 차동 기어장치의 필요성과 관계가 있는 것은?

① 엔진의 토크를 증가시켜 구동바퀴에 전달하기 위해
② 장비가 선회 시 좌·우 구동바퀴에 똑같은 회전력을 가하게 하기 위해
③ 장비가 선회 시 좌·우 구동바퀴의 속도를 다르게 하기 위해
④ 장비의 주행속도를 높이기 위해

해설 차동 기어장치는 랙과 피니언의 원리를 이용하여 장비가 선회할 때 좌·우의 구동바퀴에 회전속도를 다르게 하여 무리없이 원활한 회전이 되게 하기 위하여 설치된다.

5 뒤차축이 하우징에 설치되는 방법 중 틀린 것은?

① 반부동식
② 3/4 부동식
③ 전부동식
④ 고정식

6 종감속 기어의 종류가 아닌 것은?

① 하이포이드 기어
② 웜과 웜 기어
③ 베벨 기어
④ 스퍼 기어와 헬리컬 기어

해설 스퍼 기어는 종감속 기어로 사용하지 않는다.

7 차동장치에 대한 설명으로 맞는 것은?

① 양쪽 바퀴의 선회를 같게 한다.

② 저항을 많이 받는 바퀴는 적게 회전, 저항을 적게 받는 바퀴는 많이 회전하게 한다.

③ 직진 주행시를 위해 만들어졌다.

④ 저항을 많이 받는 바퀴를 많이 회전, 저항을 적게 받는 바퀴를 적게 회전하게 한다.

해설 차동장치는 랙과 피니언의 원리를 이용한 것으로 선회시 저항이 큰쪽 바퀴의 회전속도를 감속하고 저항이 적은 바퀴의 회전속도를 높여 원활한 선회가 되도록 한다.

8 최종 감속장치에서 구동 피니언의 프리로드를 조정하는 주목적은?

① 구동 피니언에 걸리는 하중을 경감하기 위하여

② 구동 피니언의 마멸을 방지하기 위하여

③ 베어링의 초기 마멸방지와 초기 길들임을 위하여

④ 구동 피니언이 가볍게 회전하도록 하기 위하여

해설 프리로드란 설치시 베어링에 일정량의 부하가 작용하도록 하는 것으로 초기 길들임과 마멸을 방지하기 위하여 둔다.

9 뒤차축의 기어 감속비가 4 : 1 일 때 드라이브 피니언이 16회전하면 링기어는 몇 회전하는가?

① 4회전   ② 8회전

③ 16회전   ④ 54회전

해설 직진시 회전수 $= \dfrac{\text{추진축의 회전수}}{\text{총 감속비}} = \dfrac{16}{4} = 4$회전

조향장치

1 조향핸들이 떨리는 원인과 관계없는 것은?

① 휠 베어링의 마모

② 스티어링 기어의 백래시 과다

③ 킹핀과 부싱의 결합이 세다.

④ 캐스터가 규정값보다 크다.

2 조향장치의 원리는?

① 전차대식

② 애커먼식

③ 애커먼장토식

④ 장토식

해설 조향장치의 원리는 애커먼장토식을 응용하여 좌·우 앞바퀴가 동심원을 그리도록 한 것이다.

3 조향 너클과 차축을 연결하는 것은?

① 타이로드

② 킹핀

③ 새클 핀

④ 스핀들

해설 조향 너클은 킹핀을 통하여 차축과 연결되어 있다.

4 조향장치의 구비조건으로 틀린 것은?

① 회전반경이 클 것

② 조향 핸들의 회전과 바퀴의 선회차가 크지 않을 것

③ 조향조작이 주행 중의 노면 충격에 영향을 받지 않을 것

④ 고속 주행에서도 조향핸들이 안정될 것

3
 건설기계 섀시

5 동력 조향장치의 장점이라고 볼 수 없는 것은?

① 작은 조작력으로 조향조작을 할 수 있다.

② 조향 기어비를 조작력에 관계없이 선정할 수 있다.

③ 핸들 시미현상을 방지할 수 있다.

④ 구조가 간단하다.

해설 동력 조향장치는 작은 조작력으로 조향조작을 쉽게 할 수 있어 운전자의 피로를 경감할 수 있으나 구조가 복잡하다.

6 조향장치가 갖추어야 할 조건이 아닌 것은?

① 조작이 쉽고 방향의 변환이 원활하게 행하여 질 것

② 회전 반지름이 작아 좁은 곳에서도 방향전환을 할 수 있을 것

③ 조향조작이 주행 중의 충격에 영향을 받지 않을 것

④ 조향핸들의 회전과 바퀴의 선회 차이가 커야 한다.

해설 조향핸들의 회전과 바퀴의 선회 차이가 크지 않아야 한다.

7 핸들이 1회전하였을 때 피트먼 암이 40° 움직였다. 조향 기어비는 얼마인가?

① 0.9 : 1

② 9 : 1

③ 4.5 : 1

④ 45 : 1

해설 조향기어비 = $\dfrac{\text{핸들 회전각}}{\text{피트먼 암이 움직인 각}} = \dfrac{360}{40}$
$= 9 : 1$

8 조향 기어의 형식에 속하지 않는 것은?

① 가역식

② 비 가역식

③ 반 가역식

④ 3/4 가역식

9 너클에 요크가 설치된 것으로 킹핀이 액슬에 고정되어 너클의 상, 하 쪽에 베어링과 같이 움직이는 형은?

① 역 엘리옷형

② 엘리옷형

③ 르모앙형

④ 마몬형

10 다음 중 핸들이 무거울 때 점검해야 할 사항이 아닌 것은?

① 기어 박스내의 오일

② 타이어의 공기압

③ 타이어의 트레드 모양

④ 앞바퀴 얼라이먼트의 불량

해설 타이어의 트래드는 노면과의 접착력을 향상시키고 타이어의 절상의 확산을 방지하기 위한 것이다.

11 축거 4m, 외측바퀴의 최대 회전각 30°, 내측 바퀴의 최대 회전각 32°이다. 이 때의 최소 회전 반경은?

① 8m

② 12m

③ 28m

④ 7.5m

해설 $R = \dfrac{L}{\sin\alpha} + r = \dfrac{4}{\sin 30} = \dfrac{4}{0.5} = 8\text{m}$

전 차륜 정렬

1 토인은 무엇으로 조정하는가?

① 너클 암의 길이로 조정한다.

② 킹핀으로 조정한다.

③ 타이로드로 조정한다.

④ 볼 이음으로 조정한다.

> **해설** 토인이란 앞바퀴에서 타이어의 앞쪽이 뒤쪽보다 좁은 것을 말하며 타이어의 편 마모방지와 앞바퀴를 평행하게 회전시키며 조향링키지의 마모로 인한 토아웃이 되는 것을 방지한다. 토인의 조정은 타이로드로 한다.

2 앞바퀴가 좌·우로 흔들리는 현상은?

① 시미

② 트램핑

③ 웨빙

④ 흔들림

> **해설** 시미 : 앞바퀴가 좌·우로 흔들리는 현상으로 타이어의 동적 불평형에 기인한다.

3 타이어식 굴착기가 평탄한 도로를 주행할 때 안정성이 없다. 다음 중 가장 적당한 수정은?

① 캠버를 0으로 한다.

② 토인을 조정한다.

③ 부(−)의 캐스터로 한다.

④ 정(+)의 캐스터로 한다.

> **해설** 캐스터란 앞바퀴를 옆에서 보았을 때 킹핀이 수선에 대해 어떤 각도로 설치된 것으로 직진성(방향성)과 복원성을 준다. 따라서 안정성이 없는 굴착기의 캐스터는 더 정의 캐스터로 조정한다.
> • 정(+)의 캐스터 : 킹핀 윗부분이 뒤로 기울어져 있다.
> • 0의 캐스터 : 킹핀이 수직 상태이다.
> • 부(−)의 캐스터 : 킹핀의 윗부분이 앞으로 기울어져 있다.

4 캐스터의 단위로 옳은 것은?

① in이다. ② mm이다.

③ g이다. ④ °이다.

5 차의 떨림이 앞바퀴에서 생길 때 조정을 해야 하는 것은?

① 앞바퀴 얼라인먼트

② 뒷바퀴 얼라인먼트

③ 좌측바퀴 얼라인먼트

④ 우측바퀴 얼라인먼트

> **해설** 앞바퀴의 정렬(전 차륜 정렬)이 불량하면 주행 중 핸들의 떨림과 차의 진동이 발생하며, 타이어의 이상마모가 생긴다.

6 타이로드는 어느 부품과 연결되나?

① 피트먼 암과 섹터 축

② 왼쪽 바퀴와 피트먼 암

③ 드래그 링크와 섹터 축

④ 조향 너클 암

7 조향핸들의 조작을 가볍게 하는 방법이다. 틀린 것은?

① 타이어의 공기압을 높인다.

② 앞바퀴의 정렬을 정확히 한다.

③ 조향 휠을 크게 한다.

④ 가급적 저속으로 주행한다.

8 앞 차륜 정렬이 아닌 것은?

① 토인

② 로드 스웨이

③ 캠버

④ 캐스터

3

건설기계 섀시

제동장치

1 브레이크 드럼에 있는 냉각핀의 기능으로 가장 적당한 것은?

① 제동력의 증대
② 브레이크의 열 방산
③ 브레이크의 소음 방지
④ 제동시 소음 감소

해설 브레이크 드럼에 있는 냉각 핀은 드럼과 슈의 마찰열을 방산 하여 드럼을 식혀 주는 역할을 한다.

2 유압식 브레이크에서 베이퍼록의 원인과 관계없는 것은?

① 드럼의 과열
② 잔압의 저하
③ 브레이크 오일의 비등점이 높다.
④ 과도한 브레이크의 사용

해설 베이퍼록의 원인 : 과도한 브레이크의 사용, 잔압 저하, 라이닝과 드럼의 끌림, 브레이크 오일의 불량, 브레이크 오일의 비점저하

3 공기 브레이크의 작동 공기압력은 얼마 정도인가?

① $1 \sim 3 \text{kg/cm}^2$
② $5 \sim 7 \text{kg/cm}^2$
③ $10 \sim 13 \text{kg/cm}^2$
④ $20 \sim 25 \text{kg/cm}^2$

4 브레이크 드럼의 회전 방향과 같은 방향으로 밀어짐으로서 제동이 증가되는 슈는?

① 역전용 슈
② 트레일링 슈
③ 자기작동 슈
④ 동행 슈

해설 자기작동 작용 : 슈는 드럼과 같이 회전하려는 경향이 생겨 슈와 드럼의 압착력이 증가되어 제

동력이 커지는 현상을 말하며 자기작동작용이 일어나는 슈를 리딩 슈라 한다.

5 제동계통의 마스터 실린더를 세척하는데 가장 좋은 세척액은?

① 경유
② 가솔린
③ 세척유
④ 알코올

해설 제동장치의 부품의 세척은 알코올로 해야 한다. 광물성 오일은 고무 제품을 손상시킨다.

6 브레이크 드럼이 과열하는 원인은 어느 것인가?

① 드럼과 라이닝 간격이 좁다.
② 브레이크 오일에 공기가 침입되었다.
③ 드럼과 라이닝 간격이 넓다.
④ 브레이크 페달에 유격이 크다.

해설 브레이크 드럼의 과열은 드럼과 라이닝 간극의 좁거나 과도한 브레이크 사용이 주원인이다.

7 유압 브레이크의 브레이크가 풀리지 않는 원인으로 맞는 것은?

① 체크 밸브의 접촉 불량
② 파이프 내의 공기침입
③ 마스터 실린더의 리턴 구멍 막힘
④ 오일의 점도 감소

해설 마스터 실린더의 리턴 구멍이 막히면 브레이크 작용 후 오일의 복귀가 이루어지지 않아 브레이크가 풀리지 않는다.

8 브레이크가 듣지 않는 원인으로 틀린 것은?

① 페이드 현상
② 잔압 저하
③ 피스톤 컵 손상
④ 베이퍼록

해설 브레이크 회로 내 잔압이 저하되면 브레이크의 작용이 느려지게 된다. 보통 잔압은 0.6~0.8 kg/cm²이다.

09 브레이크 페달이 작용한 후 오일이 마스터 실린더로 되돌아오게 하는 것은?

① 리턴 스프링
② 브레이크 라이닝
③ 브레이크 드럼
④ 푸시로드

해설 휠 실린더에 작용했던 오일의 리턴은 브레이크 슈 리턴 스프링에 의해 복귀된다.

10 대기압과 흡입 다기관의 압력 차이를 이용한 브레이크의 형식은?

① 배기 브레이크
② 제3 브레이크
③ 유압식 브레이크
④ 진공식 배력장치

해설 진공식 배력장치란 흡기 다기관의 부압과 대기압과의 압력차이를 이용하여 제동력을 배가시키는 장치로서 하이드로 백(마스터 백)이 설치되어 있다.

11 마스터 실린더 푸시로드의 길이가 길면 어떤 일이 생기는가?

① 브레이크 작용이 너무 잘 풀린다.
② 브레이크 작용이 잘 풀리지 않는다.
③ 브레이크 페달이 매우 낮아진다.
④ 브레이크 작용이 원활하다.

해설 마스터 실린더의 푸시로드 길이가 길면 피스톤 1차 컵이 오일의 리턴 구멍을 막게되어 브레이크가 잘 풀리지 않는다.

12 유압식 브레이크가 작동하지 않을 경우 그 원인이 아닌 것은?

① 작동유의 부족
② 파이프 내에 공기 유입
③ 브레이크 잔압 때문
④ 페달 유격 부적당

해설 잔압을 두는 이유 : 신속한 작동, 베이퍼록 방지, 회로 내 공기 침입 방지, 휠 실린더에서 오일 누출 방지

13 브레이크가 완전히 풀리지 않을 때의 이유로 틀린 것은?

① 부스터의 기능 불량
② 브레이크 라이닝과 드럼 간격이 좁다.
③ 주차 브레이크 레버가 걸려 있다.
④ 엔진 플라이휠의 편 마모

14 브레이크를 밟았을 때 금속성 마찰음이 생기는 원인이 아닌 것은?

① 리벳 머리의 돌출
② 마스터 실린더 오일 구멍의 막힘
③ 브레이크 드럼의 풀림, 편심
④ 드럼 커버의 변형

해설 마스터 실린더 오일 구멍의 막힘은 유체이동이 되지 않으므로 브레이크가 작동되지 않는다.

15 브레이크 드럼의 회전 방향과 반대 방향으로 벌어지는 슈를 무엇이라 하는가?

① 트레일링 슈
② 전진 슈
③ 자기작동 슈
④ 1차 슈

해설 자기작동작용이 일어나는 슈를 리딩 슈라 하고 자기작동작용이 일어나지 않는 슈를 트레일링 슈라 한다.

16 유압 브레이크가 잘 듣지 않는 원인은?

① 브레이크 슈 리턴 스프링이 약할 때
② 브레이크 오일 파이프 내에 공기가 들어갔을 때
③ 라이닝 간격이 작을 때
④ 마스터 실린더의 리턴 스프링이 약할 때

해설 유압식 브레이크에서 회로 내 공기가 유입되면 유체의 흐름을 방해하여 브레이크의 작동을 방해한다.

17 브레이크장치 중 브레이크 페달에서 받은 힘을 유압으로 발생시키는 실린더는?

① 마스터 실린더
② 휠 실린더
③ 릴리스 실린더
④ 클러치실린더

해설 마스터 실린더 : 페달의 기계적 힘을 유압으로 변환

18 굴착기의 브레이크장치에서 하이드로 백에 관한 설명으로 틀린 것은?

① 대기압과 흡기 다기관 부압과의 차를 이용하여 배력 작용을 하게 한다.
② 하이드로 백에 고장이 나면 보통 형식의 브레이크도 작동이 안 된다.
③ 외부에 누출이 없는 데도 브레이크 오일의 소모가 커지면 하이드로 백 작용도 불량하다.
④ 하이드로 백을 분해 세척할 때에는 알코올을 사용한다.

해설 하이드로 백의 고장이 있으면 보통 형식의 브레이크는 작용이 되나 제동시 큰 힘을 요구하게 된다.

19 다음 사항은 브레이크 파이프 내에 베이퍼록이 생기는 원인이다. 관계없는 것은?

① 드럼의 과열
② 지나친 브레이크 조작
③ 잔압의 저하
④ 라이닝과 드럼 간극 과대

20 브레이크 슈의 리턴 스프링이 약하면 휠 실린더의 잔압은?

① 일정하다.　　② 낮아진다.
③ 알 수 없다.　　④ 높아진다.

해설 잔압은 마스터 실린더의 체크 밸브와 피스톤 리턴 스프링에 의해 형성된다.

21 브레이크가 미끄러지는 원인은 어느 것인가?

① 라이닝 마모로 간격이 많기 때문에
② 부하가 크기 때문에
③ 라이닝 간격이 작기 때문에
④ 부하가 작기 때문에

해설 라이닝 간극이 커지면 브레이크 작동이 원활하게 이루어지지 않고 미끄러지기 쉽다.

22 브레이크 슈에서 자기작동작용을 하는 슈는?

① 전진 슈　　② 리딩 슈
③ 3차 슈　　④ 후진 슈

23 브레이크 드럼의 구비조건으로 틀린 것은?

① 방열이 잘 될 것
② 정적, 동적 평형이 잡혀 있을 것
③ 강성과 내마모성이 있을 것
④ 중량이 클 것

24 브레이크 오일 파이프 내에 잔압을 두는 이유로 가장 타당치 않은 것은?

① 공기의 침입 방지
② 작동 지연 방지
③ 오일 누설 방지
④ 베이퍼록의 촉진

해설 유압식 브레이크에는 체크 밸브를 두어 잔압을 유지시킨다. 잔압을 두는 이유로는 작동지연방지와 휠 실린더에서의 오일 누설을 방지하고 회로 내 공기의 침입을 방지하며 베이퍼록을 방지하기 위하여 둔다.

25 유압 브레이크 회로 내의 잔압과 관계가 없는 것은?

① 베이퍼록을 방지한다.
② 유압회로 내에 공기가 새어드는 것을 방지한다.
③ 휠 실린더에서 오일이 새는 것을 방지한다.
④ 페이드 현상이 생기는 것을 방지한다.

해설 페이드 현상 : 과도한 브레이크 사용으로 마찰열이 축적되어 제동이 안되는 현상

26 기관의 압축압력을 이용하여 제동력으로 바꾸는 제동장치를 무엇이라 하는가?

① 유압 브레이크
② 공기 브레이크
③ 엔진 브레이크
④ 진공 배력식 브레이크

27 건설기계의 유압 브레이크는 무슨 원리를 이용한 것인가?

① 베르누이 정리
② 아르키메데스의 원리

③ 파스칼의 원리
④ 상대성 원리

해설 파스칼의 원리 : 밀폐된 용기의 유체(액체)에 가해진 압력은 액체가 작용하는 모든 부분에 같은 압력이 수직으로 작용한다.

28 브레이크 파이프 내부에 베이퍼록 현상이 생기는 원인은?

① 라이닝과 드럼 간극이 크다.
② 긴 내리막길에서 계속 브레이크를 사용, 드럼이 과열되었을 때
③ 브레이크 라인의 과도한 냉각
④ 드럼의 편 마모

29 공기 브레이크의 장점이 아닌 것은?

① 베이퍼록 현상이 일어나지 않는다.
② 브레이크 페달의 조작에 큰 힘이 든다.
③ 차량의 중량이 커도 사용할 수 있다.
④ 파이프의 누설이 있을 때 유압 브레이크 보다 위험도가 작다.

해설 공기 브레이크는 압축공기의 압력을 이용하므로 공기의 압력을 임의로 선정할 수 있기 때문에 작은 힘으로 조작이 가능하며 공기누설 시 급격한 압력저하가 없어 위험도가 적다.

30 브레이크 페달이 발판에 닿는 이유는?

① 타이어의 공기압이 고르지 않다.
② 라이닝과 드럼 사이에 오일이 묻어 있다.
③ 브레이크 오일이 나쁘다.
④ 브레이크 파이프 내에 공기가 들어 있다.

해설 유압식 브레이크에서 페달이 발판에 닿는 이유는 오일의 누설, 회로 내 공기 침입, 베이퍼록 현상 등이다.

3
건설기계 섀시

31 브레이크 계통에서 마스터 실린더와 피스톤의 틈새가 규정값 이상인 것은 어떻게 하여야 가장 적당한가?

① 피스톤 컵을 큰 것으로 교환한다.
② 오버 사이즈의 피스톤을 사용한다.
③ 마스터 실린더를 교환한다.
④ 실린더와 피스톤을 동시에 교환한다.

[해설] 마스터 실린더와 피스톤의 간극이 커지면 피스톤과 실린더를 동시에 교환한다.

32 브레이크 페달의 유격이 크게 되는 원인이다. 틀린 것은?

① 브레이크 오일에 공기가 들어 있다.
② 브레이크 페달 리턴 스프링이 약하다.
③ 브레이크 라이닝이 마멸되었다.
④ 브레이크 파이프에서 오일이 샌다.

[해설] 브레이크 페달 리턴 스프링이 약하면 브레이크 슈와 드럼의 간극이 작아 브레이크가 완전히 풀리지 않는다.

33 유압식 브레이크의 잔압과 관계가 있는 부품은?

① 마스터 실린더의 피스톤
② 마스터 실린더의 오일 탱크
③ 마스터 실린더의 체크 밸브
④ 마스터 실린더의 피스톤 컵

[해설] 유압 브레이크의 잔압은 $0.6{\sim}0.8kg/cm^2$ 정도이며 체크 밸브에 의해 유지된다.

34 브레이크장치의 파이프는 플렉시블 호스와 무엇으로 만들어 졌는가?

① 구리   ② 강
③ 플라스틱   ④ 주철

35 브레이크 페달의 자유간극은?

① 10mm   ② 25mm
③ 50mm   ④ 75mm

타이어

1 고압 타이어의 호칭치수 표기방법으로 옳은 것은?

① 타이어 폭×타이어 내경-플라이 수
② 타이어 폭-타이어 내경-플라이 수
③ 타이어 외경×타이어 폭-플라이 수
④ 타이어 내경×타이어 폭-플라이 수

2 타이어의 공기압력에 관한 설명이다. 알맞은 것은?

① 공기압이 너무 낮으면 트레드 중앙부의 마멸이 많게 된다.
② 공기압력이 낮으면 수명이 길게 된다.
③ 온도가 높게 되면 공기압력도 높게 된다.
④ 공기압력이 높으면 조향핸들이 무겁게 된다.

[해설] 타이어내 공기온도가 높게 되면 팽창력이 커져 압력도 높게 된다.

3 타이어의 트레드 패턴의 필요성과 관계 없는 것은?

① 타이어가 옆 방향으로 미끄러지는 것을 방지한다.
② 타이어에서 발생한 열을 방산 한다.
③ 트레드부에 생긴 절상 등의 확산을 방지한다.
④ 주행 중 진동을 흡수하고 소음을 방지한다.

해설 소음 방지와 트레드 패턴과는 관계가 없다.

4 저압 타이어의 호칭치수 표기방법으로 옳은 것은?

① 타이어 폭(인치)−타이어 내경(인치) −타이어 외경(인치)

② 타이어 폭(인치)−타이어 내경(인치) −타이어 두께(인치)

③ 타이어 폭(인치)−타이어 내경(인치) −타이어 무게(킬로그램)

④ 타이어 폭(인치)−타이어 내경(인치) −플라이 수

5 타이어 형상에 의하여 분류한 것이다. 틀린 것은?

① 평편 타이어

② 레디얼 타이어

③ 튜브리스 타이어

④ 스노우 타이어

해설 튜브리스 타이어란 튜브를 사용하지 않는 타이어를 말한다.

6 타이어를 사용압력에 의하여 분류한 것이다. 틀린 것은?

① 고압 타이어

② 초고압 타이어

③ 저압 타이어

④ 초저압 타이어

7 고압 타이어의 32×25−12 ply의 12는 무엇인가?

① 코드 층의 겹수

② 외경

③ 폭

④ 내경

해설 32 : 외경 32인치, 25 : 폭 25인치, 12 : 플라이 수 12겹

3

건설기계 섀시

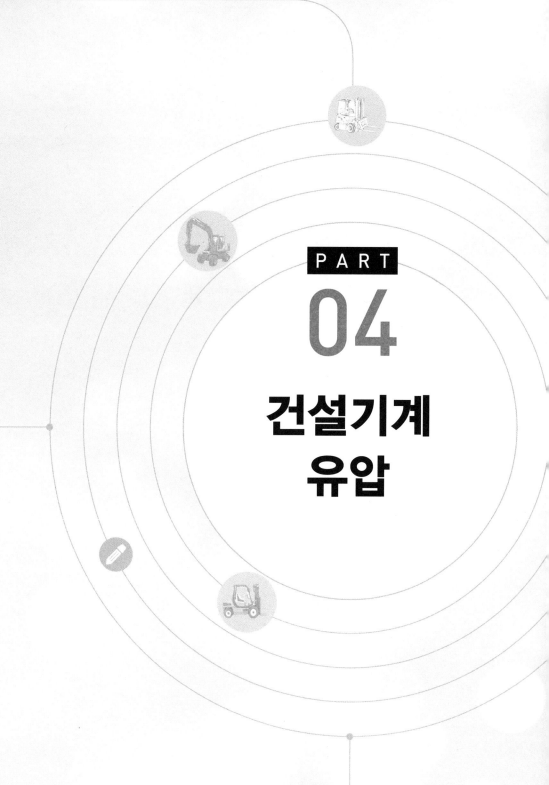

PART

04

건설기계
유압

• 유압 일반 • 유압기기 • 유압유 • 유압회로 • 출제예상문제

01 유압 일반

1 유압장치 특징

(1) 유압장치 정의

유체 에너지를 기계적 에너지로 변화시키는 장치이다.

(2) 장점

① 속도제어가 용이하다.
② 힘의 연속적 제어가 용이하다.
③ 힘의 증대와 감소가 용이하다.
④ 운동방향 제어가 용이, 무단변속이 가능하다.
⑤ 전기적 조합이 간단, 원격조작이 가능하다.
⑥ 응답성이 빠르고 에너지 축적이 가능하다.
⑦ 조작이 간단, 과부하에 대한 안전장치 조합이 가능하다.
⑧ 동조운전, 시퀀스 작동 사이클이 간단하다.
⑨ 왕복운동 시 충격, 진동이 적다.
⑩ 정마력, 정토크 구동제어가 용이하다.
⑪ 윤활성, 내마모성, 방청이 좋다.

(3) 단점

① 배관 등 이음에서 누설이 쉽다.
② 작동유 점도 변화에 따라 정밀 속도유지 및 위치제어가 곤란하고, 효율이 변한다.
③ 구조가 복잡하다.
④ 작동유 공기유입에 의한 동작불량 발생, 이물질 혼입에 따른 고장이 발생한다.
⑤ 검출 점검이 어렵다.
⑥ 보수관리가 어렵다.

2 파스칼의 원리

① 유체의 압력은 면에 대하여 직각으로 작용한다.
② 각 점의 압력은 모든 방향으로 같다.
③ 밀폐된 용기 속 유체의 일부에 가해진 압력은 동시에 유체의 각부에 같은 세기를 가지고
전달된다.

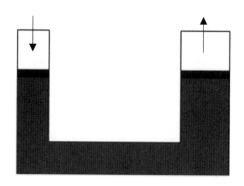

3 유압장치의 구성

① 정의 : 유체 압력에너지를 기계적 에너지(일)로 바꾸는 장치이다.
② 기본 구성 : 오일탱크, 유압 발생 장치 구동체(엔진, 전동모터), 유압 발생 장치(유압펌프),
제어 장치

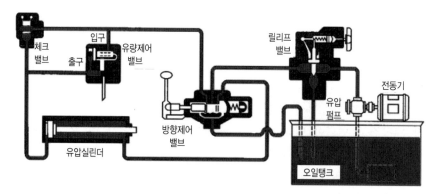

1 유압펌프

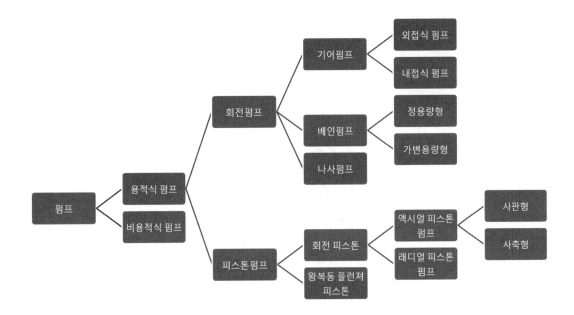

(1) 기어펌프

1) 외접식 기어펌프

① 특징
  ㉠ 구조가 간단하다.
  ㉡ 흡입 저항이 작다.
  ㉢ 고속회전이 가능하다.
  ㉣ 가혹한 환경에 강하다.
  ㉤ 토출시 맥동이 커 소음·진동이 크다.
  ㉥ 수명이 짧다.
  ㉦ 대용량, 초고압 사용에 비적합하다.
② 폐입현상(폐쇄현상, 봉입현상) : 토출된 유체 일부가 흡입구 측으로 되돌려 축동력이 증가되고
  기어 및 하우징 마모를 촉진시키는 현상이다.
③ 폐입현상 방지책 : 측판에 탈출홈을 설치한다.

2) 내접식 기어펌프

① 두 기어는 같은 방향으로 회전

② 치형이 마모되면 급속히 효율 저하 발생

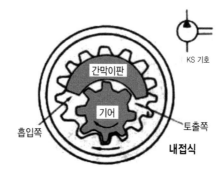

(2) 특수치형 기어펌프

1) 트로코이드 펌프

① 트로코이드 곡선을 기어에 응용한 내접식 기어펌프 펌프 일종

② 안쪽 기어 로터가 회전하면 바깥쪽 로터도 회전

③ 잇수는 안쪽 로터가 1개 적다.

④ 기어의 마모나 소음이 적다.

2) 토로쿨류트 펌프

① 트로코이드와 인버류트 기어형태의 장점을 이용한다.

② 다른 기어형식에 비해 압력각이 작고 기어 높이가 높다.

(3) 베인펌프

• 구조가 간단하다.

① 많은 양의 송출에 적합하다.

② 정용량형과 가변용량형이 있고 캠링, 로터, 날개로 구성된다.

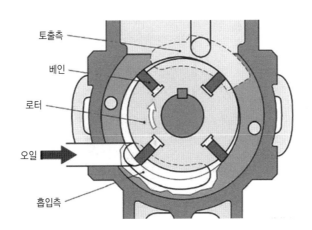

(4) 나사펌프

• IMO 펌프라고도 한다.

① 고속회전 가능하다.

② 운전이 정숙하다.

③ 점도가 낮은 오일 사용이 가능하다.

④ 맥동 없이 일정량의 토출이 가능하다.

⑤ 폐입현상이 없다.

⑥ 대형제작이 가능하다.

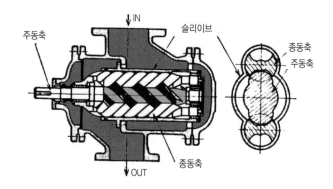

(5) 피스톤 펌프

1) 액시얼 피스톤 펌프

플런져 운동방향이 실린더블록 중심선과 같은 방향인 펌프, 사판식과 사축식이 있다.

① 사판식 : 경사된 판에 피스톤 헤드가 접촉, 피스톤의 왕복운동으로 흡입 및 토출

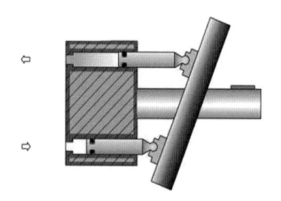

② 사축식 : 구동축 플렌지에 피스톤을 연결, 흡입 및 토출

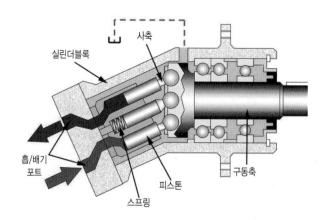

2) 래디얼 피스톤 펌프

플런저 운동방향이 중심선에 직각인 평면에 방사상으로 나열, 구조가 복잡, 고압, 대용량, 고속 가변형에 적합하다.

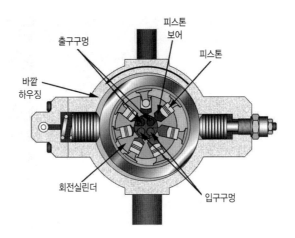

(6) 유압펌프 크기

주어진 속도 및 토출량 표시

① GPM(gallon per minute) 또는 LPM(liter per minute) : 분당 토출량

② 토출량 : 펌프가 단위 시간당 토출하는 액체의 체적

2 유압제어 밸브

액츄에이터가 일을 하는 조건, 목적에 맞게 오일의 압력, 방향, 유량을 제어하는 요소이다.

(1) 압력제어밸브

일의 크기를 결정하는 밸브이다.

1) 릴리프 밸브

회로압력을 일정하게 하거나 최고압력을 제한하여 장치를 보호하는 장치이다.

① 직접 작동형 : 구조간단, 소형, 압력 오버라이드가 크고 채터링현상이 발생 용이

② 파일럿 작동형 : 밸런스 피스톤(여분의 오일을 배출)형, 밸런스부와 파일럿부로 구성

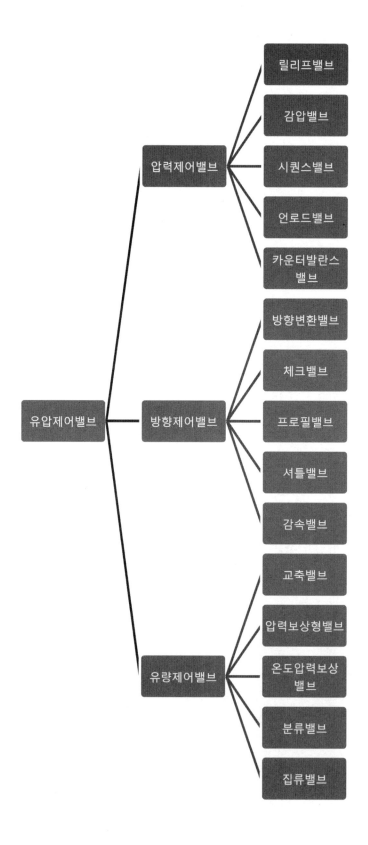

POINT
- 채터링 현상 : 압력차에 의해 볼이 시트를 때리는 현상
- 크랭킹 압력 : 밸브를 통하여 유압유가 흐르기 시작하는 압력
- 전개 압력 : 밸브가 완전히 열려 오일이 자유롭게 흐르는 압력
- 오버 라이드 압력 : 전개압력과 크랭킹 압력과의 차

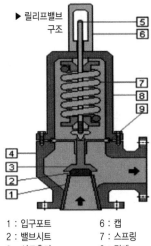

▶ 릴리프밸브 구조

1 : 입구포트
2 : 밸브시트
3 : 시트홀더
4 : 밸브바디
5 : 압력조절스크류
6 : 캡
7 : 스프링
8 : 덮게
9 : 실

2) 감압 밸브

리듀싱 밸브, 주회로압력보다 낮은 압력으로 작동체를 작동시키고자 하는 분기회로에 사용하는 밸브이다.

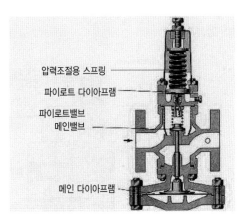

압력조절용 스프링
파이로트 다이아프램
파이로트밸브
메인밸브
메인 다이아프램

3) 언로드 밸브

무부하 밸브, 회로 내 압력이 설정값에 도달하면 펌프의 전 유량을 탱크로 되돌려 펌프를
무부하 상태로 하는 밸브이다.

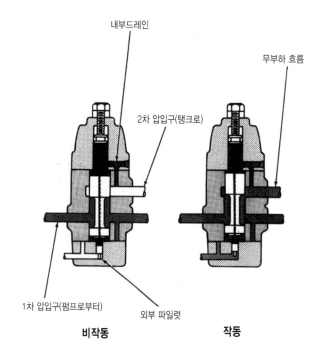

비작동　　　**작동**

4) 시퀀스 밸브

메인테이닝 밸브, 프라이어리티 밸브, 2개 이상 작동체 회로압력에 의한 각각의 회로에
작동순서를 부여하는 밸브이다.

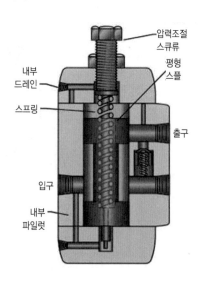

5) 카운터 밸런스 밸브

배압 밸브, 푸트 밸브, 한쪽 방향 흐름에 배압을 발생하기 위한 밸브, 체크밸브에 의해 실린더가 중력에 의해 자유로이 제어속도 이상으로 낙하하는 것을 방지하는 밸브이다.

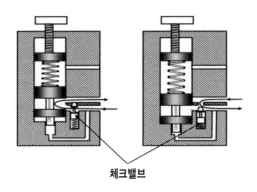

체크밸브

(2) 방향제어밸브

일의 방향을 결정하는 밸브이다.

① 종류 : 포핏형식, 로터리 형식, 스플 형식

② 용어 정의

　ㄱ) 밸브위치 : 유로를 형성하기 위한 밸브기구 작동위치

　ㄴ) 위치수 : 1위치, 2위치, 3위치

　ㄷ) 중립위치 : 양 스프링 장착 3위치 밸브에서 조작압력이 가해지지 않을 때 위치

　ㄹ) 스프링 복원력 : 조작압력을 가해서 위치 변화 후 압력을 제거하면 스스로 원위치로 되돌아 오는 현상

　ㅁ) 양단위치 : 3위치 전환밸브에서 중앙 위치를 중립위치, 좌우 양위치를 양단위치

　ㅂ) 스프링 중립형 : 조작압력이 가해지지 않을 때 스프링의 힘으로 중립위치로 되돌아 오는 밸브

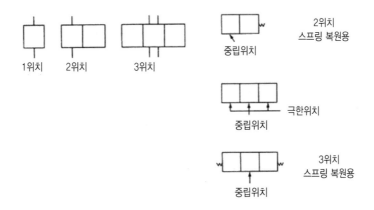

③ 중립위치에서 유로형식

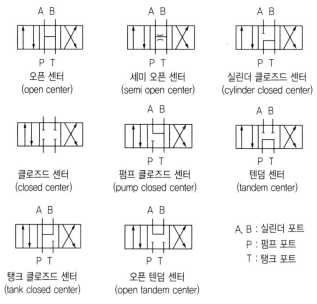

오픈 센터 (open center)	세미 오픈 센터 (semi open center)	실린더 클로즈드 센터 (cylinder closed center)
클로즈드 센터 (closed center)	펌프 클로즈드 센터 (pump closed center)	텐덤 센터 (tandem center)
탱크 클로즈드 센터 (tank closed center)	오픈 텐덤 센터 (open tandem center)	A, B : 실린더 포트 P : 펌프 포트 T : 탱크 포트

④ 포트수와 방향수

ㄱ 포트 수 : 접속 수, 밸브와 주 관로와의 접속구 수

ㄴ 2포트 밸브 : 유로의 개·폐만 제어

ㄷ 3포트 밸브 : 1개 유입압력을 2개 방향으로 전환하는 경우, 2개 유입압력 중 1개만을 통해 유로를 형성 시 사용

ㄹ 4포트 밸브 : 가장 많이 사용, 2개가 조합되어 한 개의 유로로 형성

※ 전환밸브 방향수는 밸브에 생기는 유로수의 합계

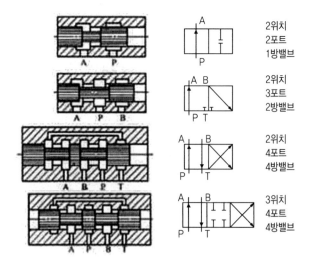

	2위치 2포트 1방밸브
	2위치 3포트 2방밸브
	2위치 4포트 4방밸브
	3위치 4포트 4방밸브

⑤ 전환 조작방법

밸브 조작방식에는 수동조작, 기계적 조작, 솔레노이드 조작, 파일럿 조작, 솔레노이드 제어 파일럿 조작방식이다.

| 수동 조작 | 기계적 조작 | 파일럿 조작 | 솔레노이드 조작 | 솔레노이드 제어 파일럿 조작 |

⑥ 분류

㉠ 방향 변환밸브 : 스플밸브, 원통형 슬리브면에 내접되어 축방향으로 이동하여 흐름방향 변환, 스플에 대한 측압이 평형을 이루어 가볍게 조작, 고압 및 대용량 흐름 변환에 적합하다.

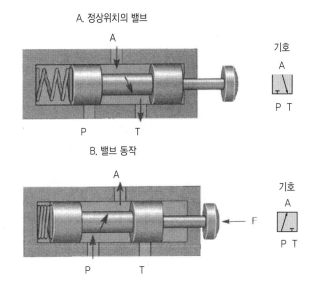

A. 정상위치의 밸브

B. 밸브 동작

㉡ 체크 밸브 : 유체의 역방향 흐름을 저지하는 밸브이다.

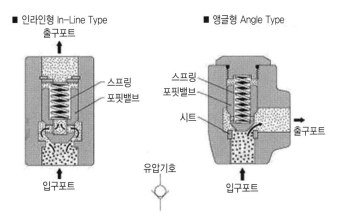

■ 인라인형 In-Line Type

■ 앵글형 Angle Type

ⓒ 프레필 밸브 : 서지 체크밸브, 주로 대형 실린더에 오일을 탱크로부터 직접 보충하거나 배출하는 용도로 사용한다.

ⓔ 셔틀 밸브 : 3포트 밸브로서 자신의 압력에 의해 내부 볼의 움직임에 따라 자동으로 관로를 선택하는 형식이다.

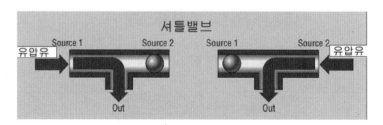

(3) 유량제어밸브

일의 속도를 결정하는 밸브이다.

① 교축밸브

ⓐ 오리피스 밸브 : 관로를 줄인 형상이 관의 내경보다 짧게 줄인 밸브이다.

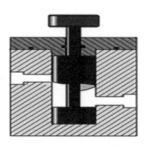

ⓑ 쵸크 밸브 : 관로를 줄인 형상이 관의 내경보다 길게 줄인 밸브이다.

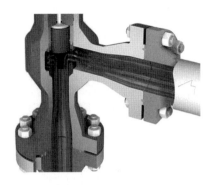

ⓒ 감속 밸브 : 디젤레이션 밸브, 기계장치에 의해 스플을 작동, 유로를 서서히 개폐하여 작동체의 발진, 정지, 감속 변환 등에 따른 충격을 감소하는 밸브, 노멀오픈, 노멀 클로스 형이 있다.

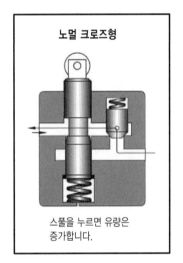

② 압력보상 유량 제어 밸브

부하변동이 있어도 보상밸브의 작용으로 항상 일정 유량을 보내 스로틀 전·후의 압력차를 일정하게 유지하는 밸브이다.

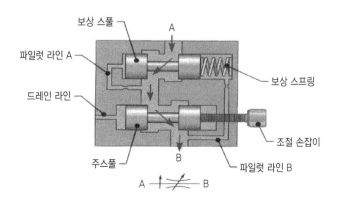

③ 온도 압력보상 유량 제어 밸브

오일의 온도에 따라 점도가 변화하고 이에 따라 압력도 변화하므로 온도에 따른 점도 변화의 영향을 적게 받게 하기 위해 열팽창이 다른 두 금속봉을 이용하거나 점도변화의 영향을 적게 받는 오리피스를 이용한 밸브이다.

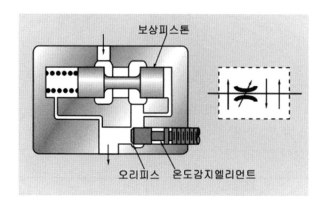

④ 분류 밸브 : 유량을 제어 및 분배하는 밸브이다.
  ㉠ 유량순위 분류밸브 : 몇 개의 회로 중 어느 회로에 먼저 공급하고 나머지는 정해진 순서에 따라 유량을 공급한다.
  ㉡ 유량조정 순위 밸브 : 레버나 솔레노이드 등으로 스프링의 장력을 변화시켜 순위 구멍을 통과하는 유량을 조정한다.
  ㉢ 유량비례 분류 밸브 : 단순히 한 입구에서 오는 오일을 저장, 두 회로에 1:1 또는 1:9로 분배한다.

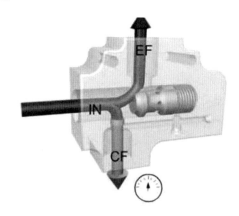

⑤ 집류 밸브 : 2개 이상의 유압회로로부터 유량을 일정비율로 집합하는 밸브이다.

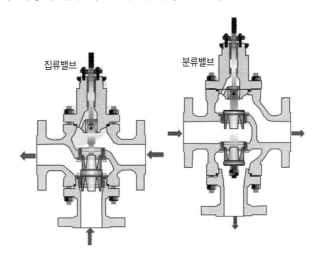

집류밸브   분류밸브

3 액츄에이터

압력 에너지를 기계적 에너지로 변환하는 장치이다.

- 유압실린더 : 직선 또는 왕복운동
- 유압모터 : 회전운동

(1) 유압모터

압력 에너지를 회전운동으로 바꾸는 장치이다.

① 장점

　　㉠ 시동, 정비, 역전, 변속, 가속 등을 간단히 수행한다.

　　㉡ 토크에 대해 관성 모멘트가 작아 고속 추종성이 좋다.

　　㉢ 동일 출력일 경우 다른 형식에 비해 소형 경량이다.

　　㉣ 비교적 광범위한 무단 변속을 얻을 수 있다.

　　㉤ 안전장치나 제동이 용이하다.

② 단점

　　㉠ 먼지나 공기가 유입되지 않게 유지보수 하여야 한다.

　　㉡ 작동유의 점도변화에 영향을 받는다.

　　㉢ 인화하기 쉽다.

(2) 유압모터 종류

① 기어모터

　　㉠ 외접, 내접, 헬리컬 기어 등 2개의 기어에 유체 압력 작용, 회전 토크 발생

　　㉡ 유체 방향을 역으로 하면 역회전

　　㉢ 토크가 일정(정용량형), 베인 및 피스톤 모터에 비해 구조가 간단, 소형

　　㉣ 약 140gkf/cm^2 이하 압력에서 작동, 전 효율은 70% 이하

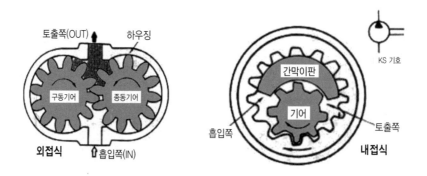

② 베인 모터

출력 토크가 일정, 역전 및 무단변속기 등 가혹한 조건에도 사용한다.

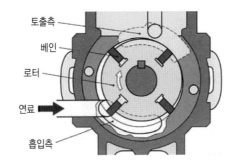

③ 피스톤 모터

㉠ 고속, 고압을 요하는 장치에 사용

㉡ 다른 형식에 비해 구조 복잡, 대형

㉢ 축방향, 반지름 방향 모터로 분류

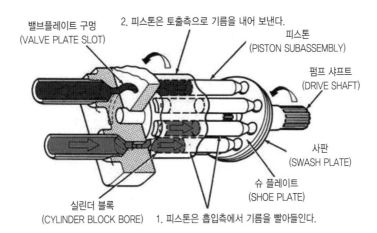

(3) 유압실린더

유압을 직선운동으로 바꾸는 장치이다.

① 구조명칭

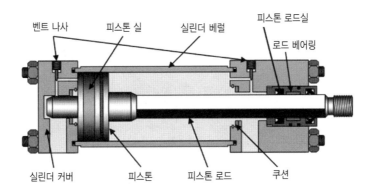

② 종류

　　㉠ 단동식 : 피스톤 한쪽에만 유압이 걸리고 제어하는 힘의 방향이 단 방향인 형식

　　㉡ 복동식 : 피스톤 양쪽에 유압이 걸리고 그 유압에 의해 제어되는 힘의 방향이 교대로
　　　　바뀌는 형식(싱글로드, 더블로드)

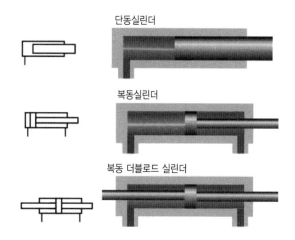

단동실린더

복동실린더

복동 더블로드 실린더

③ 지지방식에 따른 분류

　　㉠ 푸트형 : 양단 브라킷으로 장착하는 형식

　　㉡ 플랜지형 : 실린더 방향과 직각인 면에 플랜지로 장착하는 형식

　　㉢ 클레비스형 : 실린더가 자유롭게 회전하도록 핀으로 장착하는 형식

　　㉣ 트러니언형 : 실린더 중심선과 직각인 핀으로 지지되어 본체가 요동하는 형식

④ 추가장치

　　㉠ 피스톤 제한장치, 마스터 및 슬레이브 실린더

　　㉡ 실린더 완충(쿠션) 장치 : 행정 끝부분에서 속도를 낮추고 충격에 위한 손상을 방지

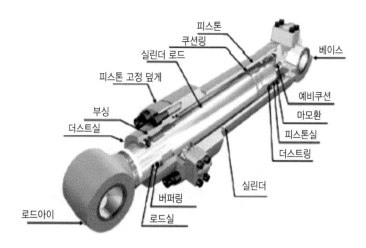

피스톤
쿠션링
실린더 로드
베이스
피스톤 고정 덮개
예비쿠션
마모환
부싱
피스톤실
더스트실
더스트링
실린더
로드아이
버퍼링
로드실

4 부속기기

(1) 오일탱크

① 기능 : 오일 저장, 정화, 냉각 기능

② 종류

    ㉠ 개방형 : 공기 여과기를 통해 대기와 통하는 형식, 여과기가 막히면 탱크 내부는
진공이 형성

    ㉡ 예압형 : 공기와 접촉하지 않도록 밀봉 시키는 형식, 캐비테이션 및 기포발생 방지

③ 구성품

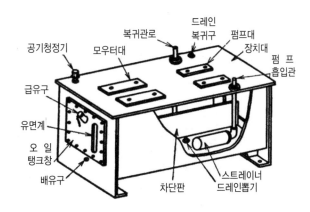

(2) 오일 여과기

① 기능 : 작동유의 불순물 여과

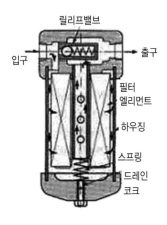

② 여과기 설치 위치에 따른 분류

      ㉠ 관로형 필터 : 압력 필터, 리턴 필터, 라인 필터

      ㉡ 라인 필터 : 흡입관 필터, 압력관 필터, 복귀관 필터

③ 여과기 선정 시 고려사항 : 엘리먼트 종류, 여과입도, 성능, 유체 유량, 점도 및 압력강하, 내압

④ 여과망 : 종이, 소결 합금, 금속망, 와이어 매시

⑤ 여과 입도(정도) : $20{\sim}25\mu$

(3) 어큐뮬레이터(축압기)

① 기능 : 유압유 압력에너지 저장, 서지압력, 펌프 맥동 흡수, 비상시 보조유압원 사용 에너지 저장, 충격흡수, 압력 점진적 증대, 일정압력 유지

② 종류 : 스프링형, 기체 압축형, 기체와 기름분리형(피스톤, 블레이더, 다이어프램)

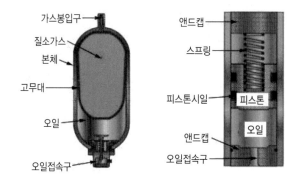

(4) 배관

① 기능 : 펌프와 밸브 및 실린더 연결, 동력 전달

② 관의 종류 : 금속관(가스관, 강관, 구리관, 알루미늄관, 스테인리스관), 비금속관(고무호스)

③ 고무호스 : 직물 브레이드, 단일 와이어 브레이드, 이중 와이어 브레이드, 나선와이어 브레이드

※ 유압 호스 중 가장 큰 압력에 견디는 것 : 나선 와이어 블레이드

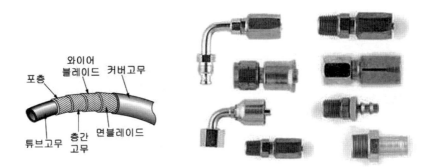

(5) 오일 시일

① 기능 : 기기의 오일 누출 방지
② 기능별 분류 : 운동용 실(축 또는 로드 실 또는 패킹), 고정용 실(가스킷)
③ 패킹(시일)
    ㉠ 구비조건 : 마찰계수가 적을 것, 내마모성이 클 것, 체결력이 있을 것
    ㉡ 종류 : 성형패킹(V형, U형, L형, J형), O링(원형단면 둥근고리)

※ 메카니컬 실(Mechanical Seal) : 회전하는 원형축에 사용하는 실

03 유압유

1 유압유의 선정

펌프 형식, 사용압력, 사용 온도범위, 회로의 저항, 내화성 필요 유무에 따라 선정한다.

2 갖추어야 할 조건

① 강인한 유막 형성
② 적당한 점도, 유동성
③ 비압축성, 비중 적당
④ 높은 인화점 및 발화점
⑤ 점도지수 크고 알맞은 점도
⑥ 내부식성(방청성) 크고 윤활성
⑦ 기포발생 적고 시일 재료와 적합성
⑧ 물, 공기, 먼지와 신속한 분리성
⑨ 체적탄성계수 크고, 작은 밀도
⑩ 불활성, 무취 및 비독성과 휘발성

3 종류

① 석유계
② 합성유 : 글리콜계, 부화계 및 인산 에스텔계

4 유압유(작동유) 열화 점검방법

색깔 변화 및 수분여부, 침전물 유무 및 점도, 흔들었을 때 거품 발생여부, 냄새 등으로 점검할 수 있다.

5 유압기기 이상현상

① 실린더 숨돌리기 현상 : 유입된 공기 압축, 팽창차에 따라 동작이 불안정 및 작동지연 현상, 압력이 낮을수록 공급량이 적을수록 발생
② 캐비테이션 현상 : 공동현상, 유입된 공기량이 많으면 펌프 또는 밸브를 통과하는 앞뒤의 큰 압력변화에 따라 기포가 과포화 상태로 되고 이때 기포가 분리, 오일속에 공동부가 생기는 현상, 용적 효율이 저하, 큰 충격음이 발생
③ 채터링 형상 : 릴리프밸브 스프링 장력저하로 발생, 볼이 시트를 때려 소음 발생
④ 열화촉진현상 : 유입된 공기가 압축되는 과정에서 발생되는 열이 발생하여 오일의 온도를 상승시키는 현상
⑤ 서지압력 : 과도적으로 발생하는 이상압력의 최댓값, 유량제어밸브 가변 오리피스를 급격히 닫거나 방향제어밸브 유로를 급격히 전환 또는 고속실린더 급정지 시 발생

6 유압유 기포발생 원인 및 영향

① 원인 : 오일탱크와 펌프사이 공기유입, 오일부족 시, 펌프 흡입측 오일실 파손
② 영향
    ㉠ 체적효율 감소
    ㉡ 저압부 기포가 과포화 상태
    ㉢ 최고압력 발생, 급격한 압력파 발생
    ㉣ 장치내 국부적인 고압 발생, 소음과 진동 발생
    ㉤ 공동현상 발생
    ㉥ 오일탱크 오버플러 발생

7 유압장치 고장진단

① 펌프가 오일을 토출하지 못하는 원인
    ㉠ 유압펌프 회전수가 너무 낮을 때
    ㉡ 흡입관 또는 스트레이너가 막혔을 때
    ㉢ 회전방향이 반대일 때
    ㉣ 흡입관으로 공기가 유입될 때
    ㉤ 오일탱크내 오일이 부족할 때
    ㉥ 유압유 점도가 너무 높을 때

② 유압 상승이 되지 않는 원인
　　㉠ 유압펌프 마모
　　㉡ 오일부족
　　㉢ 릴리프밸브 작동불량
　　㉣ 오일 누출
③ 유압펌프의 소음발생 원인
　　㉠ 오일량 부족 또는 공기가 유입될 때
　　㉡ 유압유 점도가 너무 높을 때
　　㉢ 스트레이너가 막혔거나 흡입관에 공기가 유입될 때
　　㉣ 유압펌프가 마모 또는 축이 편심되었을 때
　　㉤ 유압펌프 회전속도가 너무 빠를 때
④ 실린더의 과도한 자연낙하현상의 원인
　　㉠ 실린더 내의 피스톤 시일 마모
　　㉡ 컨트롤 밸브 스플 마모
　　㉢ 릴리프밸브 조정 불량
　　㉣ 작동압력이 낮을 때
　　㉤ 실린더 내부 마모
⑤ 유압실린더 작동속도가 느리거나 불규칙한 원인
　　㉠ 회로 내 유량이 부족
　　㉡ 피스톤 링 마모
　　㉢ 유압유 점도가 높을 때
　　㉣ 회로 내 공기 유입
⑥ 유압유 온도 상승 원인
　　㉠ 유압유 부족 또는 노화
　　㉡ 유압유 점도 부적당
　　㉢ 릴리프밸브 작동 과도
　　㉣ 유압펌프 효율 불량
　　㉤ 오일냉각기 냉각핀 오손 또는 냉각팬 작동 불량
　　㉥ 유압펌프 내 누설 증가
　　㉦ 밸브 누유가 많고 무부하 시간이 짧을 때
⑦ 작동유 사용온도와 위험온도
　　㉠ 난기운전 시 온도 : 30℃ 이상
　　㉡ 적정온도 : 40~60℃
　　㉢ 최고사용온도 : 80℃ 이하
　　㉣ 위험온도 : 100℃ 이상

04 유압회로

1 유압기호 및 회로

(1) 유압기호

정용량형 유압펌프	가변용량형 유압펌프	가변용량형 유압모터	단동실린더
복동실린더	복동실린더 양 로드형		공기유압 변환기
릴리브 밸브	무부하 밸브		첵 밸브
고압 우선형 셔틀밸브	유압유탱크(개방형)	유압유탱크(가압형)	정용량형 펌프·모터
회전형 전기모터 액추에이터	오일필터	드레인 배출기	유압동력원
압력스위치	압력계	어큐뮬레이터	압력원
솔레노이드 조작방식	간접 조작방식	레버 조작방식	기계 조작방식

(2) 유압회로 : 유압기기를 서로 연결하는 유로

- 종류
  ① 그림 회로도 : 구성기기 외관을 그림으로 표시
  ② 단면 회로도 : 기기 내부와 동작의 단면을 표시
  ③ 조합 회로도 : 그림과 단면회로도로 복합 표시
  ④ 기호 회로도 : 기호로 표시

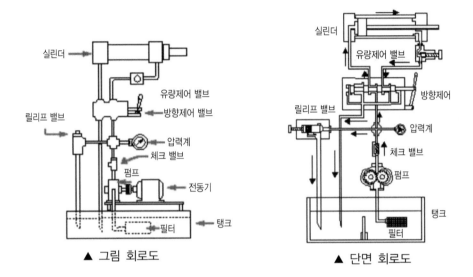

▲ 그림 회로도   ▲ 단면 회로도

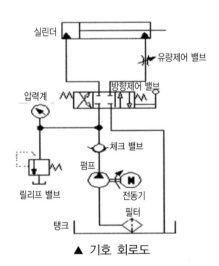

▲ 기호 회로도

2 기본 회로

(1) 오픈(개) 회로

작동유가 탱크에서 펌프로 흡입, 제어밸브를 경유, 작동기에서 일, 제어밸브 경유, 탱크로 리턴하는 회로이다.

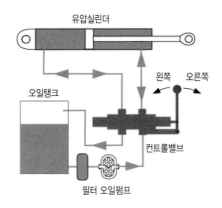

(2) 클로즈(폐) 회로

펌프에서 토출된 오일이 제어밸브 경유, 작동기에서 제어밸브 경유, 펌프로 되돌아 나와 탱크로 되돌아가지 않는 회로이다.

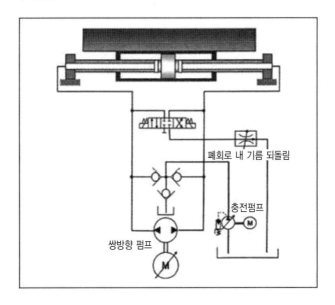

(3) 탠덤 회로

각각의 작동기(액츄에이터)를 확실하게 작동시킬 수 있는 회로, 변환밸브 2개를 동시에 조작하면 뒤에 있는 작동기는 작동하지 않는다.

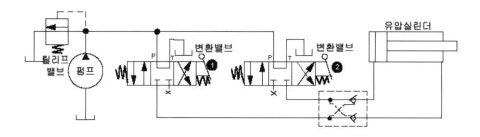

(4) 병렬 회로

하나의 펌프로 둘 이상의 작동체를 동작하고자 하는 곳에 사용, 변환밸브 2개를 동시에 조작하면 작동체 2개는 동시에 작동, 부하가 작은 쪽이 먼저 작동한다.

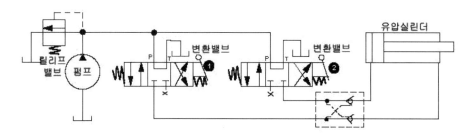

(5) 직렬 회로

변환밸브 2개를 동시 작동, 작동체 부하에 관계없이 동시에 작동한다.

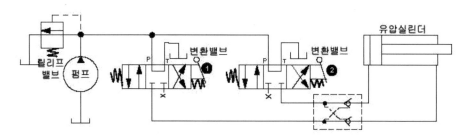

3 응용회로

(1) 압력제어회로

회로 내 최고압력제어, 일부 압력을 감압하는 회로

① 릴리프 회로 : 회로 내 과도한 압력상승에 의한 회로 파손방지, 무부하(언로더) 회로

② 감압회로(리듀싱) : 유압원이 1개인 경우, 일부압력을 감압

③ 카운터 밸런스회로 : 자체중량에 의한 자유낙하를 방지, 필요한 힘을 릴리프 밸브로 규제하는 회로, 유압실린더 피스톤 복귀측에 배압으로 제어

④ 시퀀스 회로 : 실린더를 순차적으로 작동시키기 위한 회로

⑤ 어큐뮬레이터 회로 : 유압펌프 출구 가까이 설치, 밸브 변환 시 발생하는 서지 압력을 흡수, 펌프의 과부하 방지, 회로 내 소음진동 방지

(2) 속도제어회로

유압실린더 속도제어에 필요한 회로

① 미터인 회로 : 유압실린더에 유입되는 유압유를 조절, 유량제어밸브와 실린더 직렬연결

② 미터아웃 회로 : 유압실린더에서 나오는 유압유를 조절

③ 블리더오프회로 : 유량조절밸브 바이패스 회로에 설치, 유압실린더에 공급되는 유압유 외에 유압유를 탱크로 복귀시키는 회로, 유량제어밸브와 실린더 병렬로 연결

④ 감속 회로 : 고속으로 작동, 관성력이 큰 피스톤 작동 시 충격적인 변환동작 완화, 원활히 정지시키는 회로

⑤ 차동 회로 : 유압실린더 좌우 양 포트로 동시에 유압유 공급, 피스톤 양쪽에 받는 힘의 차이를 이용하는 회로

⑥ 동기회로 : 많은 유압실린더 또는 모터를 동시에 같은 속도로 작동시킬 때 사용(교축방식), 양쪽 유압모터는 동일한 회전 및 토출량 일정하여 양쪽 유압실린더를 동기시킬 때 사용하는 회로(유압모터방식)

출제예상문제

기관 일반

1 유압계통의 수명연장을 위해 가장 중요한 요소는?

① 오일 펌프의 점검 및 교환
② 오일 필터의 점검 및 교환
③ 오일 탱크의 세척
④ 오일 냉각기의 점검 및 세척

해설 유압 계통의 수명 연장을 위해 가장 중요한 요소는 정기적인 오일 필터의 점검과 교환이다.

2 현장에서 오일의 열화를 찾아내는 방법은?

① 오일을 가열했을 때 냉각되는 시간 확인
② 오일을 냉각했을 때 침전물의 유무 확인
③ 자극적인 악취, 색깔의 변화, 수분 유무확인
④ 건조한 여과지를 오일에 담가서 확인

해설 일반적으로 현장에서 오일의 열화를 차내는 방법으로는 냄새, 오일의 변질, 수분 유입유무의 확인 등이다.

3 압력의 단위가 아닌 것은?

① bar ② atm
③ mm – Hg ④ N

4 다음 그림에서 B 부분은 무엇인가?

① 유압모터
② 유압 필터
③ 가변용량 유압펌프
④ 가변용량 유압모터

해설 A부분: 유압펌프, B부분: 유압 필터,
C부분: 유압유 탱크

5 지게차의 유압 오일량을 점검할 때 지게차의 상태는?

① 저속으로 운행하면서 기어변속시 한다.
② 포크를 중간쯤 둔다.
③ 포크를 최대로 낮춘다.
④ 포크를 최대로 높인다.

해설 유압 오일량을 점검할 때에는 장비는 평탄한 노면에 정차를 시키고 포크는 최대로 낮춘 후 점검한다.

6 유압회로 내의 유압이 규정보다 높을 때 어느 밸브가 작동하는가?

① 리듀싱 밸브 ② 릴리프 밸브
③ 릴레이 밸브 ④ 릴리스 밸브

해설 • 리듀싱 밸브: 감압 밸브
• 릴리프 밸브: 압력조절 밸브

7 유압제어 밸브의 종류가 아닌 것은?

① 압력제어 밸브 ② 속도제어 밸브
③ 방향제어 밸브 ④ 유량제어 밸브

해설 유압제어 밸브의 종류
• 압력제어 밸브 : 일의 크기 결정
• 유량제어 밸브 : 일의 속도 결정
• 방향제어 밸브 : 일의 방향 결정

8 다음 중 유체 에너지를 기계적 에너지로 변환시켜 주는 장치는?

① 유압모터 ② 유압펌프
③ 어큐뮬레이터 ④ 유압조정밸브

해설 유체 에너지를 기계적 에너지로 바꿔주는 장치를 액튜에이터라 하며 액튜에이터에는 회전운동을 하는 유압모터와 직선운동을 하는 유압실린더가 있다.

9 다음 중 유압장치의 구성요소가 아닌 것은?

① 유니버설 조인트
② 오일 탱크
③ 펌프
④ 제어 밸브

해설 유니버설 조인트는 동력 전달장치의 구성요소로 추진축에 연결되어 있다.

10 유압장치 내부에 국부적인 높은 압력이 발생하여 소음과 진동이 발생하는 현상을 무엇이라 하는가?

① 캐비테이션 ② 채터링
③ 제로랩 ④ 오버랩

해설 ① 캐비테이션 : 유압이 진공에 가깝게 되어 기포가 생기며, 이것이 파괴되어 국부적 고압이나 소음을 발생하는 현상
② 채터링 : 밸브 시트를 타격하여 소음을 발생하는 현상

③ 제로랩 : 미끄럼 밸브 등에서 밸브가 중립점에 있는 때에는 포트는 폐쇄되어 있고 밸브가 약간만 변위 하면 포트가 열려 유체가 흐르는 것 같은 중복된 상태
④ 오버랩 : 미끄럼 밸브 등에서 밸브가 중립점에 있는 때에 포트는 개방되어 있고 유체가 흐르는 것 같은 중복된 상태

11 유압유 선택 시 고려할 사항이 아닌 것은?

① 화학적 안정성이 높을 것
② 휘발성이 클 것
③ 독성이 없을 것
④ 열전도율이 좋을 것

해설 유압유는 휘발성이 없어야 하며 적정한 유동성과 점성이 있어야 한다.

12 유압실린더의 구성품이 아닌 것은?

① 유압 밴드 ② 피스톤 로드
③ 실린더 튜브 ④ 피스톤

해설 유압 밴드는 유압호스 등의 흔들림을 방지하기 위하여 차체에 고정시키기 위한 띠를 말한다.

13 유압장치 중 방향제어 밸브에 속하지 않는 것은?

① 체크 밸브
② 매뉴얼 밸브
③ 디셀러레이션 밸브
④ 릴리프 밸브

해설 ① 체크 밸브 : 한쪽으로만 유체의 흐름을 허용하고 반대 방향으로는 흐름을 저지하는 밸브
② 매뉴얼 밸브 : 수동 조작용 밸브
③ 디셀러레이션 밸브 : 작동기를 감속시키기 위해 캠조작 등에 의해서 유량을 서서히 감소시키는 밸브
④ 릴리프 밸브 : 회로의 압력이 밸브의 설정값에 달한 때에 유체의 일부분 또는 전량을 되돌아가는 측에 돌려보내서 회로 내의 압력을 설정값으로 유지하는 압력제어 밸브

4
건설기계 유압

14 유압 작동유 내에 수분이 혼입되는 주 원인으로 가장 적당한 것은?

① 이물질의 혼입
② 공기의 혼입
③ 기름의 열화
④ 수증기의 열화 응축

해설 온도차에 의한 수분발생

15 플런저식 유압펌프의 장점으로 틀린 것은?

① 다른 펌프에 비해 일반적으로 최고 압력이 높다.
② 수명이 길다.
③ 가변용량이 가능하다.
④ 흡입력이 우수하다.

해설 플런저 펌프는 흡입력이 낮아 가압식 탱크를 사용한다.

16 다음 중 유체의 출입구를 나타내는 기호는?

① ↓   ② ▼
③ →   ④ ●-

해설 ①, ③은 유체의 흐름 방향을 표시하며, ④는 동력원을 표시한다.

17 유압유의 성질로 틀린 것은?

① 강인한 유막을 형성할 것
② 비중이 적당할 것
③ 인화점과 발화점이 낮을 것
④ 점성과 온도와의 관계가 양호할 것

해설 인화점과 발화점이 높아야 한다.

18 유압장치에서 레귤레이터의 구성장치이다. 틀린 것은?

① 보상장치
② 급속장치
③ 귀환장치
④ 지시장치

해설 레귤레이터에는 급속장치란 없다.

19 압력제어 밸브가 하는 일은?

① 일의 방향을 결정한다.
② 일의 크기를 결정한다.
③ 일의 속도를 결정한다.
④ 유량을 조정한다.

20 유압회로를 분해할 때 내부압력을 개방하려면 어떻게 하는 것이 좋은가?

① 너트를 서서히 조인다.
② 압력밸브를 밀어 준다.
③ 엔진 시동을 끄고 조정레버를 작동하여 압력을 제거한다.
④ 상관없이 개방해도 좋다.

해설 엔진 시동을 정지시키고 조정레버를 작동시켜 작동기의 압력을 최대로 감소시키고 서서히 너트를 푼다.

21 PCU의 유압펌프는 어떻게 구동하는가?

① 크랭크 케이스 내의 기름펌프에 의해 구동된다.
② 캠축에 의해 구동된다.
③ 기관의 플라이휠에 의해 구동된다.
④ 동력 인출장치에 의해 구동된다.

해설 건설기계의 유압펌프는 대부분이 엔진의 플라이휠에 의하여 동력을 받아 구동되며 지게차의 경우는 엔진 앞쪽의 조인트에 의해 구동된다.

22 다음 중 유압장치의 장점이 아닌 것은?

① 작은 동력으로 큰 힘을 얻을 수 있다.

② 기계식에 비해 취급과 정비가 복잡하다.

③ 동력의 분배와 집중이 용이하다.

④ 동력전달이 용이하다.

23 유압장치가 중립, 전진, 후진 등 어느 쪽으로도 작동되지 않는다. 그 원인과 관계가 없는 것은?

① 오일의 양이 적다.

② 오일의 압력이 낮다.

③ 배출밸브의 오리피스가 막혀 있다.

④ 링키지의 조정이 불량하다.

해설 링키지의 조정이 불량하면 장비는 어느 한 방향으로는 움직인다.

24 작동유의 일반적인 사용온도 한계는 얼마인가?

① 50℃ 이상

② 100~120℃

③ 80~100℃

④ 40~60℃

해설 작동유의 일반적인 사용온도는 40~60℃ 정도가 가장 알맞다.

25 다음 중 어큐뮬레이터의 사용목적이 아닌 것은?

① 유압회로 내의 압력 상승

② 충격압력 흡수

③ 유체의 맥동 감쇠

④ 압력 보상

해설 어큐뮬레이터의 기능
• 유체에너지의 축적
• 충격파의 흡수
• 부하라인 오일 누출의 보상
• 온도 변화로 인한 오일 용적 변화의 보상
• 펌프의 맥동, 압력의 흡수

26 작업 중 유압회로 내에 공동현상이 생길 때 그 조치방법은?

① 유압장치의 오일온도를 높인다.

② 유압장치의 압력변화를 없앤다.

③ 유압장치를 과포화상태로 한다.

④ 유압장치의 압력을 높인다.

해설 **공동현상**: 캐비테이션 현상으로 유압장치의 압력변화를 없앤다.

27 유압회로 내의 유압유 점도가 너무 낮을 때 생기는 현상이 아닌 것은?

① 오일 누설이 생긴다.

② 펌프 효율이 떨어진다.

③ 시동 저항이 커진다.

④ 회로압력이 떨어진다.

해설 시동 저항이 커지는 것은 유압유 점도가 높을 때 이며, 일반적으로 작동유의 점도는 낮은(SAE 10#) 것을 사용한다.

28 유압유의 주요 기능이 아닌 것은?

① 동력을 전달한다.

② 열을 흡수한다.

③ 움직이는 기계요소를 마모시킨다.

④ 필요한 요소 사이를 밀봉한다.

해설 움직이는 기계요소의 마찰을 감소하며 마멸을 방지한다.

4

건설기계 유압

29 오일펌프의 압력조절 밸브 스프링 장력이 높은 것을 사용하면 어떻게 되는가?

① 유압이 높아진다.

② 유량의 송출량이 줄어든다.

③ 유압이 낮아진다.

④ 유량의 송출량이 증가한다.

해설 밸브 스프링의 장력이 높으면 유압이 상승하며, 필요이상의 오일 순환으로 오일의 소비량이 증가한다.

30 다음 중 가변용량형 유압모터의 기호는?

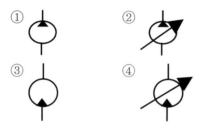

해설 ① 정용량 펌프이며, ② 가변용량형 펌프, ③ 정용량형 모터이다.

31 유압실린더용 작동유의 온도는 운전 중 항상 몇 ℃ 정도로 유지되는 것이 가장 좋은가?

① 0℃   ② 50℃

③ 90℃   ④ 110℃

해설 일반적으로 작동유의 적정 사용온도는 40~60℃ 범위가 가장 적합하다.

32 유압유는 다음과 같은 주요기능을 만족시켜야 한다. 잘못 설명한 것은?

① 움직이는 기계요소를 윤활 시킨다.

② 필요한 요소 사이를 밀봉한다.

③ 열전도율이 낮도록 한다.

④ 동력을 전달한다.

해설 열전도율이 높아야 하며, 온도변화에 유압유의 기능이 변화되어서는 안된다.

33 유압펌프로 보내 준 기름의 압력에너지를 직선운동이나 회전운동을 하여 기계적인 일을 하는 기기를 무엇이라 하는가?

① 어큐뮬레이터

② 유압 액추에이터

③ 오일 쿨러

④ 유압밸브

해설 ① 어큐뮬레이터: 축압기
② 액튜에이터: 작동기
③ 오일 쿨러: 오일 냉각기
④ 유압밸브: 유체 회로 개폐기

34 유압장치가 불규칙하게 작동할 경우의 원인 중 잘못 설명한 것은?

① 유압장치에 공기가 들어 있을 때

② 오일의 온도가 높거나 점도가 너무 낮을 때

③ 부품들이 고착되어 있을 때

④ 여과기나 흡입 통로가 막혔을 때

해설 오일의 온도가 높거나 점도가 너무 낮다고 하여 유압장치가 불규칙하게 작동되지 않으며, 파스칼의 원리를 이용한 것이므로 작동은 되나 출력이 약화된다.

35 다음 중 효율이 제일 좋은 펌프는?

① 플런저 펌프

② 베인 펌프

③ 기어 펌프

④ 나사 펌프

36 다음 연결사항 중 틀린 것은?

① 일의 크기 : 압력제어

② 일의 빠르기 : 유량조정밸브

③ 일의 방향 : 방향전환 밸브

④ 일의 시간 : 속도제어 밸브

해설 유압제어 밸브에는 속도 제어 밸브가 없다.

37 기체 압축형 어큐뮬레이터에 사용되는 가스는?

① 산소　　　　② 질소

③ 아세틸렌　　④ 탄소

해설 기체 압축형의 어큐뮬레이터에 사용하는 기체는 산소 또는 질소를 봉입하나, 효과가 높은 질소가 스의 봉입 방식을 주로 사용한다.

38 유압회로에 소리가 나는 원인이 아닌 것은?

① 릴리프 밸브의 열림

② 회로에 공기 혼입

③ 캐비테이션 현상

④ 유압이 낮다.

해설 유압회로에서 소음이 발생되는 현상은 보기의 ①~③ 외에 유압이 높거나, 유로의 저항 증가, 채터링 현상 등이 있다.

39 유압회로의 공기빼기 작업을 할 때 제일 먼저 해야 할 일은?

① 공기빼기 플러그를 푼다.

② 기관을 정상온도까지 가열한다.

③ 제어 밸브를 움직인다.

④ 기관을 시동한다.

해설 **공기빼기 작업 요령** : 먼저 엔진을 시동하여 난 기운전을 한 다음 제어 밸브를 움직이며 유체를 이동시켜 공기빼기 플러그를 열어 공기빼기 작업을 한다.

40 유압유의 필요한 성질을 열거한 것으로 가장 거리가 먼 것은?

① 동력을 확실히 전달하기 위하여 비압축성이어야 한다.

② 장시간 사용에도 화학적 변화가 적을 것

③ 기름 중의 공기와 쉽게 혼합될 것

④ 녹이나 부식 발생을 방지할 것

해설 기름 중의 공기와 쉽게 혼합되면 산화되어 유압 유가 변질된다.

41 사용 유압유의 온도가 상승할 경우 나타나는 현상이 아닌 것은?

① 점도 저하

② 펌프 효율의 저하

③ 오일 누설 저하

④ 밸브류의 기능 저하

해설 유압유의 온도가 상승하면 유압유의 누설이 발생되기 쉽다.

42 유압유에 점도가 다른 유압유를 혼합하였을 때는?

① 혼합하여도 아무런 부작용이 없다.

② 혼합량에 비하여 점도가 달라지나 사용에는 지장이 없다.

③ 유압유에서 첨가제의 좋은 부분만 작용하므로 바람직하다.

④ 첨가제의 작용으로 열화 현상을 일으킨다.

해설 점도가 다른 오일의 혼합사용을 금지하며, 혼합 사용의 경우 오일의 변질과 유압기기의 소손이 초래된다.

4

건설기계 유압

43 유량 조절밸브의 기호는?

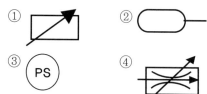

① ②

③ PS ④

해설 ① 체크 밸브, ② 어큐뮬레이터, ③ 가변용량형 2방향 펌프, ④ 가변용량형 유량제어 밸브의 기호이다.

44 유압식 굴착기에 사용되는 유압모터는 일반적으로 몇 개가 사용되는가?

① 1개 ② 2개
③ 3개 ④ 4개

해설 굴착기에는 주행모터로 좌·우에 1개씩 2개와 상부 선회체를 선회시키기 위한 선회모터 1개로 하여 총 3개의 모터가 사용된다.

45 다음 중 작동유의 온도상승 원인이 되지 않는 것은?

① 태양광선
② 효율의 저하
③ 오버로드
④ 캐비테이션

해설 효율의 저하는 온도상승에 따른 장비에 나타나는 현상이다.

46 유압의 온도가 비정상적으로 올라간다. 다음 중 가장 알맞은 것은?

① 오일 파이프의 파손
② 오일 점도가 묽다.
③ 오일 미터의 고장
④ 유압 조절 밸브의 고착

해설 유압 조절 밸브의 고착으로 유체의 과부하에 따른 온도상승에 원인이 있다.

47 유압기기의 위험 온도는 몇 도로 되어 있는가?

① 70℃ ② 100℃
③ 150℃ ④ 180℃

해설 유압기기의 위험 온도는 100℃ 정도이다.

48 아래 그림의 유압기호는 무엇을 나타낸 것인가?

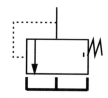

① 체크 밸브 ② 릴리프 밸브
③ 스플 밸브 ④ 교축 밸브

해설 파일럿이 부착되지 않은 릴리프 밸브의 기호이다.

49 유압유에 요구되는 성질이 아닌 것은?

① 넓은 온도 범위에서 점도 변화가 작을 것
② 불순물을 침전 분리할 수 있을 것
③ 열팽창 계수가 작을 것
④ 수명이 길고, 열, 물, 산화에 안정성이 작을 것

해설 수명이 길고, 물, 열, 산화에 안정성이 커야 한다.

50 오일을 한쪽 방향으로만 흐르게 하는 밸브는?

① 체크 밸브
② 변환 밸브
③ 로터리 밸브
④ 파일럿 밸브

51 건설기계에 사용되는 유압 작동유가 갖추어야 할 필요 성질이 아닌 것은?

① 온도에 의한 점도 변화가 적을 것
② 거품이 적을 것
③ 방청, 방식이 있을 것
④ 물, 먼지 등의 불순물과 혼합이 잘될 것

해설 물, 먼지, 금속분말 등 불순물을 분리하고 산화에 안정성이 있어야 한다.

52 유압유의 성질 중 가장 중요한 것은?

① 점도   ② 온도
③ 습도   ④ 열효율

해설 유압유는 적당한 점도와 유동성이 있어야 한다.

53 유압펌프의 용량을 나타내는 방법은?

① 주어진 압력과 그때의 오일무게로 표시
② 주어진 속도와 그때의 토출 압력으로 표시
③ 주어진 압력과 그때의 토출량으로 표시
④ 주어진 속도와 그때의 점도로 표시

해설 펌프의 용량은 주어진 압력과 그때의 토출량으로 표시한다.

54 다음 지게차의 유압탱크 유량을 점검하는 방법 중 올바른 것은?

① 포크를 지면에 내려놓고 점검한다.
② 장비를 저속으로 주행하면서 점검한다.
③ 포크를 최대로 높인다.
④ 포크를 중간위치에 둔다.

해설 유압 오일량을 점검할 때에는 장비는 평탄한 노면에 정차를 시키고 포크는 최대로 낮춘 후 점검한다.

55 유압회로 내 기포가 생기면 일어나는 현상이 아닌 것은?

① 작동유의 누설
② 소음 증가
③ 공동현상
④ 오일 탱크의 오버플로

해설 작동유의 누설은 점도가 낮거나 오일의 열화시에 쉽게 발생된다.

56 서지 압력이란 무엇인가?

① 회로 내 과도적으로 발생하는 이상 압력의 최댓값
② 회로 내 정상적으로 발생하는 이상 압력의 최댓값
③ 회로 내 정상적으로 발생하는 이상 압력의 최솟값
④ 회로 내 과도적으로 발생하는 이상 압력의 최솟값

해설 서지 압력이란 회로 내 과도적으로 발생하는 이상압력의 최댓값을 말한다.

57 유압펌프에서 보내어진 유압유가 컨트롤 밸브에서 유압유 탱크로 회송되어 온다. 무엇을 점검해야 하는가?

① 릴리프 밸브
② 메이크업 밸브
③ 컨트롤 스플
④ 유압 드레인 라인

해설 유압유가 컨트롤 밸브에서 회송되어 오는 것은 컨트롤 밸브의 막힘 또는 밸브의 조작 불량 등에 원인이 있다.

58 유압장치의 제어 방법이 아닌 것은?

① 압력제어　　② 방향제어

③ 속도제어　　④ 유량제어

해설 유압제어의 종류
- 압력제어 : 일의 크기 결정
- 유량제어 : 일의 속도 결정
- 방향제어 : 일의 방향 결정

59 유압이 높아지는 원인에 해당되지 않는 것은?

① 윤활유의 점도가 높다.

② 유압조정밸브 스프링의 장력이 너무 크다.

③ 오일 파이프의 일부가 막혀 있다.

④ 베어링과 축사이의 틈새가 너무 크다.

해설 베어링과 축사이의 틈새가 너무 크면 유압이 낮아진다.

60 기어 펌프에 사용하는 기어의 종류가 아닌 것은?

① 웜 기어

② 헬리컬 기어

③ 스퍼 기어

④ 더블 헬리컬 기어

해설 더블 헬리컬 기어는 기어 펌프에 사용할 수 없다.

61 아래 그림은 무엇을 나타내는가?

① 유압펌프　　② 작동유 탱크

③ 유압실린더　　④ 유압모터

해설 ▲ 형의 방향, 출구표시가 밖으로 향한 것은 펌프이며, 안으로 향한 것은 모터를 표시한다.

62 다음 유압기호 중 냉각기에 해당되는 것은?

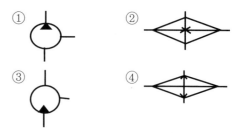

해설 ①은 유압펌프이며 ④는 냉각기이다.

63 유압모터의 가장 큰 특징은?

① 간접적으로 회전력을 얻는다.

② 무단 변속이 용이하다.

③ 기름의 누출이 많다.

④ 유량조정이 용이하다.

해설 유압모터의 특징
- 소음이 적고, 작동이 신속, 정확하고 경쾌하다.
- 무단 변속이 용이하다.
- 출력당 소형 경량이다.
- 관성력이 작고 정, 역회전에 강하다.
- 신호에 응답이 빠르다.

64 작동유에 수분이 혼입되었을 때 영향이 아닌 것은?

① 작동유의 열화

② 캐비테이션 현상

③ 유압기기의 마모 촉진

④ 오일 탱크의 오버플로

해설 작동유의 열화는 유압유의 공기 유입이나 작동유의 온도상승에 원인이 있다.

65 광물성 작동유를 사용할 때 오일의 온도는 몇 도 이상이면 안 되는가?

① 20℃ 이상　　② 40℃ 이상

③ 60℃ 이상　　④ 80℃ 이상

해설 일반적으로 작동유의 적정 사용온도는 40~80℃ 범위가 가장 적합하다.

66 다음은 유압장치의 각 기구에 대한 것이다. 틀린 것은?

① 오일 여과기는 혼입되는 것을 방지한다.
② 릴리프 밸브는 유압이 설정유압이 될 때 유압장치를 보호한다.
③ 어큐뮬레이터는 유압을 저장하는 기능과 유압의 맥동을 제거한다.
④ 언로드 밸브는 어큐뮬레이터의 유압을 조정한다.

해설 언로더 밸브 : 일정한 조건에서 펌프를 무부하로 하기 위하여 사용하는 밸브이다.

67 건설기계의 유압계통에서 U패킹을 사용하는 이유는?

① 유압이 낮으므로
② 유압이 높으므로
③ 진창에서 작업하므로
④ 과부하로 작업하므로

해설 유압계통에 U패킹을 사용하는 이유로는 유압이 높으므로 유체의 누출을 방지하기 위함이다.

68 지게차에서 어큐뮬레이터는 어떤 일을 하는가?

① 핸들이 부드럽게 작동할 수 있도록 한 장치이다.
② 리프트 체인의 처짐을 방지해 준다.
③ 차가 서서히 출발할 수 있도록 하며 유압의 맥동을 감소한다.
④ 유압이 과열되는 것을 방지한다.

69 건설기계 유압펌프의 종류가 아닌 것은?

① 베인 펌프　　② 플런저 펌프
③ 포막 펌프　　④ 기어 펌프

해설 포막 펌프는 송출 압력이 낮은 펌프로 연료 계통에 사용되고 있다.

70 유압장치 내에 공기가 혼입되는 것의 고장개소와 그 원인이 아닌 것은?

① 펌프의 베인 로터의 마멸
② 흡입 호스의 연결부 헐거움
③ 어큐뮬레이터의 0링 마멸
④ 펌프 탱크의 유면 저하

해설 펌프의 베인 또는 로터의 마멸은 유압저하의 원인이다.

71 유압회로 내에서 계통 내의 최대압력을 조절하는 밸브는?

① 릴리프 밸브　　② 속도 제어 밸브
③ 릴레이 밸브　　④ 체크 밸브

72 유압기는 다음 어느 것을 이용한 것인가?

① 베르누이 정리
② 보일의 법칙
③ 파스칼의 원리
④ 아르키메데스의 원리

해설 파스칼의 원리 : 밀폐된 용기의 유체(액체)에 가해진 압력은 액체가 작용하는 모든 부분에 같은 압력이 수직으로 작용한다.

73 일반적으로 유압장치에서 조정레버를 조작하면 무엇이 조작 되는가?

① 압축기　　　② 릴리프 밸브
③ 제어 밸브　　④ 전동기의 속도

해설 조정레버를 조작하면 컨트롤 밸브(제어 밸브)가 움직여 일의 방향, 시간, 크기를 결정하여 유체를 이동시킨다.

74 릴리프 밸브 스프링이 약하면 어떤 현상이 생기는가?

① 트래핑 현상   ② 채터링 현상
③ 공동현상   ④ 서징 현상

해설
• **캐비테이션(공동현상)** : 유압이 진공에 가깝게 되어 기포가 생기며, 이것이 파괴되어 국부적 고압이나 소음을 발생하는 현상
• **채터링** : 릴리프 밸브 등에서 밸브 시트를 타격하여 소음을 발생하는 현상
• **서징** : 스프링에서 스프링의 운동이 고속으로 작동할 때 주 작동과는 관계없이 스프링이 공진 하는 현상

75 다음 중 압력제어 밸브가 아닌 것은?

① 교축 밸브
② 릴리프 밸브
③ 리듀싱 밸브
④ 카운터 밸런스 밸브

해설
• **교축 밸브** : 오일 통로에 변환을 주어 오일의 통과량을 조절하는 유량조절 밸브이다.
• **리듀싱 밸브** : 유압회로 일부에 압력을 감압한 유압실린더 출구쪽 유압을 설정 유지한다.
• **카운터 밸런스 밸브** : 유압회로의 유압실린더에 걸리는 하중을 하강시킬 때 자중에 의해 저절로 급격한 속도를 떨어지려는 것을 제어한다.

76 압력제어 밸브에서 압력이 불안정하고 변동이 심할 경우 그 원인이 아닌 것은?

① 밸런스 피스톤의 불량
② 니들 밸브 시트의 접촉 불량
③ 니들 밸브의 이상 마모
④ 기관의 이상연소

해설 기관의 이상연소와 압력제어 밸브의 압력 불안정과는 별개이나 펌프의 작동에 영향을 미치는 것은 있다.

77 방향 전환 밸브의 설명으로 맞는 것은?

① 오일의 흐름 방향을 바꾸어 주는 밸브이다.
② 오일의 압력을 바꾸어 주는 밸브이다.
③ 오일의 유량을 바꾸어 주는 밸브이다.
④ 오일의 온도를 바꾸어 주는 밸브이다.

해설 방향 전환 밸브는 오일의 흐름 방향을 바꾸어 주는 밸브이다.

78 유압유 탱크에 설치되는 사항으로 해당되지 않는 것은?

① 배유구와 유면계 설치
② 흡입관과 복귀관 사이에 격판 설치
③ 오일 냉각기 설치
④ 흡입 오일을 위한 스트레이너 설치

해설 오일 냉각기는 유압유 탱크에 설치되는 것이 아니며, 실린더 블록 측면이나 라디에이터 하부에 설치되어 있다.

79 유압펌프에서 사용되는 GPM이란 용어의 뜻은?

① 계통 내에서 이동되는 유체의 량
② 복동실린더의 치수
③ 계통 내에서 형성되는 압력의 크기
④ 흐름에 대한 저항

해설 유량의 단위로 ℓ/min 또는 GPM을 사용한다.

80 작동유에 공기가 섞이면 색은 어떻게 변하는가?

① 백색   ② 자갈색
③ 흑색   ④ 적갈색

해설 작동유의 색
- 적갈색 또는 엷은 노랑색: 정상
- 흑 색: 열화 또는 오염
- 백 색: 수분의 유입
- 자갈색: 공기의 유입

81 유압유의 선택기준에 있어서 가장 먼저 고려해야 할 사항은?

① 색깔　　　　② 점도
③ 가격　　　　④ 제작회사

해설 유압유에서 가장 먼저 고려하여 선택하여야 할 사항은 점도로 점도가 낮아야 한다.

82 유압기기의 고장 원인으로 가장 크게 영향을 미치는 것은?

① 먼지　　　　② 오일의 열화
③ 수분　　　　④ 오일의 오염

해설 유압기기의 고장의 원인으로 가장 큰 것은 오일의 열화이다.

83 유체 마찰은 어디에서 생기는가?

① 유체와 고체사이
② 고체와 기체사이
③ 유체와 유체사이
④ 고체와 고체사이

해설 마찰의 발생요소
- 유체와 고체사이: 경계 마찰
- 유체와 유체사이: 유체 마찰
- 고체와 고체사이: 고체 마찰

84 다음은 유압의 일반적인 성질이다. 틀린 것은?

① 압축할 수 있다.
② 힘을 전달할 수 있다.
③ 힘을 증대시킬 수 있다.
④ 운동을 전달할 수 있다.

해설 액체는 압축할 수는 없으나 힘을 전달, 또는 증대. 감소시킬 수 있다.

85 유압유의 온도변화에 대한 점도변화의 비율을 나타내는 것은?

① 공업지수
② 점도지수
③ 절대지수
④ 관계지수

해설 **점도지수**: 온도변화에 대한 오일의 점도변화 정도를 나타낸 것이 점도 지수이다.

86 유압오일 탱크의 역할이 아닌 것은?

① 유량의 확보
② 적정온도의 유지
③ 작동유의 기포발생 방지
④ 유압의 설정

해설 유압의 설정은 릴리프 밸브의 역할이다.

87 건설기계의 유압계통에 사용되는 오일은?

① SAE 규격 10W
② SAE 규격 30W
③ SAE 규격 20W – 40
④ SAE 규격 90W

88 유압 조절 밸브의 기능은?

① 유압이 높아지는 것을 방지한다.
② 유압이 낮아지는 것을 방지한다.
③ 유압펌프와 같이 회전하며 작용한다.
④ 유압탱크의 오일량을 조절한다.

4
건설기계 유압

89 유압실린더와 유압모터의 다른 점은?

① 유압실린더는 왕복운동, 유압모터는 회전운동을 시키는 것

② 유압실린더는 회전운동, 유압모터는 왕복운동을 시키는 것

③ 유압실린더와 유압모터는 왕복운동을 시키는 것

④ 유압실린더와 직선운동을 시키는 것

해설 유압실린더는 왕복운동, 유압모터는 회전운동을 시키는 것으로 유압 액추에이터이다.

90 유압펌프의 고장이 아닌 것은?

① 샤프트 실에서 오일이 샌다.

② 오일 압력의 저하

③ 소음이 난다.

④ 오일압력 과다

해설 유압펌프에 고장이 발생하면 유압은 저하된다.

91 유로에 공기가 침입할 때 일어나는 현상이 아닌 것은?

① 공동 현상

② 열화 촉진

③ 숨돌리기 현상

④ 정마찰 현상

해설 유로에 공기가 침입하면 오일의 산화에 의하여 열화의 촉진, 공동현상, 숨돌리기 현상 등이 발생되어 유압기기의 소손을 초래하게 된다.

92 난기운전의 적절한 시간은?

① 5분　　　　② 15분

③ 25분　　　　④ 35분

해설 일반적으로 난기운전은 여름철에는 5분, 겨울철에는 5~10분 정도이며, 난기운전을 하는 이유는 작동유의 온도를 적정 온도로 하여 유압기기에 오는 무리한 작동을 피하는 데 있다.

93 오일의 열화를 찾기 위한 검사사항이 아닌 것은?

① 비중　　　　② 취각

③ 점도　　　　④ 색깔

94 가압식 유압탱크의 특징은?

① 흡입력이 강한 펌프에 사용

② 흡입력이 약한 펌프에 사용

③ 토출력이 강한 펌프에 사용

④ 토출력이 약한 펌프에 사용

해설 가압식 유압 탱크는 흡입력이 약한 플런저 펌프 등의 설치장비에 사용되며, 압축공기에 의하여 가압하며 작업 후 에는 탱크의 압력을 제거하여야 한다.

95 현장에서 유압유에 수분이 함유되어 있는가를 확인하는 방법은?

① 가열된 철판에 오일을 떨어뜨려 비산하는지 본다.

② 오일을 가열하여 색깔이 변화하는지 본다.

③ 오일을 흰 종이에 떨어뜨려 비산기울기를 본다.

④ 철판 위에 오일을 흘려 잘 흐르는지 본다.

96 일정한 조건 하에서 작동하는 밸브가 아닌 것은?

① 릴리프 밸브

② 언로더 밸브

③ 감압 밸브

④ 시퀀스 밸브

97 지게차 조향장치에 사용되는 실린더의 종류는?

① 단로드 단동식

② 단로드 복동식

③ 양로드 단동식

④ 양로드 복동식

98 건설기계에 사용되는 유압실린더에서 작동끝단의 충격에 의한 손상을 방지하기 위하여 설치하는 것은?

① 피스톤 실　② 쿠션

③ 더스트 실　④ 실린더 커버

99 유압실린더가 작동될 때 행정 끝에 서서히 작동되도록 하는 밸브는 무엇인가?

① 교룩 밸브

② 분류 밸브

③ 디셀레이션 밸브

④ 체크 밸브

100 로더, 캠링, 날개로 구성되어 있는 유압펌프의 종류는 무엇인가?

① 기어 펌프　② 피스톤 펌프

③ 엑시얼 펌프　④ 베인 펌프

101 유압실린더에서 사용하는 실의 종류 중 외부의 이물질이 유입되는 것을 방지하는 것은?

① 더스트 실　② 피스톤 실

③ 실린더 커버　④ u패킹

102 건설기계 유압장치에 사용하는 오일실 중 고정되는 부분에 사용하는 것은?

① 실　② 패킹

③ 가스킷　④ O-링

해설 • 운동용 실 : 로드실, 패킹
• 고정용 실 : 가스킷
• 회전축 : 메카니컬 실

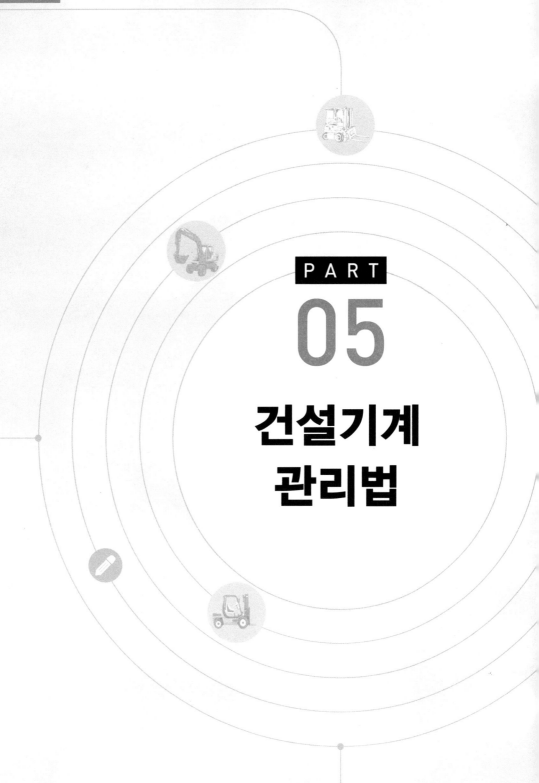

PART

05

건설기계
관리법

• 건설기계관리법 • 도로교통법 • 도시가스 · 전기공사 작업안전 • 출제예상문제

01 건설기계관리법

1 건설기계 총칙

(1) 건설기계관리법의 목적

① 건설기계의 효율적인 관리를 위하여
② 건설기계의 안전도를 확보하기 위하여
③ 건설공사의 기계화 촉진을 위하여

(2) 건설기계의 정의

건설기계	건설공사에 사용할 수 있는 기계로 대통령령이 정하는 것
건설기계 사업	대여업, 정비업, 매매업, 해체재활용업
건설기계 형식	건설기계 구조, 규격 및 성능 등에 관하여 일정하게 정한 것

(3) 건설기계의 범위

① 불도저 : 무한궤도 또는 타이어식인 것
② 굴착기 : 무한궤도 또는 타이어식으로 굴착장치를 가진 자체 중량 1ton 이상인 것
③ 로더 : 무한궤도 또는 타이어식으로 적재장치를 가진 자체 중량 2ton 이상인 것
④ 지게차 : 타이어식으로 들어올림장치와 조종석을 가진 것
⑤ 스크레이퍼 : 흙, 모래의 굴착 및 운반장치를 가진 자주식인 것
⑥ 덤프 트럭 : 적재용량 12ton 이상인 것
⑦ 기중기 : 무한궤도 또는 타이어식으로 강재의 지주 및 선회장치를 가진 것
⑧ 모터 그레이더 : 정지장치를 가진 자주식인 것
⑨ 롤 러 : 조종석과 전압장치를 가진 자주식인 것 또는 피견인 진동식인 것
⑩ 노상 안정기 : 노상 안정장치를 가진 자주식인 것
⑪ 콘크리트 배칭 플랜트 : 골재 저장통, 계량장치 및 혼합장치를 가진 것으로서 원동기를 가진 이동식인 것
⑫ 콘크리트 피니셔 : 정리 및 사상장치를 가진 것으로 원동기를 가진 것
⑬ 콘크리트 살포기 : 정리장치를 가진 것으로 원동기를 가진 것

⑭ 콘크리트 믹서 트럭 : 혼합장치를 가진 자주식인 것

⑮ 콘크리트 펌프 : 콘크리트 배송 능력이 **매시간당 5m³ 이상**으로 원동기를 가진 이동식과 트럭 적재식인 것

⑯ 아스팔트 믹싱 플랜트 : 골재 공급장치, 건조 가열장치, 혼합장치, 아스팔트 공급장치를 가진 것으로 원동기를 가진 이동식인 것

⑰ 아스팔트 피니셔 : 정리 및 사상장치를 가진 것으로 원동기를 가진 것

⑱ 아스팔트 살포기 : 아스팔트 살포장치를 가진 자주식인 것

⑲ 골재 살포기 : 골재 살포장치를 가진 자주식인 것

⑳ 쇄석기 : **20kw 이상**의 원동기를 가진 이동식인 것

㉑ 공기압축기 : 공기 토출량이 **매 분당 2.83m³**(매 cm² 당 7kg 기준) 이상의 이동식인 것

㉒ 천공기 : 천공장치를 가진 자주식인 것

㉓ 항타 및 항발기 : 원동기를 가진 것으로 해머 또는 뽑는 장치의 중량이 **0.5ton 이상**인 것

㉔ 자갈채취기 : 자갈채취장치를 가진 것으로 원동기를 가진 것

㉕ 준설선 : 펌프식, 버킷식, 디퍼식 또는 그래브식으로 비자항식인 것

㉖ 특수 건설기계 : 건설기계와 유사한 구조 및 기능을 가진 기계류로서 국토교통부장관이 따로 정한 것

㉗ 타워 크레인 : 수직타워 상부에 위치한 지브를 선회시켜 중량물을 상하, 전후 또는 좌우로 이동시킬 수 있는 것으로 원동기 또는 전동기를 가진 것

2 건설기계 등록

(1) 등록의 신청

건설기계의 소유자의 주소지 또는 건설기계의 사용 본거지를 관할하는 특별시장, 광역시장, 특별자치시장·도지사 또는 특별자치도지사(시·도지사)에게 등록을 하여야 한다.

1) 등록 시 첨부서류

① 건설기계의 출처를 증명하는 서류

② 건설기계의 소유자임을 증명하는 서류

③ 건설기계 제원표

④ 보험가입을 증명하는 서류

2) 건설기계의 출처를 증명하는 서류

① 건설기계 제작증(국내에서 제작한 건설기계)
② 수입면장 또는 기타 수입 사실을 증명하는 서류(수입한 건설기계)
③ 매수증서(관청으로부터 매수한 건설기계)

3) 건설기계등록 신청기간

① 건설기계를 취득한 날부터 **2월(60일) 이내**
② 전시, 사변 기타 이에 준하는 국가 비상사태 하에서는 **5일 이내**

4) 건설기계 수급조절

국토교통부 장관은 건설기계의 수급조절을 위하여 수급조절위원회의 심의를 거쳐 건설기계의 등록을 일정기간 제한할 수 있다.

(2) 미등록 건설기계

1) 임시운행의 허가

① 건설기계를 등록하기 전에 일시 운행할 필요가 있을 때 시장·군수·구청장에게 허가신청을 하여야 한다.
② 시장·군수·구청장은 신청인에게 임시운행 허가증, 임시운행허가 번호표 교부를 하여야 한다.

2) 임시운행 허가사유

① **건설기계 등록신청을 하기 위하여 등록지로 운행하는 경우**
② 신규 등록검사 및 확인검사를 받기 위해 검사장소로 운행하는 경우
③ 수출하기 위하여 선적지로 운행하는 경우
④ 신개발 건설기계를 시험 운행하는 경우
⑤ 판매 또는 전시를 위하여 건설기계를 일시적으로 운행하고자 할 때

3) 임시운행의 허가기간

① 임시운행의 기간은 **15일**을 초과할 수 없다.
② 신개발 건설기계의 임시운행 허가기간은 **3년 이내로** 한다.

(3) 등록사항의 변경신고

1) 변경신고기간

① 건설기계의 등록사항 중 변경사항이 있는 때에는 대통령령이 정하는 바에 따라 시·도지사에게 신고하여야 한다.

② 변경(주소지 또는 사용 본거지의 변경은 제외)이 있는 날부터 **30일 이내**에 시·도지사에게 신고하여야 한다.

③ 전시, 사변 기타 이에 준하는 국가 비상사태 하에 있어서는 **5일 이내** 신고하여야 한다.

2) 변경신고 시 첨부서류

① 변경 내용을 증명하는 서류

② 건설기계의 등록증

③ 건설기계 검사증(건설기계 운행 상황 기록증)

(4) 등록의 경정

① 시·도지사는 등록을 행한 후 등록에 관하여 착오 또는 누락이 있음을 발견한 때에 부기로서 경정등록을 한다.

② 경정등록 후 지체없이 등록 명의인 및 건설기계의 검사대행자에게 통보하여야 한다.

(5) 등록의 말소

1) 등록의 말소사유(소유자의 신청이나 시·도지사의 직권등록 말소)

① 거짓이나 그 밖의 부정한 방법으로 등록을 한 때

② 건설기계가 천재지변 또는 이에 준하는 사고 등으로 사용할 수 없게 되거나 멸실된 때

③ 건설기계의 차대가 등록 시의 차대와 다른 때

④ 건설기계가 구조, 규격 및 성능의 기준이 적합하지 않은 때

⑤ 정기검사 명령, 수시검사 명령 또는 정비 명령에 따르지 아니한 때

⑥ 건설기계를 수출할 때

⑦ 건설기계가 도난당한 때

⑧ 건설기계를 폐기한 때

⑨ 구조적 결함에 의해 건설기계를 반납한 때

⑩ 건설기계를 교육·연구 목적으로 사용할 때

⑪ 내구연한을 초과한 건설기계

2) 신청기한

① 건설기계가 멸실되었거나 해체된 경우 : 30일 이내에 시·도지사에게 신청

② 건설기계의 용도를 폐지한 경우 : 30일 이내에 시·도지사에게 신청

③ 건설기계를 도난당한 경우 : 2월 이내에 시·도지사에게 신청

④ 허위 기타 부정한 방법으로 등록한 경우 : 직권 말소등록 통지 후 1월이 경과

⑤ 수출 시는 수출 전까지

3) 등록 말소 첨부서류

① 건설기계 등록증

② 건설기계 검사증(운행 상황 기록증)

③ 멸실, 도난, 수출, 폐기, 반품 및 교육, 연구 목적으로 사용하는 등, 등록말소 사유를 확인할 수 있는 서류

(6) 건설기계의 등록번호표

① 국토교통부령이 정하는 바에 따라 등록번호표를 부착 및 봉인하여야 한다.

② 건설기계 등록번호표에는 **등록관청, 용도, 기종 및 등록번호**를 표시하여야 한다.

③ 등록번호표는 압형으로 제작한다.

④ 등록번호표의 색 및 등록번호(용도별 번호가 모두 부여된 경우, 기호 다음에 가, 나, 다 순으로 부여한다)

   ㉠ **자가용**(승용, 개인용) : 녹색판에 흰색 문자, 등록번호 → 1001~4999

   ㉡ **영업용**(사업용): 주황색판에 흰색 문자, 등록번호 → 5001~8999

   ㉢ **관용** : 흰색판에 검은색 문자, 등록번호 → 9001~9999

   ㉣ **임시** : 흰색판에 검은색 문자

구분	현행(지역번호판)	개선(전국번호판)
영업용	㉠ 세 종 01가5001 (600mm×280mm, 400mm×220mm)	012가4568 (520mm×110mm)
자가용·관용	세 종 01가1001 (600mm×280mm, 400mm×220mm)	012가4568 (520mm×110mm)

① (번호체계) 관할 시·도뿐만 아니라 전국 어디서든 번호표 제작·등록이 가능하도록 지역명 (시·도) 및 영업용( ) 표기를 삭제합니다.

번호체계도 7자리(12가 4568)에서 8자리(012가 4568)로 개편되며, 한글(가, 나 등 35개)과 숫자(관용 0001~9999, 자가용 1000~5999, 대여사업용 6000~9999)를 조합하여 오름차순으로 부여합니다.

> 건설기계는 2022년 4월 현재까지 기존 번호판 계속 사용 중으로 2022년 하반기 등록건설기계부터 적용예정임

⑤ 기종별 기호 표시

01 : 불도저	02 : 굴착기	03 : 로더
04 : 지게차	05 : 스크레이퍼	06 : 덤프트럭
07 : 기중기	08 : 모터 그레이더	09 : 롤러
10 : 노상 안정기	11 : 콘크리트 배칭 플랜트	12 : 콘크리트 피니셔
13 : 콘크리트 살포기	14 : 콘크리트 믹서 트럭	15 : 콘크리트 펌프
16 : 아스팔트 믹싱플랜트	17 : 아스팔트 피니셔	18 : 아스팔트 살포기
19 : 골재 살포기	20 : 쇄석기	21 : 공기압축기
22 : 천공기	23 : 항타 및 항발기	24 : 자갈채취기
25 : 준설선	26 : 특수 건설기계	27 : 타워크레인

3 건설기계 검사 및 점검

(1) 건설기계의 검사

1) 건설기계의 검사

① 소유자는 그 건설기계에 대하여 국토교통부령으로 정하는 기준에 적합한지 및 등록번호 등이 건설기계등록증에 적힌 것과 같은지 국토교통부장관이 실시하는 검사를 받아야 한다.

② 건설기계의 구조, 규격 및 성능 등의 여부를 확인한다.

③ 검사를 실시한 경우에는 건설기계 검사증 또는 운행상황 기록증을 교부하여야 한다.

④ 정기검사를 받지 않은 경우에는 유효기간 만료 후 3월 이내에 10일 이내의 기한을 정하여 서면으로 최고하여야 한다.

⑤ 불합격된 건설기계에 대하여 정비명령을 하여야 한다.

2) 국토교통부장관이 실시하는 검사의 종류

① 신규 등록검사 : 건설기계를 신규로 등록할 때 실시하는 검사

② 정기검사 : 3년의 범위에서 국토교통부령으로 정하는 검사 유효기간 만료 후에 계속하여 운행하고자 할 때 실시하는 검사

③ 구조변경검사 : 건설기계의 주요 구조를 변경 또는 개조한 후에 실시하는 검사
④ 수시검사 : 성능이 불량하거나 사고가 빈발하는 건설기계의 안전성을 점검하기 위하여 수시로 실시하는 검사와 건설기계 소유자의 신청이 있을 때

3) 정기검사

① 정기검사의 신청

㉠ 정기검사는 시 · 도지사 또는 검사대행자에게 제출하여야 한다.

㉡ 검사 유효기간의 만료일 전후 각각 31일 이내에 신청하여야 한다.

㉢ 시 · 도지사 또는 검사대행자는 신청을 받은 날부터 **5일 이내**에 검사 일시와 검사 장소를 신청인에게 통지하여야 한다.

㉣ 시 · 도지사 또는 검사대행자는 정기검사를 받아야 하는 건설기계 소유자에게 유효기간 만료일 1월 전까지 정기검사에 관한 사항을 통지하여야 한다.

② 정기검사대상 건설기계와 유효기간

기종		연식	검사유효기간
굴착기	타이어식	–	1년
로더	타이어식	20년 이하	2년
		20년 초과	1년
지게차	1ton 이상	20년 이하	2년
		20년 초과	1년
덤프트럭	–	20년 이하	1년
		20년 초과	6개월
기중기	–	–	1년
모터그레이더	–	20년 이하	2년
		20년 초과	1년
콘크리트 믹서트럭	–	20년 이하	1년
		20년 초과	6개월
콘크리트펌프	트럭적재식	20년 이하	1년
		20년 초과	6개월
아스팔트살포기	–	–	1년
천공기	–	–	1년

※ 타워크레인 : 6개월
※ 비도로용 건설기계 : 3년

③ 정기검사의 연기

㉠ 건설기계의 정비, 기타 부득이한 사유로 정기검사를 연기하는 경우에는 정기검사 신청기간 만료일까지 연기 신청서를 시 · 도지사 또는 검사대행자에게 제출하여야 한다.

ⓛ 시·도지사 또는 검사대행자는 신청일부터 5일 이내에 검사 연기 여부를 통지하여야 한다.

ⓒ **검사 불허 통지를** 받은 자는 **정기검사 신청기간 만료일부터 10일 이내에** 검사 신청을 하여야 한다.

ⓔ 검사의 연기기간은 **6월 이내로** 한다.

4) 구조변경 검사

① 주요 구조를 변경 또는 개조한 날부터 20일 이내에 시·도지사 또는 검사대행자에게 아래 ②의 서류를 첨부하여 제출하여야 한다.

② 구조변경검사 신청서류

　　ⓐ 구조변경검사 신청서

　　ⓑ 변경전후의 주요제원 대비표

　　ⓒ 변경한 부분의 도면

　　ⓓ 수상 전용 건설기계의 경우 안전검사증명서

　　ⓔ 정비업자가 발행하는 구조변경 사실을 증명하는 서류

5) 수시검사

① 시·도지사는 수시검사를 받아야 할 날부터 10일 이전에 건설기계 소유자에게 수시검사 명령서를 교부하여야 한다.

② 시·도지사는 검사대행자에게 수시검사 명령 사실을 통보하여야 한다.

6) 검사장에서 검사를 받아야 하는 건설기계

① 콘크리트 믹서 트럭

② 콘크리트 펌프(트럭 적재식)

③ 아스팔트 살포기

④ 덤프트럭

⑤ 트럭지게차

7) 건설기계가 위치한 장소에서 검사를 받아야 하는 건설기계(출장검사)

① 도서 지역에 있는 건설기계

② 자체 중량이 40ton 초과한 건설기계

③ 축중이 10ton 초과인 건설기계(윤중 5ton 초과)

④ 너비가 2.5m 초과인 건설기계

⑤ 최고 속도가 35km/h 미만인 건설기계

POINT **특별 표지 부착 대상 건설기계(대형 건설기계)**

☞ 특별 도장을 해야 하며, 운전석 내부의 보기 쉬운 곳에 부착

㉠ 길이가 16.7m 초과

㉡ 총중량이 40ton 초과

㉢ 축중이 10ton 초과(윤중 5ton 초과)

㉣ 너비가 2.5m 초과

㉤ 높이가 4.0m 초과

㉥ 최소 회전 반경이 12m 초과

* 시속 35km 미만 시 도색(×)

4 건설기계 사업

(1) 건설기계 사업의 등록

① 건설기계 사업을 영위하고자 하는 자는 대통령령이 정하는 바에 따라 특별자치시장, 특별자치도지사, 시장·군수 또는 구청장에게 등록하여야 한다.

② 지방자치단체는 신고 없이 건설기계의 사업을 영위할 수 있다.

③ 신고 절차, 등록증의 교부 등에 관하여 필요한 사항은 국토교통부령으로 정한다.

④ 건설기계 사업의 종류 : 건설기계 **대여업**, 건설기계 **정비업**, 건설기계 **매매업**, 건설기계 **해체재활용업**

(2) 건설기계 대여업

1) 건설기계 대여업의 종류

① 일반 건설기계 대여업 : 5대 이상의 건설기계로 운영하는 사업(2 이상의 개인 또는 법인이 공동으로 운영하는 경우 포함)

② 개별 건설기계 대여업 : 1인의 개인 또는 법인이 4대 이하의 건설기계로 운영하는 사업

2) 건설기계 대여업의 등록

① 건설기계 대여업은 시장·군수·구청장에게 등록하여야 한다.

② 건설기계 대여업등록 시 제출서류

㉠ 건설기계 소유 사실을 증명하는 서류

㉡ 사무실의 소유권 또는 사용권이 있음을 증명하는 서류

㉢ 주기장 소재지를 관할하는 시장·군수·구청장이 발급한 주기장 시설 보유 확인서

㉣ 영업에 관한 권리, 의무에 관한 계약서 사본

(3) 건설기계 정비업

1) 건설기계 정비업의 종류

① 종합 건설기계 정비업

② 부분 건설기계 정비업

③ 전문 건설기계 정비업(원동기, 유압타워크레인)

2) 건설기계 정비업의 등록

① 건설기계 정비업은 시장·군수 또는 구청장에게 등록하여야 한다.

② 등록 시 제출서류

㉠ 사무실 및 건설기계 정비장의 소유권 또는 사용권이 있음을 증명하는 서류

㉡ 건설기계 정비 기술자 명단 및 국가기술 자격증 사본

㉢ 건설기계 정비 시설의 보유를 증명하는 서류

(4) 건설기계 매매업 등록기준

주기장 $165m^2$ 이상, 사무실, 하자 보증금 예치증서 또는 보증보험증서(5000만원 이상)

---

5 건설기계 조종사 면허

(1) 건설기계 조종사 면허

① 건설기계를 조종하고자 하는 자는 시장·군수 또는 구청장에게 건설기계 조종사 면허를 받아야 한다.

② 국토교통부령이 정하는 건설기계를 조종하고자 하는 자는 운전면허를 받아야 한다.

③ 건설기계 조종사 면허를 받고자 하는 자는 기술자격을 취득하고 적성검사에 합격하여야 한다.

④ 조종사 면허 신청 시 제출서류

㉠ 적성검사서(신체검사서) ☞ 자동차 운전 1종 보통 이상인 경우에는 면제

㉡ 국가기술 자격수첩(자격증) 또는 소형 건설기계 조종 교육 이수증

㉢ 건설기계 조종사 면허증(면허의 종류를 추가하는 경우)

㉣ 6개월 이내에 촬영한 모자를 쓰지 않은 상반신 사진 2매

㉤ 자동차운전면허 정보(3ton 미만 지게차를 조종하려는 경우)

(2) 1종 대형 면허를 받아 조종하여야 하는 건설기계의 종류

    ① 덤프트럭

    ② 아스팔트 살포기

    ③ 노상 안정기

    ④ 콘크리트 펌프

    ⑤ 콘크리트 믹서 트럭

    ⑥ 트럭 적재식 천공기

    ⑦ 특수 건설기계 중 국토교통부장관이 지정하는 건설기계

(3) 소형 건설기계 면허

    ① 소형 건설기계 종류

        ㉠ 5ton 미만 불도저

        ㉡ 5ton 미만 로더

        ㉢ 5ton 미만 천공기(트랙적재식 제외)

        ㉣ 3ton 미만 지게차

        ㉤ 3ton 미만 굴착기

        ㉥ 3ton 미만 타워크레인

        ㉦ 공기압축기

        ㉧ 콘크리트 펌프(이동식)

        ㉨ 쇄석기

        ㉩ 준설선

    ② 건설기계 조종에 관한 교육 과정을 이수한 경우 조종사 면허를 받은 것으로 본다.

    ③ 소형 건설기계의 3ton 미만의 굴착기, 로더, 지게차 및 불도저 조종 교육내용

        ㉠ 건설기계 기관, 전기 및 작업장치

        ㉡ 유압 일반

        ㉢ 건설기계관리법 및 도로통행방법

        ㉣ 조종 실습

    ④ 소형 건설기계의 3ton 이상 5ton 미만의 불도저 및 로더의 조종 교육 내용

        ㉠ 건설기계 기관, 전기 및 작업장치

        ㉡ 유압 일반

        ㉢ 건설기계관리법 및 도로통행방법

        ㉣ 조종실습

5

건설기계관리법

(4) 건설기계 조종사 면허의 종류

면허의 종류	조종할 수 있는 건설기계
1. 불도저	불도저
2. 5ton 미만의 불도저	5ton 미만의 불도저
3. 굴착기	굴착기
4. 3ton 미만의 굴착기	3ton 미만의 굴착기
5. 로더	로더
6. 3ton 미만의 로더	3ton 미만의 로더
7. 5ton 미만의 로더	5ton 미만의 로더
8. 지게차	지게차
9. 3ton 미만의 지게차	3ton 미만의 지게차
10. 기중기	기중기
11. 롤러	롤러, 모터그레이더, 스크레이퍼, 아스팔트피니셔, 콘크리트피니셔, 콘크리트살포기 및 골재살포기
12. 이동식 콘크리트펌프	이동식 콘크리트펌프
13. 쇄석기	쇄석기, 아스팔트믹싱플랜트 및 콘크리트뱃칭플랜트
14. 공기압축기	공기압축기
15. 천공기	천공기(타이어식, 무한궤도식 및 굴진식을 포함한다. 다만, 트럭적재식은 제외한다), 항타 및 항발기
16. 5ton 미만의 천공기	5ton 미만의 천공기(트럭적재식은 제외한다)
17. 준설선	준설선 및 자갈채취기
18. 타워크레인	타워크레인
19. 3ton 미만의 타워크레인	3ton 미만의 타워크레인 중 규격에 적합한 타워크레인

(5) 적성검사의 기준

① 두 눈을 동시에 뜨고 잰 시력이 0.7 이상이고 두 눈의 시력이 각각 0.3 이상일 것
② 청력은 55dB(보청기 사용 시 40dB)의 소리를 들을 수 있을 것
③ 시각은 150° 이상일 것
④ 언어의 분별력은 80% 이상일 것
⑤ 건설기계 적성검사 종류 및 기간
- 정기 적성검사 : 10년마다(65세 이상인 경우 5년마다)
  시장·군수 또는 구청장이 실시하는 정기 적성검사를 받아야 한다.

• 수시 적성검사 : 안전한 조종에 장애가 되는 후천적 신체장애 등 사유에 해당되는 경우

(6) 건설기계 조종사 면허의 결격사유

① 18세 미만인 사람
② 정신질환자 또는 뇌전증환자
③ 앞을 보지 못하는 사람, 듣지 못하는 사람, 국토교통부령이 정하는 장애인
④ 마약, 대마, 향정신성 의약품 또는 알코올 중독자
⑤ 건설기계 조종사 면허가 취소된 날부터 1년이 경과되지 않은 사람
⑥ 건설기계 조종사 면허의 효력정지처분을 받고 있는 사람
⑦ 국토교통부령이 정하는 장애인
   ㉠ 한쪽 팔 이상 다리를 쓸 수 없는 자
   ㉡ 한쪽 다리 발목이상의 관절을 잃은 자
   ㉢ 한쪽 손 이상의 엄지손가락을 잃었거나 엄지손가락을 제외한 모든 마디를 3개 이상 잃은 자

(7) 건설기계 조종사 면허의 취소, 정지처분의 기준

1) 건설기계 조종사 면허의 취소

① 거짓이나 기타 부정한 방법으로 건설기계 조종사 면허를 받은 때
② 건설기계 조종사 면허의 효력정지기간 중 건설기계를 조종한 때
③ 앞을 보지 못하는 사람, 듣지 못하는 사람, 국토교통부령이 정하는 장애인
④ 마약, 대마, 향정신성 의약품을 투여한 상태에서 건설기계를 조종한 때
⑤ 건설기계 조종 중 **고의**로 인명피해(사망, 중상, 경상 등)를 입힌 경우 또는 과실로 중대한 사고를 일으킨 경우
⑥ 건설기계 조종사 면허증을 타인에게 대여한 때
⑦ 술에 취한 상태에서 건설기계를 조종하다가 사람을 죽게 하거나 다치게 한 때
⑧ 술에 만취한 상태(0.08% 이상)에서 건설기계를 조종한 때
⑨ 2회 이상 술에 취한 상태에서 면허효력정지를 받은 사람이 다시 취한 상태에서 조종한 때
⑩ 국가기술자격법에 의해 자격증이 취소되거나 정지된 때
⑪ 정기적성검사를 받지 않거나 불합격한 경우

2) 건설기계 조종사 면허의 효력정지

① 면허효력정지 180일
　　㉠ 건설기계 조종 중 고의 또는 과실로 가스 공급시설을 손괴한 때
　　㉡ 건설기계의 조종 중 고의 또는 과실로 가스 공급시설의 기능에 장애를 입혀 가스의
　　　 공급을 방해한 때
② 면허효력정지 60일
　　술에 취한상태(0.03% 이상 0.08% 미만)에서 건설기계를 조종한 때
③ 그 밖의 임명 및 재산피해를 입힌 경우
　　㉠ 사망 1명마다 → 효력정지 45일
　　㉡ 중상 1명마다 → 효력정지 15일
　　㉢ 경상 1명마다 → 효력정지 5일
　　㉣ 재산피해 50만원마다 → 효력정지 1일(90일을 넘지 못함)

> **POINT** **중상** : 3주 이상 가료를 요하는 진단
> 　　　**경상** : 3주 미만 가료를 요하는 진단

(8) 건설기계 조종사 면허증의 반납

① 건설기계 조종사 면허를 받은 자는 사유가 발생한 날부터 10일 이내에 주소지를 관할하는
　 시장·군수 또는 구청장에게 면허증을 반납하여야 한다.
② 면허증의 반납사유
　　㉠ 면허가 취소된 때
　　㉡ 면허의 효력이 정지된 때
　　㉢ 면허증의 분실로 인해 면허증의 재교부를 받은 후 분실된 면허증을 발견한 때

(9) 건설기계 조종사의 신고의무　☞ 30일 이내 신고

① 성명의 변경이 있는 경우(시·도지사에게)
② 주소(동일 시도의 변경은 제외)의 변경이 있는 경우
③ 주민등록 번호의 변경이 있는 경우
④ 국적의 변경이 있는 경우
⑤ 부득이한 사유가 있는 경우(사유가 종료된 날부터)
⑥ 주소 변경의 경우(신 거주지를 관할하는 읍·면·동장에게 신고)

(10) 건설기계 조종사 안전교육

1) 목적

① 건설기계 조종사는 건설기계로 인한 인적 · 물적 피해를 예방하기 위하여 국토교통부장관이 실시하는 안전 및 전문성 향상을 위한 교육을 받아야 한다.

② 국토교통부장관은 전문교육기관을 지정하여 안전교육 등을 실시하게 할 수 있다.

③ 대상 · 내용 · 방법 · 시기 및 전문교육기관의 지정 기준 · 절차 등에 필요한 사항은 국토교통부령으로 정한다.

2) 교육 대상

안전 및 전문성 향상을 위해 건설기계 조종사 면허를 발급받은 사람으로 한다.

① 최초로 받는 사람 : 건설기계 조종사 면허를 최초로 받은 날(건설기계 조종사 면허가 2개 이상인 경우에는 가장 최근에 취득한 건설기계 조종사 면허를 최초로 받은 날을 말한다)부터 3년이 되는 날이 속하는 해의 1월 1일부터 12월 31일까지

② 받은 적이 있는 사람 : 마지막으로 안전교육 등을 받은 날부터 3년이 되는 날이 속하는 해의 1월 1일부터 12월 31일까지

(11) 건설기계관리법에 따른 벌칙

1. 2년 이하의 징역 또는 2천만원 이하의 벌금
   ① 등록되지 아니한 건설기계를 사용하거나 운행한 자
   ② 등록이 말소된 건설기계를 사용하거나 운행한 자
   ③ 시 · 도지사의 지정을 받지 아니하고 등록번호표를 제작하거나 등록번호를 새긴 자
   ④ 검사대행자 또는 그 소속 직원에게 재물이나 그 밖의 이익을 제공하거나 제공 의사를 표시하고 부정한 검사를 받은 자
   ⑤ 건설기계의 주요 구조나 원동기, 동력전달장치, 제동장치 등 주요 장치를 변경 또는 개조한 자
   ⑥ 무단 해체한 건설기계를 사용 · 운행하거나 타인에게 유상 · 무상으로 양도한 자
   ⑦ 제작 결함에 따른 시정명령을 이행하지 아니한 자
   ⑧ 등록을 하지 아니하고 건설기계사업을 하거나 거짓으로 등록을 한 자
   ⑨ 등록이 취소되거나 사업의 전부 또는 일부가 정지된 건설기계사업자로서 계속하여 건설기계사업을 한 자

2. 1년 이하의 징역 또는 1천만원 이하의 벌금
   ① 거짓이나 그 밖의 부정한 방법으로 등록을 한 자
   ② 등록번호를 지워 없애거나 그 식별을 곤란하게 한 자

③ 구조변경검사 또는 수시검사를 받지 아니한 자

④ 정비명령을 이행하지 아니한 자

⑤ 사용·운행 중지 명령을 위반하여 사용·운행한 자

⑥ 사업정지명령을 위반하여 사업정지기간 중에 검사를 한 자

⑦ 형식승인, 형식변경승인 또는 확인검사를 받지 아니하고 건설기계의 제작등을 한 자

⑧ 매매용 건설기계를 운행하거나 사용한 자

⑨ 폐기요청을 받은 건설기계를 폐기하지 아니하거나 등록번호표를 폐기하지 아니한 자

⑩ 건설기계 조종사 면허를 받지 아니하고 건설기계를 조종한 자

⑪ 건설기계 조종사 면허를 거짓이나 그 밖의 부정한 방법으로 받은 자

⑫ 소형 건설기계의 조종에 관한 교육과정의 이수에 관한 증빙서류를 거짓으로 발급한 자

⑬ 술에 취하거나 마약 등 약물을 투여한 상태에서 건설기계를 조종한 자와 그러한 자가 건설기계를 조종하는 것을 알고도 말리지 아니하거나 건설기계를 조종하도록 지시한 고용주

⑭ 건설기계 조종사 면허가 취소되거나 건설기계 조종사 면허의 효력정지처분을 받은 후에도 건설기계를 계속하여 조종한 자

⑮ 건설기계를 도로나 타인의 토지에 버려둔 자

3. 300만원 이하의 과태료

① 등록번호표를 부착하지 아니하거나 봉인하지 아니한 건설기계를 운행한 자

② 정기검사를 받지 아니한 자

③ 건설기계임대차 등에 관한 계약서를 작성하지 아니한 자

④ 정기적성검사 또는 수시적성검사를 받지 아니한 자

⑤ 시설 또는 업무에 관한 보고를 하지 아니하거나 거짓으로 보고한 자

⑥ 소속 공무원의 검사·질문을 거부·방해·기피한 자 및 직원의 출입을 거부하거나 방해한 자

4. 100만원 이하의 과태료

① 수출의 이행 여부를 신고하지 아니하거나 폐기 또는 등록을 하지 아니한 자

② 등록번호표를 부착·봉인하지 아니하거나 등록번호를 새기지 아니한 자

③ 등록번호표를 가리거나 훼손하여 알아보기 곤란하게 한 자 또는 그러한 건설기계를 운행한 자

④ 새김명령을 위반한 자

⑤ 건설기계안전기준에 적합하지 아니한 건설기계를 사용하거나 운행한 자 또는 사용하게 하거나 운행하게 한 자

⑥ 조사 또는 자료제출 요구를 거부·방해·기피한 자

⑦ 검사유효기간이 끝난 날부터 31일이 지난 건설기계를 사용하게 하거나 운행하게 한 자 또는 사용하거나 운행한 자

⑧ 특별한 사정 없이 건설기계임대차 등에 관한 계약과 관련된 자료를 제출하지 아니한 자

⑨ 건설기계사업자의 의무를 위반한 자

⑩ 안전교육등을 받지 아니하고 건설기계를 조종한 자

5. 50만원 이하의 과태료

① 임시번호표를 붙이지 아니하고 운행한 자

② 등록사항 변경신고를 하지 아니하거나 거짓으로 신고한 자

③ 등록의 말소를 신청하지 아니한 자

④ 등록번호표 제작자가 지정받은 사항의 변경신고를 하지 아니하거나 거짓으로 변경신고 한 자

⑤ 등록번호표를 반납하지 아니한 자

⑥ 정기검사를 받지 아니한 자

⑦ 건설기계를 정비한 자

⑧ 건설기계사업자 신고를 하지 아니한 자

⑨ 건설기계 양도, 양수 신고를 하지 아니하거나 거짓으로 신고한 자

⑩ 등록말소사유 변경신고를 하지 아니하거나 거짓으로 신고한 자

⑪ 주택가 주변에 건설기계를 세워둔 자

02 도로교통법

1 용어의 정의

① 도로 : 도로, 유료 도로, 농어촌도로
② 자동차 전용도로 : 자동차만이 다닐 수 있도록 설치된 도로를 말한다.
③ 중앙선 : 차마의 통행을 방향별로 명확하게 구분하기 위하여 도로에 황색 실선이나 황색 점선 등의 안전표지로 표시한 선 또는 중앙 분리대·울타리 등으로 설치한 시설물
④ 안전지대 : 도로를 횡단하는 보행자나 통행하는 차마의 안전을 위하여 안전표지로 표시한 도로의 부분
⑤ 안전표지 : 교통안전에 필요한 **주의·규제·지시** 등을 표시하는 표지판이나 도로의 바닥에 표시하는 기호나 문자 또는 선 등을 말한다.
⑥ 차마 : 차와 우마를 말한다.
⑦ 주차 : 운전자가 승객을 기다리거나 화물을 싣거나 고장나거나 그 밖의 사유로 인하여 계속하여 정지하거나 또는 그 차의 운전자가 그 차로부터 떠나서 즉시 운전할 수 없는 상태에 두는 것을 말한다.
⑧ 정차 : 운전자가 **5분**을 초과하지 아니하고 정지하는 것, 주차 외의 정지상태를 말한다.
⑨ 서행 : 운전자가 즉시 정지할 수 있는 느린 속도로 진행하는 것을 말한다.

2 신호기

(1) 안전표지

① 주의표지 : 도로상태가 위험하거나 도로 또는 그 부근에 위험물이 있는 경우에 필요한 안전조치를 할 수 있도록 이를 도로사용자에게 알리는 표지
② 규제표지 : 도로교통의 안전을 위하여 각종 제한·금지 등의 규제를 하는 경우에 이를 도로사용자에게 알리는 표지
③ 지시표지 : 도로의 통행방법, 통행구분 등 도로교통의 안전을 위하여 필요한 지시를 하는 경우에 도로사용자가 이에 따르도록 알리는 표지

④ 보조표지 : 주의표지, 규제표지 또는 지시표지의 주기능을 보충하여 도로사용자에게 알리는 표지

⑤ 노면표지 : 도로교통의 안전을 위하여 각종 주의·규제·지시 등의 내용을 노면에 기호·문자 또는 선으로 도로사용자에게 알리는 표지

(2) 신호 또는 지시에 따를 의무

① 보행자나 차마는 신호기 또는 안전표지가 표시하는 신호 또는 지시와 다음에 해당하는 사람이 하는 신호 또는 지시를 따라야 한다.

ㄱ 교통정리를 하는 경찰공무원

ㄴ 자치경찰공무원 그 밖의 경찰공무원을 보조하는 사람 및 자치경찰공무원

② 운전자와 보행자는 신호기 또는 안전표지가 표시하는 신호 또는 지시를 따라야 한다.

③ **신호 또는 지시가 다른 때에는 경찰공무원 등의 신호 또는 지시에 따라야 한다.**

3 보행자 통행방법

(1) 보행자

① 언제나 보도로 통행하여야 한다.

② 보도와 차도가 구분되지 아니한 도로통행방법

ㄱ 중앙선이 있는 도로 : 길가장자리 또는 길가장자리구역

ㄴ 중앙선이 없는 도로 : 도로 전 부분

(2) 도로의 횡단

① 시·도경찰청장은 도로를 횡단하는 보행자의 안전을 위하여 횡단보도를 설치할 수 있다.

② 보행자는 지하도·육교 또는 횡단보도가 설치되어 있는 도로에서는 그 곳으로 횡단하여야 한다.

③ 횡단보도가 설치되어 있지 아니한 도로에서는 가장 짧은 거리로 횡단하여야 한다.

④ 모든 차의 바로 앞이나 뒤로 횡단하여서는 안 된다.

⑤ 횡단이 금지되어 있는 도로의 부분에서는 그 도로를 횡단하여서는 안 된다.

(1) 통행구분

① 차마의 운전자는 보도와 차도가 구분된 도로에서는 차도로 통행하여야 한다.

② 차마의 운전자는 보도를 횡단하기 직전에 일단 정지하여 보행자의 통행을 방해하지 않도록 한다.

③ 차마의 운전자는 도로의 중앙으로부터 우측 부분을 통행하여야 한다.

④ 차마의 운전자가 도로의 중앙이나 좌측 부분을 통행할 수 있는 경우

  ㉠ 도로가 일방통행으로 된 때

  ㉡ 도로의 파손, 도로 공사 그 밖의 장애 등으로 그 도로의 우측 부분을 통행할 수 없을 때

  ㉢ 도로의 우측 부분의 폭이 6m가 되지 아니하는 도로에서 다른 차를 앞지르고자 할 때

  ㉣ 도로의 우측 부분의 폭이 그 차마의 통행에 충분하지 않을 때

  ㉤ 가파른 비탈길의 구부러진 곳에서 교통의 위험을 방지하기 위하여 시·도경찰청장이 필요하다고 인정하여 구간 및 통행방법을 지정하고 있는 경우에 그 지정에 따라 통행한 때

⑤ 차마의 운전자는 안전지대 등 안전표지에 의하여 진입이 금지된 장소로 들어가서는 안 된다.

⑥ 자전거 도로가 따로 있는 곳에서는 자전거는 그 도로를 통행하여야 한다.

(2) 차로에 따른 통행구분

① 차로의 순위는 도로 중앙으로부터 1차로로 한다.

② 아래에 열거한 이외의 모든 차는 도로의 우측 가장자리 차선으로 통행하여야 한다.

③ 통행구분은 차량이 법으로 정한 최고 속도로 운행할 때에 한한다.

④ 차선에 따른 교통류보다 현저히 낮은 속도로 진행할 때에는 우측 차선으로 운행할 수 있다.

(3) 안전거리 확보

① 앞차가 갑자기 정지하게 되는 경우에 그 앞차와의 충돌을 피할 만한 필요한 거리를 확보하여야 한다.

② 진로를 변경하고자하는 때는 다른 차의 진로를 방해하지 않아야 한다.

③ 모든 차는 위험방지 및 부득이한 경우가 아니면 급제동을 하여서는 안 된다.

(4) 앞지르기 금지시기

① 앞차의 좌측에 다른 차가 앞차와 나란히 가고 있는 때에는 그 앞차를 앞지르지 못한다.
② 앞차가 다른 차를 앞지르고 있거나 앞지르고자 하는 때에는 그 앞차를 앞지르지 못한다.
③ 모든 차의 운전자는 경찰공무원의 지시를 따르거나 위험을 방지하기 위하여 정지 또는 서행하고 있는 다른 차를 앞지르지 못한다.

(5) 앞지르기 금지장소

① 교차로, 터널 안 또는 다리 위
② 도로의 구부러진 곳
③ 비탈길의 고갯마루 부근 또는 가파른 비탈길의 내리막
④ 시·도경찰청장이 도로에서의 위험을 방지하고 교통의 안전과 원활한 소통을 확보하기 위하여 필요하다고 인정하여 안전표지에 의하여 지정한 곳

(6) 철길 건널목 통과

① 모든 차는 건널목 앞에서 **일시 정지**를 하여 안전함을 확인한 후에 통과하여야 한다.
② **신호기 등이 표시**하는 신호에 따르는 때에는 정지하지 않고 통과할 수 있다.
③ 건널목의 차단기가 내려져 있거나 내려지려고 하는 때 또는 건널목의 경보기가 울리고 있는 동안에는 그 건널목으로 들어가서는 안 된다.
④ 고장 그 밖의 사유로 인하여 건널목 안에서 차를 운행할 수 없게 된 때의 조치
　㉠ 즉시 승객을 대피시키고 비상 신호기 등을 사용하여 알린다.
　㉡ 철도 공무원 또는 경찰공무원에게 알린다.
　㉢ 차량을 건널목 외의 곳으로 이동시키기 위한 필요한 조치를 하여야 한다.

(7) 교차로 통행방법

① 교차로에서 우회전하려는 때에는 미리 도로의 우측 가장자리를 서행하여야 한다.
② 좌회전하려는 때에는 미리 도로의 중앙선을 따라 교차로의 중심 안쪽을 서행하여야 한다. 다만, 시·도경찰청장이 교차로의 상황에 따라 특히 필요하다고 인정하여 지정한 곳에서는 교차로의 중심 바깥쪽을 통과할 수 있다.
③ 모든 차가 좌회전 또는 우회전하기 위하여 손이나 방향 지시기 또는 등화로써 신호를 한 그 뒤차는 신호를 한 앞차의 진행을 방해하여서는 안 된다.
④ 교통정리가 행하여지고 있지 아니하는 교차로에 들어가려는 모든 차는 다른 도로로부터 이미 그 교차로에 들어가고 있는 차가 있는 때에는 그 차의 진행을 방해하여서는 안 된다.

⑤ 우선순위가 같은 차가 동시에 교차로에 들어가려고 하는 때에는 우측 도로의 차에 진로를 양보하여야 한다.

(8) 교통정리가 없는 교차로에서의 양보운전

① 모든 차의 운전자는 교차로에서 좌회전하려는 경우에 그 교차로에 진입하여 직진하거나 우회전하려는 다른 차가 있는 경우에는 그 차의 진행을 방해하여서는 안 된다.

② 교차로에서 직진하려고 하거나 우회전하려는 차의 운전자는 이미 그 교차로에 진입하여 좌회전하고 있는 때에는 그 차의 진행을 방해하여서는 안 된다.

③ 교통정리가 행하여지고 있지 아니하는 교차로에 들어가려는 모든 차는 그 차가 통행하고 있는 도로의 폭보다 교차하는 도로의 폭이 넓은 경우에는 서행하여야 한다.

④ 폭이 넓은 도로로부터 그 교차로에 들어가려고 하는 다른 차가 있는 때에는 그 차에게 진로를 양보하여야 한다.

(9) 보행자의 보호

① 보행자가 횡단보도를 통행하고 있는 때에는 그 횡단보도 앞에서 일시 정지하여 보행자의 횡단을 방해하거나 위험을 주어서는 안 된다.

② 교통정리가 행하여지고 있는 교차로에서 좌회전 또는 우회전하려는 경우에 신호기 또는 경찰공무원 등의 신호나 지시에 따라 도로를 횡단하는 보행자의 통행을 방해하여서는 안 된다.

③ 교통정리가 행하여지고 있지 아니하는 교차로 또는 그 부근의 도로를 횡단하는 보행자의 통행을 방해하여서는 안 된다.

④ 도로에 설치된 안전지대에 보행자가 있을 때와 차로가 설치되지 아니한 좁은 도로에서 보행자의 옆을 지나는 때에는 안전거리를 두고 서행하여야 한다.

(10) 서행할 장소

① 교통정리가 행하여지고 있지 아니하는 교차로
② 도로가 구부러진 부근
③ 비탈길의 고갯마루 부근
④ 가파른 비탈길의 내리막
⑤ 시·도경찰청장이 도로에서의 위험을 방지하고 교통의 안전과 원활한 소통을 확보하기 위하여 필요하다고 인정하여 안전표지로 지정한 곳

(11) 일시 정지할 장소

① 교통정리가 행하여지고 있지 아니하고 좌우를 확인할 수 없거나 교통이 빈번한 교차로
② 시·도경찰청장이 도로에서의 위험을 방지하고 교통의 안전과 원활한 소통을 확보하기 위하여 필요하다고 인정하여 안전표지에 의하여 지정한 곳

(12) 정차 및 주차의 금지

① 교차로, 횡단보도, 건널목이나 차도와 보도가 구분된 도로의 보도
② **교차로의 가장자리 또는 도로의 모퉁이로부터 5m 이내의 곳**
③ 안전지대가 설치된 도로에서는 그 안전지대의 사방으로부터 각각 10m 이내의 곳
④ 버스여객자동차의 정류지임을 표시하는 기둥이나 표지판 또는 선이 설치된 곳으로부터 10m 이내의 곳
⑤ 건널목의 가장자리 또는 횡단보도로부터 10m 이내의 곳
⑥ 소방용수시설 또는 비상소화장치가 설치된 곳 및 대통령령으로 정한 소방시설이 설치된 곳으로부터 5미터 이내인 곳
⑦ 시·도경찰청장이 도로에서의 위험을 방지하고 교통의 안전과 원활한 소통을 확보하기 위하여 필요하다고 인정하여 지정한 곳

(13) 주차금지 장소

① 터널 안 및 다리 위
② 도로 공사를 하고 있는 경우에는 그 공사 구역의 양쪽 가장자리로부터 5m 이내의 곳
③ 시·도경찰청장이 도로에서 위험을 방지하고 교통의 안전과 원활한 소통을 확보하기 위하여 필요하다고 인정하여 지정한 곳

5 운전자 준수사항

(1) 운전자의 준수사항

① 물이 고인 곳을 운행하는 때에는 고인 물을 튀게 하여 다른 사람에게 피해를 주는 일이 없도록 하여야 한다.
② 어린이가 보호자 없이 걷고 있거나 앞을 보지 못하는 사람이 흰색 지팡이를 가지고 걷고 있는 때에는 일시 정지하거나 서행하여야 한다.

③ 보행자가 횡단보도를 통행하고 있는 때에는 일시 정지하거나 서행하여 그 통행을 방해하지 아니하도록 하여야 한다.

④ 보행자가 도로에 설치된 안전지대에 있는 때에는 서행하여야 한다.

⑤ 승객 또는 적재한 화물이 떨어지는 것을 막기 위하여 타고 내리는 문을 정확히 닫고 화물의 적재를 확실히 하는 등의 필요한 조치를 하여야 한다.

⑥ 운전자가 운전석으로부터 떠나는 때에는 원동기의 발동을 끄고 제동장치를 철저하게 하는 등 그 차의 정지상태를 안전하게 유지하고 다른 사람이 함부로 운전하지 못하도록 필요한 조치를 하여야 한다.

⑦ 운전자는 안전을 확인하지 아니하고 차의 문을 열거나 내려서는 아니 되며, 승차 자가 교통의 위험을 일으키지 아니하도록 필요한 조치를 하여야 한다.

⑧ 시 · 도경찰청장이 교통안전과 교통질서 유지상 필요하다고 인정하여 정한 사항에 따라야 한다.

◖ 도로통행방법 ◗

* 차로에 따른 통행차의 기준

도로		차로 구분	통행할 수 있는 차종
고속도로 외의 도로		왼쪽 차로	승용 자동차 및 경형 · 소형 · 중형 승합자동차
		오른쪽 차로	대형 승합자동차, 화물자동차, 특수자동차, 건설기계, 이륜자동차, 원동기장치자전거
고속 도로	편도 2차로	1차로	앞지르기를 하려는 모든 자동차
		2차로	모든 자동차
	편도 3차로 이상	1차로	앞지르기를 하려는 승용자동차 및 앞지르기를 하려는 경형 · 소형 · 중형 승합자동차
		왼쪽 차로	승용 자동차 및 경형 · 소형 · 중형 승합자동차
		오른쪽 차로	대형 승합자동차, 화물자동차, 특수자동차, 건설기계

CHAPTER 03 도시가스·전기공사 작업안전

건설기계 운전기능사 필기

1 용어의 정의

① "배관"이라 함은 본관·공급관 및 내관을 말한다.
② **"본관"**이라 함은 도시가스제조사업소(액화천연가스의 인수기지를 포함한다)의 부지경계에서 정압기까지 이르는 배관을 말한다.
③ **"공급관"**이라 함은 공동주택, 오피스텔, 콘도미니엄 그밖에 안전관리를 위하여 지식경제부장관이 필요하다고 인정하여 정하는 건축물(이하 "공동 주택등"이라 한다)에 가스를 공급하는 경우에는 정압기에서 가스 사용자가 구분하여 소유하거나 점유하는 건축물의 외벽에 설치하는 계량기의 전단밸브(계량기가 건축물의 내부에 설치된 경우에는 건축물의 외벽)까지에 이르는 배관
④ "사용자 공급관"이라 함은 공급관 중 가스사용자가 소유하거나 점유하고 있는 토지의 경계에서 가스사용자가 구분하여 소유하거나 점유하는 건축물의 외벽에 설치된 계량기의 전단밸브(계량기가 건축물의 내부에 설치된 경우에는 그 건축물의 외벽)까지 이르는 배관을 말한다.
⑤ "내관"이라 함은 가스사용자가 소유하거나 점유하고 있는 토지의 경계(공동 주택 등으로서 가스사용자가 구분하여 소유하거나 점유하는 건축물의 외벽에 계량기가 설치된 경우에는 그 계량기의 전단밸브, 계량기가 건축물의 내부에 설치된 경우에는 건축물의 외벽)에서 연소기까지에 이르는 배관을 말한다.
⑥ "고압"이라 함은 $1MPa(10kgf/cm^2)$ **이상**의 압력(게이지압력)을 말한다. 다만, 액체상태의 액화가스의 경우에는 이를 고압으로 본다(배관, 보호포 → 백색).
⑦ "중압"이라 함은 $0.1MPa$ **이상** $1MPa$ **미만**($1\sim10kgf/cm^2$ 미만)의 압력을 말한다. 다만, 액화가스가 기화되고 다른 물질과 혼합되지 아니한 경우에는 $0.1\sim1kgf/cm^2$ 미만의 압력을 말한다(배관, 보호포 → 적색).
⑧ "저압"이라 함은 $0.01MPa$ **이상** $0.1MPa$ **미만**($0.1\sim1kgf/cm^2$ 미만)의 압력을 말한다. 다만, 액화가스가 기화되고 다른 물질과 혼합되지 아니한 경우에는 $0.01MPa$ 미만의 압력을 말한다(배관, 보호포 → 황색).

(1) 지하매설

① 배관은 그 외면으로부터 수평거리로 건축물까지 1.5m 이상을 유지할 것
② 배관은 그 외면으로부터 지하의 다른 시설물과 0.3m 이상의 거리를 유지할 것

③ 지표면으로부터 배관의 외면까지의 매설깊이는 산이나 들에서는 1m 이상, 이 밖의 지역에서는 1.2m 이상으로 할 것

④ 성토하였거나 절토한 경사면 부근에 배관을 매설하는 경우에는 흙이나 돌 등이 흘러내려서 안전확보에 지장이 오지 아니하도록 매설할 것

⑤ 굴착 및 되메우기는 안전확보를 위하여 적절한 방법으로 실시할 것

(2) 도로매설

① 배관의 그 외면으로부터 도로의 경계까지 1m 이상의 수평거리를 유지할 것

② 배관은 그 외면으로부터 도로 밑의 다른 시설물과 0.3m 이상의 거리를 유지할 것

③ 시가지의 도로 밑에 매설하는 경우에는 노면으로부터 배관의 외면까지의 깊이를 1.5m 이상으로 할 것. 다만, 방호 구조물 안에 설치하는 경우에는 노면으로부터 그 방호 구조물의 외면까지의 깊이를 1.2m 이상으로 할 수 있다.

④ 포장이 되어 있는 차도에 매설하는 경우에는 그 포장부분의 노반(차단층이 있는 경우에는 그 차단층)의 밑에 매설하고 배관의 외면과 노반의 최하부와의 거리는 0.5m 이상으로 할 것

⑤ 인도·보도 등 노면 외의 도로 밑에 매설하는 경우에는 지표면으로부터 배관의 외면까지의 깊이는 1.2m 이상으로 할 것. 다만, 방호 구조물 안에 설치하는 경우에는 그 방호 구조물의 외면까지의 깊이를 0.6m 이상으로 할 것

(3) 가스배관 손상방지를 위한 작업기준

① 보호포

배관을 지하에 매설할 경우 보호포 설치

㉠ 보호포 색상
- 저압 : 황색
- 중압 이상 : 적색

㉡ 설치위치
- 저압

매설깊이 1m 이상 : 정상부로부터 0.6m 이상 떨어진 곳

매설깊이 1m 미만 : 정상부로부터 0.4m 이상 떨어진 곳
- 중압 이상 : 보호판 정상부로부터 0.3m 이상 떨어진 곳
- 공동주택 : 배관 정상부로부터 0.4m 떨어진 곳

② 보호판

중압 이상의 배관 매설 시 두께 4mm 철판으로 배관 정상부 위 0.3m 이상 높이에 보호판 설치

③ 라인마크

　㉠ 도로 및 공동주택 부지에 도시가스배관을 매설할 경우 도로표면에 라인마크 설치

　㉡ 배관 길이 50m마다 1개 이상 설치

　㉢ 종류

　　• 직선방향

　　• 삼 방향

　　• 135° 방향

　　• 양 방향

　　• 일 방향

　　• 관말지점

④ 가스배관

　즉시 작업을 임의보수하지 않는다.

⑤ 파일(기둥) 박기(항타) 및 빼기(항발) 작업

　㉠ 공사 착공 전에 **도시가스사업자**와의 현장협의를 통하여 공사 장소, 공기 및 안전조치에 관하여 상호 확인할 것

　㉡ 가스배관과의 수평거리 **2m 이내**에서 **파일박기**를 하고자 할 때는 도시가스사업자의 입회하에 **시험 굴착**을 통하여 가스배관의 위치를 정확히 확인할 것

　㉢ 가스배관의 위치를 확인한 경우에는 가스배관의 위치를 알리는 표지판을 설치할 것

　㉣ 가스배관과의 수평거리 **30cm 이내**에서는 파일박기를 하지 말 것

　㉤ **항타기**는 가스배관과의 수평거리가 **2m 이상** 되는 곳에 설치할 것. 다만, 부득이하여 수평거리 2m 이내에 설치할 때에는 하중진동을 완화할 수 있는 조치를 할 것

　㉥ 파일을 뺀 자리는 충분히 메울 것

　㉦ 가스배관 주위를 굴착하고자 할 때에는 가스 배관의 좌우 **1m 이내**의 부분은 **인력(人力)**으로 굴착할 것

5
건설기계관리법

* 줄파기 공사방법

① 공사구간 내의 지장물은 관련대장 및 도면으로 위치를 확인하고, 공사현장에 지장물 위치를 종류 별로 표시하여야 한다.

② 가스배관이 있을 것으로 예상되는 지점으로부터 2m 이내에서 줄파기를 할 때에는 안전관리 전담자의 입회하에 시행하여야 한다.

③ 줄파기 1일 시공량 결정은 시공속도가 가장 느린 천공작업에 맞추어 결정하여야 한다.

④ 줄파기 심도는 최소한 1.5m 이상으로 하며 지장물의 유무가 확인되지 않는 곳은 안전관리전담자와 협의 후 공사의 진척여부를 결정하여야 한다.

⑤ 줄파기는 두 줄 또는 세 줄을 동시에 시행하지 않아야 하며 시공 작업, 항타 작업 및 가포장이 완료 된 후에 다른 줄을 시행하여야 한다.

⑥ 줄파기 공사 후 가스배관으로부터 1m 이내에 파일을 설치할 경우에는 유도관(guide pipe)를 먼저 설치한 후 되메우기를 실시하여야 한다.

2 전기 시설물 작업

(1) 전기공사 작업안전

① 차도에서 전력 케이블은 지표면 아래 **약 1.2~1.5m**의 깊이에 매설되어 있다.

② 건설기계로 작업 중 고압전선에 근접 접촉으로 인한 사고 유형에는 **감전, 화재, 화상** 등이 있다.

③ 전력케이블에 사용되는 관로(파이프)에는 **흄관, 강관, 파형PE관** 등이 있다.

④ 한국전력 맨홀 부근에서 굴착작업을 하다가 맨홀과 연결된 동선(銅線)을 절단하였을 때는 절단 채로 그냥 둔 뒤 **한국전력공사**에 연락한다(대표번호 : 123번).

⑤ 콘크리트 전주 주변에서 굴착작업을 할 때에 전주 및 지선 주위를 굴착하면 전주가 쓰러지기 쉬우므로 굴착해서는 안 된다.

(2) 감전 시 위험을 결정하는 요소

① 인체에 흐르는 전류의 크기

② 인체에 전류가 흐른 시간

③ 전류가 인체를 통과한 경로

(3) 안전 이격거리

구분	전압	이격거리	비고
저압	100V, 200V	2m	고압전선으로부터 최소 3m 이상 떨어져 있어야 하며 50,000V 이상인 경우 매 1,000V당 10mm씩 떨어져야 한다.
	6,600V	2m	
특별 고압	22,000V	3m	
	66,000V	4m	
	154,000V	5m	
	275,000V	7m	
	500,000V	11m	

① 전압이 높을수록 이격거리가 커진다.
② 1개 틀의 애자 수가 많을수록 이격거리가 커진다.
③ 전선이 굵을수록 이격거리가 커진다.

POINT 애자 수

- 2~3개 : 22.9KV
  - 전주에 주상변압기 설치(시가지 : 4.5m 이상, 시가지 외 : 4m 이상)
  - 도로 밑 : 1.2m 이상(지중 전선로 차도부분의 매설깊이)
- 4~5개 : 66KV
- 9~11개 : 154KV
- 20개 : 345KV

(4) 전선로 주변에서 작업 시 주의사항

① 굴착작업을 할 때에는 붐이 전선에 근접하지 않도록 주의하여야 한다.
② 전선은 바람에 의해 흔들리게 되므로 이를 고려하여 이격거리를 증가시켜 작업해야 한다.
③ 전선이 바람에 흔들리는 정도는 바람이 강할수록 심하다.
④ 전선은 철탑 또는 전주에서 멀어질수록 많이 흔들린다.
⑤ 디퍼(버킷)는 고압선으로부터 10m 이상 떨어져서 작업한다.
⑥ 붐 및 디퍼는 최대로 펼쳤을 때 전력선과 10m 이상 이격된 거리에서 작업한다.
⑦ 작업감시자를 배치 후 전력선 인근에서는 작업 감시자의 지시에 따른다.

3 기계·기기 작업

(1) 공기 해머 및 리벳 작업 시 주의사항

① 알맞은 작업복과 안전**보호 장구**(안전모, 안전화, 보호안경, 귀마개, 장갑 등)를 착용한다.
② 호스를 급각도로 구부리든지 또는 상하가 쉽게 설치하거나 배치해서는 안 된다.
③ 해머의 활동부에 급유를 적절히 해야 한다.
④ 피스톤에 금이 가 있거나 변형 등의 손상여부를 확인해야 한다.
⑤ 각 부분 장치의 조임은 확실한 가 수시로 점검해야 한다.
⑥ 스냅이 튀어나와도 위험하지 않도록 통 앞을 주의해서 다루어야 한다.
⑦ 해머를 호스에서 빼고 작업복의 먼지를 제거한다든가 주변 소제를 하는 일이 없도록 한다.

(2) 프레스 및 전단기의 공통안전사항

① 기계 운전은 담당자 및 지정된 자 이외는 운전해서는 안 된다.
② 금형을 취부할 때는 하형부터 취부해야 한다.
③ 무거운 금형은 크레인을 사용하여 취부나 취급을 해야 한다.
④ 클러치의 작동상태를 확인하고 작업한다.
⑤ 안전장치를 절대로 제거해서는 안 되며, 안전장치의 고장 시에는 보고하여 조치를 받아야 한다.
⑥ 베드에 공구나 불필요한 물건을 두지 말아야 한다.
⑦ 금형의 교환은 정해져 있는 올바른 순서에 따라 행해야 한다.

(3) 선반작업 시 주의사항

① 회전부분에 손을 대지 말 것
② 쇳밥은 반드시 쇳 솔(줄 솔)로써 치우고 맨손으로 만지지 말 것, 칩은 절삭작업 중 가열되어 있을 뿐 아니라 날물과 같이 예리하게 되어있다.
③ 치수를 측정할 때는 먼저 기계의 회전을 멈추고 측정할 것
④ 시동 전에 심압대가 잘 죄어 있는가를 확인한다.

(4) 밀링작업 시 주의사항

① 보호안경을 꼭 쓸 것. 밀링작업을 할 때 생기는 칩은 가늘고 작아서 날기 쉬우므로 눈을 다치는 예가 많다.

② 밀링커터에 작업복의 소매나 작업모가 걸려 들어가지 않도록 주의할 것

③ 칩은 반드시 솔로 털어내야 하며 걸레를 사용하지 말 것

(5) 가스용접 작업 시 안전수칙

① 봄베 주둥이 쇠나 몸통에 녹이 슬지 않도록 오일이나 그리스를 바르면 폭발한다.

② 토치는 반드시 작업대 위에 놓고 기름이나 그리스가 묻지 않도록 한다.

③ 산소용기의 보관온도는 40℃ 이하로 해야 한다.

④ 반드시 소화기를 준비해두어야 한다.

⑤ 용접

    ☞ 불을 켤 때 : 아세틸렌 밸브 → 산소 밸브를 열어준다.

    ☞ 역류 · 역화 시 : 산소 밸브 → 아세틸렌 밸브를 잠가준다.

⑥ 운반할 때에는 운반용으로 된 전용 운반차량을 사용한다.

(6) 산소 – 아세틸렌을 사용할 때의 안전수칙

① 산소는 산소병에 35℃에서 150기압으로 압축 충전한다.

② 아세틸렌의 사용압력은 1기압이며, 1.5기압 이상이면 폭발할 위험성이 있다.

③ 산소통의 메인밸브가 얼었을 때 40℃ 이하의 물로 녹여야 한다.

④ 아세틸렌 호스(도관)는 적색, 산소 호스는 녹색으로 구분한다.

(7) 장갑사용의 금지

① 해머작업, 정밀가공작업, 엔진분해조립

② 정밀 측정 작업, 선반, 밀링, 드릴 등

> **POINT 장갑사용이 가능한 작업**
> - 무거운 물건을 들 때
> - 타이어 교환 작업
> - 전기 용접
> - 건설기계 조종
> - 건설현장에서 청소 작업을 할 때

(8) 공구사용 시 주의사항

① 렌치 사용 시 되도록 볼트나 너트를 완전히 감싸는 **복스 렌치**를 사용한다(오픈엔드 렌치는 파이프의 피팅 등을 풀거나 조일 때 사용).

② **스패너** 사용 시는 항상 조일 때나 풀 때 작업자의 **몸 쪽으로 당긴다.**

③ 조정렌치의 경우 고정 죠에 힘이 걸리도록 한다(멍키 스패너).

④ 공구 사용 시 공구의 목적 이외의 용도로는 사용하지 않는다.

⑤ 공구는 항상 정리정돈을 잘하여 둔다.

* 토크 렌치 : 균일한 힘으로 볼트나 너트를 조이기 위해 사용

4 화재 종류

① 화재의 종류

A급 : 일반가연물[목재, 종이류 연소 후 재를 남김, 연소 보통화재(일반화재)라 함]
☞ 산알칼리 소화기(O)

B급 : 유류화재 ☞ 방화사(O), 방화수(×), 탄산가스 소화기(O)

C급 : 전기화재 ☞ 이산화탄소(CO_2), 소화기(O), 포말소화기(×)

D급 : 금속화재 ☞ 건조사(O)

E급 : 가스화재

② 건설기계에 탑재 ☞ ABC 소화기

산업안전표지

금지표지							
출입금지	보행금지	차량통행금지	사용금지	탑승금지	금연	화기금지	물체이동금지

경고표지							
인화성물질 경고	산화성물질 경고	폭발성물질 경고	급성독성물질 경고	부식성물질 경고	발암성·변이원성·생식독성·전신독성·호흡기과민성 물질 경고	방사성물질 경고	고압전기 경고
매달린 물체 경고	낙하물 경고	고온 경고	저온 경고	몸균형 상실 경고	레이저광선 경고	위험장소 경고	

지시표지							
보안경 착용	방독마스크 착용	방진마스크 착용	보안면 착용	안전모 착용	귀마개 착용	안전화 착용	안전장갑 착용
안전복 착용							

안내표지							
녹십자표지	응급구호표지	들것	세안장치	비상용기구	비상구	좌측비상구	우측비상구

관계자 외 출입금지							
허가대상물질 작업장 **관계자외 출입금지** (허가물질 명칭) 제조/사용/보관 중 보호구/보호복 착용 흡연 및 음식물 섭취 금지	석면취급/해체 작업장 **관계자외 출입금지** 석면 취급/해체 중 보호구/보호복 착용 흡연 및 음식물 섭취 금지	금지대상물질의 취급 실험실 등 **관계자외 출입금지** 발암물질 취급 중 보호구/보호복 착용 흡연 및 음식물 섭취 금지					

출제예상문제

건설기계관리법

1 건설기계사업의 폐쇄명령을 받고도 건설기계사업을 계속 영위한 때에는 얼마가 경과되어야 건설기계사업의 신고를 할 수 있는가?

① 3개월
② 6개월
③ 1년
④ 2년

2 건설기계 조종사 면허의 결격사유가 아닌 것은?

① 18세 미만인 사람
② 알코올 중독자
③ 면허가 취소된 지 1년 6개월이 된 자
④ 심신 장애자

3 건설기계라 함은 무엇을 말하는가?

① 건설공사에 사용할 수 있는 기계로서 대통령령으로 정한다.
② 건설공사에 사용할 수 있는 기계로서 국토교통부령으로 정한다.
③ 건설공사에 사용할 수 있는 기계로서 행정안전부령으로 정한다.
④ 건설공사에 사용할 수 있는 기계로서 건설기계 관리법으로 정한다.

4 다음 중 건설기계 관리법의 목적으로 틀린 것은?

① 건설기계를 효율적으로 관리하기 위하여
② 건설공사의 기계화를 촉진하기 위하여
③ 건설기계의 안전도를 확보하기 위하여
④ 건설기계의 등록된 대수만을 파악하기 위하여

5 건설기계 관리법에서 정의한 건설기계 형식이라 함은?

① 구조 및 성능을 말한다.
② 형식 및 규격을 말한다.
③ 성능 및 용량을 말한다.
④ 구조, 규격 및 성능을 말한다.

6 건설기계의 등록신청에 대하여 옳은 것은?

① 대통령령에 따라 특별자치시장, 특별자치도지사, 시장·군수·구청장에게 등록을 하여야 한다.
② 대통령령에 따라 국토교통부 장관에게 등록을 하여야 한다.
③ 국토교통부령에 따라 관할 관청에 등록을 하여야 한다.
④ 대통령령에 따라 군수·구청장에게 등록을 하여야 한다.

7 정기점검 연기신청을 받은 시·도지사는 신청일로부터 며칠이내에 그 가·부를 통지하여야 하는가?

① 5일 이내　　② 7일 이내
③ 10일 이내　　④ 15일 이내

8 정기검사의 연기를 할 경우 그 유예기간은 몇 개월을 초과할 수 없는가?

① 1개월　　② 2개월
③ 3개월　　④ 6개월

9 정기검사는 유효기간 만료일 전·후 며칠까지 신청을 하여야 하는가?

① 전후 각각 10일까지
② 전후 각각 15일까지
③ 전후 각각 20일까지
④ 전후 각각 31일까지

10 검사대행자는 건설기계의 검사를 한 때에 검사 결과를 검사 후 며칠 이내에 시·도지사에게 보고하여야 하는가?

① 3일 이내
② 5일 이내
③ 7일 이내
④ 10일 이내

11 건설기계의 등록은 누구에게 신청하는가?

① 국토교통부 장관
② 행정안전부 장관
③ 등록지를 관할하는 경찰청장
④ 사용 본거지를 관할 시·도지사

12 건설기계의 등록을 신청할 때 당해 건설기계의 출처를 증명하는 서류에 해당되지 않는 것은?

① 건설기계 제작증
② 수입면장
③ 건설기계 등록원부 등본
④ 건설기계 검사증

13 건설기계의 등록신청은 건설기계를 취득한 날로부터 며칠 이내에 하여야 하는가?

① 30일 이내
② 40일 이내
③ 50일 이내
④ 60일 이내

14 전시, 사변 기타 이에 준하는 국가 비상사태 하에서 건설기계의 등록은 며칠 이내에 하여야 하는가?

① 5일 이내
② 10일 이내
③ 15일 이내
④ 30일 이내

15 건설기계를 등록하기 전에 임시 운행할 때 누구에게 임시운행허가를 받아야 하는가?

① 시장·군수·구청장
② 국토교통부 장관
③ 경찰청장
④ 행정안전부 장관

5
건설기계관리법

16 시·도지사는 건설기계의 등록신청을 받은 때에는 신청내용과 신규등록 검사의 결과를 확인하고 등록원부와 등록증에 기재한 후 등록증을 누구에게 교부하는가?

① 건설기계 등록신청자
② 건설기계 소유자
③ 건설기계 관리자
④ 건설기계 관리를 위탁받은 자

17 건설기계 등록번호표에 표시해야 할 사항이 아닌 것은?

① 건설기계의 성능
② 등록번호
③ 기종번호 및 용도
④ 등록관청

18 건설기계 등록의 경정은 누가 하는가?

① 건설기계 소유자 또는 이해관계인
② 등록 명의인
③ 건설기계 행정공무원
④ 시·도지사

19 영업용 건설기계 등록번호표의 표시방법으로 옳은 것은?

① 백색판에 흑색 문자
② 녹색판에 백색 문자
③ 주황색판에 백색 문자
④ 청색판에 백색 문자

20 자가용 건설기계 등록번호표의 표시방법으로 옳은 것은?

① 녹색판에 백색 문자

② 청색판에 백색 문자
③ 백색판에 흑색 문자
④ 주황색판에 백색 문자

21 관용 건설기계 등록번호표의 표시방법으로 옳은 것은?

① 녹색판에 백색 문자
② 주황색판에 백색 문자
③ 백색판에 흑색 문자
④ 청색판에 백색 문자

22 관용 건설기계의 등록번호에 해당하는 것은?

① 1001~4999 ② 5001~8999
③ 9001~9999 ④ 1001~1100

23 자가용 건설기계의 등록번호에 해당하는 것은?

① 1001~4999 ② 5001~8999
③ 9001~9999 ④ 1001~1100

24 영업용 건설기계의 등록번호에 해당하는 것은?

① 1001~4999 ② 5001~8999
③ 9001~9999 ④ 1001~1100

25 항타·항발기를 조종할 수 있는 건설기계 조종사 면허는?

① 굴착기
② 천공기
③ 쇄석기
④ 공기압축기

26 건설기계 조종사 면허는 누가 발급하는가?

① 시·군·구청장
② 국토교통부 장관
③ 한국 산업인력관리 공단 이사장
④ 고용노동부 장관

27 건설기계 면허에 표시되는 사항으로 틀린 것은?

① 시·도의 일련번호
② 시·도의 명칭
③ 면허증의 교부 연도
④ 재교부 횟수

28 건설기계 조종사 면허증 발급 신청서에 첨부하는 서류가 아닌 것은?

① 국가기술 자격 수첩
② 주민등록 등본
③ 신체검사서
④ 소형 건설기계 조종 교육 이수증

29 롤러 면허로 조종할 수 없는 건설기계는?

① 아스팔트 믹싱 플랜트
② 콘크리트 피니셔
③ 콘크리트 살포기
④ 골재 살포기

30 건설기계 조종사의 적성검사 기준에서 시력의 기준으로 알맞은 것은?

① 좌·우 시력이 0.2 이상, 두 눈을 뜰 때 0.6 이상일 것

② 좌·우 시력이 0.3 이상, 두 눈을 뜰 때 0.7 이상일 것
③ 좌·우 시력이 0.4 이상, 두 눈을 뜰 때 0.8 이상일 것
④ 좌·우 시력이 0.5 이상, 두 눈을 뜰 때 0.9 이상일 것

31 건설기계 조종사의 적성검사 기준에서 시각은 몇 °(도) 이상이어야 하는가?

① 130° 이상일 것
② 140° 이상일 것
③ 150° 이상일 것
④ 160° 이상일 것

32 건설기계 등록사항 중 변경이 있을 때에는 대통령령이 정하는 바에 따라 소유자 또는 점유자는 누구에게 신고를 하여야 하는가?

① 국토교통부 장관
② 시·도지사
③ 고용노동부 장관
④ 구청장

33 건설기계 소유자는 건설기계의 등록사항에 변경이 있을 때 며칠 이내에 신고서를 제출하여야 하는가?

① 10일 이내
② 15일 이내
③ 20일 이내
④ 30일 이내

34 건설기계의 등록사항 변경신고서에 첨부할 서류가 아닌 것은?

① 건설기계 등록 원부
② 변경 내용을 증명하는 서류
③ 건설기계 등록증
④ 건설기계 검사증

35 건설기계의 소유자는 등록한 소재지가 변경되었을 때 신고서를 누구에게 제출하여야 하는가?

① 새로운 등록지를 관할 시·도지사
② 구 등록지를 관할 시·도지사
③ 구 관할 경찰서장
④ 신 관할 경찰서장

36 임시운행 허가증 및 임시운행 허가번호표는 임시운행 기간이 만료된 날로부터 며칠 이내에 반납하여야 하는가?

① 5일 이내
② 10일 이내
③ 15일 이내
④ 30일 이내

37 임시운행 허가증 및 임시운행 허가번호표는 누구에게 반납하여야 하는가?

① 시장·군수·구청장
② 국토교통부 장관
③ 행정안전부 장관
④ 경찰청장

38 등록번호표 봉인자는 등록번호표 봉인 등의 신청을 받은 날로부터 며칠 이내에 시행하여야 하는가?

① 3일
② 5일
③ 7일
④ 10일

39 건설기계의 등록사항 중 대통령령이 정하는 사항의 변경이 있는 때에는 며칠이내에 번호표를 시·도지사에게 반납하여야 하는가?

① 10일
② 15일
③ 20일
④ 30일

40 건설기계 등록번호표의 봉인을 떼어 낸 후 등록번호를 국토교통부령이 정하는 바에 따라 10일 이내에 시·도지사에게 반납하여야 하는 사항이 아닌 것은?

① 건설기계의 등록이 말소되었을 때
② 속도제한을 위반하여 건설기계의사용정지 명령을 받은 때
③ 건설기계를 도난당한 때
④ 운행제한을 위반하여 건설기계의 사용정지 명령을 받은 때

41 속도제한을 위반하여 건설기계의 사용정지 명령을 받은 때에는 며칠 이내에 번호표를 시·도지사에게 반납하여야 하는가?

① 10일
② 15일
③ 20일
④ 30일

42 건설기계 매매업자가 고지의무를 하지 않아 폐쇄 명령을 받았을 때에는 얼마가 경과되어야 건설기계 사업의 신고를 할 수 있는가?

① 3개월
② 6개월
③ 9개월
④ 1년

43 건설기계 조종사 면허의 결격사유가 아닌 것은?

① 향정신성 의약품 중독자 또는 알코올 중독자
② 정신질환자 또는 뇌전증환자
③ 건설기계 조종사 면허의 효력 정지 처분을 받고 있는 자
④ 부정한 방법으로 건설기계 면허를 받아 취소되어 2년이 경과한 자

44 건설기계 조종사의 적성검사 기준에서 청력의 기준으로 맞는 것은?

① 10m 거리에서 55데시벨
② 10m 거리에서 80데시벨
③ 10m 거리에서 70데시벨
④ 10m 거리에서 60데시벨

45 건설기계의 검사는 행정법상 다음의 어느 행위에 해당 하는가?

① 공증행위   ② 확인행위
③ 면허행위   ④ 허가행위

46 건설기계 검사를 대행하고자 하는 자는 누구의 무엇을 받아야 하는가?

① 국토교통부 장관의 허가
② 국토교통부 장관의 지정
③ 시 · 도지사의 허가
④ 시 · 도지사의 지정

47 검사대행자가 부정한 방법으로 건설기계를 검사한 때에는 얼마의 기간을 정하여 사업의 정지를 명하는가?

① 3월   ② 6월
③ 1년   ④ 2년

48 시 · 도지사 또는 검사대행자는 건설기계의 검사를 실시하고자 할 때는 검사신청일로부터 며칠 이내에 검사신청자에게 검사일시 및 장소를 통지하여야 하는가?

① 5일   ② 7일
③ 10일   ④ 15일

49 정기검사 연기신청을 받은 시 · 도지사 또는 검사대행자는 신청일로부터 며칠 이내에 그 가 · 부를 소유자에게 통지하여야 하는가?

① 5일   ② 7일
③ 10일   ④ 15일

50 다음 중 건설기계 사업자의 신고의무 사항이 아닌 것은?

① 상호 또는 대표자 성명
② 연명 신고자의 변경
③ 건설기계 조종사의 변경
④ 사무실, 주기장 및 정비장의 규모 변경

51 건설기계 조종사의 적성검사 기준에서 면허를 발급 받을 수 없는 자로 틀린 것은?

① 한 쪽팔 이상 또는 한쪽다리 이상을 쓸 수 없는 자
② 한쪽다리 또는 두 다리의 발목 이상의 관절을 앓은 자
③ 한쪽 손 이상의 엄지를 잃은 자
④ 엄지를 제외한 손가락의 모든 마디를 2개 이상 잃은 자

5

건설기계관리법

52 건설기계의 조정 중 고의 또는 과실로 중대한 사고를 일으킨 때 면허의 취소 사유가 아닌 것은?

① 과실로 3명 이상을 사망하게 한 때
② 과실로 7명 이상에게 중상을 입힌 때
③ 과실로 19명 이상에게 경상을 입힌 때
④ 중상 2명 또는 경상 4명 이상 6명 이하의 사고

53 적성검사를 받지 아니하여 건설기계 조종사의 면허가 취소된 자는 취소된 날로부터 몇 년이 경과되어야 다시 면허시험에 응시할 수 있는가?

① 1년 　　　　② 2년
③ 3년 　　　　④ 4년

54 등록이 말소된 건설기계를 조종하거나 미등록 건설기계를 조종한 때 면허효력 정지기간으로 맞는 것은?

① 20일 　　　　② 30일
③ 40일 　　　　④ 60일

55 신개발 건설기계의 임시운행기간으로 맞는 것은?

① 6월 이내 　　　　② 1년 이내
③ 3년 이내 　　　　④ 2월 이내

56 임시운행의 허가신청을 받은 시장·군수 또는 구청장은 국토교통부령이 정하는 임시운행의 허가사유에 해당할 때 신청인에게 무엇을 교부하여야 하는가?

① 임시운행 허가증
② 임시운행 허가 번호표
③ 임시운행 허가증 및 번호표
④ 건설기계 등록증

57 건설기계의 등록을 위한 임시운행 허가 기간으로 맞는 것은?

① 10일 　　　　② 15일
③ 20일 　　　　④ 25일

58 건설기계의 등록말소 사유가 아닌 것은?

① 사위 기타 부정한 방법으로 등록한 때
② 건설기계를 정비할 목적으로 해체한 때
③ 건설기계의 용도를 폐지한 때
④ 건설기계가 멸실되었거나 해체된 때

59 건설기계의 등록이 말소되었을 때에는 며칠 이내에 번호표를 반납하여야 하는가?

① 7일 이내 　　　　② 10일 이내
③ 20일 이내 　　　　④ 30일 이내

60 건설기계의 등록말소 사유로 틀린 것은?

① 최고를 받고 지정된 기간까지 정기검사를 받지 아니한 때
② 건설기계를 도난당한 때
③ 건설기계의 용도를 폐지한 때
④ 건설기계를 개조할 목적으로 해체한 때

61 건설기계 정기검사 연기기간은 건설기계 검사증 유효기간 만료일로부터 몇 월을 초과할 수 없는가?

① 1월 　　　　② 2월
③ 3월 　　　　④ 6월

62 건설기계의 검사 연기불허 통지를 받은 자의 정기검사 신청기한은?

① 정기검사 유효기간 만료일 5일 전까지
② 정기검사 유효기간 만료일 3일 전까지
③ 정기검사 유효기간 만료일까지
④ 정기검사 신청기간 만료일까지

63 구조변경검사 신청서에 첨부하여야 할 서류가 아닌 것은?

① 건설기계 검사증 사본
② 건설기계 구조변경 승인서
③ 건설기계 검사증
④ 구조변경검사 신청서

64 건설기계의 주요 구조를 변경 또는 개조한 날로부터 며칠 이내에 시·도지사 또는 검사대행자에게 구조변경검사를 신청하여야 하는가?

① 5일 이내   ② 10일 이내
③ 20일 이내   ④ 30일 이내

65 성능이 불량하거나 사고가 빈발한 건설 기계에 대하여 시·도지사가 수시검사를 명하고자 할 때는 수시검사를 받아야 할 날로부터 며칠 이내에 건설기계 소유자에게 통지하여야 하는가?

① 3일   ② 5일
③ 7일   ④ 10일

66 2년 이하의 징역 또는 2,000만 원 이하 의 벌금에 처하는 벌칙에 해당되지 않는 것은?

① 승인을 받지 아니하고 건설기계의 주요 구조를 변경한 자

② 등록이 말소된 건설기계를 사용하거 나 운행한 자
③ 시·도지사의 지정을 받지 않고 등 록 번호표를 부착, 봉인한 자
④ 신고를 하지 않고 건설기계 사업을 영위한 자

67 건설기계 관리법상 관할 관청의 과태료 처분에 불복이 있는 자는 며칠 이내에 이의를 제기하여야 하는가?

① 10일   ② 20일
③ 30일   ④ 40일

68 국토교통부 장관 또는 시·도지사는 과 태료를 부과하고자 할 때 의견 진술 지 정일 며칠 전에 소유자 또는 대리인에 게 서면으로 통지하여야 하는가?

① 10일   ② 14일
③ 30일   ④ 40일

69 건설기계의 소유자는 건설기계가 멸실 되었거나 용도를 폐지한 때에는 그 사 유가 발생한 날로부터 며칠 이내에 말 소신청을 하여야 하는가?

① 10일   ② 15일
③ 20일   ④ 30일

70 시·도지사는 반납 받은 번호표를 어떻 게 하는가?

① 절단 폐기 처리한다.
② 보관한다.
③ 1년 간 보관한다.
④ 그대로 폐기한다.

71 건설기계 등록말소를 신청할 때 첨부할 서류가 아닌 것은?

① 건설기계 등록증
② 등록말소사유 확인서류
③ 건설기계 검사증
④ 주민등록 등본

72 시·도지사가 직권으로 등록말소를 하고자 할 때 건설기계 소유자에게 통지한 후 얼마가 경과되어야 하는가?

① 15일　　② 1월
③ 2월　　④ 3월

73 건설기계의 소유자는 건설기계를 도난당한 때에는 그 사유가 발생한 날로부터 몇 월 이내에 등록말소 신청을 하여야 하는가?

① 1월　　② 2월
③ 3월　　④ 4월

74 건설기계 등록원부는 등록을 말소한 날로부터 몇 년간 보존하는가?

① 2년　　② 3년
③ 5년　　④ 10년

75 건설기계의 소재지 변동이 있을 때 변동일로부터 며칠 이내에 소재지 변동신고서를 제출하여야 하는가?(단, 전시상태 제외)

① 5일　　② 10일
③ 15일　　④ 30일

76 건설기계사업을 영위 하고자 할 때는 누구에게 신고하여야 하는가?

① 시·도지사
② 행정안전부 장관
③ 고용노동부 장관
④ 국토교통부 장관

77 다음 중 건설기계 사업의 신고를 하지 않고도 건설기계 사업을 할 수 있는 자는?

① 농업 진흥공사
② 건설면허 업체
③ 한국 전력
④ 지방자치단체

78 건설기계 매매업 신고서는 누구에게 제출하는가?

① 시·도지사
② 국토교통부 장관
③ 고용노동부 장관
④ 행정안전부 장관

79 건설기계 매매업 신고서에 필요 없는 서류는?

① 주민등록 등본
② 사무실의 소유권 또는 사용권이 있음을 증명하는 서류
③ 시장·군수·구청장이 발급한 주기장 시설보유 확인서
④ 5천 만 원 이상의 하자 보증금

80 건설기계 정비업의 종류가 아닌 것은?

① 특수 건설기계 정비업
② 종합 건설기계 정비업
③ 부분 건설기계 정비업
④ 전문 건설기계 정비업

81 건설기계 정비업의 신고서에 필요 없는 서류는?

① 주민등록 초본
② 사무실 및 건설기계 정비장의 소유권이 있음을 증명하는 서류
③ 건설기계 정비 기술자 명단 및 그 국가기술자격증 사본
④ 건설기계 정비시설의 보유를 증명하는 서류

82 건설기계 소재지 변동신고 대상에서 제외되는 건설기계는?

① 불도저, 굴착기, 로더
② 기중기, 지게차, 롤러
③ 스크레이퍼, 노상 안정기
④ 모터 그레이더, 아스팔트 피니셔

83 건설기계 등록의 경정은 언제 하는가?

① 등록을 행한 후 그 등록에 관하여 착오 또는 누락이 있을 때
② 등록을 행한 후 소유권이 이전되었을 때
③ 등록을 행한 후 등록지가 이전되었을 때
④ 등록을 행한 후 소재지가 변동되었을 때

84 건설기계 범위에 대한 설명으로 틀린 것은?

① 굴착기는 무한궤도 또는 타이어식으로 굴착장치를 가진 자체 중량 1ton 이상인 것
② 덤프 트럭은 적재용량 12ton 이상인 것
③ 쇄석기는 이동식으로 20kw 이상의 원동기를 가진 것
④ 공기압축기는 매 시간당 공기의 토출량이 $2.83cm^3$ 이상인 것

85 건설기계의 검사 종류가 아닌 것은?

① 신규등록 검사   ② 정기검사
③ 구조변경 검사   ④ 임시 검사

86 건설기계 사업자는 사업장의 상호 또는 대표자의 변경이 있을 경우 그 사유가 발생한 날로부터 며칠 이내에 시·도지사에게 신고하여야 하는가?

① 10일 이내
② 15일 이내
③ 20일 이내
④ 30일 이내

87 검사대행자의 검사업무 규정에 해당되지 않는 것은?

① 검사기술자의 준수사항
② 검사기술자에 대한 교육
③ 검사기술자의 책임에 관한 사항
④ 검사업무에 관한 사항

5
건설기계관리법

88 자체 중량이 40ton 미만이고 축중이 10ton 미만인 건설기계에서 정기점검을 받아야 할 건설기계가 아닌 것은?

① 골재 살포기
② 노상 안정기
③ 콘크리트 믹서 트럭
④ 아스팔트 살포기

89 해외거주, 군복무 등의 사유로 소정 기간 내에 적성검사를 신청할 수 없는 자는 그 사유가 종료된 날로부터 몇 개월 이내에 적성검사를 받아야 하는가?

① 1개월
② 2개월
③ 3개월
④ 6개월

90 건설기계 조종사는 성명, 주소, 주민등록번호 및 국적의 변경이 있는 경우에는 그 사유가 발생한 날로부터 며칠 이내에 시·도지사에게 신고하여야 하는가?

① 5일
② 10일
③ 20일
④ 30일

91 시·도지사는 도로를 운행하는 건설기계를 조종하는 자가 속도제한을 위반한 때 1회 위반마다 며칠 이내에 건설기계 사용정지를 명할 수 있는가?

① 3일
② 5일
③ 7일
④ 10일

92 건설기계 조종사 면허증의 반납 사유가 발생한 때에는 그 사유가 발생한 날로부터 며칠 이내에 면허증을 반납하여야 하는가?

① 5일
② 10일
③ 15일
④ 20일

93 미등록 건설기계를 사용하거나 운행한 자의 벌칙은?

① 1년 이하의 징역 또는 50만 원 이하의 벌금에 처한다.
② 1년 이하의 징역 또는 100만 원 이하의 벌금에 처한다.
③ 2년 이하의 징역 또는 500만 원 이하의 벌금에 처한다.
④ 2년 이하의 징역 또는 2,000만 원 이하의 벌금에 처한다.

94 건설기계 관리법상 건설기계 조종사가 면허증을 반납하여야 할 사유에 해당되지 않는 것은?

① 건설기계 면허가 취소된 때
② 건설기계 면허의 효력이 정지된 때
③ 면허증의 분실로 인하여 재교부를 받은 후 분실된 면허증을 발견한 때
④ 건설기계 사업자가 면허증을 요구할 때

95 건설기계의 성능이 불량하거나 사고가 빈발하여 시·도지사의 명령에 의해 받는 검사는?

① 신규등록 검사
② 정기검사
③ 수시검사
④ 구조변경 검사

96 국토교통부령이 정하는 건설기계를 검사유효기간의 만료 후에도 계속하여 운행하고자 할 때 받는 검사는?

① 구조변경 검사
② 정기검사
③ 신규등록 검사
④ 수시검사

97 건설기계의 정기검사를 신청하고자 할 때의 기간은?

① 검사 유효기간 만료일 전, 후 31일 이내
② 검사 유효기간 만료일까지
③ 검사 유효기간 만료일 전 7일까지
④ 검사 유효기간 만료일 전 10일까지

98 건설기계 검사의 종류이다. 알맞은 것은?

① 임시검사, 정기검사, 수리변경검사, 수시검사
② 주간검사, 월간검사, 3개월 특수검사, 구조변경검사
③ 신규등록검사, 정기검사, 구조변경검사, 수시검사
④ 일시검사, 정기검사, 수시검사, 연간검사

99 검사대행자의 지정을 받고자 하는 자가 건설기계검사대행자 지정 신청서에 첨부하여야 할 서류가 아닌 것은?

① 주민등록 등본
② 시설의 사용권이 있음을 증명하는 서류
③ 검사업무 규정안
④ 건설기계 조종사의 면허증

100 건설기계 사업에 해당되지 않는 것은?

① 건설기계 대여업
② 건설기계 정비업
③ 건설기계 수리업
④ 건설기계 매매업

101 최초 확인검사를 받은 건설기계와 동일한 형식의 건설기계로서 최초 확인검사 후 2년마다 실시하는 검사는?

① 최초 확인검사 ② 정기 확인검사
③ 신규 확인검사 ④ 계속 확인검사

102 최초 확인검사 후 2년이 되는 날 이후 최초로 제작 등을 한 건설기계에 대하여 실시하는 검사는?

① 최초 확인검사
② 정기 확인검사
③ 계속 확인검사
④ 신규 확인검사

103 건설기계의 사후관리는 어느 영에 의하는가?

① 행정안전부령
② 국토교통부령
③ 고용노동부령
④ 대통령령

104 정기검사를 매년 받아야 하는 건설기계에 해당되지 않는 것은?

① 타이어식 굴착기
② 타이어식 로더
③ 타이어식 기중기
④ 트럭식 노상안정기

105 신규등록 검사를 받고자 하는 자는 건설기계 신규등록 검사 신청서, 건설기계 등록신청서 및 건설기계 제원표를 첨부하여 누구에게 제출하여야 하는가?

① 시 · 도지사
② 검사대행자
③ 국토교통부 장관
④ 건설기계협회

106 건설기계 운행상황 기록증을 비치하는 장소로서 알맞은 것은?

① 당해 건설기계
② 건설기계 검사장
③ 건설기계 차고 사무실
④ 관할 관청

107 건설기계의 구조변경 신청서에 첨부할 서류로서 틀린 것은?

① 변경 전, 후의 주요제원 대비표
② 변경하고자 하는 부분의 도면
③ 변경 전, 후의 건설기계 외관도
④ 변경 전, 후의 강도 계산서

108 건설기계의 구조를 변경할 수 없는 것에 해당되지 않는 것은?

① 건설기계의 기종변경
② 육상 작업용 건설기계의 규격 증가
③ 건설기계의 길이, 높이, 너비 등의 변경
④ 육상 작업용 건설기계의 적재함 용량 증가

109 건설기계의 주요구조 및 개조의 범위에 해당되지 않는 것은?

① 적재함의 용량 변경
② 원동기의 형식 변경
③ 전동장치의 형식 변경
④ 제동장치의 형식 변경

110 건설기계의 구조변경의 범위에 해당되지 않는 것은?

① 주행장치의 형식 변경
② 건설기계의 기종 변경
③ 유압장치의 형식 변경
④ 조종장치의 형식 변경

111 건설기계의 정비로 정기점검을 연기하고자 할 때 연기 신청서를 제출하여야 하는 곳은?

① 시 · 도지사
② 종합 건설기계 정비업자
③ 부분 건설기계 정비업자
④ 검사대행자

도로교통법

1 정차에 해당하는 것은?

① 운전자가 차내에 없는 상태
② 응급환자를 구호하기 위해 장시간 정지하는 것
③ 차가 5분을 초과하지 않고 정지하는 것으로서 주차 이외의 것
④ 교통이 정체되어 교차로에 잠시 정지해 있는 것

2 편도 4차로의 경우 교차로 30m 전방에서 우회전을 하려면 몇 차로로 진입 통행을 하여야 하는가?

① 2차로와 3차로로 통행하여야 한다.
② 1차로와 2차로로 통행하여야 한다.
③ 1차로로 통행하여야 한다.
④ 4차로로 통행하여야 한다.

3 다음 안전표지가 뜻하는 것은?

① 최고속도 제한표지이다.
② 최저속도 제한표지이다.
③ 최고중량 제한표지이다.
④ 최저중량 제한표지이다.

4 정차는 할 수 있으나 주차만 금지된 장소는?

① 건널목 측단으로부터 10m 이내의 지점
② 도로공사 구역 양단으로부터 5m 이내의 지점
③ 교차로의 측단으로부터 5m 이내의 지점
④ 횡단보도 내

5 다음 안전표지의 뜻은?

① 진입금지 표지
② 직진 표지

③ 일방통행
④ 일단정지 표지

6 다음 안전표지의 뜻은?

① 주차금지 표지
② 통행금지 표지
③ 진입금지 표지
④ 정차·주차금지 표지

7 다음 안전표지의 뜻은?

① 주의 표지이다.
② 적재화물의 높이를 초과하는 자동차의 통행을 제한하는 표지이다.
③ 적재화물의 높이를 제외한 자동차의 높이를 제한하는 표지이다.
④ 중량을 초과하는 자동차의 통행을 제한하는 표지이다.

8 다음 안전표지의 뜻은?

① 좌회전 표지이다.
② 회전 표지이다.
③ 좌회전 금지 표지이다.
④ 좌로 굽은 도로 표지이다.

9 다음 안전표지에 대한 설명으로 틀린 것은?

① 노폭이 좁아짐을 알린다.
② 차로 구분이 없는 곳에 우측도로 폭이 좁아짐을 알린다.
③ 우측차로 없어짐을 알린다.
④ 편도 1차로 도로에 설치한다.

10 다음 중 긴급 자동차로 볼 수 없는 것은 어느 것인가?

① 생명이 위급한 환자를 운반중인 승용 자동차
② 경찰용 교통단속에 사용하는 자동차에 유도되고 있는 자동차
③ 교도소의 업무에 사용하는 자동차
④ 국군의 긴급 자동차에 유도되고 있는 자동차

11 생명이 위급한 환자나 부상자를 운반중인 일반 자동차가 긴급 자동차로 볼 수 있게 하려면?

① 전조등을 켜거나 그 밖의 적당한 방법으로 긴급 상황임을 표시해야 한다.
② 경찰관서에 신고하여 운행하여야 한다.
③ 지방 경찰청장의 긴급 자동차 지정을 받아야 한다.
④ 일반 차량임으로 어떤 경우도 긴급 차량으로 볼 수 없다.

12 긴급 자동차의 지정 취소사유에 해당되는 것은?

① 고장 그 밖의 사유로 사용할 수 없게 된 때
② 무면허 운전자가 운전했을 때
③ 지정속도를 위반했을 때
④ 승차정원을 초과하고 운행했을 때

13 주·정차에 대한 설명이다. 주차에 해당되는 것은?

① 횡단보도 직전에서 일시정지 했다.
② 택시의 운전자가 신호대기 시 내려서 후사경을 바로 잡았다.
③ 고장 차량을 응급 수리하기 위해 도로 우측가장자리에 정지했다.
④ 택시가 승객을 내리기 위해 택시 정류장에 정지했다.

14 주차가 될 수 없는 경우인 것은?

① 운전자가 차로부터 떠나서 즉시 운전할 수 없는 상태
② 승객을 기다리기 위해 계속 정지하는 것
③ 위험방지를 위하여 부득이 정지하는 것
④ 화물을 싣기 위하여 계속 정지하는 것

15 신호등의 성능 기준 중 등화의 빛의 발산 각도는 사방으로 각각 몇 °(도) 이상으로 하여야 하는가?

① 30°   ② 45°
③ 50°   ④ 25°

16 화재경보기로부터 몇 m 이내의 지점에 주차해서는 안 되는가?

① 3m   ② 5m

③ 4m   ④ 10m

17 최고속도의 100분의 20을 줄인 속도로 운행해야 할 경우로 맞는 것은?

① 눈이 25mm 미만 쌓인 때

② 폭우, 폭설, 안개 등으로 가시거리가 100m 이내인 때

③ 눈이 20mm 이상 쌓인 때

④ 비가 내려 노면에 습기가 있는 때

18 술에 취한 상태의 기준이라 함은?

① 혈중 알코올 농도 0.03퍼센트 이상

② 혈중 알코올 농도 0.02퍼센트 이상

③ 혈중 알코올 농도 0.05퍼센트 이상

④ 혈중 알코올 농도 0.25퍼센트 이상

19 견인되는 차가 밤에 도로를 통행할 때 켜야 하는 등화가 아닌 것은?

① 미등

② 전조등

③ 차폭등

④ 번호등

20 교통안전표지(표시판)의 종류는?

① 주의, 규제, 지시, 안내표지

② 주의, 규제, 지시, 보조표지

③ 주의, 규제, 지시, 안내, 보조표지

④ 주의, 규제, 안내, 보조표지

21 녹색등화에서 교차로 내를 직진 중에 황색등화로 바뀌어졌다. 알맞은 조치는?

① 일시 정지하여 좌·우를 확인한다.

② 속도를 줄여 서행하면서 진행한다.

③ 일시 정지하여 다음 신호를 기다린다.

④ 계속 진행하여 밖으로 나간다.

22 좌회전을 하기 위하여 교차로에 이미 들어가 있을 때 황색등화로 바뀌었다. 어떻게 하여야 하는가?

① 그 자리에 정지한다.

② 정지선까지 후진한다.

③ 그대로 좌회전을 계속한다.

④ 다음 신호를 대기하기 위해 교차로 가장자리로 나간다.

23 다음 안전표지에 대한 설명으로 틀린 것은?

① 전용도로 입구에 설치할 수 있다.

② 자동차 전용도로 표지이다.

③ 특별한 보조표지를 부착해서는 안 된다.

④ 필요한 구간의 우측에 설치한다.

24 자동차를 운전 중 법규위반으로 출두 지시서를 받았다. 이 출두 지시서로 운전할 수 있는 기간은?

① 5일

② 7일

③ 10일

④ 출두기일까지

25 교통정리가 행하여지지 않는 교차로에서 통행의 우선순위를 설명한 것 중 옳은 것은?

① 좌회전하려는 차량이다.
② 우회전하려는 차량이다.
③ 직진하려는 차량이다.
④ 이미 좌로 방향을 바꾸고 있는 차량이다.

26 녹색신호에서 교차로 내를 직진 중에 황색신호로 바뀌었을 때 안전운전 방법으로 옳은 것은?

① 속도를 줄여 서행하면서 진행한다.
② 일단 정지하여 좌, 우를 살피고 진행한다.
③ 일단 정지하여 다음 신호를 기다린다.
④ 계속 진행하여 교차로 밖으로 나간다.

27 정지선이나 횡단보도 및 교차로 직전에서 정지하여야 할 신호 중 옳은 것은?

① 황색 및 적색등화
② 녹색 및 황색등화
③ 녹색 및 적색등화
④ 적색 및 황색등화의 점멸

28 정차라 함은 제차가 정지하는 것으로 몇 분을 초과하지 아니하는 주차 이외의 것을 말하는가?

① 3분
② 5분
③ 8분
④ 10분

29 자동차가 도로 이외의 장소에 들어가려고 할 때의 보도 횡단 방법이다. 맞는 것은?

① 화물을 적재한 차량은 항상 보행자에 우선하여 횡단할 수 있다.
② 횡단 직전에 일단 정지하여 보행자의 통행을 방해하지 않도록 횡단한다.
③ 경음기를 울리면서 재빨리 횡단하여야 한다.
④ 차량의 통행이 언제나 보행자에 우선한다.

30 다음 중 통행의 우선순위가 맞는 것은?

① 원동기장치 자전거, 긴급자동차, 일반자동차
② 긴급자동차, 승합자동차, 원동기장치 자전거, 승용차
③ 승용차, 원동기장치 자전거, 화물차
④ 긴급자동차, 승용차, 원동기장치 자전거

31 다음 신호 중 가장 우선하는 신호는?

① 신호기의 신호
② 경찰관의 수신호
③ 안전표지의 지시
④ 보행자의 수신호

32 소방용 방화 물통으로부터 몇 m 이내의 지점에 주차를 해서는 안 되는가?

① 10m   ② 7m
③ 5m   ④ 16m

33 다음 중 도로교통법상 운전에 해당하지 않는 것은?

① 내리막길에서 자동차의 시동을 끄고 타력으로 운행하는 것
② 도로에서 우마차를 끌고 가는 것
③ 손수레를 끌고 도로를 통행하는 것
④ 교습장에서 자동차 운전연습을 하는 것

34 교차로에서 진로를 변경하고자 할 때에 교차로의 가장자리에 이르기 전 몇 m 이상의 지점으로부터 방향 지시등을 켜야 하는가?

① 10m   ② 20m
③ 30m   ④ 40m

35 도로에 차선을 설치하는 목적은?

① 차의 질서 있는 통행을 위하여
② 교통의 안전을 위하여
③ 교통질서의 확립을 위하여
④ 차마의 교통을 원활히 하기 위하여

36 다음 중 안전거리에 관한 것 중 옳은 것은?

① 앞차와의 평균 5m 이상 거리
② 앞차와의 평균 9m 이상 거리
③ 앞차의 진행방향을 확인할 수 있는 거리
④ 앞차가 급정지하였을 때 충돌을 피할 수 있는 필요한 거리

37 다음 중 앞지르기를 할 수 없는 곳으로 옳은 것은?

① 교량부근, 급경사로의 오르막

② 터널 부근, 교량 위, 경사로의 내리막
③ 횡단보도 내, 교차로 부근, 교량 위
④ 교차로 내, 도로의 모퉁이 부근, 급경사로의 내리막

38 다음의 교통안전표지의 뜻으로 옳은 것은?

① 차 폭 제한표지이다.
② 차 중량 제한표지이다.
③ 차 높이 제한표지이다.
④ 차 속도 제한표지이다.

39 녹색 등화가 표시하는 신호의 뜻으로 틀린 것은?

① 차마는 좌회전할 수 있다.
② 차마는 직진할 수 있다.
③ 차마는 우회전할 수 있다.
④ 보행자는 횡단보도를 횡단할 수 있다.

40 견인하는 자동차와 견인되는 차 사이의 거리는 몇 m를 초과하여서는 안 되는가?

① 25m   ② 10m
③ 20m   ④ 5m

41 신호등의 밝기(등화의 광도)는 낮에 몇 m 전방에서 식별할 수 있어야 하는가?

① 50m   ② 100m
③ 120m   ④ 150m

42 총중량 2,000kg에 미달하는 자동차를 그의 3배 이상의 총중량의 자동차로 견인할 때 속도는 매시 몇 km 이내 이어야 하는가?

① 30km/h   ② 25km/h
③ 40km/h   ④ 50km/h

43 제차가 안개 기타 이에 준하는 장해로 인하여 전방 몇 m 이내의 도로상의 장해물을 확인할 수 어두운 장소 또는 굴속을 통행할 때에는 야간에 준하여 등화를 켜야 하는가?

① 100m   ② 150m
③ 200m   ④ 500m

44 건설기계 관리법상 도로주행 건설기계에 해당하는 기종은 어느 것인가?

① 로더   ② 콘크리트 펌프
③ 불도저   ④ 스크레이퍼

45 도로교통법상 반드시 서행하여야 할 장소로 지정된 곳은?

① 안전지대 우측
② 비탈길 고갯마루 부근
③ 교차로
④ 횡단보도

46 야간에 주차하였을 때 켜야 하는 등화는?

① 미등, 차폭등
② 주차등, 미등
③ 주차등, 후퇴등
④ 번호등, 전조등

47 자동차의 사용정지 처분기간 중 정비불량으로 인한 사고일 경우 사용정지 처분일수로 맞는 것은?

① 10일   ② 20일
③ 25일   ④ 30일

48 도로공사를 하고 있는 경우 그 공사구역 양쪽 가장자리로부터 몇 m 이내의 지점에 주차해서는 안 되는가?

① 5m   ② 10m
③ 15m   ④ 20m

49 편도 3차로 일반도로에서 지게차가 통행할 수 있는 차로는?

① 1차로   ② 2차로
③ 1, 2차로   ④ 3차로

50 건널목 측단으로부터 몇 m 이내의 장소에 정차 및 주차를 하여서는 안 되는가?

① 5m   ② 7m
③ 8m   ④ 10m

51 다음 교통안전 표지의 설명으로 알맞은 것은?

① 좌합류 도로 표지
② 철도 건널목 표지
③ 회전형 교차로 표지
④ 일방통행 표지

┃정답┃ 42. ①   43. ①   44. ②   45. ②   46. ①   47. ①   48. ①   49. ④   50. ④   51. ③

52 다음 중 안전지대에 대한 설명으로 맞는 것은?

① 도로의 부분 중 차도 외의 부분 전부를 말 한다.

② 도로를 횡단하는 보행자의 안전을 위하여 안전표지 등으로 표시한 도로의 부분을 말한다.

③ 자동차가 안전하게 주행할 수 있도록 만든 장소이다.

④ 버스 정류장 표시가 있는 장소이다.

53 교차로에서 좌회전하려는 버스와 직진하려는 트럭이 있을 때 어느 차가 우선권이 있는가?

① 트럭

② 그때 형편에 따라서 우선순위가 정해진다.

③ 사람이 많이 탄차가 우성

④ 좌회전 차가 우선

54 자동차의 속도 기준 중 반드시 최고속도의 100분의 50을 줄인 속도로 운행하여야 할 경우와 관계가 없는 것은?

① 눈이 20mm 이상 쌓인 때

② 비가 내려 노면에 습기가 있는 때

③ 노면이 얼어붙은 때

④ 폭우, 폭설, 안개 등으로 가시거리가 100m 이내인 때

55 다음의 교통안전 표지가 나타내는 뜻은?

① 우로 이중 굽은 도로

② 좌 · 우로 이중 굽은 도로

③ 분리도로

④ 회전형 교차로

도시가스

1 도로굴착을 하고자 하는 자 중 도시가스가 공급되는 지역에서 대통령령이 정하는 자는 가스안전영향 평가서를 작성하여 누구에게 제출하여야 하는가?

① 건설교통부령

② 시 · 도지사

③ 산업자원부 장관

④ 시장 · 군수 · 구청장

해설 도시가스사업법 제30조의 4규정에 의거 시 · 도지사에게 제출한다.

2 도시가스가 공급되는 지역에서 굴착공사를 하기 전에 도로부분의 지하에 가스배관의 매설 여부는 누구에게 조회하여야 하는가?

① 시장

② 도지사

③ 경찰서장

④ 해당 도시가스 사업자

해설 도시가스사업법 시행규칙에 의거 도시가스사업자에게 한다.

3 공사시행자로부터 조회의뢰를 받은 도시가스 사업자는 그날로부터 며칠 이내에 가스배관유무에 대한 회답을 하여야 하는가?

① 1일   ② 2일

③ 3일   ④ 5일

해설 도시가스사업법 시행규칙에 의거, 2일 이내이다.

4 도로를 굴착하고자 할 때 가스배관손상 방지를 위해 정해진 기준은 어느 것인가?

① 산업자원부령   ② 행정자치부령

③ 국토교통부령   ④ 시·도지사령

5 산업자원부령에서 규정된 지하매설물에 포함되지 아니한 것은?

① 하수도관

② 전력선 또는 통신선

③ 상수도관

④ 송유관 또는 열수송관

6 도시가스를 사용하는 LNG(천연가스)의 특성에 대한 설명 중 틀린 것은?

① 공기보다 가벼워 가스 누출 시 위로 올라간다.

② 공기보다 무거워 소량 누출 시 밑으로 가라앉는다.

③ 공기와 혼합되어 폭발범위에 이르면 점화원에 의하여 폭발한다.

④ 도시가스 배관을 통하여 각 가정에 공급되는 가스이다.

해설 LPG(액화석유가스)는 공기보다 무겁고 LNG(천연가스)는 공기보다 가볍다.

7 도시가스 공급시설의 기능장애나 손괴 및 공급을 방해한 자의 벌칙은 어느 것인가?

① 5년 이하의 징역 또는 1억 원 이하의 벌금에 처한다.

② 7년 이하의 징역 또는 5천 만 원 이하의 벌금에 처한다.

③ 10년 이하의 징역 또는 1억 원 이하의 벌금에 처한다.

④ 20년 이하의 징역 또는 5천 만 원 이하의 벌금에 처한다.

해설 가스공급시설을 손괴하거나 가스공급시설의 기능에 장애를 입혀 가스의 공급을 방해한 자의 벌칙은 10년 이하의 징역 또는 1억원 이하의 벌금에 처한다.

8 도로굴착공사로 인하여 가스배관이 20m 이상 노출되면 가스 누출경보기를 설치하도록 규정되어 있다. 이때 가스 누출경보기는 몇 m마다 설치하도록 되어 있는가?

① 10   ② 15

③ 25   ④ 20

9 지상에 설치되는 가스배관 외면에 반드시 표시하여야 하는 사항이 아닌 것은?

① 최고사용압력   ② 사용가스명

③ 소유자명   ④ 가스흐름방향

10 매설된 배관의 경우 최고사용압력이 저압인 가스배관의 색상은 무엇인가?

① 녹색   ② 황색

③ 적색   ④ 백색

해설 가스배관의 표면색상은 지상배관은 황색, 매설배관의 저압은 황색, 중압은 적색이다.

11 줄파기 공사 시 도로 굴착자가 준수하여야 하는 사항이 아닌 것은?

① 줄파기는 두 줄 또는 세 줄을 동시에 시행하지 않아야 하며 시공 작업, 항타 작업 및 가포장이 완료된 후에 다른 줄을 시행하여야 한다.

② 줄파기 공사 후 가스배관으로부터 1m 이내에 파일을 설치할 경우에는 유도관(guide pipe)을 먼저 설치한 후 되메우기를 실시하여야 한다.

③ 가스배관이 있을 것으로 예상되는 지점으로부터 2m 이내에서 줄파기를 할 때에는 안전관리 전담자의 입회하에 시행하여야 한다.

④ 줄파기 1일 시공량 결정은 시공 속도가 가장 빠른 천공작업에 맞추어 결정하여야 한다.

12 인력(人力)으로 가스배관 주위를 굴착할 경우 좌·우 얼마 이내까지 굴착할 수 있는가?

① 1m   ② 2m
③ 3m   ④ 4m

13 파일박기는 가스배관과의 수평거리 얼마이내에서는 금지되는가?

① 10cm   ② 20cm
③ 30cm   ④ 60cm

14 가스배관과의 수평거리가 몇 m 이상되는 곳에 항타기를 설치하여야 하는가?

① 1m   ② 2m
③ 3m   ④ 4m

15 도로굴착공사 중 노출된 가스배관의 길이가 15m 이상인 경우에 취해야 하조치로 옳지 않은 것은?

① 점검 통로는 원칙적으로 가스배관으로부터 수평거리 1m 이내에 설치한다.
② 점검통로의 폭은 80cm 이상으로 한다.
③ 0.5m 이상의 가드 레일을 설치한다.
④ 조명은 원칙적으로 70Lux 이상을 유지한다.

해설 가드레일은 0.9m 이상이다.

16 도시가스의 천연가스가 배관을 통하여 공급되는 압력이 5kg/cm²이다. 이 압력은 도시가스사업법상 어느 압력에 해당 되는가?

① 중압
② 저압
③ 고압
④ 중간압

17 가스배관의 위치 표시용으로 설치하는 표시깃발의 색상으로 적합한 것은?

① 깃발 글씨 : 적색, 깃발 색 : 백색
② 깃발 글씨 : 흑색, 깃발 색 : 백색
③ 깃발 글씨 : 적색, 깃발 색 : 황색
④ 깃발 글씨 : 황색, 깃발 색 : 적색

18 전력케이블이 매설돼 있음을 표시하기 위한 표지 시트는 차도에서 몇 cm 깊이에 설치되어 있는가?

① 30   ② 10
③ 50   ④ 100

19 일반 도시가스 사업자의 지하배관 설치 시 도로 폭 8m 이상인 도로에서는 어느 정도의 깊이에 배관이 설치되어 있는가?

① 1.0m 이상

② 1.5m 이상

③ 1.2m 이상

④ 0.6m 이상

20 도시가스인 천연가스가 배관을 통하여 공급되는 압력이 5kg/cm²이다. 이 압력은 도시가스사업법상 어느 압력에 해당 되는가?

① 고압   ② 중간압

③ 저압   ④ 중압

21 아파트 단지 등 공동주택 등의 부지 내에서도 도시가스 배관의 매설깊이는 최소 얼마인가?

① 1.0m   ② 0.8m

③ 1.2m   ④ 0.6m

22 도시가스 배관을 지하에 매설 시 중압인 경우 배관의 표면색상은?

① 적색   ② 청색

③ 황색   ④ 검정색

23 가스배관과 수평거리 몇 m 이내에서 파일박기를 하고자 할 때 시험 굴착을 통하여 가스 배관의 위치를 확인해야 하는가?

① 5   ② 2

③ 4   ④ 3

24 가스폭발 사고 중에서 가장 인명피해가 많이 난 사고는?

① 94년 12월 아현동 도시가스 폭발사고

② 95년 4월 대구 지하철 공사장 폭발사고

③ 98년 10월 부천 LPG충전소 폭발사고

④ 98년 10월 익산 LPG충전소 폭발사고

25 도로 굴착자가 굴착공사 전에 이행할 사항에 대한 설명으로 옳지 않은 것은?

① 도면에 표시된 가스 배관과 기타 지장물 매설 유무를 조사하여야 한다.

② 조사된 자료로 시험굴착위치 및 굴착 개소 등을 정하여 가스배관 매설위치를 확인하여야 한다.

③ 소속 회사의 안전 관리자와 일정을 협의하여 시험 굴착 계획을 수립하여야 한다.

④ 위치 표시용 페인트와 표지판 및 황색 깃발 등을 준비하여야 한다.

26 도로상에 가스 배관이 매설된 것을 표시하는 라인 마크에 대한 설명이다. 이 중 틀린 것은?

① 직경이 9cm정도인 원형으로 된 동합금이나 황동주물로 되어 있다.

② 청색으로 된 원형마크로 되어 있고 화살표가 표시되어 있다.

③ 분기점에는 T형 화살표가 표시되어 있고, 직선구간에는 배관길이 50m마다 1개 이상 설치되어 있다.

④ 도시가스라고 표기되어 있으며 화살표가 표시되어 있다.

27 도시가스 공급되는 지역에서 도로공사 중 그림과 같은 것이 일렬로 설치되어 있는 것이 발견되었다. 이것은 무엇인가?

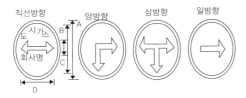

① 가스배관매몰 표지판
② 라인마크
③ 보호판
④ 가스누출 검지공

전기공사

1 굴착장비를 이용하여 도로 굴착작업 중 "고압선 위험" 표지시트가 발견되었다. 다음 중 맞는 것은?

① 표지시트 좌측에 전력케이블이 묻혀있다.
② 표지시트 우측에 전력케이블이 묻혀있다.
③ 표지시트와 직각방향에 전력케이블이 묻혀있다.
④ 표지시트 직하에 전력케이블이 묻혀있다.

해설 표지시트 아래에 케이블이 묻혀있다.

2 한국전력 맨홀 인근 굴착 작업 시 맨홀과 연결된 동선을 절단하였다. 조치방법은?

① 절단된 굵기보다 굵은 통선으로 연결한다.
② 절단된 채로 그대로 둔 뒤 인근 한국전력 사업소에 연락한다.

③ 전단된 양쪽 부분을 포개어 테이프로 안전하게 연결한다.
④ 절단된 채로 방치한다.

해설 절단된 동선을 연결하면 또 다른 고장이나 한국전력 측에서 혼선을 일으키므로 절단된 채로 두고 연락하도록 한다.

3 차도에서 전력케이블은 지표면과 약 몇 m의 깊이에 포설되어 있는가?

① 0.2~0.3m   ② 0.3~0.5m
③ 0.5~0.8m   ④ 1.2~1.5m

해설 전력케이블은 지표면으로부터 1.2~1.5m 깊이에 매설한다.

4 전선로를 지지하는 장치 등(콘크리트 전주, 철주, 철탑 등)에 사용되는 일반적 유형의 전압이 높은 것부터 순서대로 나열한 것은?

① 철탑 → 철주 → 콘크리트 전주
② 철주 → 철탑 → 콘크리트 전주
③ 콘크리트 전주 → 철주 → 철탑
④ 지지틀의 유형은 전압과는 무관하다.

5 건설기계 이동시 도로면의 전주와 충돌에 관한 설명 중 옳은 것은?

① 전주는 그 중량이 수십 톤에 달하는 것으로 과속에 의한 충돌 이외는 손상이 없다.
② 전주가 일부 손상되어도 부러지지 않으면 전력공급에 지장이 없어 무관하다.
③ 전주와 충돌하면 손상에 대한 변상을 하여야 한다.
④ 전주와 충돌하여도 상부에 전선이 지지하고 있어 전주가 부러지지 않으면 무관하다.

6 다음 중 건설기계에 고압 전선이 근접, 접촉으로 인한 사고의 유형이 아닌 것은?

① 감전   ② 화재

③ 누전   ④ 화상

7 철탑에 설치되어 있는 전력선 밑에서의 굴착 작업 전 조치사항 중 맞는 것은?

① 나무막대를 이용 전력선의 높이를 측정한다.

② 작업안전원을 배치하여 안전원의 지시에 따라 작업한다.

③ 철탑에 설치되어 있는 전력선 아래 0.5m 위치에 철 그물을 설치한 후 작업한다.

④ 작업장비의 운전석 위에서 나무막대를 이용, 전력선과의 높이를 측정 후 감전에 유의하여 작업한다.

> 해설 전력선의 높이를 측정할 필요는 없으며 안전원의 지시에 따라 작업하는 것이 안전하다.

8 고압선 주변에서 크람셀 프론트의 버킷으로 화물을 운반 중 발생할 수 있는 사고 유형이 아닌 것은?

① 권상 로프 및 버킷이 흔들려 고압선과 안전 이격거리 이내로 접근하면 감전

② 드럼 래킹이 진동하여 고압선에 근접, 접촉하여 감전

③ 드래그 로프가 진동하여 고압선에 근접, 접촉하여 감전

④ 붐의 회전 도중 측면에 위치한 고압선과 근접, 접촉하여 감전

9 고압선로 주변에서 건설기계에 의한 작업 중 고압선으로 또는 지지물에 가장 접촉이 많은 것은?

① 붐대 또는 권상 로프

② 상부 회전체

③ 하부 주행체

④ 건설기계 운전석

> 해설 붐과 버킷 및 권상, 권하용 와이어 케이블이 접촉이 많다.

10 도로상에서 파일 항타 또는 굴착작업 중 지하에 매설된 전력 케이블에 손상이 발생했을 때 전력공급에 파급되는 영향 중 가장 맞는 것은?

① 케이블이 절단되어도 전력공급에는 지장이 없다.

② 케이블은 외부 및 내부에 철 그물망으로 되어있어 절대로 절단되지 않는다.

③ 케이블을 보호하는 관(흄관, 강관, 나일론관, U형 PE관 등)은 손상이 되어도 전력공급에는 지장이 없으므로 별도의 조치는 필요 없다.

④ 전력케이블에 충격 또는 손상이 가해지면 즉각 전력공급이 차단되거나 일정 시일 경과 후 부식 등으로 전력공급이 중단될 수 있다.

> 해설 케이블의 절단은 충격이나 부식등에 의하며 절단되면 전력공급이 차단된다.

11 전력 케이블에 사용되는 관로가 아닌 것은?

① 흄관   ② 강관

③ 나일론관   ④ 파형 PE관

> 해설 전력케이블 관로로 나일론관은 사용되지 않는다.

12 전선로와 떨어져야 하는 거리에 대해 알맞은 것은?

① 전압이 높을수록 커진다.
② 애자수가 적을수록 커진다.
③ 일반적으로 전선이 가늘수록 커진다.
④ 전압에 관계없이 일정하다.

13 전선로와의 안전 이격거리에 대하여 틀린 것은?

① 전압이 높을수록 커진다.
② 1개 줄의 애자수가 많을수록 커진다.
③ 일반적으로 전선이 굵을수록 커진다.
④ 전압에 관계없이 일정하다.

해설 이격거리는 전압이 높을수록 커지고 애자수가 많을수록 커진다.

14 전선로 주변에서 굴착작업에 대한 설명 중 맞는 것은?

① 버킷이 전선에 근접하는 것은 괜찮다.
② 붐이 전선에 근접되지 않도록 한다.
③ 붐의 길이는 무시해도 된다.
④ 전선로 주변에서는 어떠한 경우에도 작업할 수 없다.

15 전선로 부근에서 작업시 주의하여야 할 사항 중 틀린 것은?

① 전선은 바람에 의해 흔들리게 되므로 이를 고려하여 작업안전거리를 증가시켜 작업해야 한다.
② 전선이 바람에 흔들리는 정도는 바람이 강할수록 많이 흔들린다.
③ 전선은 철탑 또는 전주에서 멀어질수록 많이 흔들린다.
④ 전선은 자체 무게가 있어 바람에는 흔들리지 않는다.

16 특고압 전선로 인근에서 굴착작업으로 인해 수목이 전선로에 넘어지는 사고가 발생하였을 때의 조치는?

① 전선로가 단선 되지 않으면 수목접촉은 무관하다.
② 전선로에 접촉되어 있는 수목을 크레인으로 당겨 제거했다.
③ 전선로에 접촉되어 있는 수목을 마닐라 로프로 묶어 크레인으로 당겨 제거했다.
④ 넘어진 수목이 전선로와 안전거리 이상 이격되어 있어 크레인으로 끌어당겨 제거했다.

해설 전류가 흐르지 않는 마닐라 로프로 당기는 것이 좋다.

17 전선로가 묻혀있는 상부를 굴착할 때 어디로 조치를 의뢰하는가?

① 한국전력   ② 인근 동사무소
③ 관할 경찰서   ④ 공사 허가기관

해설 굴착장소 상부에 전선로가 있을 경우 한국전력 사업소에 조치를 의뢰하여야 한다.

18 콘크리트 전주 주변을 건설기계로 굴착작업을 할 때 설명 중 맞는 것은?

① 작업 중 지선이 끊어지면 같은 굵기의 철선으로 이으면 된다.
② 전주 및 지선 주위를 굴착해서는 안된다.
③ 콘크리트 전주는 지선을 이용 지지되어 있어 전주 주변 굴착은 무관하다.
④ 콘크리트 전주 밑동에는 근기를 이용하여 지지되어 있어 지선의 단선·접촉은 무관하다.

19 9KV가공 배전선로에 관한 사항이다. 맞는 것은?

① 높은 전압일수록 전주상단에 설치되어 있다.
② 낮은 전압일수록 전주상단에 설치되어 있다.
③ 전압에 관계없이 장소마다 다르다.
④ 배전선로에 전부 절연전선이다.

20 콘크리트 전주 주위에 있는 주상 변압기에 관한 설명이다. 틀린 것은?

① 주상변압기의 연결선을 고압측은 위 측이다.
② 주상변압기의 연결선을 저압측은 아래 측이다.
③ 변압기는 전압을 변경하는 역할을 한다.
④ 변압기는 전기를 개폐하는 역할을 한다.

21 철탑에 설치되어 있는 전력선 밑에서의 굴착작업 전 조치사항으로 맞는 것은?

① 작업장치의 운전석 위에서 나무막대를 이용 전력선과의 높이를 측정한 후 감전에 유의하여 작업한다.
② 철탑에 설치되어 있는 전력선 아래 0.5m위치에 철 그물을 설치한 후 작업한다.
③ 나무막대를 이용하여 전력선의 높이를 측정한다.

④ 작업안전원을 배치하여 안전원의지시에 따라 작업한다.

22 철탑 주변에서 건설기계 작업을 위해 전선을 지지하는 애자를 확인하니 한 줄에 10개로 되어 있었다. 예측 가능한 전압은 몇 V인가?

① 154,000V
② 22,900V
③ 345,000V
④ 66,000V

23 154KV 가공 송전선로에 관한 설명이다. 맞는 것은?

① 건설장비가 선로에 직접 접촉하지 않고 근접만 해도 고장이 발생된다.
② 전력선은 피복으로 절연되어 있어 크레인 등이 접촉해도 단선되지 않는 이상 사고는 일어나지 않는다.
③ 1회선은 3가닥으로 이루어져 있으며, 1가닥 절단 시에도 전력공급을 계속한다.
④ 사고 발생 시 복구 공사비는 전력설비가 공공재산이므로 배상하지 않는다.

24 가공 송전선로 애자에 관한 설명이다. 틀린 것은?

① 애자수는 전압이 높을수록 많다.
② 애자수는 전압이 낮을수록 적다.
③ 애자수는 전압과 무관하다.
④ 애자는 전선과 철탑과의 절연을 하기 위해 취부한다.

25 특고압 전선로 주변에서 건설기계에 의한 작업을 위해 전선을 지지하는 애자수를 확인한 결과 애자수가 3개였다. 예측 가능한 전압은 몇 V인가?

① 22,900　　　② 66,000

③ 154,000　　④ 345,000

26 철탑에 154,000V라는 표시찰이 붙어 있는 전선 근처에서의 작업이다. 틀린 것은?

① 전선이 바람에 흔들리는 것을 고려하여 접근금지 로프를 설치한다.

② 철탑 기초에서 충분히 이격하여 굴착한다.

③ 철탑 기초주변 흙이 무너지지 않도록 한다.

④ 전선에 30cm 이내로는 접근되지 않게 작업한다.

PART

06

건설기계
작업장치

• 굴착기 • 지게차 • 기중기 • 로더 • 출제예상문제

01 굴착기

1 굴착기(백호) 개요

굴착 용도 외에 프런트 어태치먼트(Front Attachment)를 교환해 수많은 작업을 할 수 있는 다목적 건설기계로 굴토 및 굴착작업과 토사 적재작업에 사용하는 장비이다.

2 굴착기 종류

(1) 주행장치에 의한 분류

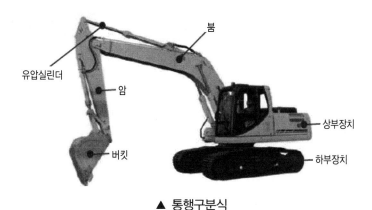

유압실린더
붐
암
버킷
상부장치
하부장치

▲ 통행구분식

1) 무한궤도식(크롤러식) 장점

① 슈의 접지 면적이 넓기 때문에 **접지압이 낮다.**
② 습한 지역이나 모래, 부정지에서 작업이 용이하다.
③ 견인력이 크고 안정성이 높다.
④ 수중 통과 능력이 크다.
⑤ 상부 롤러까지 수중에서 작업이 가능하다.
⑥ 최대 속도가 11km/h로 기동성이 나쁘다.
⑦ 주행 저항이 크다.

⑧ 포장 도로를 주행할 때 도로 파손의 우려가 있다.

⑨ 장거리 이동이 곤란하다.

2) 타이어식(휠 식, 바퀴 식) 장점

① 주행속도가 25~35km/h로 기동성이 양호하다.

② 이동 시 자체의 동력에 의해서 도로 주행이 가능하다.

③ 주행저항이 적다.

④ 자력으로 이동이 가능하다.

⑤ 평탄치 않은 작업 장소나 습지 작업이 곤란하다.

⑥ 암석, 암반 작업 시 타이어가 손상된다.

⑦ 견인력이 약하다.

3) 트럭 적재식(트럭 탑재식)

① 차대 위에 굴착기를 설치한 것으로 최대 속도가 80km/h로 **기동성**이 좋다.

② 넓은 작업장에서 유리하다.

③ 자체의 동력에 의해서 도로의 주행이 가능하다.

(2) 작업에 따른 분류

① 굴착 작업 : 일반적으로 땅을 굴착하는 작업

② 적재작업 : 흙이나 돌을 적재하여 옮기는 작업

③ 브레이커 작업 : 버킷대신 유압파쇄기를 달아 아스팔트, 암석, 콘크리트를 파쇄하는 작업

④ 크러셔 작업 : 건물을 철거할 때 콘크리트나 구조물을 파쇄하는 작업

브레이커(Breaker)

크러셔(Crusher)

(3) 버킷 용량

작업 버킷(디퍼) 규격은 용량(루베, m³)으로 나타낸다.

(4) 작업장치에 의한 분류

① 백호(도랑파기) 버킷 : 가장 일반적으로 많이 사용되는 것으로 도랑파기, 지하철 공사, 토사 장치 작업 등에 효과적이다.

② 셔블 버킷 : 장비보다 위쪽의 굴토작업에 적합하다. 백호 버킷을 뒤집어 설히하여 작업하기도 한다.

③ 슬로프 피니시드 버킷 : 경사지 조성, 도로, 하천공사와 정지작업에 효과적이다.

④ 이젝터 버킷 : 버킷 안에 토사를 밀어내는 이젝터가 있어 점토질의 땅을 굴착할 때 버킷 안에 흙이 부착될 염려가 없다.

⑤ 둥근구멍파기 버킷 : 크램셀 버킷과 비슷하게 되어 있으나 다만 둥글게 되어 있는 점만 다르다.

⑥ 우드 클램프 : 전신주, 파일, 기중작업 등에 이용되며 목재 운반과 적재 하역에 효과적이다.

⑦ 폴립 클램프 : 자갈, 골재 선별 적재, 오물처리 등의 작업에 사용된다.

⑧ 크램셀 : 수직 굴토작업, 배수구 굴착 및 청소작업 등에 적합하며, 버킷의 개폐도 유압실린더로 한다.

⑨ V형 버킷 : V형 배수로, 농수로 작업에 효과적이다.

⑩ 스트렌저 버킷 : 가옥 해체, 폐기물 처리, 임업공사에 효과적이다.

⑪ 오프셋 암 프런트 : 암이 붐과 좌우로 오프셋 할 수 있으며 좁은 장소, 도랑 파기, 도로 측면 작업 등 제한된 작업장소에 적절하다.

⑫ 브레이커 : 버킷 대신 유압 버킷을 설치하여 암석, 콘크리트, 아스팔트 등의 파괴에 사용된다.

⑬ 리퍼 : 버킷 대신 1포인트 혹은 3포인트의 리퍼를 설치하여 암석, 콘크리트, 나무뿌리 뽑기, 파괴 등에 사용된다.

⑭ 슈퍼 마그넷 : 전자석을 이용하여 철물을 운반 또는 기중작업에 사용하는 것으로 DC 250V가 필요하다.

⑮ 도저용 블레이드 : 케이블, 파이프 매설 등에 적절한 것으로 앞부분에 삽을 설치하였다.

(5) 붐과 암에 의한 분류

① 백호 스틱 붐 : 암의 길이가 길어 굴착깊이를 깊게 할 수 있고 트렌치 작업(trench work)에 적당하다.

② 로터리 붐 : 붐과 암 부분에 회전기를 두어 굴착기의 이동 없이도 암미 360° 회전한다.

③ 원피스 붐 : 보통 작업에 가장 많이 사용되며 174~177°의 굴착작업이 가능하다.

④ 투피스 붐 : 굴착 깊이를 깊게 할 수 있고 다용도로 쓰인다.

3　굴착기의 구조 및 기능

굴착기는 상부 회전체, 하부 주행체, 프론트 어태치먼트(작업장치, 전부장치)로 구성되어 있다.

(1) 프론트 어태치먼트(작업장치, 전부장치)

굴착기의 프론트 어태치먼트는 유압실린더 **붐, 암, 버킷**으로 구성되어 유압펌프에서 공급되는 유압이 각각의 유압실린더에 공급되어 작업을 수행하게 된다.

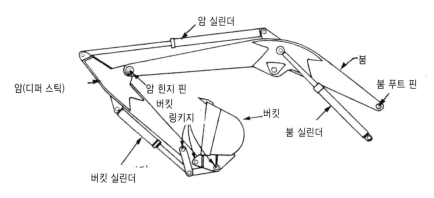

▲ 프론트 어태치먼트

1) 붐(메인 붐)

붐은 푸트 핀(foot pin)에 의하여 상부 회전체에 설치되어 있으며, 1개 또는 2개의 붐 실린더(유압실린더)에 의해서 상하로 움직여 상차 및 굴착한다. 또한 붐에는 암을 작동시키는 암 실린더가 설치되어 있다.

> POINT **붐의 각도**
> • 붐과 암의 상호 교차각이 80~110°일 때 굴착력이 가장 크다.
> • 정지 작업 시 붐의 각도 : 35~40°
> • 유압식 셔블 장치의 붐의 경사각도 : 35~ 65°

2) 암 실린더

암을 움직이게 하는 작업장치이다.

3) 암(디퍼 스틱)

암의 한쪽에는 핀에 의해서 붐에 설치되어 있고 다른 한쪽에는 핀에 의해서 버킷이 설치되어 있다. 버킷에 굴착 작업을 하는 부분으로 1개의 암 실린더(유압실린더)에 의하여 전방 또는 후방으로 작동하며, 버킷을 작동시키는 버킷 실린더가 설치되어 있다.

4) 버킷 실린더

버킷을 펴고 접는데 사용하는 작업장치이다.

5) 버킷(디퍼)

버킷은 굴착하여 흙을 담을 수 있는 부분으로 굴착력을 향상시키기 위하여 투스(tooth)가 부착되어 있다. 버킷의 용량은 1회에 담을 수 있는 양으로 m^3(루베)로 표시한다.

- 버킷의 종류
  ① 본버킷 : 기본적인 버킷으로 굴착기 차량에 크기에 맞게 부착되어 있으며, 일반적인 굴착작업에 많이 사용된다.
  ② 협폭(쪽버킷) : 일반적으로 관로 터를 팔 때 많이 사용되고 기본적으로 투스 장착을 하지만 평삽으로도 제작이 가능하다.
  ③ 대버킷 : 크기가 가장 큰 버킷으로 많은 양을 적재, 토굴하기 위해 필요한 버킷이다.

▲ 본버킷　　　　　　▲ 협폭　　　　　　▲ 대버킷

  ④ 리퍼(니퍼) : 투스 하나만 부착되어 있어 단단한 땅을 부수거나 나무뿌리 제거, 보도블럭 해체 등으로 사용된다.
  ⑤ 채버킷 : 망으로 되어 있는 버킷 모양으로 흙속의 돌을 걸러내는 작업 시 사용되는 버킷이다.
  ⑥ 브레이커(착암기) : 현장에서 돌, 아스팔트, 콘크리트 등 단단한 물질을 파쇄할 때 사용되는 버킷이다.

▲ 리퍼　　　　　　▲ 채버킷　　　　　　▲ 브레이커

6 건설기계 작업장치

⑦ 지게발 : 파레트에 담겨있는 보도블럭 등의 자재들을 트럭에서 내리거나 옮길 때 사용되는 버킷이다. 높은 곳에 있는 자재를 다양한 각도로 옮길 수 있어 건설현장에서는 지게차보다 효율적일 수 있다.

⑧ 집게 : 돌이나 자재를 들어 쌓기 위한 버킷이다. 폐기물 트럭이나 고물상 등에서 짐을 운반하거나 내리기 위하여 사용한다.

⑨ 틸트로테이터 : 일반적인 굴착기는 상부와 하부가 연결된 축을 중심으로 작업을 하기 때문에 버킷의 작업 각도가 고정되어 있다. 틸트로테이터는 버킷이 360° 회전이 가능한 버킷이다.

▲ 지게발　　　　　　▲ 집게　　　　　　▲ 틸트로테이터

⑩ 마이티백 : 마이티백은 진동 다짐용 작업장치로 분류된다. 법면, 사면 등 인공지반을 다듬을 때 사용되는 버킷이며 롤러를 대신한다.

⑪ 렉킹 볼(산업용 철 구) : 크레인을 이용하여 건물을 철거할 때 사용되는 쇳덩이 구슬을 말한다. 굴착기의 커플러나 버킷 갈고리에 부착하여 건물을 철거할 때 사용한다.

⑫ 면삭기 : 면삭기는 콘크리트 벽면을 다듬는 유압장치로 돌출된 부분은 특수한 재질의 금속으로 이루어져 있다. 돌출된 아스팔트의 도로 면이나 콘크리트 면을 다듬는 역할을 하고 있다. 특히 도로 포장공사를 하는 곳에서 아스팔트 하나의 차선을 재포장하기 위해 사용되는 버킷이 면삭기이다.

▲ 마이티백　　　　　　▲ 렉킹 볼　　　　　　▲ 면삭기

6) 케빈

운전석의 덮개로서 운전자를 보호하는 장치이다.

7) 유압라인

실린더 조작을 할 수 있는 고압호스, 펌프, 밸브 장치와 주행과 회전에 사용하는 유압모터를 통틀어 유압 라인이라 한다.

(2) 상부 회전체(상부 선회체)

상부 회전체는 하부 주행체의 프레임에 스윙 볼 레이스에 결합되어 360°선회할 수 있으며, 앞쪽에는 붐이 설치되고 뒤쪽에는 굴착기의 안전성을 유지하기 위하여 카운터 웨이트가 설치되어 있다. 또한 상부 회전체에는 기관, 조종 장치, 유압탱크, 컨트롤 밸브, 유압펌프, 선회장치 등이 설치되어 있다.

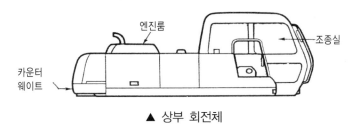

▲ 상부 회전체

1) 스윙 로크장치

스윙 로크장치는 상부 회전체와 하부 주행체를 고정시키는 역할을 한다. 트레일러로 굴착기를 운반하거나 또는 굴착기가 작업장을 이동하기 위하여 주행할 때 상부 회전체가 회전되지 않도록 하여 불의의 사고를 방지하기 위한 것이다.

2) 카운트 웨이트(밸런싱 웨이트)

카운트 웨이트는 엔진실의 뒤쪽에 설치되어 있으며, 버킷에 중량물이 실릴 때 굴착기의 평형을 유지하기 위한 평형추로 작업 시에 뒷부분이 들리는 것을 방지하여 굴착기의 안전성을 유지시키는 역할을 한다.

3) 센터 조인트(스위블 조인트)

상부 선회체의 중심부에 설치되어 상부 회전체의 유압을 주행 모터에 공급하는 역할을 한다. 상부 선회체가 회전하여도 유압 호스나 유압 파이프 등이 꼬이지 않기 때문에 유압의 공급이 원활하게 이루어진다.

4) 선회장치

레이디얼형 플런저 모터의 스윙 모터, 피니언 기어, 링 기어, 스윙 볼 레이스 등으로 구성되어 스윙 모터에 유압이 공급되면 피니언 기어가 링 기어를 따라 회전하므로 상부 선회체가 회전된다.

6

건설기계 작업장치

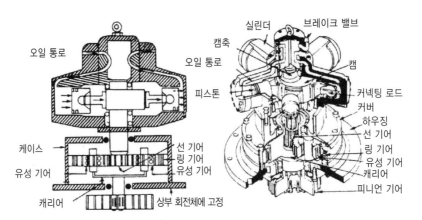

▲ 스윙 모터와 감속기의 구조

(3) 하부 주행체(하부 추진체)

하부 주행체는 상부 선회체와 프론트 어태치먼트 등의 하중을 지지함과 동시에 굴착기를 이동시키는 장치이다.

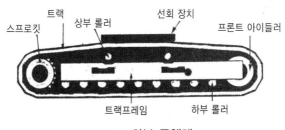

▲ 하부 주행체

1) 프론트 아이들러(전부 유동륜)

프론트 아이들러는 조정 실린더와 연결되어 있기 때문에 트랙의 장력을 조정하면서 주행 방향을 유도하는 역할을 한다.

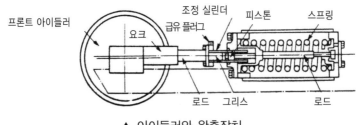

▲ 아이들러와 완충장치

2) 리코일 스프링(이중코일 스프링)

주행 중 앞쪽으로부터 프론트 아이들러에 가해지는 충격 하중을 완충시킴과 동시에 주행체의 전면에서 오는 충격을 흡수하여 진동을 방지하여 작업이 안정되도록 하며, 서징현상을 방지한다.

▲ 리코일 스프링

3) 상부 롤러(캐리어 롤러)

상부 롤러는 싱글 플랜지형으로 트랙 프레임 위에 1~3개가 설치되어 프론트 아이들러와 스프로킷 사이에서 수직으로 트랙이 처지는 것을 방지하고 트랙이 스프로킷에 원활하게 물리도록 회전 위치를 바르게 유지한다.

4) 하부 롤러(트랙 롤러)

하부 롤러는 싱글 플랜지형과 더블 플랜지형을 병용하여 트랙 프레임 아래에 3~7개가 설치되어 굴착기의 중량을 하며, 트랙이 받는 중량을 지면에 균일하게 분포시킨다.

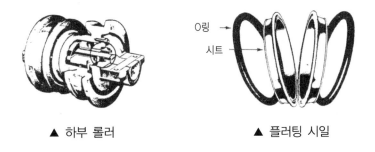

▲ 하부 롤러   ▲ 플러팅 시일

5) 주행 모터(2개)

주행 모터는 레이디얼형 플런저 모터가 사용되며, 유압에 의해서 스프로킷을 구동

POINT 굴착기 주행 시 동력전달순서

엔진 → 메인 유압펌프 → 컨트롤 밸브 → 센터 조인트 → 주행 모터 → 스프로킷 → 트랙

6) 스프로킷

주행 모터에 의해서 회전되어 트랙을 회전시킨다.

6

건설기계 작업장치

7) 트랙

핀, 부싱, 링크, 슈로 구성되어 스프로킷으로부터 동력을 받아 회전한다. 트랙에는 1~2개의 마스터 핀이 있으며, 트랙을 분리할 때에는 마스터 핀을 빼낸다. 또한 부싱은 마모되면 180° 회전시켜 재사용한다.

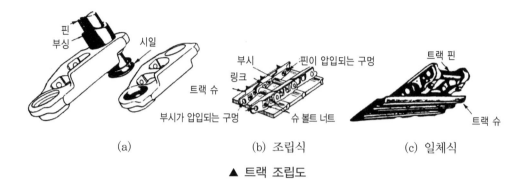

(a) (b) 조립식 (c) 일체식

▲ 트랙 조립도

(4) 아웃트 리거(Out rigger)

아웃트 리거는 휠 및 트럭형식의 굴착기에서 안전성을 유지해 주고 타이어에 작업 하중이 전달되는 것을 방지하여 타이어 및 스프링 등이 하중으로 인하여 마모·파손되는 것을 방지한다.

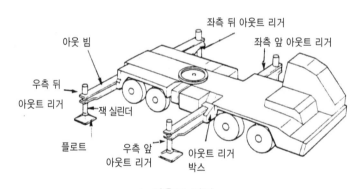

▲ 아웃트 리거

4	트랙 점검 및 조정

(1) 트랙이 벗겨지는 원인

① 프론트 아이들러와 스프로킷 및 상부 롤러의 마모가 클 때
② 고속 주행 시 급선회하였을 경우

③ 프론트 아이들러와 스프로킷의 중심이 다를 때
④ 트랙의 장력이 너무 작을 때
⑤ 리코일 스프링의 장력이 약할 때
⑥ 측면으로 경사시켜 작업할 때
⑦ 트랙이 너무 이완된 경우

(2) 트랙의 장력

① 측정 : 프런트 아이들러와 상부 1번 롤러 사이
② 트랙의 장력은 1번 상부 롤러와 트랙 사이에 바를 넣고 들어 올렸을 때 트랙 링크와 롤러 사이가 25~40mm($1 \sim 1\frac{1}{2}$ inch)이면 정상이다.

POINT 트랙 장력 조절기를 어저스터라고 한다.

(3) 트랙 장력의 조정방법

① 기계식 : 트랙을 평탄한 장소에 위치시키고 조정 스크루를 회전시켜 조정한다.
② 유압식 : 그리스 실린더에 **그리스**를 주입하여 조정한다.

5 일상 점검

일상 점검은 운전자가 매일 점검한다(장비의 수명연장과 고장요소를 미리 발견한다).
① 운전 전 : 타이어 공기압, 연료량, **엔진 오일**, **냉각수**, 배터리 액, 브레이크 액, 팬벨트 장력, 각종 배선 연결 상태, 볼트 너트 조임상태 등
② 운전 중 : 브레이크 작동 상태, **클러치 작동 상태**, **계기류**, 냄새, **소음** 등
③ 운전 후 : **연료 량**, 외관, 타이어 상태 등

6 굴착기 난기 운전

① 난기 운전은 작업 전에 작동유의 온도를 최소한 20℃ 이상으로 상승시키기 위한 운전이다.
② 엔진을 공전 속도로 5분간 실시한다.
③ 엔진을 중속으로 하여 버킷 레버만 당긴 상태로 5~10분간 운전한다.
④ 엔진을 고속으로 하여 버킷 또는 암 레버를 당긴 상태로 5분간 운전한다.
⑤ 붐의 작동과 스윙 및 전·후진 등을 5분간 실시한다.

6

건설기계 작업장치

7 굴착기 주행 시 주의사항

① 유압실린더에 부하가 가해지지 않도록 버킷, 암, 붐을 오므리고 버킷을 하부 주행체 프레임에 올려놓는다.
② 상부 회전체를 선회 로크장치로 고정시킨다.
③ 엔진을 중속 위치에 놓고 평탄한 지면을 선택하여 주행한다.
④ 암반이나 부정지 등에서 트랙을 팽팽하게 조정 후 저속으로 주행한다.
⑤ 경사지를 주행하는 경우에는 버킷을 30~50cm 정도 들고 주행한다.

8 굴착기 작업 전 준수사항

① 관리감독자는 운전자의 자격면허(굴착기 조종사 면허증)와 보험가입 및 안전교육 이수 여부 등을 확인하여야 한다(무자격자 운전금지).
② 운전자는 굴착기 운행 전 장비의 누수, 누유 및 외관상태 등의 이상 유무를 확인하여야 한다.
③ 운전자는 굴착기의 안전운행에 필요한 안전장치(전조등, 후사경, 경광등, 후진 시 경고음 발생장치 등)의 부착 및 작동여부를 확인하여야 한다.
④ 운전자는 굴착기는 비탈길이나 평탄치 않은 지형 및 연약지반에서 작업을 수행하므로 작업 중에 발생할 수 있는 지반침하에 의한 전도사고 등을 방지하기 위하여 지지력의 이상 유무를 확인하여야 하고 지반의 상태와 장비의 이동경로 등을 사전에 확인하여야 한다.
⑤ 운전자는 작업 지역을 확인할 때 최종 작업 방법 및 지반의 상태를 충분히 숙지하여야 하며, 예상치 않은 위험 상황이 발견되는 경우에는 관리감독자에게 즉시 보고하여야 한다.
⑥ 운전자는 작업 반경 내 근로자 존재 및 장애물의 유·무 등을 확인하고 작업하여야 한다.
⑦ 운전자는 작업 전 퀵커플러 안전핀의 정상체결 여부를 확인하여 선택작업장치의 탈락에 의한 안전사고를 방지하여야 한다.

안전핀

⑧ 운전자는 장비의 안전운행과 사고방지를 위하여, 굴착기와 관련된 작업을 수행 시 다음 사항을 준수하여야 한다.
- ㉠ 관리감독자의 지시와 작업 절차서에 따라 작업할 것
- ㉡ 현장에서 실시하는 안전교육에 참여할 것
- ㉢ 작업장의 내부규정과 작업 내 안전에 관한 수칙을 준수할 것

9 굴착기 작업 중 준수사항

① 운전자는 제조사가 제공하는 장비 매뉴얼(특히, 유압제어장치 및 운행방법 등)을 숙지하고 이를 준수하여야 한다.

② 운전자는 장비의 운행경로, 지형, 지반상태, 경사도(무한궤도 100분의 30) 등을 확인한 다음 안전운행을 하여야 한다.

③ 운전자는 굴착기 작업 중 굴착기 작업반경 내에 근로자의 유·무를 확인하며 작업하여야 한다.

④ 운전자는 조종 및 제어장치의 기능을 확인하고, 급작스런 작동은 금지하여야 한다.

⑤ 운전자가 작업 중 시야 확보에 문제가 발생하는 경우에는 유도자의 신호에 따라 작업을 진행하여야 한다.

⑥ 운전자는 굴착기 작업 중에 고장 등 이상 발생 시 작업 위치에서 안전한 장소로 이동하여야 한다.

⑦ 운전자는 경사진 길에서의 굴착기 이동은 저속으로 운행하여야 한다.

⑧ 운전자는 경사진 장소에서 작업하는 동안에는 굴착기의 미끄럼 방지를 위하여 블레이드를 비탈길 하부 방향에 위치시켜야 한다.

⑨ 운전자는 경사진 장소에서 굴착기의 전도와 전락을 예방하기 위하여 붐의 급격한 선회를 금지하여야 한다.

⑩ 운전자는 안전벨트를 착용하고 작업을 하여야 한다.

⑪ 운전자는 다음과 같은 불안전한 행동이나 작업은 금지하여야 한다.
- ㉠ 엔진을 가동한 상태에서 운전석 이탈을 금지할 것
- ㉡ 선택작업장치를 올린 상태에서 정차를 금지할 것
- ㉢ 버킷으로 지반을 밀면서 주행을 금지할 것
- ㉣ 경사진 길이나 도랑의 비탈진 장소나 근처에 굴착기의 주차를 금지할 것
- ㉤ 도랑과 장애물을 횡단 시 굴착기를 이동시키기 위하여 버킷을 지지대로 사용을 금지할 것
- ㉥ 시트파일을 지반에 박거나 뽑기 위해 굴착기의 버킷 사용을 금지할 것
- ㉦ 경사지를 이동하는 동안 굴착기 붐의 회전을 금지할 것

◎ 파이프, 목재, 널빤지와 같이 버킷에 안전하게 실을 수 없는 화물이나 재료를 운반하거나 이동하기 위해 굴착기의 버킷 사용을 금지할 것
⑫ 운전자는 굴착·상차 및 파쇄 정지 작업외 견인·인양·운반작업 등 목적 외 사용을 금지하여야 한다.
⑬ 운전자는 작업 중 지하매설물(전선관, 가스관, 통신관, 상·하수관 등)과 지상 장애물이 발견되면 즉시 장비를 정지하고 관리감독자에게 보고한 다음 작업지시에 따라 작업하여야 한다.
⑭ 운전자는 굴착기에서 비정상 작동이나 문제점이 발견되면, 작동을 멈추고 즉시 관리감독자에게 보고하며, "사용중지" 등의 표지를 굴착기에 부착하고 안전을 확인한 다음 작업하여야 한다.

10 굴착기 작업 종료 시 준수사항

① 운전자는 굴착기의 주차 위치는 통행의 장애 및 다른 현장 활동에 지장이 없는 안전한 장소 여부를 확인하여야 한다.
② 운전자는 굴착기를 정지시키기 전에 굴착기의 선택작업장치를 안전한 지반에 내려놓아야 한다.
③ 운전자는 굴착기의 엔진을 정지하고, 주차브레이크를 밟은 다음 엔진 전환키를 제거하고, 창문과 문을 닫아 잠근 다음 운전석을 이탈하여야 한다.
④ 운전자는 굴착기 안전점검 체크리스트를 활용하여 일일점검과 예방정비를 철저히 하여야 한다(다음날 작업을 위해 연료를 가득 채운다).

11 굴착기 작업 중 위험요인 및 안전대책

(1) 중점 유해·위험 요인 파악

재해 유형	위험 요인	안전 대책
전도·전락	비탈면 굴착중 토사붕괴에 의한 장비 전도·전락, 매몰사고 발생	굴착면 안식각 유지 (설계도서의 안식각 준수)
	장비 운행중 노면폭 부족에 따른 장비 전도·전락사고 발생	노면폭 확보 및 지반상태 확인 강우 시 작업금지(경사지)
	중량물 인양 작업중 전도사고 발생	장비의 목적 외 작업금지
	무자격 운전원의 장비조작 미숙으로 전도 및 전락사고 발생	운전원 외 장비조작 금지

재해 유형	위험 요인	안전 대책
충 돌	작업반경 내 근로자 접근 및 유도자 미배치에 따른 충돌사고 발생	작업반경 내 근로자 출입통제 및 유도자 배치
	후진경보기 미작동 및 후사경 파손에 따른 충돌사고 발생	후진 경보기(Back Horn) 작동상태 확인 및 후사경 교체 정비
	시동 중 운전자가 운전석 이탈에 의한 장비의 갑작스러운 이동으로 충돌사고 발생	운전자는 시동 중 운전석 이탈금지
협 착	퀵커플러 안전핀 고정상태 미체결 및 불량에 의한 버킷 탈락으로 협착사고 발생	퀵커플러 안전핀 체결상태 확인
감 전	붐(Boom)을 올린 상태에서 장비운행 중 고압선에 접촉되어 감전사고 발생	붐을 올린 상태에서 운행 금지 및 고압선 절연 방호 설비 유·무 확인

(2) 굴착작업 주요 위험요인

① 근로자가 안전모 등 개인보호구 미착용 중 충돌, 추락
② 굴착기 운전원의 운전미숙으로 작업 중 근로자와 충돌
③ 법면, 토질이나 지층 상태 점검 소홀에 따른 붕괴
④ 굴착 법면의 굴착 구배 미준수에 의해 법면 붕괴
⑤ 과굴착에 의한 법면 붕괴
⑥ 흙막이 상부 지상에서 작업시 굴착면 단부로 추락
⑦ 굴착기 버킷이 연결부에서 탈락되면서 낙하
⑧ 굴착기 회전 중 후면부에 충돌

POINT • 무한궤도식 굴착기 방향전환(조향)
  – 급 조향(스핀 턴) → 주행레버 2개를 동시에 반대로 조작
  – 완 조향(피벗 턴) → 주행레버 1개만 조작
• 작업안전
  – 트레일러로 운반 시 ☞ 작업장치(붐)가 뒤로 향할 것
  – 암석 및 토사의 그레이딩(평탄) 작업 시 ☞ 선회 관성 이용(X)
• 타이어식 장비의 액슬 허브 오일 작업
  – 배출 시 → 6시 방향
  – 주입 시 → 9시 방향

1 지게차 개요

지게차는 제조·건설·운수·도소매업 등에서 하물을 포크에 적재해 운반하거나 유압 마스트의 승강작용을 이용하여 하물을 적재 또는 하역하는 작업에 사용하는 운반기계이다.

포크가 2.5m~5m 정도 상승 또는 하강할 수 있다.	일반적으로 전륜 구동, 후륜 조향 방식이다.	최고속도 : 15~20km/h의 저속 주행용이다(작업속도 10km/h).
최소 회전반경이 1800~2750mm 정도로 선회 반경이 작다.	휠베이스가 짧아 좁은 장소에서 작업이 가능하다.	화물이 차체의 앞부분에 적재되므로 차체의 뒷부분에 밸런스 웨이트가 있어 차체 중량이 무겁다.

2 지게차 종류

(1) 차체 형식에 따른 분류

① 카운터 밸런스형 : 차체 전면에는 포크와 마스트가 부착되어 있으며 차체 후면에는 카운터 웨이트(무게 중심추)가 설치된 지게차

② 리치형 : 마스트 또는 포크가 전후로 이동할 수 있는 지게차

▲ 카운터 밸런스형(Counter balance type)

▲ 리치형(Reach type)

(2) 동력원에 따른 분류

종류	구분	성능
내연기관(엔진)형	디젤형	무거운 화물 운반, 빠른 가속성, 빠른 주행 및 인상 속도 등의 장점이 있으며 경사가 급한 경사로나 고르지 못한 바닥에서 작업하기에 적합
	LPG형	주행속도 및 가속성은 디젤식과 거의 동일하며 디젤식보다 매연, 소음이 적고 실내외 작업 겸용으로도 적합
전동형 (배터리 전동식)	–	실내작업 특히 밀폐된 장소에서의 작업이 가능하고 운전 시 소음이 적음. 운용경비가 저렴

(3) 구동륜 형태별

① 단륜식 : 가동성을 위주로 사용하는 지게차로써 앞바퀴가 1개이고 적재능력 약 4ton 미만에 사용한다.

② 복륜식 : 중량이 무거운 하물을 들어올릴 때 사용하는 지게차로써 앞바퀴가 2개이고 안쪽 바퀴에 브레이크가 설치되며, 적재능력 최대 4ton 이상에 사용한다.

(4) 작업 용도별

1) 프리 리프트 마스트

① 마스트가 2단으로 된 형식

② 출입문이나 천장의 공간이 낮은 공장 내에서 화물의 적재 및 적하 작업이 용이

2) 하이 마스트(표준형)

① 마스트가 2단으로 늘어나게 되는 형식
② 표준형 지게차로 작업이 불가능한 높은 장소에서의 적재 및 적하 작업이 용이

3) 3단 마스트

① 마스트가 3단으로 늘어나게 되는 형식
② 높은 장소에 화물적재 및 적하작업이 용이

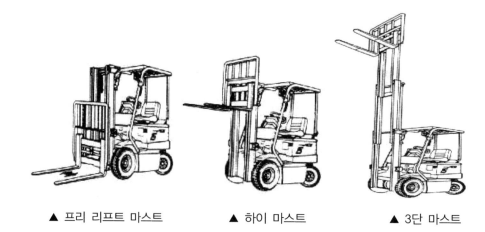

▲ 프리 리프트 마스트   ▲ 하이 마스트   ▲ 3단 마스트

4) 로드 스테빌라이저

① 백레스트 위쪽에 **압착(력)판** 설치
② 압착판으로 화물 위에서 강하게 누르기 때문에 화물 낙하를 방지
③ 화물을 요철이 심한 노면이나 경사진 노면에서 안전하게 운반
④ 깨지기 쉬운 제품을 취급하는데 적합

5) 로테이팅 포크

① 백레스트와 포크를 좌우로 회전(360°) 가능
② 원추형 화물을 운반 및 회전시켜 적재하는데 적합

▲ 로드 스태빌라이저

▲ 로테이팅 포크

6) 로테이팅 클램프

① 백레스트와 클램프를 좌우로 회전(360°) 가능
② 원추형 화물을 좌우로 조여 운반 및 회전시켜 적재하는데 적합

7) 힌지드 포크

① 포크가 45° 각도로 휘어진 형식
② 원형 목재, 파이프 등의 운반 작업에 적합

8) 힌지드 버킷

① 포크 대신에 버킷 설치
② 석탄, 소금, 비료 등 비교적 흘러내리기 쉬운 물건의 운반 및 하역 작업에 적합

▲ 로테이팅 클램프   ▲ 힌지드 포크   ▲ 힌지드 버킷

9) 사이드 클램프

받침없이 경량, 대형 단위의 화물(솜, 양모, 펄프, 종이) 등의 운반 · 적재에 적합

10) 드럼 클램프

① 각종 드럼통을 운반 · 적재하는 작업을 안전하고 신속하게 할 때 사용
② 석유, 화학, 도료, 식품운송 및 주류 등을 취급하는 업체에서 주로 사용

11) 블록 클램프

① 직접 쌓는 콘크리트 블록이나 벽돌 등을 받침대를 사용하지 않고 한번에 20~30개씩을 조여 운반
② 클램프 안쪽에 고무판이 붙어 있어서 물건이 빠지는 것을 방지

▲ 사이드 클램프　　　　　▲ 드럼 클램프　　　　　▲ 블록 클램프

3 지게차 마스트 구조와 기능

① 핑거보드 및 백 레스트가 가이드 롤러에 의해서 상하로 섭동(이동)할 수 있는 레일
② 이너 레일과 아웃 레일로 구성, **오버랩**은 500±5mm
③ 리프트 실린더, 리프트 체인, 체인 스프로킷, 리프트 롤러, 틸트 실린더, 핑거보드, 백 레스트, 캐리어, 포크 등이 부착

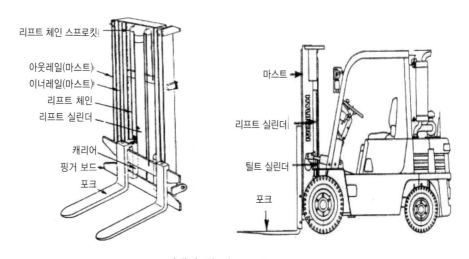

▲ 지게차 및 마스트 구조

4 리프트 체인 구조와 기능

① 리프트 실린더와 함께 포크 상승 및 하강 작용을 돕는 역할
② 체인 한 쪽은 아웃 레일 스트랩에 고정, 다른 한쪽은 스프로킷을 통과하여 핑거보드에 고정
③ 좌우 포크의 수평 높이는 리프트 체인에 의해서 조정

④ 리프트 체인 길이는 핑거보드 롤러의 위치로 조정
⑤ 엔진 오일로 주유

5 포크 구조와 기능

① 핑거보드에 설치되어 화물을 들어 올리는 역할
② 좌우 포크 설치 간격 : 파렛트(pallet) 폭의 1/2~3/4 정도(조정 가능)
③ 화물을 적재 및 하역 작업을 할 때 시선은 포크 끝에 둘 것

6 가이드 구조와 기능

지게차 포크 가이드는 포크를 이용하여 다른 짐을 이동할 목적으로 사용하기 위해서 필요하다.

▲ 포크 가이드(포크 삽입용)   ▲ 안전선(가이드라인) LED 레이저빔

7 조작레버 장치 구조와 기능

(1) 리프트 실린더(단동식 유압실린더)

① 마스트의 크로스 멤버에 설치되어 포크의 상승 및 하강 작용을 한다.
② 포크의 상승은 유압에 의해서 작동되고 하강은 자중에 의해서 작동한다.
③ 리프트 실린더는 1~2개가 설치한다.
④ **리프트 레버를 당기면 포크가 상승, 밀면 하강한다.**

(2) 틸트 실린더(복동식 유압실린더)

① 마스트와 프레임 사이에 설치한다.

② 마스트를 앞쪽 또는 뒤쪽으로 경사(기울어짐)시키는 역할을 한다.

③ 틸트 실린더는 좌우 각각 1개씩 설치한다.

④ **틸트 레버를 밀면 마스트가 앞쪽으로, 당기면 마스트가 뒤쪽으로 기울어진다.**

⑤ 마스트 경사각

　　㉠ 정격 하중이 10ton 이하인 경우

종 류	전경각	후경각
카운트 밸런스 형	5~6°	10~12°
리 치 형	3°	5°
사이드 포크형	3~5°	5°

　　㉡ 정격 하중이 10ton 초과인 경우

　　　ⓐ 전경각 : 5~6°

　　　ⓑ 후경각 : 10~12°

지게차 안전장치
- 틸트록 장치 : 지게차의 마스트를 기울일 때 갑자기 시동이 정지되면 틸트록 밸브가 작동하여 상태를 유지시킴
- 플로우 레귤레이터(슬로우 리턴) : 포크를 천천히 하강하도록 작용
- 플로우 프로텍터(벨로시티 퓨즈) : 컨트롤 밸브와 리프트 실린더 사이에서 배관 파손 시 적재물 급강하를 방지함

8 　기타 지게차의 구조와 기능

(1) 구조

1) 핑거 보드(finger board)

① 핑거 보드는 포크가 설치되는 수평판으로 백레스트에 지지

② 리프트 체인의 한쪽 끝이 고정

2) 캐리어

① 포크를 롤러 베어링에 의해서 이너 레일을 따라 상승 및 하강 작용을 돕는 역할

② 상하 방향과 좌우 방향의 압력에 견딜 수 있도록 2° 기울여 설치
③ 포크 및 상승 및 하강 작용 시 하중을 지지

3) 백레스트(backrest)

백레스트(Backrest)는 지게차로 화물 또는 부재등이 적재된 팔레트를 싣거나 이동하기 위하여 마스트를 뒤로 기울일 때 화물이 마스트 방향으로 떨어지는 것을 방지하기 위한 짐받이 틀을 말한다. 마스트를 뒤로 기울이는 기구가 없는 지게차의 경우는 백레스트를 구비하지 않아도 지장은 없지만 되도록 구비하는 것이 바람직하다.

▲ 백레스트

4) 평형추(카운터 웨이트)

① 지게차(포크 리프트) 프레임의 최후단에 설치되어 차체 앞쪽으로 쏠리는 것을 방지
② 화물의 적재작업 및 하역 작업 시 지게차 균형을 유지시키는 역할

5) 헤드 가드(head guard)

작업 중에 위쪽으로부터 떨어지는 물건에 의한 위험을 방지하기 위하여 운전자의 머리 위쪽에 설치하는 덮개이다.

▲ 지게차 구조

6) 안전벨트

타이어식으로 30km/h 이상인 지게차로, 운전자가 쉽게 잠그고 풀 수 있는 구조일 것

7) 인칭조절장치(페달)

① 브레이크 작용 및 리프트 작업속도를 높이고자 할 경우 사용
② 변속기 내부에 센서 장착

9 지게차 구조 및 작동

(1) 동력 전달순서

① 마찰 클러치식 : 엔진 → 클러치 → 변속기 → 차동장치 → 앞 차축 → 앞바퀴
② 토크 컨버터식 : 엔진 → 토크 컨버터 → 변속기 → 종감속 기어 및 차동장치 → 앞 구동축 → 최종 감속장치 → 앞바퀴
③ 유압식 : 엔진 → 토크 컨버터 → 파워 시프트 → 변속기 → 차동장치 → 앞 차축 → 앞바퀴
④ 전동식 : 배터리(축전지) → 컨트롤러 → 구동 모터 → 변속기 → 종감속 기어 및 차동장치 → 앞 구동축 → 앞바퀴

(2) 조종 장치

1) 저·고속 레버와 전·후진 레버

① 저·고속 레버 : 지게차의 1단과 2단을 선택하는 역할을 하며, 레버를 밀면 저속, 레버를 당기면 고속이 된다. 작업 시에는 저속의 위치에서 행한다.
② 전·후진 레버 : 지게차의 전진과 후진을 선택하는 역할을 하며, 레버를 밀면 전진, 레버를 당기면 후진한다.

2) 리프트 레버

① 포크를 상승 및 하강 위치를 선택하는 역할을 한다.
② 레버를 당기면 포크는 상승하고 밀면 포크가 하강한다.
③ 레버를 놓으면 자동적으로 중립 위치에 리턴 된다.
④ 포크에 화물을 적재하고 약 20~30cm 정도를 상승시키고 이동한다.

3) 틸트 레버

① 마스트를 앞쪽 또는 뒤쪽으로 기울이는 위치를 선택하는 역할을 한다.

② 레버를 당기면 뒤쪽으로 기울어지고 밀면 앞쪽으로 기울어진다.
③ 레버를 놓으면 자동적으로 중립 위치에 리턴 된다.

4) 리프트 실린더

① 레버를 당기면 유압유가 실린더의 아래쪽으로 유입되어 피스톤을 밀어 포크가 상승한다.
② 레버를 밀면 화물의 중량 또는 포크의 자중에 의해 실린더에 유입된 유압유가 유압 탱크로 리턴 되어 포크는 하강한다.
③ 화물의 중량에 의해서 포크가 갑자기 하강하는 것을 방지하기 위하여 안전 체크 밸브가 설치한다.
④ 포크의 하강 속도는 다운 컨트롤 밸브에 의해서 조절되며, 포크를 상승시킬 때에는 가속 페달을 밟는다.

5) 틸트 실린더

① 레버를 밀면 유압유가 피스톤의 뒤쪽으로 유입되어 마스트가 앞쪽으로 기울어진다.
② 레버를 당기면 유압유가 피스톤의 앞쪽으로 유입되어 마스트가 뒤쪽으로 기울어진다.

10 지게차 운행 및 작업 시 주의사항

(1) 지게차 주행 시 주의사항

① 좌식 지게차 운전 시 반드시 안전벨트를 착용한다.
② 급유 중은 물론 운행 중에도 화기를 가까이하지 않는다.
③ 운전석 이외에 사람을 태우고 주행하지 않도록 한다.
④ 포크에는 사람을 싣거나 들어 올리지 말아야 한다.
⑤ 도로상을 주행할 때에는 포크의 선단에 표식을 부착하는 등 보행자, 작업자가 식별할 수 있도록 조치한다.
⑥ 옥내 주행 시 전조등을 켜고 운행한다.
⑦ 주행 시 지면에서 포크는 20~30cm 높이로 올린 후 주행한다.
⑧ 한눈을 팔면서 운행하지 말아야 한다.
⑨ 적재화물이 운전자의 시야를 방해할 때에는 유도자를 배치하거나, 후진으로 진행한다.
⑩ 포크의 끝단으로 화물을 들어 올리지 않는다.
⑪ 운행 조작 시에는 시동 후 5분 정도 경과한 후에 한다.
⑫ 주행 중 필히 노면 상태에 주의하고 노면이 거친 곳에서는 천천히 운행한다.
⑬ 급브레이크는 피하고 특히 적재 시에 주의한다.

⑭ 사업주는 제한속도를 정하고, 운전자는 제한속도를 초과하지 않도록 운행한다.

⑮ 지게차 주행 시 급출발, 급정지, 급선회 등을 금지한다.

(2) 경사진 장소에서의 주의사항

① 입식 지게차는 경사진 장소에서 사용 금지한다.

② 화물을 싣고 경사지를 내려갈 때에는 후진으로 운행하여야 한다.

③ 경사지를 오르거나 내려올 때에는 급회전을 하지 않아야 한다.

④ 내리막길에서는 브레이크를 밟으면서 서서히 주행한다.

⑤ 급경사 언덕길을 오를 때는 포크의 선단이나 팔레트의 바닥부분이 노면에 접촉되지 않도록 하고, 되도록 지면 가까이 접근시켜 주행한다.

⑥ 경사면을 따라 옆으로 주행하거나 방향을 전환하지 않도록 한다.

⑦ 올라가거나 내려갈 때에는 적재된 화물이 언덕길의 위쪽을 향하도록 주행한다.

⑧ 지게차가 앞쪽으로 기울어진 상태에서 화물을 올리지 않도록 주의한다.

(3) 상·하차 작업 시 주의사항

① 운반·적재할 화물 앞에서 일단 정지 후 마스트를 수직으로 세운다.

② 팔레트 또는 스키드에 포크를 꽂거나 빼낼 때에는 접촉 또는 비틀지 않도록 주의한다.

③ 화물을 들어 올린 후 화물의 안정상태와 포크의 편하중 등을 확인한다.

④ 지게차의 허용하중을 초과하지 않도록 화물 인양한다.

(4) 창고 또는 공장에 출입할 때 안전작업

① 화물을 운반할 때에는 포크는 지상 20~30cm 정도 높이를 유지하여야 한다.

② 지게차의 폭과 출입구의 폭을 확인하여야 한다.

③ 부득이 포크를 올려서 출입하는 경우 출입구 높이에 주의한다.

④ 반드시 주위의 안전 상태를 확인한 후 출입한다.

⑤ 얼굴, 손, 발을 차체 밖으로 내밀지 않고 출입한다.

(5) 지게차 적재작업

① 화물을 올릴 때에는 포크를 수평이 되도록 한다.

② 화물을 올릴 때에는 가속 페달을 밟는 동시에 레버를 조작한다.

③ 포크로 물건을 찌르거나 물건을 끌어서 올리지 않는다.

④ 운반하려는 물건 가까이 접근하면 속도를 낮춘다.

⑤ 운반하려는 물건 앞에서는 일단 정지한다.

⑥ 운반하려는 물건이 무너지거나 파손 등의 위험성 여부를 확인한다.

⑦ 화물을 쌓을 장소에 도달하면 일단 정지한다.

⑧ 마스트를 수직되게 틸트시켜 화물을 쌓을 위치보다 조금 높은 위치까지 상승시킨다.

⑨ 화물을 쌓을 위치를 잘 확인한 후 천천히 전진하여 예정 위치에 화물을 내린다.

⑩ 전·후진 변속 시에는 지게차가 완전히 정지된 상태에서 한다.

⑪ 후진 시에는 반드시 뒤쪽을 살핀다.

(6) 지게차 하역 작업

① 운반하려는 화물의 앞 가까이 오면 속도를 줄인다.

② 화물의 앞에서는 일단 정지한다.

③ 포크는 파레트에 대해 항상 평행을 유지시킨다.

④ 화물을 부릴 때에는 마스트를 앞으로 약 4° 경사시킨다.

⑤ 화물을 부릴 때에는 가속 페달의 조작은 필요 없다.

⑥ 리프트 레버 사용 시 눈의 초점은 마스트를 주시한다.

⑦ 지게차가 경사된 상태에서 적하작업을 할 수 없다.

⑧ 포크에 쌓아 올린 물건을 내릴 때에는 수직으로 천천히 내린다.

⑨ 전·후진 변속 시에는 지게차가 완전히 정지된 상태에서 한다.

⑩ 후진 시에는 반드시 뒤쪽을 살핀다.

(7) 지게차 야간작업 시 주의사항

① 전조등이나 후미등, 그 밖의 조명을 이용하여 현장을 최대한 밝게 한 후 작업한다.

② 야간에는 특히 주위 작업자와 장애물에 주의하고 안전한 속도로 운전한다.

(8) 지게차 주차 시 주의사항

① 안전하고 감시가 쉬운 평탄한 장소에 주차한다.

② 포크를 완전히 지면에 내려 놓아야 한다.

③ 포크 선단이 지면에 닿도록 마스트를 전방으로 경사시킨다.

④ 시동을 끈 후 열쇠는 운전자가 반드시 지참하거나 보관한다.

⑤ 전·후진 레버는 중립으로 하고 저·고속 레버는 저속 위치로 한다.

⑥ 기관을 공전 상태로 정지시키는 경우에는 마스트를 뒤로 틸트해 둔다.

⑦ 엔진을 정지시키고 주차 브레이크를 잡아당겨 주차 상태를 유지한다.

⑧ 주차 시 운전자 신체 일부가 차체 밖으로 나오지 않도록 주의한다.

11 지게차 제원 및 용어

(1) 지게차 제원

① 최대인상높이(양고) : 마스트가 수직인 상태에서 최대의 높이로 포크를 올렸을 때 지면으로부터 포크의 윗면까지의 높이

② 자유인상높이 : 포크를 들어올릴 때 내측 마스트가 돌출되는 시점에 있어서 지면으로부터 포크 윗면까지의 높이

③ 전장 : 포크의 앞부분 끝단에서부터 지게차의 후부의 제일 끝 부분까지의 길이

④ 전고(높이): 마스트를 수직으로 하고 타이어의 공기압이 규정치인 상태에서 포크를 지면에 내려놓았을 때, 지면으로부터 마스트 상단까지의 높이를 말하나 오버헤드가드의 높이가 마스트보다 높을 때는 오버헤드가드의 높이가 지게차의 전고가 된다.

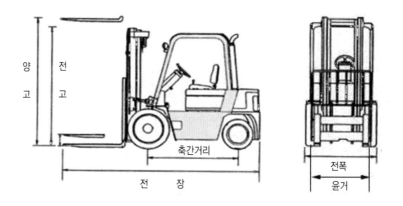

⑤ 전폭(넓이) : 지게차를 전면이나 후면에서 보았을 때 양쪽에 돌출된 엑슬, 포크 캐리지, 펜더, 타이어등의 폭 중에서 제일 긴 것을 기준으로 한 거리

⑥ 축간거리(축거) : 전륜 구동축의 중심에서 후륜 구동축의 중심까지의 거리

⑦ 최저지상고 : 지면에서부터 포크와 타이어는 제외한 지게차의 가장 낮은 부위까지 높이

⑧ 윤간거리(윤거) : 지게차를 전면에서 보았을 때 지게차의 양쪽바퀴의 중심과 중심사이의 거리

⑨ 장비중량 : 연료, 냉각수, 그리스 등이 모두 포함된 상태에서 지게차의 총 중량(운전자 미포함)

⑩ 등판능력 : 지게차가 경사지를 오를 수 있는 최대각도로 %(백분율) °(도)로 표기

(2) 지게차 관련용어

① 최소회전반경 : 무부하 상태에서 지게차가 회전 할 때 뒷바퀴의 바깥쪽이 그리는 원의 반지름

② 최소직각교차 통로폭 : 지게차의 직각통로에서 직각회전을 할 수 있는 통로의 최소폭을 말하며 지게차의 전폭이 작을수록 통로폭도 작아진다.

③ 마스트경사각 : 통상적인 자게차의 전경각은 5~6°이며, 후경각은 10~ 12° 범위이다.

④ 체인의 최소 판단 하중비

㉠ 최소 파단 하중비 = (체인의 최소 파단하중×체인수) / (지게차의 최대하중+체인에 의하여 움직이는 리프트 작업장치의 중량)

㉡ 지게차의 마스트용 체인의 최소 파단 하중비는 5 이상이어야 한다.

⑤ 포크인상 및 하강 속도 : 포크가 상승 및 하강하는 속도를 말하며, 부하 시와 무부하 시로 나누어 표기하고 단위는 mm/s로 표시한다.

12 지게차 운행 전·후 점검사항

(1) 지게차 운행 전 점검사항

① 축전지 점검
② 체인의 장착상태 확인
③ 타이어의 공기압 손상 여부 확인
④ 냉각수 연료량 윤활유 엔진오일 작동유량 볼트, 너트의 이완여부 벨트의 장력상태

(2) 지게차 운행 중 점검사항

① 작동상태 유무점검
② 경고등 점멸 여부
③ 작동 중 기계 이상음 점검
④ 클러치, 브레이크의 작동상태 확인
⑤ 냉각수 온도게이지 연료량 게이지 점검
⑥ 주행속도계 오일압력계 전류계 등 점검

(3) 지게차 운행 후 점검사항

① 작동 시 필요한 소모품의 상태를 점검할 것
② 오일누유, 누수상태의 점검, 연료를 연료탱크에 가득주입 할 것

6

건설기계 작업장치

(4) 지게차 점검 기타 지게차에서 주행 중 핸들이 떨리는 원인

① 노면에 요철이 있을 때
② 휠이 휘었을 때 타이어 밸런스가 맞지 않을 때

(5) 지게차 일상점검

① 타이어 손상 및 공기압 점검
② 틸트 실린더 오일 누유, 누수상태
③ 연료 엔진오일 냉각수 작동유의 양

03 기중기

1 기중기 개요

기중기는 크롤러형 또는 휠형으로 강재의 지주 및 선회장치를 가진 것으로 중화물의 기중 작업, 토사의 굴토 및 굴착 작업, 화물의 적재 및 하역 작업, 항타 및 항발 작업, 기타 특수 작업 등을 수행할 수 있는 건설기계이다.

2 기중기 분류

(1) 트럭식 크레인

① 특별 제작된 트럭에 상부 회전체를 탑재하여 **2명의 조종원**이 필요하다.

② 기동성은 약 60km/h이고 작업 반경이 3m(10ft) 정도이다.

③ 장점

ㄱ 기동성이 양호하다.

ㄴ 기중 안정성이 좋다.

ㄷ 이동성이 좋다.

④ 단점 : 습지, 사지, 협소한 장소의 작업이 곤란하다.

▲ 트럭식

(2) 크롤러식 크레인

① 기동성은 약 1.6km/h이고 작업 반경이 3.6m(12ft) 정도이다.

② 장점

ㄱ 협소한 지역에서 작업이 가능하다.

ㄴ 습지대, 활지대, 사지에서 작업이 가능하다.

ㄷ 수중 작업 시 상부 롤러까지 가능하다.

③ 단점 : 기동성이 불량하고 기중 안정성이 낮다.

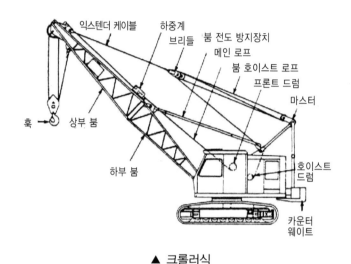

▲ 크롤러식

(3) 휠식 크레인

① 기동성이 약 32km/h이고 작업 반경이 3m(10ft) 정도이다.

② 단일 엔진으로 상부 회전체에서 기중기의 운행과 작업을 수행할 수 있다.

3 기중기 용어의 정의

(1) 하중

① 정격 총하중 : 각 붐의 길이와 작업 반경에 허용되는 훅, 그래브, 버킷 등 달아 올림 기구를 포함한 최대의 하중을 말한다.

② 정격 하중 : 정격 총하중에서 훅, 그래브, 버킷 등 달아 올림 기구의 무게에 상당하는 하중을 뺀 하중을 말한다.

③ 안전 한계 총하중 : 각 붐의 길이 및 각 작업 반경에 대응한 안전 한계 상태에서 훅, 그래브, 버킷 등 달아 올림 기구의 무게를 포함한 하중을 말한다.

④ 호칭 하중 : 기중기의 최대 작업 하중을 말한다.

⑤ 작업 하중 : 기중기로 안전하게 작업 할 수 있는 하중을 말한다.

⑥ 임계 하중 : 기중기로 화물을 최대로 들 수 있는 하중과 들 수 없는 하중과의 한계점에 놓인 하중을 말한다.

(2) 작업 반경(회전 반경)

상부 회전체의 중심점에서 들어 올리는 화물의 중심점까지의 수평거리를 작업 반경이라 한다.

(3) 붐의 각도 및 길이

① 붐의 각도 ☞ 마스터 붐 푸트 핀 중심의 수평선과 마스터 붐 푸트 핀의 중심에서 붐 포인트 핀 중심까지의 중심선이 이루는 각

ㄱ 기중기 작업 시 붐의 **최소 제한각도** : 20°

ㄴ 기중기 작업 시 붐의 **최대 제한각도** : 78°

ㄷ 기중기 작업 시 가장 적당한 붐의 각도 : 66°30′

ㄹ 드래그라인 작업 시 가장 적당한 붐의 각도 : 30~40°

② 붐의 길이 ☞ 하부 지점인 붐의 푸트 핀 중심에서 상부의 붐 포인트 핀까지의 수평거리

(4) 붐 각도에 따른 기중 능력 및 작업 반경

① 기중기 붐의 각도가 커지면 작업 반경이 작아지며, 기중 능력은 높아진다.

☞ 작업 반경이 커지면 기중 능력은 작아진다.

② 화물의 무게가 무거울수록 붐의 길이는 짧게 하고 붐의 각도는 크게 한다.

4 6대 전부장치

① 크람셀 : 조개 작업장치

② 크레인 셔블 : 버킷 작업장치

③ 트랜치 호 : 도랑 파기 작업장치

④ 크레인 훅 : 갈고리 작업장치

⑤ 드래그라인 : 긁어 파기 작업장치

⑥ 파일 드라이버 : 기둥 박기 작업장치

6

건설기계 작업장치

5 7대 기본동작(운동)

① 붐 호이스트 : 붐의 상승운동
② 호이스트 : 화물의 상승운동
③ 리트랙트 : 버킷 등을 당기는 운동
④ 크라우드 : 흙 파기 운동
⑤ 트라벨 : 기중기의 주행
⑥ 덤 프 : 흙 쏟기 운동
⑦ 스 윙 : 상부 회전체의 회전운동

6 구조 및 기능

하부 주행체, 상부 회전체, 전부장치(작업장치)의 3대 주요부로 구성된다.

☞ 동력 전달순서 : 엔진 → 메인 클러치 → 유체이음 → 동력 전달장치

(1) 동력 전달 계통

1) 붐 및 훅 , 호이스트 작동의 동력 전달순서

엔진 → 마스터 클러치 → 감속기 및 트랜스퍼 체인 → 수평 구동축 → 수직 역전축
　　　　　　　　　　붐 및 각 호이스트 드럼기어 ↵　　　　　　↓
　　↳ 케이블 호이스트　　　　↓　　　　　　　조 클러치
　　　　　　　　　붐 호이스트 작동　　　　　　　↓
　　　　　　　　　　　　　　　　　　　수직 추진축

2) 상부 회전체의 회전 시 동력 전달순서

엔진 → 마스터 클러치 → 감속기 및 트랜스퍼 체인 → 수평 구동축 → 수직 역전축 →
조 클러치 → 수직 회전축(스윙 수직축) → 피니언 기어 → 선회 링 기어 → 상부 회전체

3) 주행 시 동력 전달순서

엔진 → 마스터 클러치 → 감속기 및 트랜스퍼 체인 → 수평 구동축 → 수직 역전축 →
조 클러치 → 수직 추진축 → 하부 베벨 기어 → 수평 추진축 → 환향 조 클러치 → 드리븐
기어 → 체인 스프로킷 → 구동 스프로킷(구동 덤블러) → 트랙

(2) 상부 회전체의 구조

1) 마스터 클러치(메인 클러치, 휠 클러치)

① 마스터 클러치는 건식 복판식 또는 유체 커플링 식을 사용한다.

② 엔진의 동력을 감속기 및 트랜스퍼 체인에 전달 또는 차단한다.

③ 레버를 당기면 클러치가 연결되고, 밀면 클러치가 분리된다.

2) 트랜스퍼 체인

① 롤러 체인으로 마스터 클러치에 설치된 스프로킷과 선회 및 주행 클러치 축에 설치된 스프로킷에 설치되어 있다.

② 마스터 클러치 축 스프로킷은 작고 선회 및 주행 클러치 축 스프로킷은 크다.

③ 기관에서 전달되는 동력을 감속하여 회전력을 증대시킨다.

④ 작업장치에서 전달되는 충격을 차단하여 엔진에 전달되지 않도록 한다.

3) 선회 및 주행 클러치 축

① 스프로킷, 선회 및 주행 클러치, 베벨 기어가 설치되어 있다.

② 선회 및 주행 클러치(선주 클러치)는 트랜스퍼 체인에 의해서 구동된다.

③ 베벨 기어 양쪽에는 붐 호이스트 드럼 및 권상 드럼에 동력을 전달 또는 차단하는 선주 클러치가 설치되어 있다.

4) 붐 호이스트 축

① 붐 호이스트 축의 피니언 기어는 2개의 베벨 기어와 항상 치합되어 있다.

② 다른 끝에는 웜 기어가 설치되어 붐 호이스트 드럼의 기어를 회전시키게 된다.

5) 권상 드럼 축

① 드럼축 끝에는 호이스트 드럼을 구동시키기 위한 기어가 설치되어 있다.

② 호이스트 클러치와 브레이크 및 크라우드 클러치와 브레이크가 설치되어 있다.

③ 호이스트 클러치 레버를 당기면 호이스트 클러치가 연결되어 드럼이 케이블을 감는다.

6) 수평 구동 축

① 드럼축에 설치된 기어에서 동력을 받아 회전한다.

② 2개의 베벨 기어는 구동축에 베어링으로 지지되어 있으므로 수평 구동축만 회전한다.

7) 수직 역전축

① 베벨 기어에 의해서 동력을 받아 수직 스윙 피니언 및 주행 수직축에 전달한다.

② 수직 역전축의 베벨 기어는 2개의 수평 베벨 기어에 맞물려 있다.

③ 수직 역전축의 피니언 기어는 수직 스윙 피니언 축과 수직 주행축 구동 기어와 항시 맞물려 있다.

8) 수직 스윙축

① 수직 스윙축 상부에는 구동 기어가 수직 역전축의 피니언 기어가 맞물려 있다.

② 수직 스윙축 하부에는 스윙 피니언 기어가 설치되어 스윙 링 기어와 항시 물려 있다.

9) 스윙 링 기어

① 스윙 링 기어는 하부 주행체에 볼트로 고정되어 있다.

② 수직 스윙축이 회전하면 스윙 피니언 기어가 링 기어 둘레를 회전하여 상부 회전체가 선회하게 된다.

(3) 하부 주행체의 구조

1) 수직 주행축

① 상부에 스퍼 기어는 베어링에 의해 설치되어 수직 역전축 기어와 물려서 공전한다.

② 하부에 피니언 기어는 수직 주행축에 고정되어 수평 주행축의 베벨 기어와 물려 있다.

③ 수직 주행축 상부에 조 클러치가 스플라인에 설치되어 있다.

④ 기중기를 주행하기 위해 조 클러치를 연결하면 하부 추진체가 진행하게 된다.

2) 수평 주행축

① 수평 주행축 중앙에는 베벨 기어가 설치되어 수직 주행축의 피니언 기어와 물려 있다.

② 좌우 수평 주행축의 각각 설치되어 있는 환향 클러치는 항상 연결된 상태에 있다.

③ 수평 주행축 끝 부분에는 체인을 구동하기 위한 스프로킷이 설치되어 있다.

3) 주행체인

① 수평 주행축에서 전달되는 동력을 트랙 구동 스프로킷으로 전달해 주는 역할을 한다.

② 트랙에서 전달되는 충격이 수평 주행축에 전달되지 않도록 완충 작용을 한다.

③ 주행 체인의 조정방법

ㄱ 테이크 업 너트를 풀고 기동륜의 위치를 전·후진시켜 조정한다.

ㄴ 장력을 조정할 때에는 기동륜 쪽에서 한다.

ㄷ 주행 체인의 장력을 먼저 조정하고 트랙 장력을 조정한다.

ㄹ 체인 조정 후에는 기동륜의 안팎 베어링이 체인과 직각을 이루어야 한다.

ㅁ 체인 조정 후에는 작은 스프로킷과 기동륜 스프로킷은 수평을 이루어야 한다.

ⓑ 체인은 기어오일을 주유하여야 한다. 흙탕 작업을 할 때에는 폐유를 계속 바르는
것이 좋다.

ⓢ 체인을 연결할 때는 스프로킷의 위에서 접속한다.

(4) 전부장치(작업장치)

1) 마스터 붐

기중기의 붐 중에서 가장 기본이 되는 붐으로 상자형의 셔블 붐, 파이프형의 트랜치 붐,
격자형 붐, 유압에 의해 신축되는 텔레스코핑형 붐 등이 있다.

2) 보조 붐

파이프형의 트랜치 붐에서 길이를 연장하기 위해 중간에 삽입하는 붐으로 마스터 붐의 1/2
길이가 가장 이상적이다.

3) 지브 붐

붐의 끝단에 전장(길이)을 연장하는 붐으로 길이는 붐 포인트 핀 중심에서 지브 붐 포인트
핀까지의 거리를 말한다. 지브 붐은 훅 작업에서만 사용되며, 지브 붐의 길이가 길수록
힘은 감소한다.

4) 붐 교환 작업 시

① 드럼이나 각목을 이용
② 트레일러를 이용
③ 크레인을 이용(가장 좋음)

5) 붐 뭉치 교환 시 주의사항

① 연장 붐 아래 부분을 연결할 때 붐의 끝은 항상 지면에 닿게 한다.
② 앞 드럼에 주 호이스트 라인을 모두 감고 앞 브레이크를 고정한다.
③ 연결 핀은 붐 안쪽으로부터 끼운다.
④ 아래 연결 핀을 빼내기 전에 붐 호이스트를 팽팽하게 한다.

작업

(1) 훅 작업(갈고리 작업)

1) 용도

① 각종 자재의 적재 및 하역 작업

② 화물의 적재 및 적하 작업

③ 철도 및 교량 건설과 철수 작업

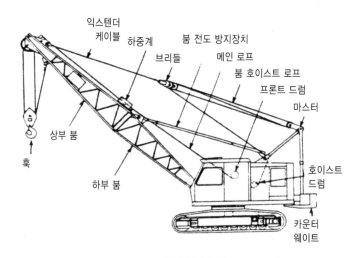

▲ 훅 작업장치

2) 레킹 볼(강철공)

낙하 하중에 의해서 파괴시키는 부수 장치

3) 훅 작업의 안전 수칙

① 가벼운 물건의 기중 작업 시에도 아웃트 리거를 고일 것

② 붐의 각을 78° 이상으로 하지 말 것

③ 붐의 각을 20° 이하로 하지 말 것

④ 작업 반경 내에 사람의 접근을 막을 것

(2) 크람셸 작업(조개 작업)

1) 용도

① 토사의 적재작업 및 수직 굴토작업

② 수중 굴토작업 및 오물제거 작업

③ 선박이나 화차에 화물의 적재 하역 작업

④ 안전 작업의 용량 ☞ 붐의 길이와 작업 반경으로 계산

2) 태그 라인

① 크람셀 버킷을 일직선상에 있도록 하는 역할

② 버킷의 요동을 방지하여 호이스트 케이블의 꼬임을 방지하는 역할

③ 선회나 지브의 기복을 행할 때 버킷이 흔들리거나 회전하여 와이어 로프의 꼬임을 방지

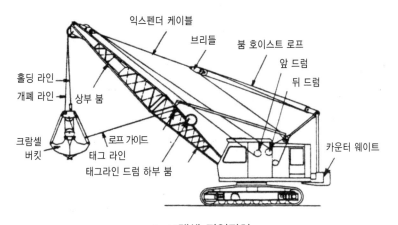

▲ 크램셀 작업장치

(3) 드래그라인(긁어 파기 작업)

1) 용도

① 지면보다 낮은 곳을 넓게 굴착하는 작업

② 수중 굴토 작업 및 땅 고르기 작업

③ 붐의 각도는 30~40°가 적합

2) 페어 리드

3개의 시브(활차)로 구성되어 케이블이 드럼에 탱탱하게 잘 감기도록 안내하는 역할을 하며, 케이블의 청소 및 마찰을 일으키지 않도록 하는 작용이다.

3) 드래그라인의 작업

① 굴착(크라우드) → 호이스트 → 선회(스윙) → 덤프(흙 쏟기) → 스윙(선회) → 굴착(크라우드)

② 크레인 앞에 작업한 물질을 쌓아 놓지 않도록 한다.

③ 드래그 베일 소켓을 페어리드 쪽으로 당기지 않도록 한다.

④ 도랑을 팔 때는 경사면이 크레인 쪽에 위치하도록 한다.

⑤ 버킷의 이를 날카롭게 한다.

6 건설기계 작업장치

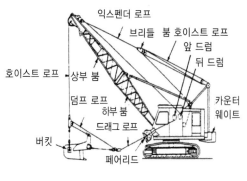

▲ 드래그라인 작업장치

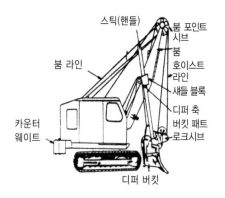

▲ 셔블 작업장치

(4) 셔블 작업

1) 용도

① 기중기에 버킷을 설치하여 토사의 굴토 및 적재작업
② 기중기의 위치보다 높은 장소의 경사면 굴토작업
③ 도로의 기초 공사에 적합
④ 효과적인 작업 각도 : 35~65°

2) 새들 블록

① 붐의 중간에 설치되어 디퍼 스틱의 운동을 안내하는 역할
② 디퍼 스틱의 인입 및 압출 작용을 안내하는 역할

(5) 파일 드라이버(기둥 박기, 항타 작업)

1) 용도

건물의 기초 공사를 할 때 증기 해머, 드롭 해머, 디젤 해머 등을 이용하여 파일 또는 빔을
박거나 뽑는 작업에 적합하다.

2) 디젤 해머

① 연료를 연소시켜 발생되는 폭발력으로 파일을 박는다.
② 파일 박는 속도가 매우 빠르다.
③ 설비 및 유지비가 많이 소요된다.

3) 드롭 해머

① 해머를 낙하시켜 파일을 박는다.

② 낙하 높이에 따라 타격력에 변화를 줄 수 있다.

③ 조정 작업이 간편하고 유지비가 적게 든다.

④ 수중 작업이 곤란하고 파일 박는 속도가 느리다.

4) 증기 해머

① 압축공기나 증기의 압력을 이용하여 파일을 박는다.

② 수중 작업이 용이하다.

5) 스프링잉 현상

① 파일이 측면 진동을 일으키는 현상

② 원인

　　㉠ 파일이 해머와 일직선으로 되지 않았을 때 발생

　　㉡ 파일이 만곡 되었을 때 발생

　　㉢ 직각으로 박히지 않을 때 발생

6) 바운싱 현상

① 항타 작업 시 해머가 튀어 오르는 현상

② 원인

　　㉠ 가벼운 해머를 사용할 때 발생

　　㉡ 파일이 장애물과 접촉될 때 발생

　　㉢ 2중 작동 해머를 사용할 때 발생

　　㉣ 압축공기량이나 증기가 과다할 때 발생

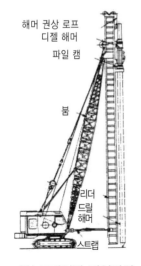

▲ 파일 드라이버 작업장치

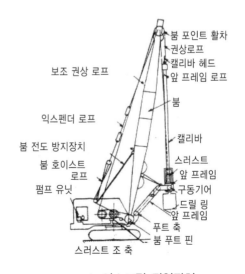

▲ 어스드릴 작업장치

6

건설기계 작업장치

(6) 어스 드릴(구멍 파기 작업)

파일을 박기 위하여 소음 없이 큰 지름의 깊은 구멍을 뚫는 작업에 적합하다.

8 안전장치

(1) 아웃 리거

① 기중기의 작업 시 전후, 좌우 방향을 지지하여 안전성을 유지하는 역할을 한다.
② 트럭 탑재식 기중기의 작업 시 차체의 전도를 방지한다.
③ 기중기의 옆 방향 전도를 방지한다.
④ 유압식일 경우 조정 레버는 1개씩 작동한다.
⑤ 빔을 완전히 펴서 바퀴가 지면에서 뜨도록 한다.
⑥ 평탄하고 단단한 지면에 설치한다.

(2) 붐 전도 방지장치

① 기중 작업 시 케이블이 절단되거나 붐이 후방으로 넘어가는 것을 방지한다.
② 로프식 : 마스터 붐 앞쪽 상부와 터닝 프레임 사이에 붐의 최대 경사각으로 설치된 와이어 케이블에 의하여 붐이 최대 경사각 이상으로 상승되지 않도록 한다.
③ 지주식 : 기중기 붐 뒤편과 A 프레임 사이에 텔레스코픽 지주를 설치하여 붐이 후방으로 넘어가는 것을 방지한다.

(3) 붐 기복 정지 장치

붐 호이스트 레버를 당겨 붐이 최대 제한 각도에 이르면 붐 뒤쪽에 설치된 붐 기복 정지장치의 스토퍼 볼트와 접촉되어 유로를 차단시키거나 붐 호이스트 레버를 중립 위치로 리턴 시켜 붐의 상승을 정지시키는 장치이다.

(4) 권상 과권 방지 경보장치

권상 와이어를 너무 감으면 와이어가 절단되거나 훅 블록이 붐과 충돌되어 파손되는 것을 방지하기 위하여 호이스트 케이블의 필요한 위치에 추를 설치하여 리미트 스위치(전자 접촉기)를 작동시키면 전기회로가 작동되어 경보 벨이 울리도록 한 장치이다.

(5) 과부하 방지장치

붐의 길이와 각도에 따라 각각 정격 하중이 정해져 있지만 초과할 경우에는 기중기가 전도된다. 따라서 기중기의 전도를 방지하기 위하여 호이스트 케이블에 가해지는 장력에 따라서 하중을 표시하는 하중 검출계를 이용하는 식별법과 동시에 정격 하중 초과 시에 경보 벨이 자동적으로 울리도록 한 장치이다.

9 케이블

① 와이어 로프 끝의 고정법 : 합금 고정법, 클립 고정법, 쐐기 고정법
② 케이블 꼬임의 종류
　㉮ S 꼬임 : 갈피를 오른쪽으로 꼰 것
　㉯ Z 꼬임 : 갈피를 왼쪽으로 꼰 것
　㉰ 보통 꼬임 : 소선의 꼬임 방향과 갈피의 꼬임 방향이 반대인 것
　㉱ 랭 꼬임 : 소선의 꼬임 방향과 갈피의 꼬임 방향이 동일한 것

POINT • 우측 랭 꼬임
　충격이 적기 때문에 수명은 길지만 킹크(꼬임)가 생기기 쉽다(원래 성능의 40% 성능밖에 없다).
• 기중작업(호이스트)시 안전상태 확인 높이 : 30cm

04 로더

1 개요

트랙터 앞에 버킷을 설치하여 토사, 자갈. 흙 등을 퍼서 덤프트럭에 실어 주는 건설기계로 크기는 **버킷의 용량**(m^3)으로 나타낸다. 로더는 무한궤도식과 타이어식으로 분류된다.

2 로더의 종류

(1) 무한궤도식

① 슈의 접지 면적이 넓기 때문에 접지압이 낮다.
② 습한 지역이나 모래에서 작업이 용이하다.
③ 견인력이 크고 안정성이 높다.
④ 기동성이 낮아 장거리 작업이 불리하다.

▲ 타이어식 로더

(2) 타이어식(휠형식)

① 기동성이 양호하여 고속 작업이 용이하다.

② 포장 노면을 손상시키지 않는다.

③ 접지압이 높아 습지의 작업이 곤란하다.

④ 암석, 암반 작업 시 타이어가 손상된다.

⑤ 견인력이 작다.

3 로더의 구조

(1) 동력 전달 계통

① 엔진 : 엔진은 동력을 발생하여 구동 바퀴에 전달함과 동시에 유압펌프를 작동

② 토크 변환기 : 엔진의 동력을 변속기에 전달 또는 차단

③ 변속기 : 로더의 전진 또는 후진을 하며, 감속하여 견인력을 증대

④ 트랜스퍼 기어 : 변속기에서 전달되는 동력을 앞뒤 바퀴에 분배

⑤ 추진축과 유니버설 조인트 : 트랜스퍼 기어에서 전달되는 동력을 앞뒤 종감속 장치에 전달

⑥ 차동 기어장치 : 로더가 선회할 때 좌·우측 바퀴의 회전수를 변화시켜 원활한 선회 작용

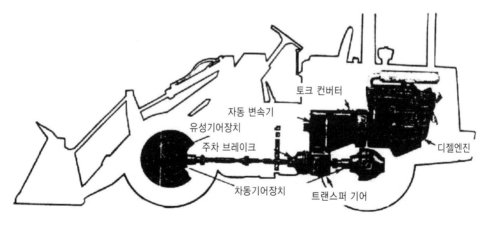

▲ 동력 전달 계통

⑦ 유성 기어장치(최종 감속장치)

ⓐ 종감속 장치에서 전달되는 동력을 감속하여 구동력을 증대시켜 바퀴에 전달한다.

ⓑ 구조 : 선 기어, 유성 기어, 유성 기어 캐리어, 링 기어

ⓒ 선 기어는 차축에 설치되어 있기 때문에 액슬 축에 의해서 회전한다.

ⓔ 링 기어는 액슬 하우징에 고정한다.

ⓜ 유성 기어 캐리어는 바퀴의 허브에 연결한다.

ⓗ 선 기어가 액슬 축에 의해서 회전하면 유성 기어 캐리어가 감속회전을 한다.

(2) 로더의 동력 전달순서

1) 타이어식

엔진 → 토크 컨버터 → 변속기 → 트랜스퍼 기어 → 추진축 및 유니버설 조인트 → 베벨 기어(차동장치) → 액슬축 → 유성 기어식 감속기(파이널 드라이브장치) → 타이어

2) 무한궤도식

엔진 → 토크 컨버터 → 변속기 → 베벨 기어 → 환향 클러치 → 파이널 드라이브 기어 → 스프로킷 → 트랙

(3) 조향장치

타이어식의 경우에는 조향 핸들을 사용하는 동력 조향장치를 이용하고 **무한궤도식**은 페달을 사용하는 환향 클러치식 조향장치를 이용한다.

1) 무한궤도식

환향 클러치(조향 클러치, 스티어링 클러치)는 베벨 기어 하우징에 설치되어 있으며, 베벨 기어의 동력을 스프로킷에 전달 또는 차단하는 역할을 한다. 로더의 방향 변환은 한쪽 스프로킷의 동력을 차단하는 쪽으로 선회한다.

2) 타이어식

① 후륜 조향식

ⓐ 조향 핸들을 작동시키면 뒷바퀴가 방향을 변환하여 선회한다.

ⓑ 안정성은 좋지만 회전 반경이 크다.

ⓒ 협소한 장소에서의 작업이 불리하다.

② 허리 꺾기 조향식

ⓐ 조향 핸들을 작동시키면 앞부분의 차체가 유압실린더에 의해서 굴절되어 방향이 변환된다.

ⓑ 안정성이 나쁘지만 회전 반경이 작다.

ⓒ 협소한 장소의 작업이 용이하여 작업능률이 향상된다.

4 로더의 작업장치

(1) 버킷의 전경과 후경

① 버킷은 틸트 레버에 의해서 작동되며, 레버를 당기면 후경, 밀면 전경, 놓으면 유지된다.

② 틸트 레버는 전경, 중립, 후경 위치의 3부분으로 구성한다.

③ 전경각은 45°, 후경각은 35°이다.

④ 버킷 레벨러 : 버킷의 유압실린더 로드의 행정을 제한하는 기구

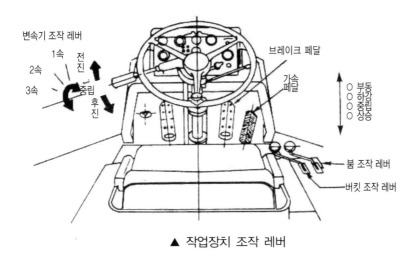

▲ 작업장치 조작 레버

(2) 붐의 상승과 하강

① 붐은 리프트 레버에 의해서 작동되며, 유지 위치에서 당기면 상승, 유지 위치에서 밀면 하강, 부동의 위치로 이동된다.

② 리프트 레버는 상승 위치, 중립 위치, 하강 위치, 유지 위치의 4부분으로 구성된다.

③ 붐 퀵 아웃장치 : 리프트 레버를 작동시켜 붐이 필요한 위치까지 상승 또는 하강하면 자동적으로 리프트 레버가 중립의 위치에 리턴되도록 하는 장치이다.

(3) 클러치 컷오프 밸브

① 컷오프 밸브가 작동할 때 브레이크 페달을 밟으면 변속 클러치가 차단되어 동력이 엔진으로부터 액슬까지 전달되지 않는다. 따라서 경사지에서 작업할 때 브레이크 페달을 밟았을 때 로더가 굴러 내려가지 않도록 하는 밸브이다.

② 경사지에서 작업할 때는 클러치 컷오프 밸브는 업(up) 위치에 놓아 변속 클러치가 계속 접속되도록 하여 로더의 미끄럼을 방지한다.

6
건설기계 작업장치

③ 평지 작업 시에는 클러치 컷오프 밸브를 다운(down) 위치에 놓아 변속 클러치가 해제되도록 하여 제동이 용이하게 이루어지도록 한다.

④ 변속기의 변속 범위에 있을 경우 브레이크 작동 시 순간적으로 변속 클러치가 해제되도록 한다.

⑤ 평지 작업 시 적재(로딩)이나 하역(덤핑)시에 브레이크 페달을 밟아 로더가 정지되었을 때 기관의 동력을 모두 적재나 하역에 사용할 수 있도록 한다.

5 버킷의 종류

(1) 로그 포크 버킷(통나무 집게)

통나무 말뚝, 철재 등을 집어 올려서 운반할 수 있으나 골재 작업은 할 수 없다.

(2) 표준 버킷(일반 버킷)

로더에 많이 사용하는 버킷으로 자갈, 모래, 흙 등의 상차 작업에 사용하며, 굴착력을 증가시키기 위하여 버킷에 투스(tooth)를 설치하여 사용한다.

(3) 다목적 버킷

다목적 작업을 할 수 있는 버킷으로 도저 작업, 로더 작업, 집게 작업 등을 할 수 있을 뿐만 아니라 버킷을 기울이지 않고 아래쪽의 문을 열어서 흙을 덤핑할 수 있다.

▲ 일반 버킷   ▲ 다목적 버킷

(4) 사이드 덤프 버킷

로더를 조향하지 않고 버킷의 흙을 옆으로 덤프트럭에 상차할 수 있으며, 일반 목적 버킷과 같이 앞으로 상차할 수 있는 장점이 있다.

(5) 스켈리턴 버킷

골재 채취장에서 주로 사용되는 버킷으로 토사와 암석 분리에 효과적이다.

▲ 사이드 덤프 버킷　　▲ 스켈리턴 버킷　　▲ 로크 포크 버킷

6 작업 방법

(1) 토사 깎아내기(스트리핑) 작업

① 굴착 작업 시는 버킷을 수평 또는 **약 5°기울여** 토사를 깎기 시작한다.
② 토사를 깎아내는 깊이는 붐을 약간씩 상승시키거나 버킷을 복귀시키는 것으로 조정한다.
③ 로더의 무게가 버킷과 함께 작용되도록 한다.
④ 항상 로우더가 평행이 되도록 한다.

(2) 지면 고르기(그레이딩) 작업

① 지면 고르기 작업은 작업 전에 파여진 부분을 메운다.
② 지면 고르기 작업을 한번 마친 후 로더를 **45°회전시켜서 반복**한다.
③ 지면은 북쪽과 남쪽, 동쪽과 서쪽 방향의 순서로 고른다.

(3) 제방이나 쌓여 있는 흙더미 작업

① 버킷은 지면으로부터 약 60~90cm 정도 올리고 이동한다.
② 흙더미로 전진할 때는 변속 레버를 전진 1단에 둔다.
③ 버킷의 날을 지면과 나란히 한다.
④ 삽날이 흙더미로 파고 들어간 다음부터 붐을 약간씩 상승시킨다.

(4) 굴착 작업

① 지면이 단단하면 버킷에 이(투스, 갈퀴)를 부착하고 작업한다.
② 굴착 작업은 항상 버킷의 날을 평면이 되도록 한다.

③ 버킷에 물체를 가득 채웠을 때는 뒤로 오므려서 큰 힘을 받을 수 있게 한다.

(5) 굴착면에 로더를 진입하는 요령

① 굴착면에 직각으로 진입한다.
② 급변속 및 급브레이크의 조작은 하지 않는다.
③ 돌출된 곳의 진입은 피하도록 한다.

(6) 습한 지반과 모래 지반에서 작업 시 주의사항

① 슬립 및 고속 회전을 금한다.
② 급브레이크의 조작을 금한다.
③ 급선회 및 급변속을 금한다.

(7) 상차 작업

1) 상차 작업의 종류

① 직진 후진법(I 형)
　㉠ 로더가 흙더미로 전진하여 버킷에 토사를 채운 후 후진한다.
　㉡ 덤프트럭이 흙더미와 버킷 사이로 들어온다.
　㉢ 로더가 전진하여 덤프트럭에 토사를 상차한다.
② V 형(45°) 상차법
　㉠ 덤프트럭을 한 장소에 정지시킨다.
　㉡ 로더가 전진하여 버킷에 토사를 채운 후 후진한다.
　㉢ 로더를 덤프트럭 쪽으로 방향을 바꾸어 전진하여 토사를 덤프트럭에 상차한다.
③ 90°(T 형, L 형)회전법
　㉠ 협소한 장소에서 작업 시 이용한다.
　㉡ 비교적 작업 효율이 낮다.
　㉢ 덤프트럭과 로더가 나란히 서고 로더가 전진하여 버킷에 토사를 채운 후 후진한다.
　㉣ 로더를 90° 방향으로 회전하여 토사를 덤프트럭에 상차한다.

2) 상차 작업의 요령

① 토사를 적재할 때 덤프트럭은 흙더미 주위에 90° 각도로 세워 놓는다.
② 토사를 적재할 때 로더는 토사 더미와 덤프트럭에 45° 각도로 유지하면서 상차한다.
③ 토사를 버킷에 채운 후 버킷을 지면에서 **60~90cm** 정도 올려서 주행한다.
④ 토사를 상차할 때 버킷이 덤프트럭 옆에서 약 3.0~3.7m 정도 떨어졌을 때 로더의 방향을 바꾸어 토사를 덤프트럭에 상차한다.

출제예상문제

굴착기

1 다음 중 굴착기의 트랙이 잘 벗겨지는 이유로 가장 적당한 것은?

① 전부 유동륜의 정렬이 맞지 않다.
② 후부 유동륜의 정렬이 맞지 않다.
③ 트랙 슈의 정렬이 맞지 않다.
④ 리코일 스프링의 정렬이 맞지 않다.

[해설] 트랙이 벗겨지는 원인
• 트랙의 긴장도가 느슨할 때
• 전부 유동륜과 스프로켓 중심이 맞지 않을 때
• 전부 유동륜. 상, 하부 롤러. 스프로켓의 마모 및 마손시
• 주행중 급선회
• 경사면의 경사횡면 주행시
• 스프로켓의 측면 마모가 심할 때

2 상부 선회체에 해당하는 부품이 아닌 것은?

① 원동기   ② 크롤러
③ 카운터 웨이트   ④ 선회 프레임

3 무한궤도식 트랙터에 리코일 스프링을 이중 스프링으로 사용하는 이유는?

① 강한 탄성을 얻기 위해서
② 서징 현상을 줄이기 위해서
③ 스프링이 잘 빠지지 않기 위해서
④ 리코일 스프링은 2개의 스프링이 필 요하므로

4 트랙장력을 보호하기 위해 둔 장치는?

① 리코일 스프링
② 언더 캐리지
③ 링크 핀, 부싱
④ 상부 롤러

5 하부 롤러가 5개 있는 것은 스프로킷 옆에 무슨 롤러가 설치 되는가?

① 더블 롤러
② 싱글 롤러
③ 아이들 롤러
④ 캐리어 롤러

[해설] 싱글롤러를 사용하며 트랙의 진로를 안내하기 위함이다.

6 벼랑의 암석 굴착작업으로 다음 중 안전한 작업방법은?

① 스프로킷을 앞쪽으로 두고 작업한다.
② 중력을 이용한 굴착을 한다.
③ 신호자는 조종자 뒤에서 신호를 한다.
④ 트랙 앞쪽에 트랙 보호 장치를 한다.

[해설] 트랙의 앞쪽에 트랙의 보호장치를 하여 암석 등에 의한 트랙 및 하부 주행체를 보호하며 작업에 임한다.

7 굴착기로서 행하기 어려운 작업은?

① 상차작업   ② 제설작업
③ 평탄작업   ④ 굴착작업

8 다음 굴착기 작업 중 틀린 것은?

① 버킷으로 옆으로 밀거나 스윙시 충격을 이용하지 말 것

② 하강하는 버킷이나 붐의 중력을 이용하여 굴착할 것

③ 굴착부를 주의 깊게 관찰하며 작업할 것

④ 과부하를 받으면 버킷을 지면에 내리고 모든 레버를 중립으로 리턴 시킬 것

9 경사면 작업 시 전복사고를 유발시킬 수 있는 행위가 아닌 것은?

① 붐이 부착되지 않은 경우에 좌·우측으로만 회전시킬 때

② 안전한 작업 반경을 초과해서 짐을 이동할 때

③ 붐 포인트가 최대각도로 올라갔을 때 회전을 서서히 시작할 때

④ 작업 반경을 보정하기 위하여 붐을 올리지 않고 붐을 회전할 때

10 타이어식 굴착기의 조향방식으로 옳은 것은?

① 전륜 조향식이며 기계식이다.

② 전륜 조향식이며 유압식이다.

③ 후륜 조향식이며 기계식이다.

④ 후륜 조향식이며 유압식이다.

11 굴착기의 급유를 해야 할 곳에 급유오일로서 바르게 연결된 것은?

① 붐·암·버킷 실린더 핀 : 기어오일

② 선회 베어링 : 그리스

③ 주행 감속기 : 엔진오일

④ 변속기 : 작동유

12 트랙장력을 조정하기 위한 준비사항으로 맞는 것은?

① 트랙에 있는 모든 불순물을 제거한다.

② 장비를 언덕받이 등에 위치시킨다.

③ 장비를 후진으로만 이동시킨다.

④ 브레이크를 사용하지 않고 변속 레버를 중립으로 이동하여 장비를 정지시킨다.

해설 장비를 평탄면에 브레이크를 사용하지 아니하고 자연적으로 정차시켜 트랙이 팽팽하지 않게 한 다음 장력을 점검 조정한다.

13 굴착기의 작동유를 교환하는 기간은 일반적으로 어느 정도인가?

① 1개월　　　　② 3개월

③ 1년　　　　　④ 3년

14 무한궤도식 굴착기는 몇 % 구배의 평탄하고 견고한 지면을 등판할 수 있는 능력을 갖추어야 하는가?

① 15%　　　　② 25%

③ 30%　　　　④ 40%

해설 등판능력 및 제동능력
• 무한궤도식 : 30%
• 타이어식 : 25%

15 굴착기 파이널 드라이브 장치의 일반적인 오일 교환시기로 적당한 것은?

① 500시간　　　② 1,000시간

③ 1,500시간　　④ 2,000시간

16 굴착기의 트랙 유격은 무엇으로 조정하는가?

① 핀
② 상부 롤러
③ 프로펠러 체인
④ 조정 너트

해설 트랙의 긴장도 조정방법
• 기계식 : 조정 스크류를 회전 시켜 조정하는 방법
• 유압식 : 그리스를 주입하는 방법

17 굴착기의 작업에서 안전사항에 적당한 것은?

① 장거리 주행 시에는 붐을 진행방향과 반대방향으로 향하게 한다.
② 흙이 묻은 롤러는 윤활제를 급유 하여 롤러를 보호한다.
③ 후진시킬 때에는 후진 후 사람이나 장애물을 확인한다.
④ 무거운 하중은 5~10cm 들어 올려 보아서 안전을 확인한 후 본 작업에 임한다.

18 굴착기에서 트랙을 팽팽하게 하기 위해서 다음 중 무엇을 주유 하는가?

① 엔진오일   ② 기어오일
③ 그리스   ④ 유압오일

19 무한궤도식 굴착기 트랙의 구성품으로 알맞는 것은?

① 핀, 부싱, 롤러, 링크
② 슈, 링크, 부싱, 동판
③ 핀, 부싱, 링크, 슈
④ 슈, 링크, 동판, 롤러

20 무한궤도식 굴착기의 전체 무게를 지지해 주는 부품은 다음 중 어느 것인가?

① 캐리어 롤러
② 트랙 롤러
③ 프런트 아이들러
④ 스프로킷

해설 트랙(하부)롤러 : 장비의 중량을 지면에 고르게 분포시킨다.

21 트랙의 장력을 팽팽히 하려면?

① 트랙 프레임에 있는 그리스 실린더에 그리스를 주입시킨다.
② 버킷으로 트랙을 눌러 준다.
③ 트랙 슈를 한 장 떼어 내고 다시 부착한다.
④ 직경이 큰 하부 롤러로 바꾸어 끼운다.

22 다음은 굴착기 작업 중 조종사가 지켜야 할 안전수칙이다. 틀린 것은?

① 조종석을 떠날 때는 기관을 정지시켜야 한다.
② 후진 작업 시에는 장애물이 없는지 확인한다.
③ 조종자의 시선은 반드시 조종 패널만을 주시해야 한다.
④ 붐 등이 고압선에 닿지 않도록 주의한다.

해설 조종자의 시선은 버킷의 위치와 신호수의 신호 및 조종패널을 주시해야 한다.

23 굴착 작업 시 진행 방향으로 옳은 것은?

① 전진   ② 후진
③ 선회   ④ 우방향

6
건설기계 작업장치

해설 굴착작업 방법
- 직진 굴착작업 : 후진하면서 똑바로 굴착하는 방법
- 병진 굴착작업 : 굴착할 부분과 하부추진체를 나란히 하고 상부회전체는 하부 추진체에 대하여 90°선회한 후 이동하면서 굴착하는 방법

24 비탈길을 내려갈 때의 방법으로 가장 적당한 것은 다음 중 어느 것인가?

① 브레이크 페달과 핸드 브레이크를 서로 바꾸어 사용한다.
② 브레이크 페달을 세게 밟는다.
③ 저속 기어를 넣고 엔진 브레이크를 걸면서 브레이크 페달을 사용한다.
④ 후진 기어를 넣고 핸드 브레이크를 사용한다.

해설 내리막길을 주행할 때에는 저속 기어로 엔진 브레이크를 걸고 풋 브레이크로 속도를 조절하면서 하행한다.

25 엑스카베이터의 회전 장치의 부품이 아닌 것은?

① 회전 모터
② 링 기어
③ 피니언 기어
④ 레디얼 펌프

26 유압식 굴착기에 사용되는 유압모터는 일반적으로 몇 개가 사용되는가?

① 1개
② 2개
③ 3개
④ 4개

해설 굴착기에 사용되는 유압모터 : 주행용 모터로 좌·우 각 1개씩과 스윙용 모터로 1개가 설치되어 있다.

27 굴착기 기관에는 소형 공기압축기가 설치되어 있다. 이 압축공기가 반드시 필요한 곳은?

① 경적
② 컨트롤 밸브
③ 유압 탱크
④ 하부 주행 장치

28 굴착기의 스프로킷에 가까운 쪽의 롤러는 어떤 형식을 사용 하는가?

① 싱글 플랜지형
② 더블 플랜지형
③ 플랫형
④ 오프셋형

29 다음 중 굴착기의 붐은 무엇에 의하여 상부 회전체에 연결되는가?

① 테이퍼 핀
② 푸트 핀
③ 링 핀
④ 코터 핀

해설 상부 회전체와 전부장치의 연결은 푸트 핀에 의해 설치되어 있다.

30 굴착기의 트랙 유격이 너무 크면 어떤 현상이 일어 나는가?

① 주행속도가 빨라진다.
② 슈판 마모가 급격해 진다.
③ 주행속도가 아주 늦어진다.
④ 트랙이 벗겨지기 쉽다.

해설 트랙의 유격이 너무 크면 주행 또는 작업 중 트랙이 벗겨지기 쉽다.

31 굴착기의 3대 주요 구성품으로 가장 적당한 것은?

① 상부 회전체, 하부 추진체, 중간 선회체

② 작업장치, 하부 추진체, 중간 선회체

③ 작업장치, 상부 선회체, 하부 추진체

④ 상부 조정장치, 하부 회전장치, 중간 동력장치

32 다음은 휠 타입 굴착기의 정지에 관한 사항이다. 맞는 것은?

① 가속 페달을 힘껏 누른다.

② 클러치를 밟고 변속 레버(변속기어)를 중립 위치에 놓는다.

③ 버킷을 땅에 내려놓아 장비를 멈춘다.

④ 엔진을 먼저 끄고, 브레이크를 밟아 장비를 세운다.

해설 **장비의 정지요령** : 브레이크 페달을 가볍게 밟아 속도를 감속한 후 클러치 페달과 브레이크 페달을 밟아 장비를 멈춘 다음 변속 레버를 중립의 위치로 한다.

33 굴착기가 전·후 주행이 되지 아니할 때 점검개소 중 틀린 것은?

① 유니버설 조인트의 스플라인 부분을 점검한다.

② 유성 기어장치를 점검한다.

③ 액슬 축의 절단여부를 점검한다.

④ 붐 하이드로닉 실린더의 유압을 점검한다.

34 굴착기가 주행 중 주행방향이 틀어지고 있다. 다음 중 그 원인과 가장 관계가 적은 것은?

① 트랙의 균형이 맞지 않을 때

② 유압 라인에 이상이 있을 때

③ 트랙 슈가 약간 마모되었을 때

④ 지면이 불규칙적일 때

35 굴착기의 굴착력이 부족한 원인이 아닌 것은?

① 유압펌프의 고장

② 컨트롤 밸브의 고장

③ 유압이 규정보다 낮다.

④ 안전밸브의 압력이 규정보다 높다.

해설 **굴착력의 부족 원인**
• 유압유 부족
• 유압펌프의 고장
• 컨트롤 밸브의 고장
• 유압유의 누설
• 회로 내 공기 유입

36 굴착기의 작업 시 속도조절은 무엇으로 하는가?

① 스로틀 레버

② 컨트롤 레버

③ 환향 클러치 레버

④ 마스터 클러치 레버

37 유압식 굴착기의 주행동력으로 이용되는 것은?

① 유압모터   ② 전기 모터

③ 변속기 동력   ④ 차동장치

38 다음 중에서 굴착기의 정차 및 주차 방법으로 틀린 것은?

① 평탄한 지면에 정차시키고 침수 지역은 피한다.

② 붐, 암 및 버킷을 최대로 오므리고 레버를 중립 위치에 놓는다.

③ 경사지에서는 트랙 밑에 쐐기를 고여 안전하게 한다.

④ 연료를 충만하고 각 부를 청소하며 그리스를 급유한다.

39 유압 셔블 상부 회전체가 선회하지 않는 원인이 아닌 것은?

① 쿠션(브레이크) 밸브의 불량

② 스틸 볼의 손상 또는 파손

③ 유압실린더의 내부 누출

④ 릴리프 밸브 설정압이 낮다.

40 굴착기의 유압계통 조작레버(기계식 레버)가 중립으로 되돌아오지 않는 원인이 아닌 것은?

① 컨트롤 밸브 스프링의 불량

② 컨트롤 밸브 스프링의 고착

③ 펌프에 공기가 들어 있다.

④ 조작레버 링크의 불량

해설 조작레버가 중립으로 되돌아오지 않는 원인
• 컨트롤 밸브 스프링의 고착
• 컨트롤 밸브 스프링의 불량
• 컨트롤 밸브 피스톤 불량
• 조작레버의 링크 불량

41 무한궤도식 굴착기의 주행요령 중 틀린 것은?

① 가능하면 평탄한 길을 택하여 주행한다.

② 요철이 심한 곳에서는 엔진 회전수를 높여 신속히 통과한다.

③ 돌 등이 주행모터에 부딪히거나 올라타지 않도록 한다.

④ 연약한 땅을 피해서 간다.

42 굴착기로 정지작업 시 붐의 각도는 다음 중 어느 것이 가장 적당 한가?

① 10~15°

② 15~30°

③ 35~40°

④ 70~90°

43 굴착작업 시 작업능력이 떨어지는 가장 큰 이유는?

① 탱크의 오일 결핍

② 릴리프 밸브의 조정 불량

③ 오일의 냉각

④ 채터링 현상

44 다음 중 트랙이 자주 벗겨지는 원인으로 관계가 없는 것은?

① 트랙의 장력이 팽팽할 때

② 트랙의 정렬이 맞지 않을 때

③ 상부 롤러의 마모 및 파손 시

④ 고속 주행 중 급선회를 할 때

45 굴착기 붐의 자연 하강량이 많다. 원인이 아닌 것은?

① 유압실린더의 내부 누출

② 유압 작동 압력이 과도하게 낮다.

③ 유압실린더의 배관이 파손되었다.

④ 컨트롤 밸브의 스풀에서 누출이 많다.

해설 굴착기 붐의 자연 하강량이 많은 원인
- 유압실린더의 내부 누출
- 컨트롤 밸브의 누출
- 고무호스, 배관, 이음쇠부의 누출
- 유압실린더 피스톤 패킹의 마모

46 굴착기를 주차시키고자 할 때의 방법으로 옳지 않은 것은?

① 단단하고 평탄한 지면에 장비를 정차시킨다.
② 어태치먼트는 장비 중심선과 일치시킨다.
③ 유압계통의 압력을 완전히 제거한다.
④ 실린더의 로드를 노출시켜 놓는다.

47 조향장치가 조향이 안 되거나 또는 급조향, 완조향이 안 될 때의 원인이 아닌 것은?

① 슬롯 엔드의 긴 구멍과 핀의 유격이 과대 마모되었을 때
② 스프링이 약해져서 슬라이딩 클러치의 복귀 작용이 잘 안될 때
③ 로드 포크가 휘었을 때
④ 구동기어가 마모되었을 때

해설 구동기어가 마모 되어있으면 조향장치의 유격이 커지며 작동은 가벼워진다.

48 굴착기를 크레인 등으로 들어 올릴 때 주의사항으로 틀린 것은?

① 굴착기의 중량에 맞는 크레인을 사용한다.
② 굴착기의 앞부분부터 들리도록 와이어를 묶는다.

③ 와이어는 충분한 강도가 있어야 한다.
④ 배관 등에 와이어가 닿지 않도록 한다.

49 다음 중 트랙이 가장 잘 벗겨지는 이유로 옳은 것은?

① 전(앞) 유동바퀴의 정렬이 불량한 때
② 리코일 스프링의 정렬이 약할 때
③ 리코일 스프링의 정렬이 잘 되어 있지 않을 때
④ 트랙 롤러의 정렬이 잘 되어 있지 않을 때

50 다음 중 굴착기를 트럭에 상차할 때 붐은 어느 쪽으로 향하여야 하는가?

① 앞 방향
② 뒤 방향
③ 옆 방향
④ 아무 방향이나 관계없다.

해설 굴착기의 전부장치는 트레일러 및 트럭의 후방을 향하도록 하여야 한다.

51 하부 추진체가 휠로 되어 있는 굴착기가 커브를 돌 때 회전을 원활하게 해주는 장치는?

① 변속기
② 트랜스퍼 케이스
③ 최종 구동장치
④ 차동장치

해설 차동장치로서 랙과 피니언의 원리를 이용 선회시에 좌·우 바퀴의 회전차를 발생하여 무리 없이 선회가 이루어 지도록 한다.

6
건설기계 작업장치

52 굴착기를 트레일러에 상차할 때의 사항으로 틀린 것은?

① 반드시 경사대를 사용하여 상차한다.
② 경사대는 충분한 강도가 있어야 한다.
③ 경사대가 없을 때에는 버킷으로 차체를 들어 올려 상차한다.
④ 경사대에 오르기 전에 방향위치를 정확히 한다.

해설 트레일러에 상차하는 방법
• 경사대를 이용하는 방법
• 잭업 방법
• 기중기에 의한 탑승방법

53 유압 셔블의 특징을 설명한 것으로 틀린 것은?

① 회전 부분의 용량이 크다.
② 보수가 쉽다.
③ 프런트의 교환이 쉽다.
④ 주행이 용이하다.

54 굴착기의 주행 장치 중 트랙장력 조정은 다음 중 무엇으로 하는가?

① 스프로킷 이동
② 상부롤러 이동
③ 하부 롤러 이동
④ 아이들러 이동

해설 아이들러를 이동시켜 조정하는 것으로 유압식과 기계식이 있다.

55 굴착기의 수중 작업 시 정비방법 중 옳은 것은?

① 굴착 로크의 작동을 점검한다.
② 주행장치는 작업 전에 물로 세척한다.
③ 트랙의 핀과 분할 핀의 접촉상태 양, 부를 점검한다.

④ 주행 장치는 40~50 시간마다 급유한다.

해설 주행장치는 작업전과 주행시간 1시간마다.(최대 4시간이내) 주유를 하며, 오일의 누출여부 등을 점검하며, 트랙의 핀과 분할 핀의 접촉상태 등을 점검한다.

56 굴착기의 주행 장치 중 트랙에 오는 충격을 완화시켜 주는 장치는?

① 슈　　　　　② 상부 롤러
③ 리코일 스프링　④ 하부 롤러

57 크롤러식 굴착기에서 상부 회전체의 회전에도 영향을 받지 않고 주행 모터에 오일을 공급할 수 있는 부품은 어느 것인가?

① 컨트롤 밸브　　② 센터 조인트
③ 킹핀　　　　　④ 턴 테이블

해설 센터 조인트 : 스위블 조인트라고도 부르며, 배관의 일종인 기계적 이음체로서 상부회전체의 회전에도 영향을 받지 않고 상부 회전체의 오일을 하부 주행모터에 공급하기 위한 장치이다.

58 트랙 슈의 주유방법으로 옳은 것은?

① 엔진오일
② 그리스
③ 기어오일
④ 주유하지 않는다.

해설 트랙 슈는 견인력을 증가시켜 주기 위한 발판으로 주유를 해서는 안된다.

59 경사길에서 굴착기를 좌회전 하고자 할 때 회전방향은 어느 쪽으로 해야 하는가?

① 우측 회전　　　② 좌측 회전
③ 좌·우 회전　　④ 뒤로 회전

해설 경사지에서 회전을 하고자 할 때에는 후진으로 회전을 하여야 한다.

60 다음 중 굴착기의 하부 주행체를 구성하는 요소가 아닌 것은?

① 선회 로크 장치 ② 주행 모터
③ 스프로킷　　　　 ④ 트랙

61 굴착기의 조종 중 동시 작동이 불가능하거나 해서는 안 되는 작동은 다음 중 어느 것인가?

① 굴착하면서 선회한다.
② 붐을 들면서 덤핑한다.
③ 붐을 낮추면서 선회한다.
④ 붐을 낮추면서 굴착한다.

해설 굴착작업을 하면서 선회를 하게 되면 전부장치에 무리한 부하로 인하여 붐대 또는 암대의 휨을 초래하게 된다.

62 굴착기의 힘이 약할 때 원인이 되는 것은?

① 메인 릴리프 밸브의 설정압력이 낮다.
② 과부하 릴리프 밸브의 설정압력이 낮다.
③ 브레이크 밸브의 설정압력이 낮다.
④ 배터리에 충전이 안되고 있다.

해설 메인 릴리프 밸브의 설정압력이 약하면 굴착기의 작업장치의 출력이 약화되면서 유압장치에 과부하가 걸리게된다.

63 굴착기의 작업속도가 느릴 때 원인이 되는 것은?

① 배터리가 조기 방전되었을 때
② 발전기 레귤레이터가 작동이 안 될 때
③ 작동유가 너무 많을 때
④ 유압펌프의 효율이 낮을 때

해설 굴착기의 작업효율은 유압펌프의 효율과 유압 조절 밸브의 설정압력에 의해 결정된다.

64 굴착기의 난기운전이란?

① 엔진을 충분히 예열 시킨 후 시동하는 것을 말한다.
② 작업 전에 굴착기의 작동유를 충분히 가열시키는 것을 말한다.
③ 과격하게 작동하는 것을 말한다.
④ 작업 종료 후 엔진을 충분히 가열시킨 후 정지하는 것을 말한다.

해설 난기운전 : 기관을 시동하여 작업에 바로 임하면 유압기기에 무리한 부하와 유압기기의 급작스런 조작으로 인한 고장을 유발하게 되므로 작동유의 온도를 최소한 20℃ 이상이 되도록 가기 위한 운전을 말한다.

65 전부 유동륜의 기능으로 옳은 것은?

① 트랙의 진행 방향을 유도한다.
② 트랙을 구동시킨다.
③ 롤러를 구동시킨다.
④ 제동작용을 한다.

해설 전부유동륜은 하부추진체의 가장 앞부분에 설치되어 트랙을 유도하여 원활한 회전과 선회시 주행방향을 유도한다.

66 굴착기 스윙 모터로서 일반적으로 가장 많이 사용되고 있는 형식은?

① 기어 모터
② 레디얼 피스톤 모터
③ 베인 모터
④ 트로코이드 펌프

해설 굴착기의 스윙 모터는 일반적으로 레디얼형(플런저식) 스윙모터를 사용한다.

6
건설기계 작업장치

67 유압식 굴착기의 주행레버 2 개를 동시에 반대방향으로 작동시키면 굴착기의 중심을 기점으로 차체가 회전한다. 이것을 무슨 회전이라 하는가?

① 피벗 턴
② 스핀 턴
③ 와이드 턴
④ 라운드 턴

조향의 종류
• 완만회전(pivot turn) : 한쪽의 주행레버만으로 회전을 하는 것.
• 급회전(spin turn) : 좌·우측의 주행레버를 동시에 서로 반대로 밀고 당겨서 차체를 중심으로 양쪽 트랙이 움직여 회전하는 것

68 굴착기의 양쪽 주행레버만 조작하여 급회전하는 것을 무슨 회전이라 하는가?

① 완만회전
② 스핀 회전
③ 피벗 회전
④ 원웨이 회전

69 다음 중 굴착기의 유압펌프에 사용되는 기구상의 종류에 속하지 않는 것은?

① 기어 펌프
② 베인 펌프
③ 플런저 펌프
④ 센트리 퓨걸 펌프

유압펌프의 종류로는 기어식, 플런저식, 베인식, 로터리식이 있다.

70 유압식 셔블 장치의 작업 시 붐의 각도로 다음 중 가장 적합한 것은?

① 15~25°
② 25~35°
③ 35~65°
④ 60~85°

71 유압식 굴착기의 상부 선회체에서 오일을 하부 주행체로 연결시켜주는 기능을 가진 배관의 일종인 이 부품의 명칭은?

① 센터 조인트
② 링 기어
③ 피니언 기어
④ 어큐뮬레이터

72 십자 레버를 가진 엑스카베이터는 동시에 몇 가지 동작이 가능한가?

① 1가지
② 2가지
③ 4가지
④ 6가지

좌·우측의 레버로 동시에 4가지의 동작을 할 수 있다.

73 다음 중 굴착기의 안전수칙에 대한 설명이 잘못된 것은?

① 버킷이나 하중을 달아 올린 채로 브레이크를 걸어 두어서는 안 된다.
② 운전석을 떠날 때에는 기관을 정지시켜야 한다.
③ 장비로부터 다른 곳으로 옮길 때에는 반드시 선회 브레이크를 풀어놓고 장비로부터 내려와야 한다.
④ 무거운 하중은 5~10cm 들어 올려 보아서 브레이크나 기계의 안전을 확인한 다음 작업에 임하도록 한다.

장비를 주차시키거나 이동 또는 장비로부터 떠나고자 할 경우에는 선회 브레이크를 걸어야 한다.

74 굴착기의 전체 무게를 지지해 주는 부품은 다음 중 어느 것인가?

① 캐리어 롤러
② 트랙 롤러
③ 프런트 아이들러
④ 스프로킷

75 센터 조인트(선회이음)의 기능이 아닌 것은?

① 압력 상태에서도 선회가 가능한 관이음이다.

② 상부 회전체의 오일을 주행 모터에 전달한다.

③ 스위블 조인트라고도 한다.

④ 스윙 모터를 회전시킨다.

76 굴착기의 붐 제어 레버를 계속 상승위치로 당기고 있으면 다음 중 어느 곳에 가장 많은 손상이 오는가?

① 오일 펌프　　② 엔진

③ 유압모터　　④ 릴리프 밸브

해설 붐 제어레버(컨트롤 레버)를 계속 당기고 있으면 릴리프 밸브에 채터링 현상이 발생되어 손상되기 쉽다.

77 굴착기에서 기동전에 해야 할 일과 관계가 없는 것은?

① 레버가 정위치에 있는가 확인

② 계기의 지침이 정위치에 있는가 확인

③ 유압기기의 작동 상태 확인

④ 윤활유의 양 점검

해설 유압기기의 작동은 시동 후의 점검사항이다.

78 무한궤도 주행식 굴착기의 조향작용은 무엇으로 행하는가?

① 유압모터

② 유압펌프

③ 조향 클러치

④ 브레이크 페달

해설 유압식은 유압모터에 의해 이루어지나 무한궤도식은 조향클러치에 의해 이루어진다.

79 무한궤도식 굴착기에서 상부 롤러의 설치 목적은?

① 전부 유동륜을 고정한다.

② 기동륜을 지지한다.

③ 트랙이 처지는 것을 방지한다.

④ 리코일 스프링을 지지한다.

80 하부 추진 장치에 대한 조치사항 중 틀린 것은?

① 트랙의 장력은 38~50mm 로 조정한다.

② 트랙장력의 조정방법에는 그리스 주입식이 있다.

③ 마멸 및 균열이 있으면 교환한다.

④ 프레임에 휨이 생기면 프레스로 수정하여 사용한다.

해설 트랙의 일반적인 장력은 25~40mm 정도이다.

81 스프로킷 허브 주위에서 오일이 누설되는 원인은?

① 트랙 프레임의 균열

② 트랙 장력이 팽팽할 때

③ 내, 외측 듀콘 실(duo cone seal)의 파손

④ 작업장이 험할 때

해설 허브에는 엔진오일을 주입하므로 주위에는 듀콘 실을 사용하여 오일의 누설을 방지한다.

82 유압식 굴착기의 고압 호스가 자주 파열된다. 그 원인과 관계가 있는 것은?

① 유압펌프의 고속 회전

② 조정 밸브의 조정 불량

③ 릴리프 밸브의 설정유압이 높다.

④ 유압모터의 고속 회전

6

건설기계 작업장치

83 크롤러형 유압식 굴착기의 주행 동력으로 이용되는 것은?

① 전기 모터
② 유압모터
③ 변속기 동력
④ 차동장치

84 작업장에서 굴착기의 이동 및 선회 시에 먼저 하여야 할 것은?

① 경적 울림
② 버킷 내림
③ 급방향 전환
④ 굴착 작업

> 해설 장비를 이동하거나 선회시에는 버킷을 지면 가까이 내린 다음 주의의 환경이나 장애물 등을 확인한 다음 이동 또는 선회를 한다.

85 일반적으로 굴착기에 사용되는 유압모터의 형식은?

① 플런저식
② 기어식
③ 베인식
④ 롤러식

> 해설 굴착기에 사용되는 유압모터는 주로 레디얼형 플런저 모터를 사용한다.

86 굴착기의 작업장치에 그리스는 몇 시간마다 주유하는 것이 좋은가?(단, 보통 작업 조건에서)

① 매 시간마다
② 10시간마다
③ 20시간마다
④ 30시간마다

> 해설 그리스의 주유는 자주 하는 것이 좋으나 일반적으로 최대 10시간이 한계이다.

87 일일 점검을 하는 목적 중 맞는 것은?

① 시동을 잘 걸고 작업을 빨리 하기 위하여
② 장비의 노후화를 방지하기 위하여
③ 조기 정비의 목적으로
④ 장비의 수명 연장과 고장 유무를 확인하기 위하여

> 해설 일상점검의 목적은 장비의 수명연장과 고장 등을 미연에 방지하여 불의의 사고를 예방하는데 있다.

88 다음 중 효과적인 굴착작업이 아닌 것은?

① 붐과 암의 각도를 80~110°정도로 선정한다.
② 버킷 투스의 끝이 암 작동보다 안으로 내밀어야 한다.
③ 버킷은 의도한 위치대로 하고 붐과 암은 계속 변화시키면서 굴착한다.
④ 굴착 후 암을 오므리면서 붐을 상승 위치로 변화시켜 하역위치로 스윙한다.

89 굴착기의 작업 중 운전자가 관심을 가져야 할 사항 중 틀린 것은?

① 공기 압력 게이지 확인
② 온도 게이지 확인
③ 작업 속도 게이지 확인
④ 장비의 잠음 상태 확인

90 작업 중 디퍼 이빨(팁)이 절단되었을 때 수리방법으로 옳은 것은?

① 우측 절토기를 떼어 낸다.
② 이빨키를 빼고 새 이빨로 결합한다.
③ 이빨키를 빼고 좌측 절토기에 리브를 댄다.
④ 측방 절토기 너트를 빼고 새 이빨로 결합한다.

91 다음 중 굴착기의 붐 길이로 볼 수 있는 것은?

① 붐의 푸트핀 중심에서 암 고정핀의 중심까지의 거리
② 굴착기의 중심위치에서 푸트핀 중심까지의 거리
③ 굴착기의 중심위치에서 암 고정핀 중심까지의 거리
④ 암 고정핀 중심에서 버킷 고정핀 중심까지의 거리

92 굴착기 작업 중 충전 경고등이 켜지면 제일 먼저 다음 중 어느 것을 점검해야 하는가?

① 발전기
② 오일 여과기
③ 축전지
④ 유압실린더

해설 충전 경고등의 점등은 충전불량에 기인함으로 발전기 및 충전장치를 점검한다.

93 무한궤도식 굴착기의 부품이 아닌 것은?

① 유압펌프
② 오일쿨러
③ 자재이음
④ 주행모터

94 트랙장치에서 트랙과 아이들러의 충격을 완화시키기 위해 설치한 것은?

① 스프로켓
② 리코일스프링
③ 상부롤러
④ 하부롤러

95 무한궤도식 건설기계에서 트랙의 스프로켓이 이상 마모되는 원인으로 가장 적절한 것은?

① 트랙의 이완
② 오일펌프 고장
③ 릴리프 밸브 고장
④ 댐퍼 스프링의 장력 약화

96 트랙 슈의 종류가 아닌 것은?

① 고무 슈
② 4중 돌기 슈
③ 3중 돌기 슈
④ 반이중 돌기 슈

97 굴착공사 중 적색으로 된 도시가스 배관을 손상시켰으나 다행히 가스는 누출되지 않고 피복만 벗겨졌다. 이때의 조치사항으로 가장 적합한 것은?

① 해당 도시가스회사에 그 사실을 알려 보수하도록 한다.
② 가스가 누출되지 않았으므로 그냥 되메우기 한다.
③ 벗겨지거나 손상된 피복은 고무판이나 비닐테이프로 감은 후 되메우기 한다.
④ 벗겨진 피복은 부식방지를 위하여 아스팔트를 칠하고 비닐테이프로 감은 후 직접 되메우기 한다.

6

건설기계 작업장치

98 도시가스가 공급되는 지역에서 굴착공사를 하기 전에 도로 부분의 지하에 가스배관의 매설 여부는 누구에게 요청하여야 하는가?

① 굴착공사 관할 시장·군수·구청장
② 굴착공사 관할 정보지원센터
③ 굴착공사 관할 경찰서장
④ 굴착공사 관할 시·도지사

99 굴착기 작업 중 운전자가 하차 시 주의사항으로 틀린 것은?

① 엔진 정지 후 가속 레버를 최대로 당겨 놓는다.
② 타이어식의 경우 경사지에서 정차시 고임목을 설치한다.
③ 버킷을 땅에 완전히 내린다.
④ 엔진을 정지시킨다.

100 무한궤도식 굴착기의 트랙 유격을 조정할 때 유의사항으로 잘못된 방법은?

① 트랙을 들고 늘어지는 것을 점검한다.
② 장비를 평지에 주차시킨다.
③ 2~3회 나누어 조정한다.
④ 브레이크가 있는 장비는 브레이크를 사용한다.

101 굴착공사 시 도시가스배관의 안전조치와 관련된 사항 중 다음 ( )에 적합한 것은?

도시가스사업자는 굴착예정 지역의 매설배관 위치를 굴착공사자에게 알려주어야 하며, 굴착공사자는 매설배관 위치를 매설배관 ( )의 지면에 ( )페인트로 표시할 것

① 우측부, 황색   ② 직상부, 황색
③ 직하부, 황색   ④ 좌측부, 적색

102 콘크리트 전주 주변을 건설기계로 굴착작업 할 때의 사항으로 맞는 것은?

① 전주 및 지선 주위는 굴착해서는 안된다.
② 전주 밑동에는 근가를 이용하여 지지되어 있어 지선의 단선과는 무관하다.
③ 전주는 지선을 이용하여 지지되어 있어 전주 굴착과는 무관하다.
④ 작업 중 지선이 끊어지면 같은 굵기의 철선을 이으면 된다.

103 무한궤도식 굴착기의 트랙조정방법은?

① 상부 롤러의 이동
② 아이들러의 이동
③ 하부 롤러의 이동
④ 스프로켓의 이동

104 굴착기의 양쪽 주행레버만 조작하여 급회전하는 것을 무슨 회전이라 하는가?

① 급회전   ② 스핀 회전
③ 피벗 회전   ④ 원웨이 회전

105 타이어식 굴착기의 정기검사 검사유효기간은?

① 1년   ② 3년
③ 2년   ④ 6월

106 철탑에 154,000V라는 표시판이 부착되어있는 전선 근처에서의 작업으로 틀린 것은?

① 전선에 30cm 이내로 접근되지 않게 작업한다.

② 철탑 기초에서 충분히 이격하여 굴착한다.

③ 철탑 기초 주변 흙이 무너지지 않도록 한다.

④ 전선이 바람에 흔들리는 것을 고려하여 접근금지 로프를 설치한다.

107 가공전선로 주변에서 굴착작업 중 다음과 같은 상황 발생 시 조치사항으로 가장 적절한 것은?

> 굴착작업 중 작업장 상부를 지나는 전선이 버킷 실린더에 의해 단선되었으나 인명과 장비의 피해는 없었다.

① 발생 후 1일 이내에 감독관에 알린다.

② 가정용이므로 작업을 마친 다음 현장 전기공에 의해 복구시킨다.

③ 발생 즉시 인근 한국전력 사업소에 연락하여 복구하도록 한다.

④ 전주나 전주 위의 변압기에 이상이 없으면 무관하다.

108 크롤러형 굴착기에서 하부 추진체의 동력전달순서로 맞는 것은?

① 기관 → 트랙 → 유압모터 → 변속기 → 토크컨버터

② 기관 → 토크컨버터 → 변속기 → 트랙 → 클러치

③ 기관 → 유압펌프 → 컨트롤밸브 → 주행 모터 → 트랙

④ 기관 → 트랙 → 스프로킷 → 변속기 → 클러치

지게차

1 지게차의 마스트를 뒤로 기울이고 앞으로 기울이는 조작을 하는 것은?

① 틸트 레버

② 포크

③ 리프트 레버

④ 마스트

해설 마스트의 경사각도는 틸트레버에 의해 이루어진다.

2 다음 그림에서 지게차의 유압 계통 회로도 ⓐ, ⓑ의 명칭은 무엇인가?

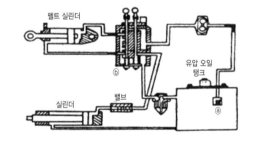

① 리프트 실린더, 제어 밸브

② 스트레이너, 제어 밸브

③ 기어 펌프, 리프터 실린더.

④ 기어 펌프, 스트레이너

해설 ⓐ는 스트레이너, ⓑ는 컨트롤밸브(제어 밸브)를 나타낸 것이다.

6
건설기계 작업장치

3 창고나 공장을 출입할 때 주의할 점으로 틀린 것은?

① 부득이 포크를 올려서 출입하는 경우 출입구 높이에 주의한다.
② 차폭과 입구의 폭은 확인할 필요가 없다.
③ 손이나 발을 차체 밖으로 내밀지 말아야 한다.
④ 주위상태를 확인하고 나서 출입한다.

해설 창고나 공장을 출입하는 때에는 차폭과 전고에 따라 출입구를 필히 확인하여야 한다.

4 일반적으로 지게차에 사용되는 유압펌프의 압력은?

① 일반적으로 $30 \sim 59\text{kg/cm}^2$
② 일반적으로 $70 \sim 130\text{kg/cm}^2$
③ 일반적으로 $10 \sim 30\text{kg/cm}^2$
④ 일반적으로 $200 \sim 250\text{kg/cm}^2$

해설 지게차의 메인 유압펌프 : 기어식
일반적으로 $70 \sim 130\text{kg/cm}^2$ 정도의 유압

5 지게차의 최대 올림 높이는 원칙적으로 얼마인가?

① 1,000mm　　② 2,000mm
③ 3,000mm　　④ 2,500mm

해설 지게차의 최대 올림 높이 : 지게차의 최대 올림 높이는 원칙적으로 3,000mm로 하고 필요한 경우에는 안정도 범위 내에서 최대 올림 높이를 조정할 수 있다.

6 포크 리프트에서 틸트 장치의 역할은?

① 피니언 기어의 축
② 차체 수평 조정장치
③ 포크 상·하 조정장치
④ 마스트 경사 조정역할

해설 • 틸트 장치 : 마스트의 경사각도를 조절
• 리프트 장치 : 포크를 상·하로 조정하는 장치

7 지게차 구조에 대한 설명 중 틀린 것은?

① 동력전달은 앞바퀴에만 한다.
② 구동력을 크게 하기 위해 전륜과 후륜을 동시에 동력을 전달한다.
③ 최종 구동장치에서 유성 기어장치를 구성하는 경우도 있다.
④ 앞 타이어는 단륜 혹은 복륜으로 구성되어 있다.

해설 지게차는 앞바퀴로 구동하고 뒷바퀴는 조향바퀴이다.

8 운전 중 점검해야 할 사항이 아닌 것은?

① 엔진 배기, 잡음, 진동 상태
② 유압계, 수온계
③ 각종 등화의 점검
④ 누유 및 가속 상태

해설 각종 등화의 점검은 운전 전 점검사항이다.

9 다음 중 지게차의 구성 부품이 아닌 것은?

① 포크　　　　② 마스트 경사
③ 리프트 실린더　④ 버킷

해설 버킷은 주로 토목장비에 사용한다.

10 지게차를 운전할 때 포크의 높이는(운반 시) 일반적으로 몇 cm 를 올려야 하는가?

① 지상 20~30cm 정도 높인다.
② 지상 50~80cm 정도 높인다.
③ 지상 100cm 정도 높인다.
④ 높이에는 관계없이 멀리하도록 한다.

해설 운행시 포크의 높이는 일반적으로 30cm정도를 들고 이동한다.

11 지게차의 구동방식은?

① 뒷바퀴로 구동한다.
② 전, 후 구동식이다.
③ 앞바퀴로 구동한다.
④ 중간 액슬에 의해 구동된다.

해설 지게차는 앞바퀴 구동, 뒷바퀴 조향이다.

12 다음 중 지게차 부품이 아닌 것은?

① 마스트
② 핑거보드
③ 리프트 실린더
④ 평판 스프링

해설 지게차에는 현가 스프링이 설치되지 않는다.

13 지게차의 리프트 실린더는 어떤 일을 하는가?

① 포크를 상승, 하강시킨다.
② 포크를 앞, 뒤로 기울인다.
③ 브레이크를 이동시킨다.
④ 마스트를 이동시킨다.

14 지게차의 베벨 기어가 하는 일이다. 틀린 것은?

① 감속 작용을 한다.
② 동력 전달 방향을 90°바꾸어 준다.
③ 회전력을 크게 한다.
④ 종감속 기어로 사용한다.

15 지게차의 토크 컨버터 온도계에서 고속 회전 시 작동유의 온도가 몇 도를 나타 내면 정상인가?

① 40℃
② 60℃
③ 90℃
④ 130℃

16 지게차의 포크 상승 속도가 느린 원인 으로 가장 관계가 적은 것은?

① 작동유의 부족
② 조작 밸브의 손상 및 마모
③ 피스톤 패킹의 손상
④ 포크 끝의 약간 휨

해설 포크는 화물을 실어주는 부분이다.

17 지게차에 관한 내용이다. 틀린 것은?

① 지게차는 주로 경화물을 운반하거나 하역 작업을 한다.
② 지게차는 후륜 구동식으로 되어 있다.
③ 주로 디젤엔진을 많이 쓴다.
④ 조향장치는 뒤차륜으로 한다.

18 다음 지게차의 작업장치 중 둥근 목재 나 파이프의 적재에 알맞은 것은?

① 블록 클램프
② 사이드 시프트
③ 하이 마스트
④ 힌지드 포크

해설 **힌지드 포크** : 둥근 강관, 원목, 전주 등의 적재, 적하작업에 용이한 포크이다.

19 지게차의 마스트에 부착되어 있는 주요 부품은?

① 롤러
② 차동기
③ 리치 실린더
④ 타이어

20 틸트 레버를 뒤쪽으로 당기면 마스트는 어떻게 기울어 지는가?

① 위쪽으로
② 아래쪽으로
③ 뒤쪽으로
④ 앞쪽으로

해설 틸트레버를 당기면 마스트가 뒤로 기울고 반대 로 밀면 앞으로 기운다.

6

건설기계 작업장치

21 화물 적재 시 주의사항으로 가장 옳은 것은?

① 정격용량 초과의 짐을 싣고 밸런스 웨이트 위에 사람을 태워도 좋다.
② 경사면에서 운행할 때 짐이 언덕으로 향하도록 한다.
③ 하중 오버와는 관계가 없다.
④ 화물 밑에는 절대로 접근하지 말며, 올린 화물은 조속히 내린다.

22 지게차 주행에 있어 주행속도 변경은 어떻게 해야 하는가?

① 가속 페달이 원위치로 복귀한 후에 한다.
② 변속 레버 작동을 한 후에 한다.
③ 경보 부저가 울려도 계속 가동 후에 한다.
④ 브레이크 페달에서 발을 떼고 가속 후 한다.

23 건설기계 중에서 뒷바퀴가 조향이 되는 것은?

① 노상 안정기
② 포크 리프트
③ 스크레이퍼
④ 모터 그레이더

24 새 지게차를 운전할 때 준수하여야 할 사항이다. 틀린 것은?

① 기관이 작동온도가 되기까지 가속시키지 말 것
② 짐이 없을 때에는 가속시키지 말 것

③ 기관을 시동한 후 반드시 브레이크 페달을 밟아야한다.
④ 급가속, 급제동, 급회전 등을 피할 것

25 지게차의 유압펌프에 관한 것이다. 적당한 것은?

① 유압펌프는 주유가 필요 없으며 장기간 사용이 가능하다.
② 유압펌프는 그리스 건으로 그리스를 주입한다.
③ 유압펌프는 기어오일을 주입한다.
④ 유압펌프는 엔진오일을 순환시킨다.

26 기름을 한쪽 방향으로만 흐르게 하는 밸브는?

① 체크 밸브
② 변환 밸브
③ 로터리 밸브
④ 파일럿 밸브

해설 **체크 밸브** : 한쪽으로만 유체의 흐름을 허용하고 반대 방향으로는 흐름을 저지하는 밸브

27 지게차의 축전지가 충전 부족이 되는 원인이 아닌 것은?

① 전압 조정기의 조정 전압이 너무 낮을 때
② 전압 조정기의 조정 전압이 너무 높을 때
③ 충전 회로에 누전이 있을 때
④ 전기의 사용이 너무 많을 때

해설 전압 조정기의 조정전압이 너무 높으면 과충전의 원인이 된다.

28 다음은 지게차 작업 시 지켜야 할 안전 수칙들이다. 틀린 것은?

① 후진 시에는 반드시 뒤를 살필 것
② 전·후진. 변속 시에는 장비가 정지 된 상태에서 행할 것
③ 주. 정차시는 반드시 주차 브레이크 를 고정시킬 것
④ 이동시는 포크를 반드시 지상에서 80 ~90cm 정도 들고 이동할 것

해설 지게차 이동시 포크의 높이는 20~30cm 정도 들고 이동한다.

29 지게차에서 화물을 적재. 적하 하는 부 분은?

① 유체 클러치   ② 롤러
③ 포크   ④ 조향장치

30 지게차에 사용되는 유압펌프의 형태는 주로 어떤 식이 많이 사용 되는가?

① 기어 펌프
② 플런저 펌프
③ 로터리 펌프
④ 베인 펌프

31 지게차 브레이크 파이프 내에 잔압을 유지해 주는 것은?

① 1차 피스톤
② 1차 피스톤 컵
③ 체크 밸브와 복귀 스프링
④ 2차 피스톤과 피스톤 컵

해설 브레이크 회로 내 잔압을 유지해 주는 것은 마 스터 실린더에서 체크 밸브와 리턴스프링에 의 해 이루어진다.

32 다음 중 지게차의 특징으로 볼 수 없는 것은?

① 전륜으로 조향을 한다.
② 완충장치가 없다.
③ 엔진의 위치가 후미에 위치한다.
④ 틸트 회로가 필요하다.

33 지게차의 화물적재 운반 작업 시 다음 중 가장 적당한 것은?

① 댐퍼를 뒤로 3° 경사시켜서 운반한다.
② 샤퍼를 뒤로 6° 경사시켜서 운반한다.
③ 마스트를 뒤로 4° 경사시켜서 운반 한다.
④ 바이브레이터를 뒤로 8° 경사시켜서 운반한다.

34 리프트 레버를 뒤로 당겨 상승 상태를 점검하였더니 2/3 가량은 잘 상승되다 가 그 후 상승이 잘 안 되는 현상이 생 겼을 경우 점검해야 할 곳은?

① 엔진 오일의 양
② 유압유 탱크의 오일 양
③ 냉각수 양
④ 틸트 레버

35 엔진식 지게차 조정레버의 위치를 설명 한 것 중 해당 없는 것은?

① 리프팅 위치
② 로워링 위치
③ 틸팅 위치
④ 야윙 위치

해설 야윙위치는 없으며 리프팅, 틸팅, 로워링 위치가 있다.

36 지게차의 마스트 어셈블리와 관계없는 것은?

① 포크
② 마스트
③ 체인
④ 오일펌프

37 지게차를 경사면에서 운전을 할 때 짐의 방향으로 맞는 것은?

① 짐이 언덕 아래쪽으로 가도록 한다.
② 짐이 언덕 위쪽으로 가도록 한다.
③ 짐의 방향과 관계없이 운전이 편리하도록 한다.
④ 짐의 크기에 따라 방향이 달라진다.

해설 경사면에서 화물의 방향은 언덕 쪽을 향해야 한다.

38 지게차의 유압펌프가 설치된 곳은?

① 변속기의 옆에 설치되어 있다.
② 기관 플라이 휠 뒤에 설치되어 있다.
③ 기관 앞 유니버설 조인트와 연결되어 있다.
④ 토크 컨버터에 병렬로 연결되어 기관 운전과 동시에 작동된다.

39 지게차의 화물 적재방법 중 틀린 것은?

① 화물이 무거울 때는 균형추를 추가한다.
② 포크로 화물을 찔러서는 안 된다.
③ 화물을 들 때는 포크를 수평으로 한다.
④ 화물을 올릴 때는 가속 페달을 밟는다.

40 지게차의 유압 오일펌프에 의하여 작용되지 않는 것은?

① 스티어링 장치
② 타이어 구동장치
③ 틸트 장치
④ 리프트 장치

41 지게차 포크를 적하물에 따라 간격을 넓이고 줄이는데 사용되는 것은?

① 틸트 실린더 고정핀
② 마스트 고정핀
③ 리프트 실린더 고정핀
④ 핑거보드 고정핀

해설 핑거보드 : 포크를 좌, 우로 조정할 수 있도록 한 바로서 포크의 폭은 일반적인 작업에서 파레트 폭의 1/2~3/4 범위가 가장 적당하다.

42 지게차의 완충장치에 대하여 맞는 것은?

① 쇼크 업소버가 있다.
② 코일 스프링이 있다.
③ 스프링이 없다.
④ 스프링이 있다.

43 지게차의 냉각장치는 무슨 식으로 되어 있는가?

① 수냉식
② 공랭식
③ 강제 접촉식
④ 마찰식

44 전동 지게차에서 없는 부분은 어느 것인가?

① 엔진
② 타이어
③ 마스트
④ 틸트 실린더

해설 전동 지게차는 축전지의 전원에 의해 작동되므로 엔진 대신에 전기모터가 설치되어 있다.

45 지게차 안쪽 뒷바퀴의 조향각도는 몇 도인가?

① 35~45° ② 45~55°

③ 55~65° ④ 65~75°

46 지게차의 작업을 용이하게 하는 부품은 어느 것인가?

① 스커트

② 파레트

③ 널빤지

④ 컨테이너

해설 지게차의 작업을 용이하게 하는 것은 파레트로 일시에 많은 적하물을 싫을 수 있다.

47 일반적인 지게차의 최소 회전반경은?

① 0.6~0.9m

② 1.0~1.2m

③ 1.5~1.8m

④ 1.8~2.7m

해설 지게차의 최소회전반경은 1~3.5ton의 경우 1,800 ~2,750mm 정도이다.

48 지게차의 동력전달순서는?

① 기관 → 토크 컨버터 → 변속기 → 차동장치 → 차축 → 앞바퀴

② 기관 → 토크 컨버터 → 변속기 → 차동장치 → 차축 → 뒷바퀴

③ 기관 → 변속기 → 차축 → 클러치 → 차동장치 → 뒷바퀴

④ 기관 → 차동장치 → 클러치 → 액슬 축 → 변속기 → 앞바퀴

49 지게차로 경사길을 내려갈 때의 안전한 운전 방법은?

① 변속기어를 저속으로 하고 천천히 내려간다.

② 변속기어를 중립으로 하고 내려간다.

③ 엔진의 시동을 끄고 내려간다.

④ 변속기어를 고속으로 하고 내려간다.

50 지게차의 난기 운전 시 포크를 올렸다 내렸다 하고 틸트 레버를 작동시키는데 이의 목적 중 가장 적합한 것은?

① 유압실린더의 내부 녹을 제거하기 위하여

② 유압 작동유의 유온을 올리기 위하여

③ 유압 여과기의 오물이나 금속 분말을 제거하기 위하여

④ 유압 탱크 내의 공기를 빼기 위하여

해설 난기운전 : 작업 전에 작동유의 온도가 최소한 20℃ 이상이 되도록 하기 위한 운전을 말한다.

51 지게차 주차 시 포크의 위치로 맞는 것은?

① 지면에 완전히 닿게 한다.

② 지면에서 5~10cm 정도 띄운다.

③ 포크를 완전히 올려 둔다.

④ 지면에서 15~20cm 정도 띄운다.

52 지게차의 운행 중 틀린 것은?

① 운전 시 급정지, 급선회 등을 삼간다.

② 천천히 운행해야 하며 화물을 최저 위치에 놓는다.

③ 화물의 높이를 높여서 운전한다.

④ 화물의 상·하 작동은 서두르지 않는다.

6

건설기계 작업장치

해설 화물을 싣는 부분이 앞에 있어 시계의 장애를 받으므로 될 수 있는 한 낮게 하여야 한다.

53 지게차의 조종 시 주의사항이 아닌 것은?

① 이동시 포크를 지면으로부터 30cm 올린다.
② 주차 시에는 포크를 지면과 접촉시킨다.
③ 짐을 싣고 내려가야 하는 경우에는 전진하는 것이 좋다.
④ 짐을 싣고 주행하는 경우에는 저속으로 주행한다.

54 지게차의 최종감속 기어로 사용되는 것은 어느 것인가?

① 스퍼 기어　　② 헬리컬 기어
③ 유성 기어　　④ 베벨 기어

55 지게차의 단륜식 들어 올림 용량은 몇 ton 정도인가?

① 10ton 이하　　② 8ton 이하
③ 4ton 이하　　④ 6ton 이하

56 지게차의 작동유는 무슨 오일인가?

① HO　　　　　② HB
③ GO　　　　　④ CW

해설 OE : 엔진오일, HB : 브레이크 오일, GO : 기어 오일, CW : 케이블오일, HO : 작동유

57 지게차 핸들의 자유유격은 얼마 정도 두는가?(단, 법규에 의한 일반적 유격)

① 30~40mm
② 40~45mm

③ 10~25mm
④ 해당 핸들지름의 12.5% 이내

58 지게차의 조종 레버 위치를 설명한 것으로 틀린 것은?

① 덤핑 위치　　② 로워링 위치
③ 틸팅 위치　　④ 리프팅 위치

해설 덤핑위치는 없으며 로더에 덤핑위치가 있다.

59 지게차에 화물을 싣고 운행할 때 주의점이 아닌 것은?

① 화물로 인하여 전방의 시야를 방해할 때에는 뒤로 운행한다.
② 노면이 좋지 않을 때에는 저속으로 운행한다.
③ 화물을 싣고 뒤로 내려올 때에는 천천히 내려온다.
④ 화물이 떨어질 염려가 있을 때는 빨리 브레이크 페달을 밟거나 회전하여야 한다.

해설 화물이 떨어질 염려가 있을 때에는 서서히 브레이크를 조작하여 정지하고 화물을 정리한다.

60 지게차의 변속 단수는 일반적으로 몇 단으로 되어 있는가?

① 3~4단　　　② 5~6단
③ 2~3단　　　④ 1~2단

61 지게차 포크 한쪽이 낮을 때의 원인은 무엇인가?

① 체인이 늘어난 것이다.
② 사이드 롤러의 마모가 심하다.
③ 실린더의 마모
④ 윤활유가 불충분하다.

해설 체인 조정 불량이다.

62 지게차 제원 중 마스트가 수직인 상태에서 포크를 최대 높이로 올렸을 때 지면에서 포크 윗면까지의 높이를 무엇이라 하는가?

① 자유인상고　　② 전장
③ 양고　　　　　④ 전고

63 지게차의 작업 후 점검사항으로 맞지 않는 것은?

① 다음날 사용량의 연료를 보충 한다.
② 포크의 작동 상태를 점검한다.
③ 파이프나 실린더에서의 누설이 있나 점검한다.
④ 다음날 작업이 계속 되므로 차의 내. 외부를 그대로 둔다.

해설 장비의 내·외부를 정리하고 각 레버의 위치를 확인한다.

64 지게차가 선회할 때 바깥쪽 바퀴가 그리는 궤적을 무엇이라 하는가?

① 최대 회전반경
② 최대 회전직경
③ 최소 회전반경
④ 최소 회전직경

65 지게차의 정차 방법으로 틀린 것은?

① 변속 레버는 저속에 둔다.
② 주차 브레이크를 당겨 둔다.
③ 전, 후진 레버는 중립에 둔다.
④ 정차 시에는 클러치를 먼저 밟는다.

66 다음 중 지게차의 안전수칙으로 관계가 없는 것은?

① 후진 시에는 반드시 뒤를 살핀다.
② 짐을 되도록 높이 들고 이동한다.
③ 짐을 들면서 후진을 하면 안 된다.
④ 환향 시에는 후부를 조심하고 살핀다.

67 일반적으로 지게차의 자체 중량에 포함되지 않는 것은?

① 운전자　　　② 그리스
③ 냉각수　　　④ 연료

68 지게차를 작업용도에 따라 분류할 때 원추형 화물을 조이거나 회전시켜 운반 또는 적재하는데 적합한 것은?

① 힌지드 버켓
② 힌지드 포크
③ 로테이팅 클램프
④ 로드 스테빌라이저

69 지게차의 구성부품이 아닌 것은?

① 마스트　　　② 밸런스 웨이트
③ 틸트 실린더　④ 블레이드

기중기

1 기중기의 붐의 각도가 커지면?

① 붐의 길이가 짧아진다.
② 작업 반경이 작아진다.
③ 작업 반경이 커진다.
④ 임계 하중이 적어진다.

6
건설기계 작업장치

2 크롤러형 크레인은 작업 중에 무엇으로 안전성을 유지하는가?

① 붐
② 평형추
③ 트랙
④ 아우트리거

3 이동식 크레인의 일반적인 지브의 경사 각은?

① 80~90°
② 20~45°
③ 10~20°
④ 30~80°

4 기중기에서 사용하는 모든 로프의 안전 계수는 얼마 이상이어야 하는가?

① 1.2
② 2.5
③ 3.5
④ 1.5

5 기중기의 와이어 로프 취급 방법 중 틀린 것은?

① 경유로 세척한다.
② 엔진오일을 주유 한다.
③ 로프가 꼬이지 않도록 한다.
④ 새 것은 당기면서 감는다.

6 기중기의 작업 반경이란?

① 회전체 중심에서 화물 중심까지의 거리
② 붐의 길이
③ 기중기의 총 길이
④ 기중기의 후부 선단에서 화물 선단 까지의 거리

7 무한궤도식인 기중기에서 훅(hook)만을 사용한 경우 정격 총 하중은 안전한 계 총하중의 몇 %를 초과해서는 안 되는가?

① 60%
② 70%
③ 75%
④ 80%

8 갈고리 부착 기중기에서 최대 안전 리프팅 용량의 결정사항 중 관계없는 것은?

① 작업 반경 및 붐 각도
② 평형추의 무게
③ 갈고리의 크기
④ 작업물의 하중

9 다음은 겐트리 프레임을 설명한 것이다. 맞지 않는 것은?

① "A"프레임이라고도 한다.
② 지브 기복용 와이어 로프를 지지하는 지브를 치부한 프레임이다.
③ 작업 시에는 낮게 세트하여 안정되게 한다.
④ 운반 때에는 낮게 세트한다.

해설 **겐트리 프레임** : 선회 프레임 최상단에 설치되는 A자형의 프레임으로 붐의 길이가 길어짐에 따라 드럼에 걸리는 로프의 하중 부하 증가를 감소시키기 위해서 A프레임을 설치하고 최상단에 시브 롤러를 두고 있다. 운반시에는 낮게 세트한다.

10 무한궤도식 기중기의 상부 회전체에 설치된 동력전달 축이 아닌 것은?

① 수평 역전축
② 선회 수평축
③ 중간 수평축
④ 수평 구름축

11 붐이 하강하지 않는 이유 중 알맞은 것은?

① 붐과 호이스트 레버를 하강 방향으로 같이 작용 시

② 붐 호이스트 브레이크가 물려 있을 때

③ 붐에 너무 낮은 하중이 걸려 있는 때

④ 붐이 과도하게 상승했을 때

해설 붐이 하강하지 않는 것은 붐 호이스트에 브레이크가 걸려있기 때문이다.

12 베어링 상자에 강제 급유할 때 입구 주유관과 출구 주유관의 구경은 어떤 것이 커야 하나?

① 입구와 출구 구경이 같다.

② 입구관이 출구관보다 많이 크다.

③ 입구관이 출구관보다 약간 크다.

④ 입구관이 출구관보다 약간 작다.

13 기중기 붐에 설치하여 작업할 수 없는 것은 어느 것인가?

① 크람셀

② 백호

③ 파일 해머 장치

④ 서클 회전 장치

해설 서클회전 장치는 모터그레이더의 작업장치이다.

14 기중기에서 붐이 상승하지 않는다. 그 원인으로 틀린 것은?

① 붐 상승회로의 안전밸브에 이상이 있다.

② 붐 하향회로의 안전밸브에 이상이 있다.

③ 붐 실린더의 패킹에 결함이 있다.

④ 메인 압력 조정 밸브에 이상이 있다.

15 다음 중 붐을 교환하는 방법에 속하지 않는 것은?

① 크레인으로 교환하는 방법

② 트레일러에 의하여 교환하는 방법

③ 롤러를 이용하는 방법

④ 드럼이나 각목을 이용하는 방법

16 기중기의 정격 총하중은 클램셸 버킷을 사용하는 경우 안전한계 총하중의 몇 %의 하중을 초과하여서는 안 되는가?

① 80%

② 75%

③ 70%

④ 65%

17 권상 드럼에 그림과 같이 와이어 로프가 감길 때 최대 허용각도 θ는 얼마인가?

① 1°

② 2°

③ 4°

④ 6°

18 트럭 크레인의 장점이 아닌 것은?

① 기동력이 양호하다.

② 습지 · 사지에서 작업이 가능하다.

③ 기중시 안전성이 좋다.

④ 이동성이 좋다.

19 일반적으로 기중기의 드럼 클러치로 사용되고 있는 것은 어느 것인가?

① 외부 확장식

② 외부 수축식

③ 내부 확장식

④ 내부 수축식

6

건설기계 작업장치

20 드래그라인 작업시 일반적으로 다음 중 가장 적당한 붐의 각도는 몇 도인가?

① 75~90° ② 65~75°

③ 45~65° ④ 30~40°

드래그 라인 : 긁어 파기 작업으로 붐의 각은 작으며 일반적으로 30~40°범위가 적당하다.

21 기중기에서 상부 회전체를 선회시키는 축은 어느 것인가?

① 수직 프로펠러 샤프트

② 수직 스윙 샤프트

③ 수평 스윙 샤프트

④ 수직 리버싱 샤프트

22 기중기로 기둥 박기 작업을 할 때 안전 수칙으로 틀린 것은?

① 호이스트 케이블의 고정 상태를 점 검한다.

② 항타 시 반드시 우드캡을 씌운다.

③ 작업 시 붐을 상승시키지 않는다.

④ 붐의 각을 적게 한다.

23 기중기의 트럭 부분을 움직일 때 구동 축의 좌·우 바퀴의 회전 차이를 맞추어 주는 장치는?

① 차동장치

② 액슬축

③ 변속기

④ 트랜스퍼 케이스

24 트럭 탑재식 기중기 작업에서 차체의 전도를 방지하는 것은 어느 것인가?

① 아우트 리거   ② 밸런스 웨이트

③ 겐트리 프레임   ④ 스프로킷

25 항타 작업에 사용되는 디젤 파일 해머의 규격은 어떻게 표시 하는가?

① 램의 중량

② 연료 소비량

③ 전체 길이

④ 파일의 폭발력

26 기중기의 훅 작업시 안전수칙이 아닌 것은?

① 붐의 각을 20° 이하로 하지 말 것

② 작업 반경 내에 사람의 접근을 막을 것

③ 붐의 각을 70° 이상으로 하지 말 것

④ 가벼운 물건의 기중 작업 시는 아우 트 리거를 고이지 말 것

27 기중기의 지브 붐에 대한 설명으로 가장 알맞은 것은?

① 붐의 중간을 연장하는 붐이다.

② 붐의 끝단에 전장을 연장하는 붐이다.

③ 붐의 하단을 연장하는 붐이다.

④ 활차를 한 개 쓰기 위한 붐이다.

28 진동 항타기의 진동수는 분당 몇 회 이상이어야 하는가?

① 300회   ② 400회

③ 500회   ④ 600회

29 크레인의 드래그라인으로 가장 효과적인 작업을 할 수 있는 것은 어느 것인가?

① 도랑파기 작업

② 절토 및 송토 작업

③ 파일 드라이브 작업

④ 수중 굴토 작업

30 기중기에서 권상 드럼의 풀림을 막기 위하여 할 일은?

① 레버 기구를 바르게 조정한다.
② 작업 부하를 경감한다.
③ 와이어 로프에 윤활유를 바른다.
④ 유량을 규정대로 보충한다.

해설 레버기구를 바르게 조정하여야 한다.

31 기중기 작업에서 장기간을 작업할 경우 사용되는 장비는?

① 크롤러형
② 고무 타이어형
③ 트럭 탑재형
④ 궤도형

32 기중기의 조작 상태를 설명한 것 중 틀린 것은?

① 크람셀 장치 : 조개 장치를 조작
② 크레인 셔블 장치 : 삽 장치를 조작
③ 드래그 라인장치 : 긁어 파기 장치를 조작
④ 크레인 혹 장치 : 기둥 박기 장치를 조작

33 다음 설명 중 주행 중에 트랙이 벗어나는 원인으로 틀린 것은?

① 트랙의 긴 도가 너무 적다.
② 고속 주행 중 급회전을 하였다.
③ 전부 유동륜과 스프로킷, 상부 롤러의 마모
④ 전부 유동륜과 스프로킷의 중심이 맞지 않았을 때

34 다음 중 기중기에 없는 장치는?

① 엔진   ② 메인 클러치
③ 선회 전동 장치 ④ 탠덤 드라이브

해설 탠덤 드라이브는 모터 그레이더에 사용되는 장치이다.

35 선회나 지브 기복을 행할 때 버킷이 흔들리거나 회전하여 로프가 꼬이는 것을 방지하기 위하여 와이어로 버킷을 가볍게 당겨주는 장치는?

① 태그라인
② 그래브 버킷
③ 지브 기복 실린더
④ 리프팅 마그네트

36 다음에서 기중기의 종류에 들지 않는 것은?

① 무한궤도식   ② 체인식
③ 휠 식   ④ 트럭식

37 지브 붐이 뒤로 넘어가는 것을 방지하기 위하여 설치한 것은?

① 브리들 프레임
② 지브 백 스톱
③ 붐 기복 정지 장치
④ A 프레임

38 기중기의 작업반경이 커지면 기중 능력은?

① 감소한다.
② 증가한다.
③ 변함이 없다.
④ 때에 따라 변한다.

6

건설기계 작업장치

39 태그라인이 장치된 기중기를 무엇이라 하는가?

① 파일 드라이브
② 크람셀
③ 백호
④ 드래그 라인

40 습지나 모래땅에서 작업할 때 다음 중 어느 크레인을 사용하는 것이 가장 좋은가?

① 트럭 크레인
② 크롤러 크레인
③ 휠 크레인
④ 탑재 크레인

41 와이어 로프의 구성 부품이 아닌 것은?

① 와이어
② 클립
③ 가닥
④ 코어

해설 클립은 케이블을 고정할 때 사용한다.

42 항타기 작업 시 바운싱이 일어나는 원인은 어느 것인가?

① 무거운 해머를 사용할 때
② 가벼운 해머를 사용할 때
③ 파일이 만곡 되었을 때
④ 파일이 수직으로 박히지 않을 때

43 항타 작업 시에 스프링잉이란 무엇을 말하는가?

① 스프링 장치의 떨림
② 해머의 난 타성
③ 해머의 과대 충격
④ 파일의 거대한 측면진동

44 드래그라인의 작업 시 정격 하중의 몇% 이내로 작업하여야 하는가?

① 30%
② 40%
③ 55%
④ 75%

45 기중 작업 시 크레인 붐의 각도로 다음 중 가장 적당한 것은?

① 66°30′
② 40°30′
③ 60°30′
④ 75°30′

46 기중기 케이블의 주유에 사용되는 오일은?

① 휘발유
② 석유
③ 엔진오일
④ 그리스

47 체인을 사용 중 사용부분의 마모가 단면직경의 얼마 이상이면 안 되는가?

① 5%
② 10%
③ 15%
④ 20%

48 기중기의 전부장치에 해당되지 않은 것은?

① 크람셀
② 갈고리
③ 긁어 파기
④ 날

49 다음 중 트랙터 구조에 있어서 최대의 견인력을 증가시켜 주는 장치는?

① 트랙
② 최종 구동기어
③ 트랜스미션
④ 피니언 베벨 기어

50 새로운 로프로 교체 후 고르기 운전을 할 때는 전하중의 얼마로 시작함이 좋은가?

① 150% ② 100%

③ 50% ④ 30%

51 크롤러 주행식 기중기에서 트랙의 장력 조정은 어느 곳에서 하는가?

① 스프로킷의 조정 볼트로 한다.

② 유도륜의 조정 볼트로 한다.

③ 상부 롤러의 베어링으로 한다.

④ 하부 롤러의 심을 조정한다.

52 기중기에 사용되는 클러치의 작동 방식 중 틀린 것은?

① 기계식 ② 유압식

③ 공기식 ④ 진공식

해설 진공식은 없으며 일반적으로 많이 사용되고 있는 것은 기계식과 유압식이 있다.

53 기중기의 전부장치가 아닌 것은?

① 드래그라인

② 파일 드라이브

③ 크람셀

④ 블레이드

54 다음 중 기중기의 사용용도로 틀린 것은?

① 파일 항타 작업

② 차량의 화물 적재 및 적하 작업

③ 경지 정리 작업

④ 철도 교량 작업

55 기중기의 기중작업 전 주의사항이 아닌 것은?

① 작업 대상물의 무게가 몇 톤인지를 알아야한다.

② 최대 작업 반경이 몇 m 인지를 알아야한다.

③ 지브는 필요한 범위 내에서 가능한 한 길게 한다.

④ 각 지브의 길이는 작업 반경에 맞추어 정격 총 하중의 범위를 지켜야 한다.

56 크레인으로 작업할 수 없는 것은 어느 것인가?

① 지균 작업

② 기둥 박기 작업

③ 드래그라인 작업

④ 크람셀 작업

57 기중기의 작업 중 시간당 능률을 올리기 위한 결정 사항이 아닌 것은?

① 부착물의 형식 ② 날씨상태

③ 기중기의 크기 ④ 기중기의 대수

58 와이어 로프를 고정시키는 방법으로 가장 견고한 것은?

① 소켓 장치 ② 클립 장치

③ 용접 고정 ④ 묶음 고정

해설 로프를 고정시키는 방법과 강도

• 합금 고정법 : 100%

• 소켓 고정법 : 90%

• 클립 고정법 : 80~85%

• 스플아이스 고정법 : 75~90%

• 딤블붙이 스플아이스 고정법 : 90~98%

• 묶음 고정법 : 100%

6

건설기계 작업장치

59 크레인의 전방 안정도는 정격하중의 몇 배를 걸고 시험 하는가?

① 1.27배 ② 2.37배
③ 5배 ④ 6배

60 크레인에서 붐을 교환하는 방법으로 가장 좋은 방법은?

① 트레일러를 이용한다.
② 굴착기를 이용한다.
③ 크레인을 이용한다.
④ 붐 교환대를 이용한다.

61 기중기의 AC 발전기가 과열할 경우 대책으로 부적당한 것은 어느 것인가?

① 제한 스위치 작동을 점검한다.
② 계기류의 고장을 점검한다.
③ 브레이크 불량에 대하여 점검한다.
④ 배선과 제어기 접촉 불량을 점검한다.

62 크레인에서 유량 점검 방법으로 옳은 것은?

① 유압계의 유압이 작동되기 전에 한다.
② 점검 시는 엔진을 항상 공회전시켜 놓고 한다.
③ 정비사만이 한다.
④ 유압계의 유압이 정상 유압으로 작동되었을 때 한다.

63 트럭 탑재 크레인이 이동할 때 붐을 어떤 상태로 하고 이동해야 하는가?

① 진행방향 옆쪽으로 향하게 한다.
② 붐을 낮게 하여 진행방향으로 향한다.
③ 붐을 높게 하여 뒤쪽으로 향한다.
④ 붐을 떼고 이동한다.

64 기중기에서 섀들 블록은 무엇을 하는 것인가?

① 디퍼 핸들을 유도해 준다.
② 디퍼에 흙을 제거해 준다.
③ 굴토력을 증가시킨다.
④ 시브 붐을 올려 준다.

65 기중기의 환향장치란 무엇을 말 하는가?

① 시동 보조장치이다.
② 분사시기를 조절하는 장치이다.
③ 작업 중이나 운전 중 방향을 바꾸는 장치이다.
④ 분사압력 증대 장치이다.

66 크레인의 기둥박기 작업 시 안전수칙이 아닌 것은?

① 호이스트 케이블의 고정 상태를 점검한다.
② 항타 시 반드시 우드캡을 씌운다.
③ 작업 시 붐을 상승시키지 않는다.
④ 붐의 각을 적게 한다.

67 와이어 로프의 끝을 고정시키는 방법은 어느 것인가?

① 고리 장치 ② 소켓 장치
③ 용접 고정 ④ 압축 장치

68 드래그라인 작업장치에서 케이블을 드럼에 잘 감기도록 안내하는 것은 다음 중 어느 것인가?

① 섀들 블록 ② 브리들
③ 페어리드 ④ 태그라인

┃정답┃ 59.① 60.③ 61.③ 62.① 63.② 64.① 65.③ 66.④ 67.② 68.③

해설 페어리드 : 드래그라인 장치에 설치하며 가이드와 3개의 안내 활차로 구성되어 있으며 작업시 버킷을 당길 때 케이블이 케이블 드럼에 골고루 잘 감기도록 유도해 주는 안내 활차를 말한다.

69 크레인의 붐이 상승되지 않을 때 점검하여야 할 곳은?

① 크라우드 체인
② 호이스트 드럼
③ 조종 레버
④ 붐 호이스트 클러치

70 크람셀의 형식과 크기를 선택할 때 고려하여야 할 사항이 아닌 것은?

① 작업물의 체적과 크기
② 버킷의 용량
③ 작업의 지속시간
④ 작업장의 거리

71 기중기로 기중작업 시 붐의 최대와 최소 제한 각도로 가장 적합한 것은?

① 최대 50°, 최소 : 30°
② 최대 78°, 최소 : 20°
③ 최대 78°, 최소 : 55°
④ 최대 180°, 최소 : 20°

72 기중기의 작업 시 고려해야 할 점으로 틀린 것은?

① 작업 지반의 강도
② 하중의 크기와 종류 및 형상
③ 화물의 현재 임계하중과 권하 높이
④ 붐 선단과 상부 회전체 후방 선회 반지름

73 기중기 호이스트 레버를 당겼는데 중량물이 올라가지 않을 경우 고장이 예상되는 부분은?

① 유압펌프 토출량 과대
② 브레이크 풀림
③ 클러치에 오일 부착
④ 스프로킷 마모

74 파일박기 전부장치를 사용할 수 있는 장비는?

① 기중기
② 모터 그레이더
③ 불도저
④ 롤러

75 크레인 작업 방법 중 적합하지 않은 것은?

① 경우에 따라서는 수직 방향으로 달아 올린다.
② 신호수의 신호에 따라 작업한다.
③ 제한하중 이상의 것은 달아 올리지 않는다.
④ 항상 수평으로 달아 올려야 한다.

76 도로에서 파일 항타, 굴착작업 중 지하에 매설된 전력 케이블 피복이 손상되었을 때 전력공급에 파급되는 영향을 가장 올바르게 설명한 것은?

① 케이블이 절단되어도 전력공급에는 지장이 없다.
② 케이블은 외피 및 내부가 철 그물망으로 되어있어 절대로 절단되지 않는다.
③ 케이블을 보호하는 관은 손상이 되어도 전력공급에는 지장이 없으므로 별도의 조치는 필요 없다.

④ 전력케이블에 충격 또는 손상이 가해지면 전력공급이 차단되거나 일정 시일 경과 후 부식 등으로 전력공급이 중단될 수 있다.

77 크레인으로 물건을 운반할 때 주의사항으로 틀린 것은?

① 규정 무게보다 약간 초과할 수 있다.
② 적재물이 떨어지지 않도록 한다.
③ 로프 등 안전 여부를 항상 점검한다.
④ 선회 작업 시 사람이 다치지 않도록 한다.

78 크레인 인양작업 시 줄걸이 안전사항으로 적합하지 않은 것은?

① 신호자는 원칙적으로 1인이다.
② 신호자는 크레인 운전자가 잘 볼 수 있는 안전한 위치에서 행한다.
③ 2인 이상의 고리 걸이 작업 시에는 상호 간에 소리를 내면서 행한다.
④ 권상 작업 시 지면에 있는 보조자는 와이어 로프를 손으로 꼭 잡아 하물이 흔들리지 않게 하여야 한다.

79 건설기계관리법령상 기중기를 조종할 수 있는 면허는?

① 기중기 면허
② 모터그레이더 면허
③ 타워크레인 면허
④ 공기압축기 면허

80 크레인 운전 시 운전자 안전수칙을 설명한 것으로 틀린 것은?

① 운반물을 작업자 머리 위로 운반해서는 안 된다.
② 운전석을 이석할 때는 크레인을 정지위치로 이동시킨 후 훅을 최대한 내려놓는다.
③ 옥외크레인은 강풍이 불어올 경우 운전 및 옥외 점검정비를 제한한다.
④ 운반물이 흔들리거나 회전하는 상태로 운반해서는 안 된다.

81 기중기의 드래그라인에서 드래그 로프를 드럼에 잘 감기도록 안내하는 것은?

① 시브   ② 새들 블럭
③ 라인 와인더   ④ 페어리드

82 이동식 크레인 작업 시 일반적인 안전대책으로 틀린 것은?

① 붐의 이동범위 내에서는 전선 등의 장애물이 있어도 된다.
② 크레인의 정격 하중을 표시하여 하중이 초과하지 않도록 하여야 한다.
③ 지반이 연약할 때에는 침하방지 대책을 세운 후 작업을 하여야 한다.
④ 인양물은 경사지 등 작업바닥의 조전이 불량한 곳에 내려놓아서는 안 된다.

83 기중기에서 와이어 로프 끝을 고정시키는 장치는?

① 조임장치   ② 스프로켓
③ 소켓장치   ④ 체인장치

로 더

1 로더 휠 허브에 있는 유성 기어장치의 동력전달순서 중 맞는 것은?

① 선기어→유성기어→유성캐리어→바퀴
② 유성캐리어→유성기어→선기어→바퀴
③ 링기어→유성기어→선기어→바퀴
④ 유성기어→선기어→링기어→바퀴

해설 유성 기어장치의 동력전달순서는 선기어 → 유성기어 → 유성 캐리어 → 바퀴 순으로 동력이 전달된다.

2 로더의 작업 후 가장 중요한 점검사항은?

① 건설기계의 위치
② 오일의 양
③ 각종 스위치
④ 각 레버의 위치

3 로더의 시동 안전장치 중 옳은 것은?

① 변속 레버는 전·후진 어느 한 쪽에 선택되어야 시동이 가능하다.
② 비상 브레이크 레버는 비상위치에 있어야 시동이 가능하다.
③ 메인 키를 운전위치에 두고 브레이크를 밟으면 시동이 가능하다.
④ 메인 키를 운전위치에 두고 변속 레버를 중립에서 들어 올리면 시동이 가능하다.

4 로더의 한쪽 타이어가 수렁에 빠졌을 때 계속 전진시키려면 빠진 쪽 타이어가 공회전 하는 이유는?

① 변속기   ② 액슬 축
③ 차동장치   ④ 타이어 무늬

5 로더의 종류로 맞는 것은?

① 저압 타이어식, 고압 타이어식
② 견인식 로더, 동력식 로더
③ 유압식 로더, 기계식 로더
④ 휠 로더, 크로울러식 로더

6 다음 중 차체의 앞, 뒤 어느 쪽으로든지 작업할 수 있는 로더는?

① 투 웨이형   ② 프런트 앤드형
③ 사이드 덤프형   ④ 오버 헤드형

7 크롤러형 로더로 할 수 있는 작업이 아닌 것은?

① 수직 굴토작업
② 제설작업
③ 골재의 처리
④ 포장로 제거

8 다음 중 로더 변속기 내에 동력전달이 안 되는 이유는?

① 기어의 치합이 잘 안 된다.
② 기어 페이싱이 마모되었다.
③ 오일이 과다하다.
④ 오일 압력이 너무 높다.

9 로더의 앞 타이어 교환 시 어떻게 하면 가장 손쉽게 할 수 있는가?

① 잭으로 들고 침목을 고인다.
② 침목만 고인다.
③ 버킷으로 지면을 눌러 장비를 들고 침목을 고인다.
④ 버킷을 들고 침목을 고인다.

10 휠 로더의 조향방식으로 틀린 것은?

① 전륜 조향식

② 후륜 조향식

③ 전·후륜 조향식

④ 차체 굴절 조향식

해설 휠 로더의 조향방식으로는 전륜 조향식, 후륜 조향식. 차체 굴절식. 좌·우륜 각각 구동식이 있다.

11 크롤러식 로더에서 차체의 전중량을 받는 구성 부품은?

① 스프로킷 　　② 전부 롤러

③ 상부 롤러 　　④ 하부 롤러

해설 스프로킷 : 트랙에 구동력 전달

12 로더의 클러치 컷오프 밸브(clutch cut – off valve)의 기능이 아닌 것은?

① 변속기의 변속범위에 있을 경우 브레이크 작동 시 순간적으로 변속 클러치를 풀리도록 한다.

② 평지 작업 시 레버를 하향시켜 변속 클러치를 풀리게 하여 제동을 용이하게 한다.

③ 경사 작업 시 레버를 상향시켜 변속 클러치를 계속 물리게 하여 미끄럼을 방지한다.

④ 트랜스미션 변속 시 변속을 용이하게 한다.

해설 클러치 컷오프 밸브 : 운전석 후편 좌측 벽에 부착되어 있으며 컷오프 밸브가 작동 시 브레이크 페달을 밟으면 변속기 클러치가 차단되어 동력이 엔진으로부터 액슬까지 전달되지 않는다. 따라서 경사지 작업 시 장비가 흘러 내려가게 되어 위험하다.

• 경사지 작업 시 : 업(up)위치

• 평지 작업 시 : 다운(down)위치

13 로더의 유압회로에서 압력제어 밸브의 종류가 아닌 것은?

① 릴리프 밸브 　　② 언로더 밸브

③ 감압 밸브 　　④ 분류 밸브

해설 분류 밸브는 유압원으로부터 2개 이상의 유압 관로로 분류할 때에 각각의 유로의 압력에 관계없이 일정한 비율로서 유량을 분할하여 흐르게 하는 밸브

14 다음 중 로더의 변속기, 클러치의 오일 압력 게이지가 녹색일 때의 압력은?

① $13{\sim}17kg/cm^2$

② $21{\sim}26.3kg/cm^2$

③ $6{\sim}8.20kg/cm^2$

④ $9.49{\sim}13kg/cm^2$

해설 오일의 압력 게이지가 녹색을 지시하는 것은 유압이 정상임을 지시하는 것으로 변속기의 정상 유압은 $9.49{\sim}13kg/cm^2$이다.

15 로더 유압실린더의 주요 구성품이 아닌 것은?

① 실린더

② 피스톤

③ 링

④ 흡입. 배출 밸브

16 셔블의 동작 중 1순환하는 동작은 몇 가지인가?

① 3가지 　　② 5가지

③ 7가지 　　④ 9가지

17 유압식 셔블의 경사각은 얼마인가?

① $30°{\sim}35°$ 　　② $40°{\sim}50°$

③ $50°{\sim}60°$ 　　④ $60°{\sim}70°$

18 휠 로더의 유압회로에 설치되어 있지 않은 밸브는?

① 퀵 드롭 밸브
② 스티어링 제어 밸브
③ 붐 제어 밸브
④ 덤프 제어 밸브

해설 퀵 드롭 밸브는 도저에서 블레이드 실린더에 설치되어 삽이 자중낙하에 따른 유압유를 공급하는 장치이다.

19 붐 킥아웃(kick - out)장치가 작용하지 않을 때 해당되는 사항은?

① 기관의 동력이 소모되어 작업 능률이 떨어진다.
② 붐 실린더의 패킹이 파손되어 오일이 누출된다.
③ 붐의 최고 위치가 자동으로 조정되지 않는다.
④ 붐이 상승하다 일정하게 조정된 위치에서 자동으로 정지된다.

해설 붐 킥 아웃장치 : 붐 조정레버를 사용 버킷이 필요한 위치까지 상승하면 자동으로 붐 레버가 중립에 오도록 하는 장치

20 로더의 클러치 작동압력이 저하될 때 그 원인이 아닌 것은?

① 주 압력이 낮았을 때
② 클러치 오일이 너무 많을 때
③ 내부 오일이 누출될 때
④ 클러치 차단 조정 밸브가 작용이 안될 때

해설 클러치 오일이 많을 때에는 작동압력이 높아진다.

21 타이어식 로더의 사용에 따른 주의사항으로 틀린 것은 어느 것인가?

① 정비 또는 장비를 세워 둘 때에는 버킷을 반드시 지면에 내려놓는다.
② 경사지에서는 작동 중에 트랜스미션을 중립에 놓는다.
③ 버킷에 사람을 태우지 않는다.
④ 버킷에 적재 후 주행 시에는 버킷을 최대한 낮게 한다.

해설 경사지에서 변속기를 중립 상태에 놓으면 장비에 동력의 전달이 이루어지지 않으므로 장비는 그대로 자중에 의해 흘러내린다.

22 토사를 깎을 때 버킷의 경사각은 몇 도를 기울여야 하는가?

① 4°   ② 5°
③ 6°   ④ 7°

해설 출발할 때 5°기울여야 하며 깊이는 붐을 약간 올리거나 버킷을 약간 복귀 시켜서 조정한다.

23 지면보다 낮은 곳을 굴착하는데 부적합한 장비는 어느 것인가?

① 굴착기
② 셔블
③ 드래그라인
④ 크람셀

24 로더의 작업 중 가장 효과적인 작업은?

① 토사 적재작업
② 굴토 작업
③ 제설 작업
④ 파이프 매설 작업

6
건설기계 작업장치

25 로더의 최대 하중을 적재한 버킷을 최후경하여 버킷 밑 부분을 건설기계 최저 지상고 까지 올린 상태는?

① 기준 부하 상태
② 무부하 상태
③ 기준 무부하 상태
④ 최후경각 상태

26 휠 로더의 작업장치 구성품이 아닌 것은?

① 붐　　　　② 암
③ 드래그 링크　　④ 버킷 지지핀

27 다음 중 로더의 클러치 형식은?

① 클러치 없는 노클러치식이다.
② 유압식 클러치식이다.
③ 마찰 클러치식이다.
④ 원추식이다.

28 로더의 플래네터리 허브에는 어떤 오일이 들어 가는가?

① OE　　　　② HO
③ HB　　　　④ GO

29 로더 작업 시 버킷을 지면에서 얼마 정도 띠우고 이동해야 하는가?

① 10~20cm　　② 20~30cm
③ 60~90cm　　④ 50~70cm

해설 일반적으로 60~90cm 정도 들어 올리고 이동한다.

30 로더의 동력전달 설명 중 순서가 맞는 것은?

① 추진축→차동장치→액슬축→휠

② 토크컨버터→추진축→차동장치→액슬축
③ 차동장치→액슬축→유성 기어→휠
④ 엔진→토크컨버터→변속기→차동장치

31 로더에서 허리꺾기 조향식의 설명으로 가장 거리가 먼 것은?

① 해상 구조물 설치에 주로 사용된다.
② 좁은 장소에서의 작업에 유리하다.
③ 유압실린더를 사용하여 굴절하는 형식이다.
④ 선회반경이 적다.

32 로더의 동력전달순서로 맞는 것은?

① 엔진 → 토크 컨버터 → 변속기 → 종감속기어 및 차동기어 → 차륜
② 엔진 → 변속기 → 종감속기어 및 차동기어 → 토크 컨버터 → 차륜
③ 엔진 → 변속기 → 토크 컨버터 → 종감속기어 및 차동기어 → 차륜
④ 엔진 → 토크 컨버터 → 종감속기어 및 차동기어 → 변속기 → 차륜

33 무한궤도식 로더로 진흙탕이나 수중 작업을 할 때 관련된 사항으로 틀린 것은?

① 작업 전에 기어실과 클러치실 등의 드레인 플러그 조임 상태를 확인한다.
② 습지용 슈를 사용했다면 주행 장치의 베어링에 주유하지 않는다.
③ 작업 후에는 세차를 하고 각 베어링에 주유를 한다.
④ 작업 후 기어실과 클러치실의 드레인 플러그를 열어 물의 침입을 확인한다.

34 로더의 버킷 용도별 분류 중 나무뿌리 뽑기, 제초, 제석 등 지반이 매우 굳은 땅의 굴착 등에 적합한 버킷은?

① 스켈리턴 버킷
② 사이드 덤프 버킷
③ 래크 블레이드 버킷
④ 암석용 버킷

35 로더 장비에서 자동 변속기가 동력전달을 하지 못한다면 그 원인으로 가장 적합한 것은?

① 오일의 압력이 과대하다.
② 오일이 규정량이 이상이다.
③ 다판 클러치가 마모 되었다.
④ 연속하여 덤프트럭에 토사 상차작업을 하였다.

36 로더의 에어 컴프레셔 내의 순환 오일은 무슨 오일인가?

① 기어오일   ② 유압오일
③ 엔진오일   ④ 밋션오일

37 로더 작업 중 이동할 때 버킷의 높이는 지면에서 약 몇 m 정도로 유지해야 하는가?

① 0.1   ② 0.6
③ 1   ④ 1.5

38 타이어식 로더에서 기관 시동 후 동력 전달과정 설명으로 틀린 것은?

① 바퀴는 구동차축에 설치되며 허브에 링기어가 고정된다.
② 토크 변환기는 변속기 앞부분에서 동력을 받고 변속기와 함께 알맞은 회전비와 토크 비율을 조정한다.
③ 종감속기어는 최종감속을 하고 구동력을 증대한다.
④ 차동기어장치의 차동제한장치는 없고 유성기어장치에 의해 차동제한을 한다.

PART
07

CBT검정
출제예상문제

• 굴착기 • 지게차 • 기중기 • 로더

굴착기 1회

주요 문제 풀어보기

건설기계 운전기능사 필기

1 발전소 상호간, 변전소 상호간 또는 발전소와 변전소간의 전선로를 나타내는 용어로 맞는 것은?

① 배전 선로
② 송전 선로
③ 인입 선로
④ 전기 수용 설비 선로

2 건설기계 운전 중 엔진부조를 하다가 시동이 꺼졌다. 그 원인이 아닌 것은?

① 연료 필터 막힘
② 연료에 물 혼입
③ 분사 노즐이 막힘
④ 연료장치의 오버플로 호스가 파손

3 무면허 건설기계 조종사에 대한 벌금은?

① 100만 원 이하의 벌금
② 20만 원 이하의 벌금
③ 1000만 원 이하의 벌금
④ 50만 원 이하의 벌금

4 디젤기관 노크의 방지방법으로 적당한 것은?

① 압축비를 높게 한다.
② 착화지연시간을 길게 한다.
③ 흡기 압력을 낮게 한다.
④ 연소실 벽의 온도를 낮게 한다.

5 도로를 주행할 때 포장 노면의 파손을 방지하기 위해 주로 사용하는 트랙 슈는?

① 평활 슈
② 단일돌기 슈
③ 습지용 슈
④ 스노 슈

6 건설기계의 구조 또는 장치를 변경하는 사항으로 적합하지 않은 것은?

① 관할 시 · 도지사에게 구조변경 승인을 받아야 한다.
② 건설기계 정비 업소에서 구조 또는 장치의 변경 작업을 한다.
③ 구조변경검사를 받아야 한다.
④ 구조변경검사는 주요 구조를 변경 또는 개조한 날부터 20일 이내에 신청하여야 한다.

7 가솔린 기관에 사용되는 연료 여과기의 역할은?

① 연료의 흐름을 조절한다.
② 연료의 분사량을 일정하게 한다.
③ 연료 중의 수분 및 불순물을 걸러준다.
④ 연료의 압력을 조절한다.

8 유압펌프에서 토출압력이 가장 높은 것은?

① 레이디얼 플런저 펌프
② 기어 펌프
③ 액시얼 플런저 펌프
④ 베인 펌프

9 다음 중 커먼레일 디젤기관의 흡기 온도 센서(ATS)에 대한 설명 중 맞지 않는 것은?

① 연료량 제어 보정 신호로 사용된다.
② 분사시기 제어 보정 신호로 사용된다.
③ 부특성 서미스터이다.
④ 스모그 제한 부스터 압력제어용으로 사용한다.

10 유압실린더를 행정 최종단계에서 실린더의 속도를 감속하여 서서히 정지시키고자 할 때 사용되는 밸브는?

① 디셀러레이션 밸브(deceleration valve)
② 셔틀 밸브(shuttle valve)
③ 프레필 밸브(prefill valve)
④ 디컴프레션 밸브(decompression valve)

11 자연적 재해가 아닌 것은?

① 지진 　　② 태풍
③ 홍수 　　④ 방화

12 엔진 오일의 여과방식이 아닌 것은?

① 샨트식
② 전류식
③ 분류식
④ 자력식

13 안전표지 중 안내표지의 바탕색으로 맞는 것은?

① 백색 　　② 흑색
③ 적색 　　④ 녹색

14 방향전환 밸브 중 4포트 3위치 밸브에 대한 설명으로 틀린 것은?

① 직선형 스풀 밸브이다.
② 스풀의 전환위치가 3개이다.
③ 밸브와 주배관이 접속하는 접속구는 3개이다.
④ 중립위치를 제외한 양끝 위치에서 4포트 2위치

15 도로 운행시의 건설기계의 축하중 및 총중량 제한은?

① 윤하중 5ton 초과, 총중량 20ton 초과
② 축하중 10ton 초과, 총중량 20ton 초과
③ 축하중 10ton 초과, 총중량 40ton 초과
④ 윤하중 10ton 초과, 총중량 10ton 초과

16 굴착기의 일일점검사항이 아닌 것은?

① 엔진오일 점검
② 배터리 전해액 점검
③ 연료량 점검
④ 냉각수 점검

17 작업장에서 전기가 예고 없이 정전되었을 경우 전기로 작동하던 기계 기구의 조치방법 중 틀린 것은?

① 즉시 스위치를 끈다.
② 안전을 위해 작업장을 정리해 놓는다.
③ 퓨즈의 단락 유무를 검사한다.
④ 전기가 들어오는 것을 알기 위해 스위치를 넣어둔다.

18 시동 모터가 회전이 안 되거나 회전력이 약한 원인이 아닌 것은?

① 시동 스위치 접촉 불량이다.
② 배터리 단자와 터미널의 접촉이 나쁘다.
③ 브러시가 정류자에 잘 밀착되어 있다.
④ 배터리 전압이 낮다.

19 디젤기관에서 실화(miss fire)가 일어났을 때의 현상으로 맞는 것은?

① 엔진의 출력이 증가한다.
② 연료소비가 적다.
③ 엔진이 과냉한다.
④ 엔진 회전이 불량하다.

20 브레이크 오일이 비등하여 송유 압력의 전달 작용이 불가능하게 되는 현상은?

① 페이드 현상
② 베이퍼룩 현상
③ 사이클링 현상
④ 브레이크 룩 현상

21 인력운반 작업의 재해 중 취급하는 중량물과 지면, 건축물 등에 끼여 발생하는 재해는?

① 요추 염좌   ② 충돌
③ 낙하   ④ 협착(압상)

22 건설기계 운전자가 조종 중 고의로 중상 2명, 경상 5명의 사고를 일으킬 때 면허저분 기준은?

① 면허 취소
② 면허효력 정지 30일

③ 면허효력 정지 20일
④ 면허효력 정지 10일

23 공구 사용시 주의해야 할 사항으로 틀린 것은?

① 주위 환경에 주의해서 작업할 것
② 강한 충격을 가하지 않을 것
③ 해머 작업시 보호 안경을 쓸 것
④ 손이나 공구에 기름을 바른 다음 작업 할 것

24 굴착기 부품 중 정기적으로 교환하여야 하는 것이 아닌 것은?

① 오일 필터   ② 연료 필터
③ 엔진 오일   ④ 버킷 투스

25 전기장치에서 접촉 저항이 발생하는 개소 중 가장 거리가 먼 것은?

① 배선 중간 지점
② 스위치 접점
③ 축전지 터미널
④ 배선 커넥터

26 스패너의 사용 시 주의할 사항 중 틀린 것은?

① 스패너 손잡이에 파이프를 이어서 사용하는 것은 삼가 할 것
② 미끄러지지 않도록 조심성 있게 죌 것
③ 스패너는 당기지 말고 밀어서 사용할 것
④ 치수를 맞추기 위해 스패너와 너트 사이에 다른 물건을 끼워서 사용하지 말 것

27 축전지가 완전 충전이 제대로 되지 않는다. 그 원인이 아닌 것은?

① 축전지 극판 손상
② 축전지 접지선 접속이완
③ 본선(B+) 연결부분 접속이완
④ 발전기 브러시 스프링 장력과다.

28 기관 과열의 직접적인 원인이 아닌 것은?

① 팬벨트의 느슨함
② 라디에이터의 코어 막힘
③ 냉각수의 부족
④ 타이밍 체인(timing chain)의 헐거움

29 조향핸들의 유격이 커지는 원인과 관계 없는 것은?

① 피트먼 암의 헐거움
② 타이어 공기압 과대
③ 조향기어, 링키지 조정 불량
④ 앞바퀴 베어링 과대 마모

30 축전지 케이스와 커버 세척에 가장 알맞은 것은?

① 솔벤트와 물
② 소금과 물
③ 소다와 물
④ 가솔린과 물

31 도로교통법상 서행 또는 일시정지 할 장소로 지정된 곳은?

① 안전지대 우측
② 가파른 비탈길의 내리막
③ 좌우를 확인할 수 있는 교차로
④ 교량 위를 통행할 때

32 건설기계 등록말소 신청 시 구비서류에 해당되는 것은?

① 건설기계 등록증
② 주민등록등본
③ 수입면장
④ 제작증명서

33 4행정 사이클 디젤기관의 흡입행정에 관한 설명 중 맞지 않는 것은?

① 흡입밸브를 통하여 혼합기를 흡입한다.
② 실린더 내의 부압(負壓)이 발생한다.
③ 흡입밸브는 상사점 전에 열린다.
④ 흡입계통에는 벤투리, 초크 밸브가 없다.

34 유압장치의 수명연장을 위해 가장 중요한 요소에 해당하는 것은?

① 유압 컨트롤 밸브의 세척 및 교환
② 오일량 점검 및 필터 교환
③ 유압펌프의 점검 및 교환
④ 오일 쿨러의 점검 및 세척

35 화재의 분류가 옳게 된 것은?

① A급 화재 : 일반 가연물 화재
② B급 화재 : 금속 화재
③ C급 화재 : 유류 화재
④ D급 화재 : 전기 화재

36 건설기계용 디젤기관의 냉각장치 방식에 속하지 않는 것은?

① 강제 순환식 　② 압력 순환식
③ 진공 순환식 　④ 자연 순환식

37 제1종 운전면허를 받을 수 없는 사람은?

① 한쪽 눈을 보지 못하고, 색체 식별이 불가능한 사람
② 양쪽 눈의 시력이 각각 0.5 이상인 사람
③ 두 눈을 동시에 뜨고 잰 시력이 0.8 이상인 사람
④ 적색·황색·녹색의 색체 식별이 가능한 사람

38 2개 이상의 분기회로에서 실린더나 모터의 작동순서를 결정하는 자동 제어밸브는?

① 리듀싱 밸브
② 릴리프 밸브
③ 시퀀스 밸브
④ 파일럿 체크 밸브

39 유압실린더의 속도를 제어하는 블리드 오프(bleed off) 회로에 대한 설명으로 틀린 것은?

① 펌프 토출량 중 일정한 양을 탱크로 되돌린다.
② 릴리프 밸브에서 과잉 압력을 줄일 필요가 없다.
③ 유량 제어 밸브를 실린더와 직렬로 설치한다.
④ 부하변동이 급격한 경우에는 정확한 유량제어가 곤란하다.

40 가스 관련법상 가스 배관 주위를 굴착하고자 할 때 가스 배관 주위 몇 m이내에는 인력으로 굴착하여야 하는가?

① 0.3
② 0.5
③ 1
④ 1.2

41 다음에서 유압 작동유 탱크의 기능으로 모두 맞는 것은?

> ㉠ 오일의 저장
> ㉡ 오일의 역류 방지
> ㉢ 격판을 설치하여 오일의 출렁거림 방지
> ㉣ 오일 온도 조정(방열)

① ㉠, ㉡, ㉢
② ㉡, ㉢, ㉣
③ ㉠, ㉢, ㉣
④ ㉠, ㉡, ㉣

42 유압장치 중에서 회전운동을 하는 것은?

① 급속배기밸브
② 유압모터
③ 하이드롤릭 실린더
④ 복동실린더

43 다음 배선의 색과 기호에서 파랑색(Blue)의 기호는?

① G
② L
③ B
④ R

44 야간에 차가 서로 마주보고 진행하는 경우 등화조작 중 맞는 것은?

① 전조등, 보호등, 실내 조명등을 조작한다.
② 전조등을 켜고 보조등을 끈다.
③ 전조등 변환빔을 하향으로 한다.
④ 전조등을 상향으로 한다.

45 유압실린더의 지지방식에 속하지 않는 것은?

① 푸트형　　② 플랜지형
③ 유니언형　　④ 트러니언형

46 디젤기관에서 흡입공기 압축시 압축 온도는 약 얼마인가?

① 300~350℃
② 500~550℃
③ 1100~1150℃
④ 1500~1600℃

47 기계에 사용되는 방호덮개 장치의 구비 조건으로 틀린 것은?

① 마모나 외부로부터 충격에 쉽게 손상되지 않을 것
② 작업자가 임의로 제거 후 사용할 수 있을 것
③ 검사나 급유·조정 등 장비가 용이할 것
④ 최소의 손질로 장시간 사용할 수 있을 것

48 연소의 3요소에 해당되지 않는 것은?

① 물　　② 공기
③ 점화원　　④ 가연물

49 도시가스사업법에서 저압이라 함은 압축가스일 경우 몇 MPa 미만의 압축을 말하는가?

① 3　　② 1
③ 0.01　　④ 0.1

50 도로교통법상 3색등화로 표시되는 신호등의 신호 순서로 맞는 것은?

① 녹색(적색 및 녹색 화살표)등화, 황색등화, 적색등화의 순서이다.
② 적색(적색 및 녹색 화살표)등화, 황색등화, 녹색등화의 순서이다.
③ 녹색(적색 및 녹색 화살표)등화, 적색등화, 황색등화의 순서이다.
④ 적색점멸등화, 황색등화, 녹색(적색 및 녹색화살표)등화의 순서이다.

51 검사연기 신청을 하였으나 불허통지를 받은 자는 언제까지 검사를 신청하여야 하는가?

① 불허통지를 받은 날로부터 5일 이내
② 불허통지를 받은 날로부터 10일 이내
③ 검사신청기간 만료일로부터 5일 이내
④ 검사신청기간 만료일로부터 10일 이내

52 토크 컨버터에서 회전력이 최댓값이 될 때를 무엇이라 하는가?

① 토크 변환비
② 유체 충돌 손실비
③ 회전력
④ 스톨 포인트

53 기관 냉각장치에서 비등점을 높이는 기능을 하는 것은?

① 압력식 캡
② 라디에이터
③ 물 펌프
④ 물 재킷

54 굴착작업 중 줄파기 작업에서 줄파기 1일 시공량 결정은 어떻게 하도록 되어 있는가?

① 시공 속도가 가장 느린 천공작업에 맞추어 결정한다.
② 시공 속도가 가장 빠른 천공작업에 맞추어 결정한다.
③ 공사 시방서에 명기된 일정에 맞추어 결정한다.
④ 공사 관리 감독기관에 보고한 날짜에 맞추어 결정한다.

55 타이어식 건설기계가 길고 급한 경사로를 운전할 때, 반 브레이크를 사용하면 어떤 현상이 일어나는가?

① 라이닝은 페이드, 파이프는 스팀록
② 라이닝은 페이드, 파이프는 베이퍼록
③ 파이프는 스팀록, 라이닝은 베이퍼록
④ 파이프는 증기폐쇄, 라이닝은 스팀록

56 유압장치의 기본적인 구성요소가 아닌 것은?

① 유압 발생장치
② 유압 재순환장치
③ 유압 제어장치
④ 유압 구동장치

57 타이어식 건설기계를 조종하여 작업을 할 때 주의하여야 할 사항으로 틀린 것은?

① 노견의 붕괴방지 여부
② 지반의 침하방지 여부

③ 작업 범위 내에 물품과 사람 배치
④ 낙석의 우려가 있으면 운전실에 헤드가이드를 부착

58 회전하는 물체를 정지시키는 방법으로 옳은 것은?

① 발로 세운다.
② 손으로 잡는다.
③ 공구를 사용한다.
④ 자연스럽게 정지하도록 가만히 둔다.

59 다음 건물번호판에 대한 설명으로 맞는 것은?

① 평촌길은 도로 시작점, 30은, 건물 주소이다.
② 평촌길은 주 출입구, 30은 기초번호이다.
③ 평촌길은 도로명, 30은 건물번호이다.
④ 평촌길은 도로별 구분기준, 30은 상세주소이다.

60 디젤기관의 부하에 따라 자동적으로 분사량을 가감하여 최고 회전속도를 제어하는 것은?

① 플런저 펌프   ② 캠축
③ 거버너   ④ 타이머

1 일반적으로 캠(cam)으로 조작되는 유압밸브로써 액추에이터의 속도를 서서히 감속시키는 밸브는?

① 디셀러레이션 밸브
② 카운터 밸런스 밸브
③ 방향제어 밸브
④ 프레필 밸브

2 디젤엔진에서 피스톤 링의 3대 작용과 거리가 먼 것은?

① 응력 분산작용   ② 기밀작용
③ 오일제어 작용   ④ 열전도작용

3 건설기계관리법령상 건설기계의 소유자가 건설기계 등록신청을 하고자 할 때 신청할 수 없는 단체장은?

① 산청군수
② 경기도지사
③ 부산광역시장
④ 제주특별자치도지사

4 기계식 변속기가 설치된 건설기계에서 출발 시 진동을 일으키는 원인으로 가장 적합한 것은?

① 릴리스 레버가 마멸되었다.
② 릴리스 레버의 높이가 같지 않다.
③ 페달 리턴스프링이 강하다.
④ 클러치 스프링이 강하다.

5 커먼레일 디젤기관의 연료압력센서(RPS)에 대한 설명 중 맞지 않는 것은?

① RPS의 신호를 받아 연료분사량을 조정하는 신호로 사용한다.
② RPS의 신호를 받아 연료분사시기를 조정하는 신호로 사용한다.
③ 반도체 피에조 소자방식이다.
④ 이 센서가 고장이면 시동이 꺼진다.

6 토크 컨버터에 대한 설명으로 맞는 것은?

① 구성품 중 펌프(임펠러)는 변속기 입력축과 기계적으로 연결되어 있다.
② 펌프, 터빈, 스테이터 등이 상호운동하여 회전력을 변환시킨다.
③ 엔진속도가 일정한 상태에서 장비의 속도가 줄어들면 토크는 감소한다.
④ 구성품 중 터빈은 기관의 크랭크 축과 기계적으로 연결되어 구동된다.

7 도로교통법상 정차의 정의에 해당하는 것은?

① 차가 10분을 초과하여 정지
② 운전자가 5분을 초과하지 않고 차를 정지시키는 것으로 주차 외의 정지 상태
③ 차가 화물을 싣기 위하여 계속 정지
④ 운전자가 식사하기 위하여 차고에 세워둔 것

8 건설기계 조종 중 고의로 인명피해를 입힌 때 면허의 처분기준으로 옳은 것은?

① 면허 취소
② 면허 효력 정지 15일
③ 면허 효력 정지 30일
④ 면허 효력 정지 45일

9 건설기계 소유자가 건설기계의 등록 전 일시적으로 운행할 수 없는 경우는?

① 등록신청을 하기 위하여 건설기계를 등록지로 운행하는 경우
② 신규 등록검사 및 확인검사를 받기 위하여 검사장소로 운행하는 경우
③ 간단한 작업을 위하여 건설기계를 일시적으로 운행하는 경우
④ 신개발 건설기계를 시험·연구의 목적으로 운행하는 경우

10 열기관이란 어떤 에너지를 어떤 에너지로 바꾸어 유효한 일을 할 수 있도록 한 기계인가?

① 열에너지를 기계적 에너지로
② 전기적 에너지를 기계적 에너지로
③ 위치 에너지를 기계적 에너지로
④ 기계적 에너지를 열에너지로

11 냉각장치에 대하여 설명한 것 중 틀린 것은?

① 냉각수 온도가 너무 낮으면 엔진의 운전상태가 나빠진다.
② 각 장치 내부의 세척에는 가성소다를 섞은 물을 사용한다.

③ 엔진과열의 원인은 서머스탯의 고장으로 냉각수 순환이 빠른 경우이다.
④ 각 장치 내부에 물때가 끼면 엔진과열의 원인이 된다.

12 벨트 전동장치에 내재된 위험적 요소로 의미가 다른 것은?

① 트랩(Trap)
② 충격(Impact)
③ 접촉(contact)
④ 말림(Entanglement)

13 12V의 납축전지 셀에 대한 설명으로 맞는 것은?

① 6개의 셀이 직렬로 접속되어 있다.
② 6개의 셀이 병렬로 접속되어 있다.
③ 6개의 셀이 직렬과 병렬로 혼용하여 접속되어 있다.
④ 3개의 셀이 직렬과 병렬로 혼용하여 접속되어 있다.

14 작업장에서 지켜야 할 준수사항이 아닌 것은?

① 불필요한 행동을 삼갈 것
② 작업장에서는 급히 뛰지 말 것
③ 대기 중인 차량에는 고임목을 고여둘 것
④ 공구를 전달할 경우 시간절약을 위해 가볍게 던질 것

15 디젤기관에서 부조 발생의 원인이 아닌 것은?

① 발전기 고장
② 거버너 작용 불량
③ 분사시기 조정 불량
④ 연료의 압송 불량

16 무한궤도식 굴착기에서 스프로킷이 한쪽으로만 마모되는 원인으로 가장 적합한 것은?

① 트랙장력이 늘어났다.
② 트랙링크가 마모되어 있다.
③ 상부롤러가 과다하게 마모되었다.
④ 스프로킷 및 아이들러가 직선 배열이 아니다.

17 다음의 등화장치 설명 중 내용이 잘못된 것은?

① 후진등은 변속기 시프트 레버를 후진 위치로 넣으면 점등된다.
② 방향지시등은 방향지시등의 신호가 운전석에서 확인되지 않아도 된다.
③ 번호등은 단독으로 점멸되는 회로가 있어서는 안 된다.
④ 제동등은 브레이크 페달을 밟았을 때 점등된다.

18 다음 중 전력 케이블의 매설깊이로 가장 적정한 것은?

① 차도 및 중량물의 영향을 받을 우려가 없는 경우 0.3m 이상
② 차도 및 중량물의 영향을 받을 우려가 없는 경우 0.6m 이상

③ 차도 및 중량물의 영향을 받을 우려가 있는 경우 0.3m 이상
④ 차도 및 중량물의 영향을 받을 우려가 있는 경우 0.6m 이상

19 유압유의 유체에너지(압력, 속도)를 기계적인 일로 변환시키는 유압장치는?

① 유압펌프
② 유압 액추에이터
③ 어큐뮬레이터
④ 유압밸브

20 건설기계의 주요구조변경범위에 포함되지 않는 사항은?

① 원동기의 형식변경
② 제동장치의 형식변경
③ 조종장치의 형식변경
④ 충전장치의 형식변경

21 기동 전동기의 피니언을 기관의 링기어에 물리게 하는 방법이 아닌 것은?

① 피니언 섭동식
② 벤딕스식
③ 전기자 섭동식
④ 오버런닝 클러치식

22 굴착기의 붐은 무엇에 의해 상부회전체에 연결되어 있는가?

① 로크 핀
② 디퍼 핀
③ 암 핀
④ 풋 핀

23 작업에 필요한 수공구의 보관방법으로 적합하지 않은 것은?

① 공구함을 준비하여 종류와 크기별로 보관한다.

② 사용한 공구는 파손된 부분 등의 점검 후 보관한다.

③ 사용한 수공구는 녹슬지 않도록 손잡이 부분에 오일을 발라 보관하도록 한다.

④ 날이 있거나 뾰족한 물건은 위험하므로 뚜껑을 씌워둔다.

24 작업 중 운전자가 확인해야 할 것으로 가장 거리가 먼 것은?

① 온도계기

② 전류계기

③ 오일 압력계기

④ 실린더 압력계기

25 국가비상사태하가 아닐 때 건설기계 등록신청은 건설기계관리법령상 건설기계를 취득한 날로부터 얼마의 기간 이내에 하여야 하는가?

① 5일

② 15일

③ 1월

④ 2월

26 기관주요 부품 중 밀봉작용과 냉각작용을 하는 것은?

① 베어링

② 피스톤 핀

③ 피스톤 링

④ 크랭크 축

27 디젤기관 연료라인에 공기빼기를 하여야 하는 경우가 아닌 것은?

① 예열이 안 되어 예열 플러그를 교환한 경우

② 연료호스나 파이프 등을 교환한 경우

③ 연료탱크 내의 연료가 결핍되어 보충한 경우

④ 연료 필터의 교환, 분사펌프를 탈·부착한 경우

28 무한궤도식 건설기계에서 주행 구동체인 장력 조정방법은?

① 구동스프로킷을 전·후진시켜 조정한다.

② 아이들러를 전·후진시켜 조정한다.

③ 슬라이드 슈의 위치를 변화시켜 조정한다.

④ 드레그 링크를 전·후진시켜 조정한다.

29 유압모터의 회전속도가 느리다. 그 원인과 관계없는 것은?

① 설정 압력이 규정 압력보다 낮다.

② 유량이 규정량보다 부족하다.

③ 유압 밸런스 밸브가 불량하다.

④ 유압모터 하우징 고정 볼트를 토크 렌치로 조였다.

30 유압 작동유를 교환하고자 할 때 선택조건으로 가장 적합한 것은?

① 유명 정유회사 제품

② 가장 가격이 비싼 유압 작동유

③ 제작사에서 해당 장비에 추천하는 유압 작동유

④ 시중에서 쉽게 구입할 수 있는 유압 작동유

31 기관의 오일 압력이 낮은 경우와 관계없는 것은?

① 아래 크랭크 케이스에 오일이 적다.
② 크랭크 축 오일틈새가 크다.
③ 오일펌프가 불량하다.
④ 오일 릴리프 밸브가 막혔다.

32 트랙식 굴착기의 한쪽 주행레버만 조작하여 회전하는 것을 무엇이라 하는가?

① 피벗 회전
② 급회전
③ 스핀 회전
④ 원웨이 회전

33 축전지가 낮은 충전율로 충전되는 이유가 아닌 것은?

① 축전지의 노후
② 레귤레이터의 고장
③ 전해액 비중의 과다
④ 발전기의 고장

34 유압회로의 최고압력을 제어하는 밸브로서 회로의 압력을 일정하게 유지시키는 밸브는?

① 감압 밸브(reducing valve)
② 카운터 밸런스 밸브
③ 릴리프 밸브(relief valve)
④ 언로드 밸브(unload valve)

35 도로교통법에서 안전지대의 정의에 관한 설명으로 옳은 것은?

① 버스정류장 표지가 있는 장소
② 자동차가 주차할 수 있도록 설치된 장소
③ 도로를 횡단하는 보행자나 통행하는 차마의 안전을 위하여 안전표지 등으로 표시된 도로의 부분
④ 사고가 잦은 장소에 보행자의 안전을 위하여 설치한 장소

36 제동장치의 페이드 현상 방지책으로 틀린 것은?

① 드럼은 냉각성능을 크게 한다.
② 드럼은 열팽창률이 적은 재질을 사용한다.
③ 온도 상승에 따른 마찰계수 변화가 큰 라이닝을 사용한다.
④ 드럼의 열팽창률이 적은 형상으로 한다.

37 전기식 연료계의 종류에 속하지 않는 것은?

① 밸런싱 코일식
② 플래셔 유닛식
③ 바이메탈 저항식
④ 서모스탯 바이메탈식

38 디젤기관의 연소실은 열효율이 높은 구조이어야 하는데 잘못 설명된 것은?

① 압축비를 높인다.
② 연소실의 구조를 간단히 한다.
③ 열효율을 높이면 연료소비율도 증가한다.
④ 연소실 벽의 온도를 높인다.

39 유압펌프의 기능을 설명한 것으로 가장 적합한 것은?

① 유압회로 내의 압력을 측정하는 기구이다.

② 어큐뮬레이터와 동일한 기능을 한다.

③ 유압 에너지를 동력으로 변환한다.

④ 원동기의 기계적 에너지를 유압 에너지로 변환한다.

40 전기용접의 아크 빛으로 인해 눈이 혈안이 되고 눈이 붓는경우가 있다. 이럴 때 응급조치 사항으로 가장 적절한 것은?

① 안약을 넣고 계속 작업한다.

② 눈을 잠시 감고 안정을 취한다.

③ 소금물로 눈을 세정한 후 작업한다.

④ 냉습포를 눈 위에 올려놓고 안정을 취한다.

41 일반적인 오일 탱크의 구성품이 아닌 것은?

① 스트레이너　② 유압 태핏

③ 드레인 플러그　④ 배플 플레이트

42 난연성 작동유의 종류에 해당하지 않는 것은?

① 석유계 작동유

② 유중수형 작동유

③ 물 – 글리콜형 작동유

④ 인산 에스텔형 작동유

43 일반적으로 연삭기에 부착해야 하는 안전 방호장치는?

① 안전 덮개

② 급발진 장치

③ 양수 조작식 방호장치

④ 광전식 안전방호장치

44 일방통행으로 된 도로가 아닌 교차로로 또는 그 부근에서 긴급자동차가 접근하였을 때 운전자가 취해야 할 방법으로 옳은 것은?

① 교차로의 우측단에 일시 정지하여 진로를 양보한다.

② 교차로를 피하여 도로의 우측 가장자리에 일시 정지한다.

③ 서행하면서 앞지르기 하라는 신호를 한다.

④ 그대로 진행방향으로 진행을 계속한다.

45 유압장치에서 기어 모터에 대한 설명 중 잘못된 것은?

① 내부 누설이 적어 효율이 높다.

② 구조가 간단하고 가격이 저렴하다.

③ 일반적으로 스퍼기어를 사용하나 헬리컬 기어도 사용한다.

④ 유압유에 이물질이 혼입되어도 고장 발생이 적다.

46 디젤기관의 압축비가 높은 이유는?

① 연료의 무화를 양호하게 하기 위하여

② 공기의 압축열로 착화시키기 위하여

③ 기관 과열과 진동을 적게 하기 위하여

④ 연료의 분사를 높게 하기 위하여

47 중량물 운반에 대한 설명으로 틀린 것은?

① 흔들리는 중량물은 사람이 붙잡아서 이동한다.
② 무거운 물건을 운반할 경우 주위사람에게 인지하게 한다.
③ 규정용량을 초과하여 운반하지 않는다.
④ 무거운 물건을 상승시킨 채 오랫동안 방치하지 않는다.

48 도시가스 배관 주위의 굴착공사에 대한 내용으로 ( )에 적합한 것은?

> 도시가스 배관 주위를 되메우기 하거나 포장할 경우 배관 주위의 (   ), (   ) 및 (   ) 및 도시가스 배관 부속시설물의 설치 등은 굴착 전과 같은 상태가 되도록 할 것

① 보호표지판, 토류판 설치, 다짐작업
② 자갈 채우기, 굴착작업, 보호표지판
③ 다짐작업, 라인마크 설치, 자갈 채우기
④ 모래 채우기, 보호판, 보호포, 라인마크 설치

49 화재발생 시 연소조건이 아닌 것은?

① 점화원
② 산소(공기)
③ 발화시기
④ 가연성 물질

50 사고의 원인 중 불안전한 행동이 아닌 것은?

① 허가 없이 기계장치 운전
② 사용 중인 공구에 결함 발생
③ 작업 중 안전장치 기능 제거
④ 부적당한 속도로 기계장치 운전

51 다음 3방향 도로명 예고표지에 대한 설명으로 맞는 것은?

① 좌회전하면 300미터 전방에 시청이 나온다.
② 관평로는 북에서 남으로 도로구간이 설정되어 있다.
③ 우회전하면 300미터 전방에 평촌역이 나온다.
④ 직진하면 300미터 전방에 관평로가 나온다.

52 유압장치에서 오일에 거품이 생기는 원인으로 가장 거리가 먼 것은?

① 오일탱크와 펌프사이에서 공기가 유입 될 때
② 오일이 부족하여 공기가 일부 흡입되었을 때
③ 펌프 축 주위의 흡입측 실(seal)이 손상되었을 때
④ 유압유의 점도지수가 클 때

53 다음에서 유압회로에 사용되는 제어밸브가 모두 나열된 것은?

> ㉠ 압력제어밸브
> ㉡ 속도 제어밸브
> ㉢ 유량 제어밸브
> ㉣ 방향 제어밸브

① ㉠, ㉡, ㉢
② ㉠, ㉡, ㉣
③ ㉡, ㉢, ㉣
④ ㉠, ㉢, ㉣

54 축전지에서 방전 중일 때의 화학작용을 설명하였다. 틀린 것은?

① 음극판 : 해면상납 → 황산납
② 전해액 : 묽은 황산 → 물
③ 격리판 : 황산납 → 물
④ 양극판 : 과산화납 → 황산납

55 자동차 전용도로의 정의로 가장 적합한 것은?

① 자동차만 다닐 수 있도록 설치된 도로
② 보도와 차도의 구분이 없는 도로
③ 보도와 차도의 구분이 있는 도로
④ 자동차 고속주행의 교통에만 이용되는 도로

56 냉각장치에서 냉각수의 비등점을 높이기 위한 장치는?

① 진공식 캡   ② 방열기
③ 압력식 캡   ④ 정온기

57 가스관련법상 도시가스 배관 주위를 굴착하는 경우 도시가스 배관의 좌우 몇 m 이내 부분은 인력으로 굴착하여야 하는가?

① 1.0   ② 1.5
③ 2.0   ④ 2.5

58 건설기계운전 면허의 효력정지 사유가 발생한 경우, 건설기계관리법상 효력정지 기간으로 옳은 것은?

① 1년 이내
② 6월 이내
③ 5년 이내
④ 3년 이내

59 안전표지의 색채 중에서 대피장소 또는 비상구의 표지에 사용되는 것으로 맞는 것은?

① 빨간색   ② 주황색
③ 녹색   ④ 청색

60 인간공학적 안전 설정으로 페일세이프에 관한 설명 중 가장 적절한 것은?

① 안전도 검사방법을 말한다.
② 안전통제의 실패로 인하여 원상복귀가 가장 쉬운 사고의 결과를 말한다.
③ 안전사고 예방을 할 수 없는 물리적 불안전 조건과 불안전 인간의 행동을 말한다.
④ 인간 또는 기계에 과오나 동작상의 실패가 있어도 안전사고를 발생시키지 않도록 하는 통제책을 말한다.

1 기관 연소실에서 갖추어야 할 구비조건이다. 가장 거리가 먼 것은?

① 압축행정에서 혼합기의 와류를 형성하는 구조이어야 한다.

② 연소실 내의 표면적은 최대가 되도록 한다.

③ 돌출부가 없어야 한다.

④ 화염전파 거리가 짧아야 한다.

2 실린더 헤드와 블록 사이에 삽입하여 압축과 폭발가스의 기밀을 유지하고 냉각수와 엔진오일이 누출되는 것을 방지하는 역할을 하는 것은?

① 헤드 오일 통로 ② 헤드 밸브

③ 헤드 워터 재킷 ④ 헤드 가스켓

3 기관에서 팬 벨트 및 발전기 벨트의 장력이 너무 강한 경우에 발생할 수 있는 현상은?

① 기관의 밸브장치가 손상될 수 있다.

② 충전부족 현상이 생긴다.

③ 발전기 베어링이 손상될 수 있다.

④ 기관이 과열된다.

4 디젤기관과 엔진오일 압력이 규정 이상으로 높아질 수 있는 원인은?

① 엔진오일이 희석되었다.

② 기관의 회전속도가 낮다.

③ 엔진오일의 점도가 지나치게 높다.

④ 엔진오일의 점도가 지나치게 낮다.

5 디젤엔진이 잘 시동되지 않거나 시동이 되더라도 출력이 약한 원인으로 맞는 것은?

① 플라이휠이 마모되었을 때

② 냉각수 온도가 100℃ 정도 되었을 때

③ 연료분사펌프의 기능이 불량할 때

④ 연료탱크 상부에 공기가 들어있을 때

6 커먼레일 디젤기관의 압력제한밸브에 대한 설명 중 틀린 것은?

① 기계의 밸브가 많이 사용된다.

② 운전조건에 따라 커먼레일의 압력을 제어한다.

③ 연료압력이 높으면 연료의 일부분이 연료탱크로 되돌아간다.

④ 커먼레일과 같은 라인에 설치되어 있다.

7 엔진과열의 원인으로 가장 거리가 먼 것은?

① 라디에이터 코어 불량

② 정온기가 닫혀서 고장

③ 연료의 품질 불량

④ 냉각계통의 고장

8 기관에서 피스톤링의 작용으로 틀린 것은?

① 열전도작용
② 완전연소 억제작용
③ 오일제어작용
④ 기밀작용

9 2행정 사이클 디젤기관의 흡입과 배기행정에 관한 설명으로 틀린 것은?

① 연소가스가 자체의 압력에 의해 배출되는 것을 블로바이라고 한다.
② 피스톤이 하강하여 소기포트가 열리면 예열된 공기가 실린더 내로 주입된다.
③ 압력이 낮아진 나머지 연소가스가 배출되며 실린더 내는 와류를 동반한 새로운 공기로 가득 차게 된다.
④ 동력행정의 끝 부분에서 배기밸브가 열리고 연소가스가 자체의 압력으로 배출이 시작된다.

10 오일 팬에 있는 오일을 흡입하여 기관의 각 운행 부분에 압송하는 오일펌프로 가장 많이 사용되는 것은?

① 피스톤펌프, 나사펌프, 원심펌프
② 나사펌프, 원심펌프, 기어펌프
③ 기어펌프, 원심펌프, 베인펌프
④ 로터리펌프, 기어펌프, 베인펌프

11 건설기계기관에 사용되는 여과장치가 아닌 것은?

① 오일필터　　② 인젝션 타이머
③ 오일 스트레이너 ④ 공기청정기

12 기관에서 연료압력이 너무 낮다. 그 원인이 아닌 것은?

① 연료압력 레귤레이터에 있는 밸브의 밀착이 불량하여 리턴펌프 쪽으로 연료가 누설되었다.
② 연료펌프의 공급압력이 누설되었다.
③ 리턴호스에서 연료가 누설되었다.
④ 연료필터가 막혔다.

13 축전지 격리판의 필요조건으로 틀린 것은?

① 다공성이고 전해액에 부식되지 않을 것
② 기계적 강도가 있을 것
③ 전도성이 좋으며 전해액의 확신이 잘 될 것
④ 극판에 좋지 않은 물질을 내뿜지 않을 것

14 축전지를 충전기에 의해 충전 시 정전류 충전 범위로 틀린 것은?

① 표준충전전류 : 축전지 용량의 10%
② 최대충전전류 : 축전지 용량의 50%
③ 최대충전전류 : 축전지 용량의 20%
④ 최소충전전류 : 축전지 용량의 5%

15 방향 지시등 전구에 흐르는 전류를 일정한 주기로 단속 · 점멸하여 램프의 광도를 증감시키는 것은?

① 리밋 스위치
② 파일럿 유닛
③ 플래셔 유닛
④ 방향지시기 스위치

16 다음 중 교류발전기를 설명한 내용으로 틀린 것은?

① 발전 조정은 전류조정기를 이용한다.
② 로터 전류를 변화시켜 출력이 조정된다.
③ 증폭기로 실리콘 다이오드기를 사용한다.
④ 스테이터 코일은 주로 3상 결선으로 되어 있다.

17 엔진이 기동되었는데도 시동스위치를 계속 ON 위치로 둘 때 미치는 영향으로 알맞은 것은?

① 클러치 디스크가 마멸된다.
② 엔진의 수명이 단축된다.
③ 크랭크 축 저널이 마멸된다.
④ 시동전동기의 수명이 단축된다.

18 퓨즈가 끊어졌을 때 조치방법으로 틀린 것은?

① 탈락한 퓨즈와 같은 용량으로 교환한다.
② 탈락한 퓨즈보다 더 큰 용량으로 교환한다.
③ 퓨즈의 색상이 같은 것으로 교환한다.
④ 탈락한 퓨즈와 같은 모양인 것으로 교환한다.

19 무한궤도식 건설기계에서 트랙장력이 약간 팽팽하게 되었을 때 작업조건이 오히려 효과적인 곳은?

① 모래 땅
② 바위가 깔린 땅
③ 진흙 땅
④ 수풀이 우거진 땅

20 건설기계 장비에서 조향장치가 하는 역할은?

① 분사시기를 조정하는 장치이다.
② 제동을 쉽게 하는 장치이다.
③ 장비의 진행 방향을 바꾸는 장치이다.
④ 분사압력 확대 장치이다.

21 건설기계 타이어 패턴 중 슈퍼 트랙션 패턴의 특징으로 틀린 것은?

① 패턴의 폭은 넓고 홈을 낮게 한 것이다.
② 기어 형태로 연약한 흙을 잡으면서 주행한다.
③ 진향 방향에 대한 방향성을 가진다.
④ 패턴 사이에 흙이 끼는 것을 방지한다.

22 타이어식 건설기계에서 전·후 주행이 되지 않을 때 점검하여야 할 곳으로 틀린 것은?

① 주차 브레이크 잠김 여부를 점검한다.
② 유니버설 조인트를 점검한다.
③ 변속장치를 점검한다.
④ 타이로드 엔드를 점검한다.

23 유니버설 조인트의 종류 중 등속조인트의 분류에 속하지 않는 것은?

① 벤딕스형
② 트러니언형
③ 훅 형
④ 플렉시블형

24 일반적으로 자동변속기가 부착된 지게차에서 주행 시 속도 조절은 어떻게 하는가?

① 클러치페달을 밟는 정도로 한다.
② 인칭페달을 밟는 정도로 한다.
③ 가속페달을 밟는 정도로 한다.
④ 가속레버를 당기는 힘에 따라 조절한다.

25 조향장치의 특성에 관한 설명 중 틀린 것은?

① 조향조작이 경쾌하고 자유로워야 한다.
② 노면으로부터의 충격이나 원심력 등의 영향을 받지 않아야 한다.
③ 회전반경이 되도록 커야한다.
④ 타이어 및 조향 장치의 내구성이 커야한다.

26 굴착기의 양쪽 주행레버만 조작하여 급회전하는 것을 무슨 회전이라고 하는가?

① 급회전
② 피벗회전
③ 원웨이회전
④ 스핀회전

27 교통사고 시 사상자가 발생하였을 때, 도로교통법상 운전자가 즉시 취하여야 할 조치사항 중 가장 옳은 것은?

① 즉시 정지 → 신고 → 위해방지
② 증인확보 → 정지 → 사상자구호
③ 즉시 정지 → 위해방지 → 신고
④ 즉시 정지 → 사상자구호 → 신고

28 승차 또는 적재의 방법과 제한에서 운행상의 안전기준을 넘어서 승차 및 적재가 가능한 경우는?

① 관할 시장·군수의 허가를 받은 때
② 동·읍·면장의 허가를 받은 때
③ 출발지를 관할하는 경찰서장의 허가를 받은 때
④ 도착지를 관할하는 경찰서장의 허가를 받은 때

29 도로교통법상 운전자의 준수사항이 아닌 것은?

① 운행 시 고인 물을 튀게 하여 다른 사람에게 피해를 주지 않을 의무
② 운행 시 동승자에게도 좌석 안전띠를 매도록 주의를 환기할 의무
③ 출석 지시서를 받은 때 운전하지 않을 의무
④ 운전 중에 휴대용 전화를 사용하지 않을 의무

30 제1종 대형 운전면허로 조종할 수 없는 건설기계는?

① 아스팔트 살포기
② 굴착기
③ 노상안정기
④ 콘크리트펌프

31 건설기계 조종사 면허를 받은 자가 면허의 효력이 정지 된 때에는 며칠 이내에 관할 행정기관에 그 면허증을 반납하여야 하는가?

① 10일 이내 　② 60일 이내
③ 30일 이내 　④ 100일 이내

32 건설기계검사의 종류에 해당되는 것은?

① 계속검사　　② 예방검사
③ 수시검사　　④ 항시검사

33 건설기계의 출장검사가 허용되는 경우가 아닌 것은?

① 최고속도가 25km/h 미만인 건설기계
② 차체용량이 40t을 초과하거나 축중이 10t을 초과 하는 건설기계
③ 너비가 2.5m 이하 건설기계
④ 도서지역에 있는 건설기계

34 자동차전용 편도 4차로 도로에서 굴착기와 지게차의 주행차로는?

① 3차로　　② 2차로
③ 4차로　　④ 1차로

35 다음의 건설기계 중 정기검사 유효기간이 2년인 것은?

① 모터그레이더, 타워크레인
② 덤프트럭, 모터그레이더, 아스팔트 살포기
③ 덤프트럭, 아스팔트 살포기
④ 모터그레이더, 아스팔트 살포기, 타워크레인

36 해당 건설기계 운전의 국가기술자격소지자가 건설기계 조종 시 면허를 받지 않고 건설기계를 조종할 경우는?

① 무면허이다.
② 사고 발생 시만이 무면허이다.
③ 면허를 가진 것으로 본다.
④ 도로주행만 하지 않으면 괜찮다.

37 일반적으로 캠(Cam)으로 조작되는 유압밸브로써 액추에이터 속도를 서서히 감속시키는 밸브는?

① 카운터밸런스밸브　② 방향제어밸브
③ 디셀러레이션밸브　④ 프레임밸브

38 건설기계 유압회로에서 유압유 온도를 알맞게 유지하기 위해 오일을 냉각하는 부품은?

① 어큐뮬레이터　　② 유압밸브
③ 오일쿨러　　　　④ 방향제어밸브

39 리듀싱밸브에 대한 설명으로 틀린 것은?

① 상시 폐쇄상태로 되어 있다.
② 출구(2차쪽)의 압력이 리듀싱 밸브의 설정압력보다 높아지면 밸브가 작동하여 유로를 닫는다.
③ 유압장치에서 회로 일부의 압력을 릴리프밸브의 설정압력 이하로 하고 싶을 때 사용한다.
④ 입구(1차쪽)의 주회로에서 출구(2차쪽)의 감압회로로 유압유가 흐른다.

40 유압장치의 일상점검사항이 아닌 것은?

① 오일탱크의 유량 점검
② 오일누설 여부 점검
③ 릴리프밸브 작동시험 점검
④ 소음 및 호스 누유 여부 점검

41 유압펌프 내의 내부 누설은 무엇을 반비례하여 증가하는가?

① 작동유의 압력　② 작동유의 온도
③ 작동유의 모양　④ 작동유의 점도

42 일반적인 오일탱크의 구성품이 아닌 것은?

① 스트레이너   ② 드레인 플러그
③ 압력조절기   ④ 배플 플레이트

43 다음 중 관공서용 건물번호판은?

①   ②

③   ④

44 유압모터의 가장 큰 장점은?

① 공기와 먼지 등이 침투하면 성능에 영향을 준다.
② 압력조절이 용이하다.
③ 오일의 누출을 방지한다.
④ 무단변속이 용이하다.

45 유압실린더의 종류에 해당하지 않는 것은?

① 복동실린더 더블로드형
② 단동실린더 램형
③ 복동실린더 싱글로드형
④ 단동실린더 레디얼형

46 점도가 서로 다른 2종류의 유압유를 혼합하였을 경우에 대한 설명으로 옳은 것은?

① 열화현상을 촉진시킨다.
② 점도가 달라지나 사용에는 전혀 지장이 없다.
③ 혼합은 권장사항이며, 사용에는 전혀 지장이 없다.
④ 첨가제의 좋은 부분만 작동하므로 오히려 더욱 좋다.

47 감전재해 사고발생 시 취해야 할 행동 순서가 아닌 것은?

① 피해자 구출 후 상태가 심할 경우 인공호흡 등 등급조치를 한 후 작업을 직접 마무리하도록 도와준다.
② 피해자가 지닌 금속체가 전선 등에 접촉되었는가를 확인한다.
③ 설비의 전기 공급원 스위치를 내린다.
④ 전원을 끄지 못했을 때는 고무장갑이나 고무장화를 착용하고 피해자를 구출한다.

48 볼트 너트를 가장 안전하게 조이거나 풀 수 있는 공구는?

① 소켓렌치   ② 파이프렌치
③ 스패너   ④ 조정렌치

49 생산활동 중 신체장애와 유해물질에 의한 중독 등으로 작업성 질환에 걸려 나타난 장애를 무엇이라 하는가?

① 산업안전   ② 안전관리
③ 안전사고   ④ 산업재해

50 사고의 원인 중 불안전한 행동이 아닌 것은?

① 허가 없이 기계장치 운전
② 사용 중인 공구에 결함 발생
③ 작업 중에 안전장치 기능 제거
④ 부적당한 속도로 기계장치 운전

51 해머작업에 대한 주의사항으로 틀린 것은?

① 타격범위에 장애물이 없도록 한다.
② 작게 시작하여 차차 큰 행정으로 작업하는 것이 좋다.
③ 녹슨 재료 사용 시 보안경을 사용한다.
④ 작업자가 서로 마주보고 두드린다.

52 기계의 회전 부분(기어, 벨트, 제연)에 덮개를 설치하는 이유는?

① 회전 부분의 속도를 높이기 위하여
② 좋은 품질의 제품을 얻기 위해서
③ 회전 부분과 신체의 접촉을 방지하기 위하여
④ 제품의 제작과정을 숨기기 위해서

53 드릴 작업 시 주의사항으로 틀린 것은?

① 작업이 끝나면 드릴을 척에서 빼놓는다.
② 드릴이 움직일 때는 칩을 손으로 치운다.
③ 칩을 털어낼 때는 칩털이를 사용한다.
④ 공작물을 동작하지 않게 고정한다.

54 벨트를 폴리에 장착 시 작업 방법에 대한 설명으로 옳은 것은?

① 회전체를 정지시킨 후 건다.
② 고속으로 회전시키면서 건다.
③ 저속으로 회전시키면서 건다.
④ 평속으로 회전시키면서 건다.

55 화재의 분류 기준에서 휘발유로 인해 발생한 화재는?

① B급 화재
② D급 화재
③ A급 화재
④ C급 화재

56 공구 사용에 대한 설명으로 틀린 것은?

① 공구는 사용 후 공구상자에 넣어 보관한다.
② 토크렌치는 볼트와 너트를 푸는 데 사용한다.
③ 마이크로미터를 보관할 때는 직사광선에 노출시키지 않는다.
④ 볼트와 너트는 가능한 소켓렌치로 작업한다.

57 도시가스가 공급되는 지역에서 굴착공사를 하기 전에 도로 부분의 지하에 가스배관의 매설 여부는 누구에게 요청하여야 하는가?

① 굴착공사 관할 시장·군수·구청장
② 굴착공사 관할 정보지원센터
③ 굴착공사 관할 경찰서장
④ 굴착공사 관할 시·도지사

58 폭 4m 이상 8m 미만인 도로에 일반 도시가스 배관을 매설 시 지면과 도시가스 배관 상부와 최소 이격 거리는 몇 m 이상인가?

① 1.2m   ② 0.6m
③ 1.5m   ④ 1.0m

59 발전소 상호 간, 변전소 상호 간 또는 발전소와 변전소간의 설치된 전력 선로를 나타내는 용어로 맞는 것은?

① 송전선로
② 전기수용설비선로
③ 인입선로
④ 배전선로

60 건설기계에 의한 고압선 주변작업에 대한 설명으로 맞는 것은?

① 작업장비의 최대로 펼쳐진 끝으로부터 전선에 접촉되지 않도록 이격하여 작업한다.
② 작업장비의 최대로 펼쳐진 끝으로부터 전주에 접촉되지 않도록 이격하여 작업한다.
③ 전압의 종류를 확인한 후 안전이격거리를 확보하여 그 이내로 접근되지 않도록 작업한다.
④ 전압의 종류를 확인한 후 전선과 전주에 접촉되지 않도록 작업한다.

7

CBT기출 출제예상문제

1 4행정 사이클 디젤기관에서 동력행정의 연료분사 진각에 관한 설명이 아닌 것은?

① 진각에는 연료의 착화지연시간을 고려한다.

② 기관의 부하에 따라 변화된다.

③ 진각에는 연료의 점화 늦음을 고려한다.

④ 기관 회전속도에 따라 진각된다.

2 기관에 사용되는 윤활유의 성질 중 가장 중요한 것은?

① 습도　　② 점도

③ 건도　　④ 온도

3 디젤기관 엔진의 압축압력을 측정하는 부위는?

① 연료라인

② 분사노즐 장착부위

③ 배기 매니폴드

④ 흡기 매니폴드

4 디젤기관에서 과급기를 장착하는 목적은?

① 기관의 냉각을 위해서

② 배기 소음을 줄이기 위해서

③ 기관의 유효압력을 낮추기 위해서

④ 기관의 출력을 증대시키기 위해서

05 기관에서 피스톤 작동 중 측압을 받지 않는 스커트 부분을 절단한 피스톤은?

① 솔리드 피스톤

② 슬리퍼 피스톤

③ 스프릿 피스톤

④ 오프셋 피스톤

6 라디에이터의 구비조건으로 옳은 것은?

① 가급적 무거울 것

② 공기 흐름 저항이 클 것

③ 냉각수 흐름 저항이 클 것

④ 방열량이 클 것

7 교류 발전기에서 마모성이 있는 구성부품은?

① 로터 코일　　② 정류 다이오드

③ 스테이터　　④ 슬립링

8 12V 축전지에 3Ω, 4Ω, 5Ω의 저항을 직렬로 연결 하였을 때 회로에 흐르는 전류는?

① 2A　　② 1A

③ 3A　　④ 4A

9 기관에서 크랭크 축을 회전시켜 엔진을 가동시키는 장치는?

① 예열장치　　② 시동장치

③ 점화장치　　④ 충전장치

10 전조등 회로에 대한 설명으로 맞는 것은?

① 전조등 회로는 직, 병렬로 연결되어 있다.

② 전조등 회로 전압은 5V 이하이다.

③ 전조등 회로는 퓨즈와 병렬로 연결되어 있다.

④ 전조등 회로는 병렬로 연결되어 있다.

11 타이어식 굴착기에서 조향기어의 형식이 아닌 것은?

① 볼 너트 형식

② 웜 섹터 형식

③ 랙 피니언 형식

④ 엘리엇 형식

12 제동장치의 구비조건으로 틀린 것은?

① 작동이 확실하여야 한다.

② 마찰력이 작아야 한다.

③ 점검 및 조정이 용이해야 한다.

④ 신뢰성과 내구성이 뛰어나야 한다.

13 무한궤도식 장비에서 스프로킷에 가까운 쪽의 하부롤러는 어떤 형식을 사용하는가?

① 더블 플랜지형   ② 싱글 플랜지형

③ 플랫형   ④ 옵셋형

14 하부주행체에서 프론트 아이들러의 작동으로 맞는 것은?

① 동력을 발생시켜 트랙으로 전달한다.

② 트랙의 진행방향을 유도한다.

③ 트랙의 회전력을 증대시킨다.

④ 차체의 파손을 방지하고 원활한 운전이 되도록 해준다.

15 무한궤도식 굴착기에서 주행모터는 일반적으로 모두 몇 개 설치되어 있는가?

① 2개

② 3개

③ 1개

④ 4개

16 무한궤도식 건설기계에서 트랙이 자주 벗겨지는 원인으로 가장 거리가 먼 것은?

① 최종 구동기어가 마모되었을 때

② 트랙의 상·하부 롤러가 마모되었을 때

③ 유격(긴도)이 규정보다 클 때

④ 트랙의 중심 정열이 맞지 않았을 때

17 굴착기에서 상부선회체의 중심부에 설치되어 회전 하더라도 호스, 파이프 등이 꼬이지 않고 오일을 하부 주행체로 공급해주는 부품은?

① 센터 조인트

② 트위스트 조인트

③ 등속 조인트

④ 유니버설 조인트

18 굴착기 작업장치의 일종인 우드 그래플(wood grapple)로 할 수 있는 작업은?

① 전신주와 원목하역, 운반작업

② 기초공사용 드릴작업

③ 하천 바닥 준설

④ 건축물 해체, 파쇄작업

19 운전자는 작업 전에 장비의 정비 상태를 확인하고 점검하여야 하는데 적합하지 않은 것은?

① 모터의 최고 회전 시 동력 상태
② 타이어 및 궤도 차륜상태
③ 낙석, 낙하물 등의 위험이 예상되는 작업 시 견고 한 헤드 가드 설치상태
④ 브레이크 및 클러치의 작동상태

20 굴착기의 안전한 주행방법으로 거리가 먼 것은?

① 돌 등이 주행모터에 부딪히지 않도록 운행할 것
② 장거리 작업 장소 이동시는 선회 고정핀을 끼울 것
③ 급격한 출발이나 급정지는 피할 것
④ 지면이 고르지 못한 부분은 고속으로 통과할 것

21 굴착기의 조종 레버 중 굴착 작업과 직접적인 관계가 없는 것은?

① 붐(boom) 제어레버
② 스윙(swing) 제어레버
③ 버킷(bucket) 제어레버
④ 암(arm) 제어레버

22 굴착기의 붐 스윙장치를 설명한 것으로 틀린 것은?

① 붐 스윙 각도는 왼쪽, 오른쪽 60~90° 정도이다.
② 좁은 장소나 도로변 작업에 많이 사용한다.
③ 붐을 일정 각도로 회전시킬 수 있다.
④ 상부를 회전하지 않고도 파낸 흙을 옆으로 이동 시킬 수 있다.

23 굴착기 작업 시 안정성을 주고 장비의 균형을 유지하기 위해 설치한 것은?

① 선회장치(swing device)
② 카운터 웨이트(counter weight)
③ 버킷(bucket)
④ 셔블(shovel)

24 굴착기의 작업장치에 해당하지 않는 것은?

① 마스트(mast) ② 버킷(bucket)
③ 암(arm) ④ 붐(boom)

25 견고한 땅을 굴착할 때 가장 적절한 방법은?

① 버킷 투스(tooth)로 표면을 얇게 여러 번 굴착작업을 한다.
② 버킷으로 찍고 선회 등을 하며 굴착 작업을 한다.
③ 버킷 투스로 찍어 단번에 강하게 굴착 작업을 한다.
④ 버킷을 최대한 높이 들어 하강하는 자중을 이용하여 굴착 작업을 한다.

26 굴착기의 주행 시 주의해야 할 사항으로 거리가 먼 것은?

① 상부 회전체를 선회로크장치로 고정시킨다.
② 버킷, 암, 붐 실린더는 오므리고 하부 주행체 프레임에 올려놓는다.
③ 암반이나 부정지 등은 트랙을 느슨하게 조정 후 고속으로 주행한다.
④ 가능한 평탄지면을 택하여 주행하고 엔진은 중속범위가 적합하다.

27 무한궤도식 굴착기로 콘크리트 관을 매설한 후 매설된 관 위를 주행하는 방법으로 옳은 것은?

① 버킷을 지면에 대고 주행한다.

② 매설된 콘크리트관이 파손되면 새로 교체하면 되므로 그냥 주행한다.

③ 콘크리트관 위로 토사를 쌓아 관이 파손되지 않게 조치한 후 서행으로 주행한다.

④ 콘크리트관 매설시 10일 이내에는 주행하면 안된다.

28 셔블(shovel)의 프론트 어태치먼트(front attachment)의 상부 회전체는 무엇으로 연결되어 있는가?

① 로크 핀(lock pin)

② 디퍼 핀(dipper pin)

③ 암 핀(arm pin)

④ 풋 핀(foot pin)

29 굴착기에서 매 2000시간마다 점검, 정비해야 할 항목으로 맞지 않는 것은?

① 액슬 케이스 오일교환

② 선회구동 케이스 오일교환

③ 트랜스퍼 케이스 오일교환

④ 작동유 탱크 오일교환

30 다음 중 굴착기의 작업장치에 해당되지 않는 것은?

① 브레이커

② 파일드라이브

③ 힌지버킷

④ 크러셔

31 일반적인 오일탱크의 구성품이 아닌 것은?

① 유압실린더   ② 드레인 플러그

③ 배플 플레이트   ④ 스트레이너

32 유압회로에서 유압유의 점도가 높을 때 발생될 수 있는 현상이 아닌 것은?

① 관내의 마찰손실이 커진다.

② 열 발생의 원인이 될 수 있다.

③ 유압이 낮아진다.

④ 동력손실이 커진다.

33 유압유(작동유)의 주요 기능이 아닌 것은?

① 압축작용   ② 냉각작용

③ 동력전달작용   ④ 윤활작용

34 유압을 일로 바꿔주는 유압장치는?

① 유압 액추에이터(actuator)

② 유압 어큐뮬레이터(accumulator)

③ 압력 스위치(switch)

④ 유압 디퓨저(diffusor)

35 감압밸브(reducing valve)에 대한 설명으로 틀린 것은?

① 출구(2차쪽)의 압력이 감압밸브의 설정압력보다 높아지면 밸브가 작동하여 유로를 닫는다.

② 상시 폐쇄상태로 되어 있다.

③ 유압장치에서 회로 일부의 압력을 릴리프밸브의 설정압력 이하로 하고 싶을 때 사용한다.

④ 입구(1차쪽)의 주회로에서 출구(2차쪽)의 감압회로로 유압유가 흐른다.

36 유압모터를 선택할 때의 고려사항과 가장 거리가 먼 것은?

① 동력
② 효율
③ 점도
④ 부하

37 일반적으로 캠(cam)으로 조작되는 유압밸브로서 액추에이터의 속도를 서서히 감속시키는 밸브는?

① 카운터 밸런스 밸브
   (counter balance valve)
② 디셀러레이션 밸브
   (deceleration valve)
③ 릴리프 밸브(relief valve)
④ 체크 밸브(check valve)

38 자동변속기의 토크 컨버터 내에서 오일 흐름을 바꾸어 주는 구성품은?

① 변속기 축
② 터빈
③ 펌프
④ 스테이터

39 일반적인 유압펌프에 대한 설명으로 가장 거리가 먼 것은?

① 벨트에 의해서만 구동된다.
② 엔진 또는 모터의 동력으로 구동된다.
③ 오일을 흡입하여 컨트롤 밸브(control valve)로 송유(토출)한다.
④ 동력원이 회전하는 동안에는 항상 회전한다.

40 유압장치에서 내구성이 강하고 작동 및 움직임이 있는 곳에 사용하기 적합한 호스는?

① 강 파이프 호스
② PVC 호스
③ 구리 파이프 호스
④ 플렉시블 호스

41 유압 작동기의 방향을 전환시키는 밸브에 사용되는 형식 중 원통형 슬리브 면에 내접하여 축 방향으로 이동하면서 유로를 개폐하는 형식은?

① 베인 형식
② 포핏 형식
③ 스풀 형식
④ 카운터 밸런스 형식

42 승차 또는 적재의 방법과 제한에서 운행상의 안전기준을 넘어서 승차 및 적재가 가능한 경우는?

① 동·읍·면장의 허가를 받은 때
② 도착지를 관할하는 경찰서장의 허가를 받은 때
③ 관할 시·군수의 허가를 받은 때
④ 출발지를 관할하는 경찰서장의 허가를 받은 때

43 건설기계의 구조변경검사는 누구에게 신청할 수 있는가?

① 건설기계 폐기 업소
② 자동차 검사소
③ 건설기계 정비 업소
④ 건설기계 검사대행자

44 교차로 진행방법에 대한 설명으로 가장 적합한 것은?

① 우회전 차는 차로에 관계없이 우회전 할 수 있다.

② 좌회전 차는 미리 도로의 중앙선을 따라 서행으로 진행한다.

③ 좌·우 회전시는 경음기를 사용하여 주위에 주의 신호를 한다.

④ 교차로 중심 바깥쪽으로 좌회전 한다.

45 건설기계 조종사의 국적변경이 있는 경우에는 그 사실이 발생한 날로부터 며칠 이내에 신고하여야 하는가?

① 2주 이내

② 20일 이내

③ 30일 이내

④ 10일 이내

46 건설기계 조종사의 적성검사에 대한 설명으로 옳은 것은?

① 적성검사는 면허취득 시 실시한다.

② 적성검사는 수시 실시한다.

③ 적성검사는 2년마다 실시한다.

④ 적성검사는 60세 까지만 실시한다.

47 건설기계 조종사 면허 취소 사유에 해당되지 않는 것은?

① 고의로 인명 피해를 입힌 때

② 과실로 20명에게 경상을 입힌 때

③ 과실로 2명을 사망하게 한 때

④ 과실로 8명을 중상을 입힌 때

48 도로교통법에서 정하는 주차금지 장소가 아닌 곳은?

① 전신주로부터 20m 이내인 곳

② 화재경보기로부터 3m 이내인 곳

③ 터널 안 및 다리 위

④ 소방용 방화물통으로부터 5m 이내인 곳

49 다음의 교통안전 표지는 무엇을 의미하는가?

① 차 충량 제한표지

② 차 폭 제한표지

③ 차 적재량 제한표지

④ 차 높이 제한표지

50 건설기계관리법상 건설기계의 등록이 말소된 장비의 소유자는 며칠 이내의 등록번호표의 봉인을 떼어낸 후 그 등록번호표를 반납하여야 하는가?

① 30일 ② 15일

③ 5일 ④ 10일

51 정기검사를 받지 아니하고, 정기검사 신청기간 만료일로부터 30일 이내일 때의 과태료는?

① 10만원 ② 20만원

③ 5만원 ④ 2만원

52 굴착공사를 위하여 가스배관과 근접하여 H파일을 설치 할 때 배관과 파일 사이의 수평거리는 최소한 얼마를 초과하여야 하는가?

① 30cm

② 5cm

③ 20cm

④ 10cm

53 토지나 도로상황 등으로 도로를 횡단하는 수평지선이 설치된 경우 H는 최소 몇 m 이상인가?

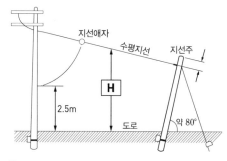

① 15m

② 2.5m

③ 3m

④ 6m

54 굴착작업 중 황색바탕의 위험표지시트가 발견되었을 시 예상할 수 있는 매설물은?

① 전력케이블

② 하수도관

③ 지하차도

④ 지하철

55 안전·보건표지의 종류와 형태에서 그림의 안전 표지판이 나타내는 것은?

① 출입금지   ② 작업금지

③ 보행금지   ④ 사용금지

56 가스공급압력이 중압 이상인 배관의 상부에 사용되는 보호판에 대한 설명으로 가장 거리가 먼 것은?

① 보호판은 장비에 의한 배관 손상을 방지하기 위하여 설치한 것이다.

② 두께 4mm 이상의 철판으로 방식 코팅되어 있다.

③ 배관 직상부 30cm 상단에 매설되어 있다.

④ 보호판은 가스가 누출되는 것을 방지하기 위한 것이다.

57 산업안전의 의미를 설명한 것으로 틀린 것은?

① 외과적인 상처만을 말한다.

② 직업병이 발생되지 않는 것을 말한다.

③ 위험이 없는 상태를 뜻한다.

④ 사고가 없는 상태를 뜻한다.

58 안전모 착용대상 사업장이 아닌 곳은?

① 2m 이상 고소 작업

② 낙하 위험 작업

③ 비계의 해체 조립 작업

④ 전기 용접 작업

59 화재에 대한 설명으로 틀린 것은?

① 화재가 발생하기 위해서는 가연성 물질, 산소, 발화원이 반드시 필요하다.

② 화재는 어떤 물질이 산소와 결합하여 연소하면서 열을 방출시키는 산화반응을 말한다.

③ 가연성 가스에 의한 화재를 D급 화재라 한다.

④ 전기 에너지가 발화원이 되는 화재를 C급 화재라 한다.

60 재해발생 원인으로 가장 높은 비중을 차지하는 것은?

① 사회적 환경

② 작업자의 성격적 결함

③ 불안전한 작업환경

④ 작업자의 불안전한 행동

7

1 건식 공기여과기의 세척 또는 청소방법으로 가장 적합한 것은?

① 압축공기로 안에서 밖으로 불어낸다.
② 압축공기로 밖에서 안으로 불어낸다.
③ 압축 오일로 안에서 밖으로 불어낸다.
④ 압축 오일로 밖에서 안으로 불어낸다.

2 라디에이터 캡에 설치되어 있는 밸브는?

① 부압 밸브와 체크 밸브
② 체크 밸브와 압력 밸브
③ 압력 밸브와 진공 밸브
④ 진공 밸브와 체크 밸브

3 디젤엔진이 진동하는 경우로 틀린 것은?

① 하이텐션 코드가 불량할 때
② 4기통 엔진에서 한 개 분사노즐이 막혔을 때
③ 분사압력이 실린더별로 차이가 있을 때
④ 인젝터에 불균율이 있을 때

4 엔진 오일의 교환방법으로 틀린 것은?

① 오일 레벨게이지의 "F"에 가깝게 오일량을 보충하였다.
② 처음 엔진오일의 종류보다는 플러싱 오일을 교체하여 사용한다.
③ 엔진오일을 순정품으로 교환하였다.

④ 가혹한 조건에서 지속적으로 운전하였을 경우 교환 시기를 조금 앞당겨서 한다.

5 디젤엔진에서 고압밸브는 무엇에 의해 구동되는가?

① 냉각팬 벨트
② 인젝터
③ 캠축
④ 커먼레일

6 기동전동기의 구성품이 아닌 것은?

① 오버런닝 클러치
② 전기자
③ 슬립링
④ 전자석 스위치

7 전기회로에서 저항의 병렬 접속방법에 대한 설명 중 틀린 것은?

① 합성저항을 구하는 공식은 R = R1 + R2 + R3 … + Rn 이다
② 합성저항은 각 저항의 어느 것보다도 적다.
③ 어느 저항에서나 동일한 전압이 흐른다.
④ 합성저항이 감소하는 것은 전류가 나누어져 저항 속을 흐르기 때문이다.

8 교류발전기의 주요 구성요소가 아닌 것은?

① 전류를 공급하는 계자코일
② 다이오드(정류기)
③ 자계를 발생시키는 로터
④ 3상 전압을 유도시키는 스테이터

9 운전 중 축전지 충전 표시등이 점등되면 무엇을 점검하여야 하는가?(단, 정상인 경우 작동 중에는 점등되지 않는 형식임)

① 충전계통 점검
② 연료수준 표시등 점검
③ 에어클리너 점검
④ 엔진오일 점검

10 납산 축전지에서 셀 커넥터와 터미널의 설명으로 틀린 것은?

① 양극판이 음극판의 수보다 1장 더 적다.
② 셀 커넥터는 납합금으로 되어있다.
③ 축전지 내 각각의 셀을 직렬로 연결하기 위한 것이다.
④ 색깔로 구분되어 있는 것은(-)가 적색으로 되어있다.

11 타이어식 굴착기에서 조향기어 백래시가 클 경우 발생될 수 있는 현상으로 가장 적절한 것은?

① 핸들이 한쪽으로 쏠린다.
② 조향핸들의 축방향 유격이 커진다.
③ 조향 각도가 커진다.
④ 핸들의 유격이 커진다.

12 타이어식 건설기계의 동력전달장치에서 추진축의 밸런스 웨이트에 대한 설명으로 맞는 것은?

① 추진축의 회전 시 진동을 방지한다.
② 변속 조작 시 변속을 용이하게 한다.
③ 추진축의 비틀림을 방지한다.
④ 추진축의 회전수를 높인다.

13 무한궤도식 굴착기에서 슈(shoe), 링크(link), 핀(pin), 부싱(bushing) 등이 연결되어 구성된 장치의 명칭은?

① 센터 조인트(center joint)
② 트랙(track)
③ 붐(boom)
④ 스프로킷(sproket)

14 타이어식 굴착기의 장점이 아닌 것은?

① 주행저항이 적다.
② 자력으로 이동한다.
③ 견인력이 약하다.
④ 기동성이 좋다.

15 무한궤도식 건설기계에서 트랙장력을 조정하는 이유가 아닌 것은?

① 스프로킷 모터의 과부하 방지
② 스윙 모터의 과부하 방지
③ 구성품 수명 연장
④ 트랙의 이완방지

16 하부 주행체에서 프론트 아이들러의 작용으로 맞는 것은?

① 트랙의 진행방향을 유도한다.
② 트랙의 회전력을 증대시킨다.
③ 차체의 파손을 방지하고 원활한 운전이 되도록 해준다.
④ 동력을 발생시켜 트랙으로 전달한다.

17 무한궤도식 굴착기에서 트랙이 벗겨지는 원인으로 거리가 먼 것은?

① 트랙이 너무 팽팽할 경우
② 트랙의 정렬이 불량할 때
③ 프론트 아이들러의 마멸이 클 때
④ 고속주행 중 급선회를 하였을 때

18 굴착기 상부 회전체에서 선회장치의 구성요소가 아닌 것은?

① 선회모터
② 차동기어
③ 링기어
④ 스윙 볼 레이스

19 굴착기에서 센터 조인트의 기능으로 가장 알맞은 것은?

① 트랙을 구동시켜 주행하도록 한다.
② 차체에 중앙 고정축 주위에 움직이는 암이다.
③ 메인펌프에서 공급되는 오일을 하부 유압부품에 공급한다.
④ 전·후륜의 중앙에 있는 디퍼런셜 기어에 오일을 공급한다.

20 유압식 굴착기의 시동 전 점검사항이 아닌 것은?

① 엔진 오일 및 냉각수 점검
② 후륜 구동축 감속기의 오일량 점검
③ 유압유탱크의 오일량 점검
④ 각종 계기판의 경고등의 점검

21 굴착기에서 작업 시 안정 및 균형을 잡아주기 위해 설치하는 것은?

① 버킷(bucket)
② 암(arm)
③ 카운터 웨이트(counter weight)
④ 붐(boom)

22 굴착기 주행 시 안전운전 방법으로 맞는 것은?

① 지그재그로 운전을 한다.
② 천천히 속도를 증가시킨다.
③ 버킷을 2m 상승시켜 유지한 채 운전한다.
④ 방향 전환 시 가속을 한다.

23 진흙 지대의 굴착 작업 시 용이한 버킷은?

① 이젝터 버킷(ejecter bucket)
② V 버킷(V bucker)
③ 그래플(grapple)
④ 크러셔(crusher)

24 무한궤도식 굴착기의 제동에 대한 설명으로 옳지 않은 것은?

① 수동에 의한 제동이 불가하며, 주행 신호에 의해 제동이 해제된다.
② 주행모터의 주차 제동은 네거티브 형식이다.
③ 제동은 주차 제동 한가지만을 사용한다.
④ 주행모터 내부에 설치된 브레이크 밸브에 의해 상시 잠겨있다.

25 굴착기 규격 표시 방법은?

① 작업 가능상태의 중량(ton)
② 기관의 최대출력(PS/rpm)
③ 버킷의 산적용량(m^3)
④ 최대 굴착 깊이(m)

26 굴착작업 시 주의해야 할 안전에 관한 설명으로 맞지 않는 것은?

① 굴착작업 전 장비가 위치할 지반을 확인하여 안전성을 확보한다.
② 굴착작업 시 암을 완전히 오므리거나 완전히 펴서 작업을 한다.
③ 경사면 작업 시 붕괴 가능성을 항상 확인하면서 작업한다.
④ 굴착작업 시 구덩이 끝단과 거리를 두어 지반의 붕괴가 없도록 한다.

27 무한궤도식 굴착기의 조향작용은 무엇으로 행하는가?

① 브레이크 페달 ② 유압펌프
③ 조향 클러치 ④ 유압모터

28 지반이 연약한 곳에서 작업할 수 있도록 트랙 슈가 삼각형 구조로 되어 있는 도저는?

① 습지 도저 ② 셔블 도저
③ 앵글 도저 ④ 틸트 도저

29 작동 중인 유압펌프에서 소음이 발생할 경우 가장 거리가 먼 것은?

① 오일 탱크의 유량 부족
② 플라이밍 펌프의 고장
③ 흡입되는 오일에 공기혼입
④ 흡입 스트레이너의 막힘

30 유압회로의 속도 제어회로와 관계가 없는 것은?

① 오픈 센터(open center)회로
② 블리드 오프(bleed off)회로
③ 미터 아웃(meter out)회로
④ 미터 인(meter in)회로

31 유압에 진공이 형성되어 기포가 생기며, 이로 인해 국부적인 고압이나 소음이 발생하는 현상을 무엇이라 하는가?

① 채터링(chattering) 현상
② 오리피스(orifice) 현상
③ 캐비테이션(cavitation) 현상
④ 서징(surging) 현상

32 유압실린더의 종류에 해당하지 않는 것은?

① 단동실린더 램형
② 복동실린더 싱글로드형
③ 단동실린더 배플형
④ 복동실린더 더블로드형

33 유압장치의 구성요소가 아닌 것은?

① 제어밸브　　② 유압펌프
③ 차동장치　　④ 오일탱크

34 유압장치에서 가변용량형 유압펌프의 기호는?

① 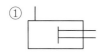　　②

③ 　　④

35 유압모터의 장점이 아닌 것은?

① 관성력이 크며, 소음이 크다.
② 작동이 신속·정확하다.
③ 광범위한 무단변속을 얻을 수 있다.
④ 전동 모터에 비하여 급속정지가 쉽다.

36 자체중량에 의한 자유낙하 등을 방지하기 위하여 회로의 압력을 일정하게 유지시키는 밸브는?

① 체크 밸브(check valve)
② 카운터 밸런스 밸브
　(counter balance valve)
③ 감압 밸브(reducing valve)
④ 릴리프 밸브(relief valve)

37 굴착기 레버를 움직여도 액추에이터가 작동하지 않는 이유로 가장 거리가 먼 것은?

① 유압호스 및 파이프가 파손되어 유압유가 누출된다.

② 유압여과기가 막혀 유압유가 공급되지 않는다.
③ 유압이 규정보다 약간 높다.
④ 컨트롤 밸브 스풀이 고착되었거나 파손되었다.

38 작동유가 넓은 온도범위에서 사용되기 위한 조건으로 가장 알맞은 것은?

① 점도지수가 높아야 한다.
② 발포성이 높아야 한다.
③ 산화작용이 양호해야 한다.
④ 소포성이 낮아야 한다.

39 유압장치에 부착되어 있는 오일탱크의 부속장치가 아닌 것은?

① 유면계
② 주입구 캡
③ 피스톤 로드
④ 배플 플레이트

40 교차로에서 좌회전하는 방법으로 가장 적합한 것은?

① 교차로 중심 안쪽으로 서행한다.
② 앞차의 주행방향으로 따라가면 된다.
③ 교차로 중심 바깥쪽으로 서행한다.
④ 운전자 편한대로 운전한다.

41 건설기계관리법상 조종사가 주소, 성명 등 신상에 변동이 있을 때 그 사실이 발생한 날로부터 며칠 이내에 신고해야 하는가?

① 20일　　② 7일
③ 15일　　④ 30일

42 트랙식 굴착기의 한쪽 주행레버만 조작하여 회전하는 것을 무엇이라 하는가?

① 원웨이 회전 　② 스핀 회전
③ 급 회전 　　　④ 피벗 턴

43 건설기계 운전자가 조종 중 고의로 중상 2명, 경상 5명의 사고를 일으킬 때 면허처분 기준은?

① 면허취소
② 면허효력 정지 10일
③ 면허효력 정지 30일
④ 면허효력 정지 20일

44 안전기준을 넘는 화물의 적재허가를 받은 사람은 그 길이 또는 폭의 양 끝에 몇 cm 이상의 빨간 헝겊으로 된 표지를 달아야 하는가?

① 너비 10cm, 길이 20cm
② 너비 30cm, 길이 50cm
③ 너비 100cm, 길이 200cm
④ 너비 5cm, 길이 10cm

45 다음의 교통안전 표지는 무엇을 의미하는가?

① 차 중량 제한표지
② 차 폭 제한표지
③ 차 적재량 제한표지
④ 차 높이 제한표지

46 건설기계관리법에 의한 건설기계 조종사의 적성검사 기준을 설명한 것으로 틀린 것은?

① 55데시벨의 소리를 들을 수 있을 것 (단, 보청기 사용자는 40데시벨)
② 언어분별력이 80퍼센트 이상일 것
③ 시각은 150도 이상일 것
④ 두 눈을 동시에 뜨고 잰 시력(교정시력을 포함)이 0.3 이상일 것

47 건설기계관리법령상 건설기계의 등록말소 사유에 해당하지 않은 것은?

① 건설기계를 교육·연구 목적으로 사용한 경우
② 건설기계를 도난당한 경우
③ 건설기계를 변경할 목적으로 해체한 경우
④ 건설기계의 차대가 등록 시의 차대와 다른 경우

48 건설기계관리법에서 정의한 건설기계 형식을 가장 잘 나타낸 것은?

① 엔진구조 및 성능을 말한다.
② 형식 및 규격을 말한다.
③ 성능 및 용량을 말한다.
④ 구조·규격 및 성능 등에 관하여 일정하게 정한 것을 말한다.

49 도심지 주행 및 작업 시 안전사항과 관계 없는 것은?

① 안전표지의 설치
② 관성에 의한 선회 확인
③ 매설된 파이프 등의 위치 확인
④ 장애물의 위치 확인

50 산업안전 표지의 설명으로 틀린 것은?

① 안내표지구급용구 등 위치를 안내하는 표지

② 금지표지 : 특정 행동을 허용하는 표지

③ 경고표지 : 유해 또는 위험물에 대한 주의를 환기시키는 표지

④ 지시표지 : 보호구 착용 등 일정한 행동을 취할 것을 지시하는 표지

51 전선로 부근에서 굴착기 작업할 때 주의사항으로 맞지 않는 것은?

① 전선은 바람에 의해 흔들리게 되므로 이격거리를 증가시켜 작업한다.

② 바람의 세기를 확인하여 전선의 흔들림 정도에 신경을 쓴다.

③ 전선로 주변에서 작업할 때에는 붐이 전선에 근접되지 않도록 주의한다.

④ 전선은 철탑 또는 전주에서 멀어질수록 적게 흔들리며 안전하다.

52 폭 4m 이상 8m 미만은 도로에 일반 도시가스 배관을 매설시 지면과 도시가스 배관 상부와의 최소이격거리는 몇 m 이상인가?

① 1.2m   ② 1.5m

③ 1.0m   ④ 0.6m

53 도로나 아파트 단지의 땅속을 굴착하고자 할 때 도시가스 배관이 묻혀있는지 확인하기 위하여 가장 먼저 해야 할 일은?

① 그 지역에 가스를 공급하는 도시가스 회사가 가스배관의 매설 유무를 확인한다.

② 해당 구청 토목과에 확인한다.

③ 굴착기로 땅속을 파서 가스배관이 있는지 직접 확인한다.

④ 그 지역 주민들에게 물어본다.

54 인력운반에 대한 기계운반의 특징이 아닌 것은?

① 취급물이 경량물인 작업에 적합

② 단순하고 반복적인 작업에 적합

③ 표준화되어 있어 지속적이고 운반량이 많은 작업에 적합

④ 취급물의 크기, 형상, 성질 등이 일정한 작업에 적합

55 다음 도로명판에 대한 설명으로 맞는 것은?

① 왼쪽과 오른쪽 양 방향용 도로평판이다.

② "1→"이 위치는 도로가 끝나는 지점이다.

③ 강남대로는 699미터이다.

④ 강남대로는 도로이름을 나타낸다.

56 산업안전보건상 사업주의 의무와 비교할 때 근로자의 의무사항이 아닌 것은?

① 위험한 장소에는 출입금지

② 위험상황 발생 시 작업 중지 및 대피

③ 보호구 착용

④ 사업장의 유해, 위험요인에 대한 실태 파악 및 개선

57 보통화재라고 하며, 목재, 종이 등 일반 가연물의 화재로 분류되는 것은?

① A급 화재　　② B급 화재
③ C급 화재　　④ D급 화재

58 방진 마스크를 착용해야 하는 작업장은?

① 소음이 심한 작업장
② 분진이 많은 작업장
③ 산소가 결핍되기 쉬운 작업장
④ 온도가 낮은 작업장

59 철탑에 154,000V라는 표시판이 부착되어 있는 전선 근처에서의 작업으로 틀린 것은?

① 철탑 기초에서 충분이 이격하여 굴착한다.
② 철탑 기초 주변 흙이 무너지지 않도록 한다.
③ 전선에 30cm 이내로 접근되지 않게 작업한다.
④ 전선이 바람에 흔들리는 것을 고려하여 접근금지 로프를 설치한다.

60 가공전선로 주변에서 굴착작업 중 다음과 같은 상황 발생 시 조치사항으로 가장 적절한 것은?

> 굴착작업 중 작업장 상부를 지나는 전선이 버킷 실린더에 의해 단선되었으나 인명과 장비의 피해는 없었다.

① 발생 후 1일 이내에 감독관에게 알린다.
② 가정용이므로 작업을 마친 후, 현장 전기공에 의해 복구시킨다.
③ 발생 즉시 인근 한국전력영업소에 연락하여 복구시킨다.
④ 전주나 전주 위의 변압기에 이상이 없으면 무관하다.

1 라디에이터 캡의 스프링이 파손되는 경우 발생되는 현상은?

① 냉각수 비등점이 높아진다.
② 냉각수 비등점이 낮아진다.
③ 냉각수 순환이 불량해진다.
④ 냉각수 순환이 빨라진다.

2 2행정 디젤기관의 소기방식에 속하지 않는 것은?

① 단류 소기식
② 복류 소기식
③ 횡단 소기식
④ 루프 소기식

3 안전 표지의 종류 중 경고 표지가 아닌 것은?

① 인화성 물질
② 방사성 물질
③ 방독마스크 착용
④ 산화성 물질

4 디젤기관 연료장치 내에 있는 공기를 배출하기 위하여 사용하는 펌프는?

① 인젝션 펌프
② 연료 펌프
③ 프라이밍 펌프
④ 공기 펌프

5 라이너식 실린더에 비교한 일체식 실린더의 특징으로 틀린 것은?

① 라이너 형식보다 내마모성이 높다.
② 부품수가 적고 중량이 가볍다.
③ 강성 및 강도가 크다.
④ 냉각수 누출 우려가 적다.

6 재해의 원인 중 생리적인 원인에 해당되는 것은?

① 작업자의 피로
② 작업복의 부적당
③ 안전장치의 불량
④ 안전수칙의 미 준수

7 현재 가장 많이 사용되고 있는 수온 조절기의 형식은?

① 펠릿형
② 바이메탈형
③ 벨로즈형
④ 블래더형

8 윤활장치에서 오일의 여과 방식이 아닌 것은?

① 합류식
② 전류식
③ 분류식
④ 샨트식

9 사고의 원인 중 가장 많은 부분을 차지하는 것은?

① 불가항력
② 불안전한 환경
③ 불안전한 행동
④ 불안전한 지시

10 엔진 윤활유의 기능이 아닌 것은?

① 방청작용
② 연소작용
③ 냉각작용
④ 윤활작용

11 기관의 배기가스 색이 회백색이라면 고장 예측으로 가장 적절한 것은?

① 소음기의 막힘
② 피스톤 링 마모
③ 흡기필터의 막힘
④ 노즐의 막힘

12 사고의 원인 중 불안전한 행동이 아닌 것은?

① 허가없이 기계장치 운전
② 사용중인 공구에 결함 발생
③ 작업 중 안전장치 기능 제거
④ 부적당한 속도로 기계장치 운전

13 건설기계장비의 충전장치에서 가장 많이 사용하고 있는 발전기는?

① 단상 교류발전기
② 3상 교류발전기
③ 직류발전기
④ 와전류 발전기

14 그림과 같이 12V용 축전지 2개를 사용하여 24V용 건설기계를 시동하고자 할 때 연결방법으로 옳은 것은?

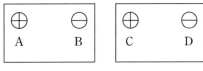

① B - D
② A - C
③ A - B
④ B - C

15 다음 중 일반적인 재해조사 방법으로 적절하지 않은 것은?

① 현장의 물리적 흔적을 수집한다.
② 재해조사는 사고 종결 후에 실시한다.
③ 재해 현장은 사진 등으로 촬영하여 보관하고 기록한다.
④ 목격자, 현장 책임자 등 많은 사람들에게 사고 시의 상황을 듣는다.

16 에어컨 시스템에서 기화된 냉매를 액화하는 장치는?

① 응축기
② 건조기
③ 컴프레서
④ 팽창 밸브

17 축전지의 방전은 어느 한도 내에서 단자 전압이 급격히 저하하여 그 이후는 방전능력이 없어지게 된다. 이때의 전압을 (   )이라고 한다. (   )에 들어갈 용어로 옳은 것은?

① 충전전압
② 방전전압
③ 방전종지전압
④ 누전전압

18 재해 조사의 직접적인 목적에 해당되지 않는 것은?

① 동종 재해의 재발방지
② 유사 재해의 재발방지
③ 재해 관련 책임자 문책
④ 재해 원인의 규명 및 예방자료 수집

19 지게차의 작업용도 및 효율성에 따라 작업장치를 선택하여 부착할 수 있는 장치가 아닌 것은?

① 로테이팅 장치
② 폴더
③ 포크 포지셔너
④ 사이드 시프트

20 깨지기 쉬운 화물이나 불안정한 화물의 낙하를 방지하기 위하여 포크 상단에 상하 작동을 할 수 있는 압력판을 부착한 지게차는?

① 하이 마스트
② 3단 마스트
③ 사이드 시프트 마스트
④ 로드 스태빌라이저

21 산업재해 방지 대책을 수립하기 위하여 위험요인을 발견하는 방법으로 가장 적합한 것은?

① 안전 점검
② 재해 사후 조치
③ 경영층 참여와 안전조직 진단
④ 안전대책 회의

22 지게차의 조향 방법으로 맞는 것은?

① 전자 조향
② 배력식 조향
③ 전륜 조향
④ 후륜 조향

23 화물을 적재하고 주행할 때 포크와 지면과의 간격으로 가장 적당한 것은?

① 20~30cm
② 50~55cm
③ 지면에 밀착
④ 80~85cm

24 액체약품 취급 시 비산물로부터 눈을 보호하기 위한 보안경은?

① 고글형
② 스펙타클형
③ 프런트형
④ 일반형

25 유체 클러치에 대한 설명으로 틀린 것은?

① 터빈은 변속기 입력축에 설치되어 있다.
② 오일은 맴돌이 흐름(와류)을 방지하기 위하여 가이드 링을 설치한다.
③ 펌프는 기관의 크랭크 축에 설치되어 있다.
④ 오일의 흐름 방향을 바꾸어 주기 위하여 스테이터를 설치한다.

26 지게차 운전 종료 후 점검사항과 가장 거리가 먼 것은?

① 각종 게이지
② 타이어의 손상 여부
③ 연료량
④ 기름 누설 부위

27 아크용접에서 눈을 보호하기 위한 보안경 선택은?

① 도수안경 ② 방진안경
③ 차광안경 ④ 유리안경

28 자동차 1종 대형면허로 조종할 수 없는 건설기계는?

① 아스팔트 피니셔
② 콘크리트 믹서트럭
③ 아스팔트 살포기
④ 덤프트럭

29 도로교통법규상 주차금지 장소가 아닌 곳은?

① 소방용 기계기구가 설치된 곳으로부터 15m 내
② 터널 안
③ 소방용 방화 물통으로부터 5m 이내
④ 화재경보기로부터 3m 이내

30 먼지가 많은 장소에서 착용해야 하는 마스크는?

① 방독마스크
② 산소마스크
③ 방진마스크
④ 일반마스크

31 차마가 도로의 중앙이나 좌측 부분을 통행할 수 있는 경우는 도로 우측 부분의 폭이 몇 미터에 미달하는 도로에서 앞지르기 할 때인가?

① 5미터 ② 2미터
③ 3미터 ④ 6미터

32 교통안전시설이 표시하고 있는 신호와 경찰공무원의 수신호가 다른 경우 통행방법으로 옳은 것은?

① 신호기 신호를 우선적으로 따른다.
② 수신호는 보조 신호이므로 따르지 않아도 좋다.
③ 경찰공무원의 수신호에 따른다.
④ 자기가 판단하여 위험이 없다고 생각되면 아무 신호에 따라도 좋다.

33 안전모의 관리 및 착용방법으로 틀린 것은?

① 큰 충격을 받은 것을 사용한다.
② 사용 후 뜨거운 스팀으로 소독해야 한다.
③ 정해진 방법으로 착용하고 사용해야 한다.
④ 통풍을 목적으로 모체에 구멍을 뚫어서는 안된다.

34 건설기계 정기검사 연기사유가 아닌 것은?

① 건설기계의 사고가 발생했을 때
② 건설기계를 건설현장에 투입했을 때
③ 건설기계를 도난당했을 때
④ 1월 이상에 걸친 정비를 하고 있을 때

35 건설기계대여업의 등록 시 필요 없는 서류는?

① 주기장시설보유확인서
② 건설기계 소유 사실을 증명하는 서류
③ 사무실의 소유권 또는 사용권이 있음을 증명하는 서류
④ 모든 종업원의 신원 증명서

7

CBT경향 출제예상문제

36 물체의 낙하 및 위험으로부터 근로자의 머리를 보호하기 위하여 착용해야 하는 안전모는?

① A형　　　　② B형
③ C형　　　　④ BE형

37 유압장치에 사용되는 오일 실(Seal)의 종류 중 O – 링이 갖추어야 할 조건은?

① 체결력이 작을 것
② 작동 시 마모가 클 것
③ 오일의 누설이 클 것
④ 탄성이 양호하고 압축변형이 적을 것

38 플런저 펌프의 특징으로 가장 거리가 먼 것은?

① 구조가 간단하고 값이 싸다.
② 펌프 효율이 높다.
③ 베어링에 부하가 크다.
④ 일반적으로 토출 압력이 높다.

39 7000v 이하의 전압으로부터 근로자의 머리를 보호하기 위해 사용해야 할 안전모는?

① A형　　　　② AB형
③ AE형　　　　④ AD형

40 유압장치의 작동원리는 어느 이론에 바탕을 둔 것인가?

① 파스칼의 원리
② 에너지 보존법칙
③ 보일의 법칙
④ 열역학 제1법칙

41 유압모터와 유압실린더의 설명으로 맞는 것은?

① 모터는 회전운동, 실린더는 직선운동을 한다.
② 둘 다 왕복운동을 한다.
③ 둘 다 회전운동을 한다.
④ 모터는 직선운동, 실린더는 회전운동을 한다.

42 높이 2미터 이상의 고소 작업, 굴착 작업 및 하역 작업을 하는 경우 근로자가 선택하여야 할 안전모는?

① A형　　　　② AB형
③ AE형　　　　④ AD형

43 유량제어밸브를 실린더와 병렬로 연결하여 실린더의 속도를 제어하는 회로는?

① 블리드 오프 회로
② 블리드 온 회로
③ 미터 인 회로
④ 미터 아웃 회로

44 다음 유압기호가 나타내는 것은?

① 릴리프 밸브(Relief Valve)
② 무부하 밸브(Unload Valve)
③ 감압 밸브(Reducing Valve)
④ 순차 밸브(Sequence Valve)

45 물체의 낙하, 추락, 감전에 의한 근로자의 머리를 보호하기 위해 선택해야 하는 안전모는?

① A형
② AB형
③ AD형
④ ABE형

46 지게차의 동력조향장치에 사용되는 유압실린더로 가장 적합한 것은?

① 단동실린더 플런저형
② 다단실린더 텔레스코픽형
③ 복동실린더 싱글로드형
④ 복동실린더 더블로드형

47 정비작업 시 안전에 가장 위배되는 것은?

① 연료를 비운 상태에서 연료통을 용접한다.
② 가연성 물질을 취급 시 소화기를 준비한다.
③ 회전 부분에 옷이나 손이 닿지 않도록 한다.
④ 깨끗하고 먼지가 없는 작업환경을 조성한다.

48 중량물 운반작업 시 착용해야 할 안전화는?

① 중작업용
② 상작업용
③ 경작업용
④ 절연용

49 벨트를 풀리(Pulley)에 장착 시 기관의 상태로 옳은 것은?

① 고속으로 회전 상태
② 저속으로 회전 상태
③ 중속으로 회전 상태
④ 회전을 중지한 상태

50 다음 중 관공서용 건물번호판은?

①
②
③
④

51 금속선별, 전기제품조립, 화학제품선별 등 경량의 물체를 취급하는 작업장에서 쓰는 안전화는?

① 중작업용
② 상작업용
③ 경작업용
④ 절연용

52 일반적으로 장갑을 착용하고 작업을 하게 되는데, 안전율을 위해서 오히려 장갑을 사용하지 않아야 하는 작업은?

① 오일 교환 작업
② 타이어 교환 작업
③ 전기용접 작업
④ 해머 작업

53 작업안전상 보호안경을 사용하지 않아도 되는 작업은?

① 장비운전 작업
② 먼지세척 작업
③ 용접 작업
④ 연마 작업

54 작업장에서 작업복을 착용하는 이유는?

① 작업속도를 높이기 위하여
② 작업자의 복장 통일을 위하여
③ 작업장의 질서를 확립시키기 위하여
④ 재해로부터 작업자의 몸을 보호하기 위하여

55 지게차 작업장치의 동력전달 기구가 아닌 것은?

① 리프터 체인
② 틸트 실린더
③ 리프트 실린더
④ 트랜치호

56 화재에 대한 설명으로 틀린 것은?

① 화재가 발생하기 위해서는 가연성 물질, 산소, 발화원이 반드시 필요하다.
② 가연성 가스에 의한 화재를 D급 화재라 한다.
③ 전기 에너지가 발화원이 되는 화재를 C급 화재라 한다.
④ 화재는 어떤 물질이 산소와 결합하여 연소하면서 열을 방출시키는 산화반응을 말한다.

57 산업안전보건법상 안전·보건표지의 종류가 아닌 것은?

① 위험 표지　　② 경고 표지
③ 지시 표지　　④ 금지 표지

58 다음 건물번호판에 대한 설명으로 맞는 것은?

① 평촌길은 도로명, 30은 건물번호이다.
② 평촌길은 주 출입구, 30은 기초번호이다.
③ 평촌길은 도로 시작점, 30은 건물주소이다.
④ 평촌길은 도로별 구분기준, 30은 상세주소이다.

59 지게차에서 리프트 실린더의 주된 역할은?

① 마스터를 틸트 시킨다.
② 마스터를 이동시킨다.
③ 포크를 상승, 하강시킨다.
④ 포크를 앞뒤로 기울게 한다.

60 적색 원형으로 만들어지는 안전 표지판은?

① 경고 표지　　② 안내 표지
③ 지시 표지　　④ 금지 표지

주요 문제 풀어보기

지게차 2회

건설기계 운전기능사 필기

1 4행정 디젤엔진에서 흡입행정 시 실린더 내에 흡입되는 것은?

① 스파크   ② 연료
③ 혼합기   ④ 공기

2 수냉식 기관이 과열되는 원인으로 틀린 것은?

① 방열기의 코어가 20% 이상 막혔을 때
② 규정보다 높은 온도에서 수온 조절기가 열릴 때
③ 수온 조절기가 열린 채로 고정되었을 때
④ 규정보다 적게 냉각수를 넣었을 때

3 기관의 냉각팬이 회전할 때 공기가 불어가는 방향은?

① 회전 방향   ② 상부 방향
③ 하부 방향   ④ 방열기 방향

4 기계식 분사펌프가 장착된 디젤기관에서 가동 중에 발전기가 고장이 났을 때 단기간 내에 발생할 수 있는 현상으로 틀린 것은?

① 배터리가 방전되어 시동이 꺼지게 된다.
② 충전 경고등에 불이 들어온다.
③ 헤드램프를 켜면 불빛이 어두워진다.
④ 전류계의 지침이 (-)쪽을 가리킨다.

5 2행정 사이클 디젤기관의 흡입과 배기 행정에 관한 설명으로 틀린 것은?

① 압력이 낮아진 나머지 연소가스가 압출되어 실린더 내는 와류를 동반한 새로운 공기로 가득 차게 된다.
② 연소가스가 자체의 압력에 의해 배출되는 것을 블로바이라고 한다.
③ 동력행정의 끝 부분에서 배기밸브가 열리고 연소가스가 자체의 압력으로 배출이 시작한다.
④ 피스톤이 하강하여 소기포트가 열리면 예압된 공기가 실린더 내로 유입된다.

6 엔진의 윤활유 압력이 높아지는 이유는?

① 윤활유의 점도가 너무 높다.
② 윤활유 펌프의 성능이 좋지 않다.
③ 기관 각부의 마모가 심하다.
④ 윤활유량이 부족하다.

7 기관에서 흡입 효율을 높이는 장치는?

① 소음기
② 압축기
③ 과급기
④ 기화기

| 정답 | 01. ④ 02. ③ 03. ④ 04. ① 05. ② 06. ① 07. ③

8 건설기계 기관의 압축압력 측정방법으로 틀린 것은?

① 습식시험을 먼저하고 건식시험을 나중에 한다.

② 배터리의 충전상태를 점검한다.

③ 기관을 정상온도로 작동시킨다.

④ 기관의 분사노즐(또는 점화플러그)은 모두 제거한다.

9 4행정기관에서 크랭크 축 기어와 캠축 기어와의 지름의 비 및 회전비는 각각 얼마인가?

① 1:2 및 2:1 ② 2:1 및 2:1

③ 1:2 및 1:2 ④ 2:1 및 1:2

10 다음 중 커먼레일 연료분사장치의 저압계통이 아닌 것은?

① 1차 연료 공급펌프

② 연료 스트레이너

③ 연료 필터

④ 커먼레일

11 오일 스트레이너(Oil Strainer)에 대한 설명으로 바르지 못한 것은?

① 고정식과 부동식이 있으며 일반적으로 고정식이 많이 사용되고 있다.

② 불순물로 인하여 여과망이 막힐 때에는 오일이 통할 수 있도록 바이패스 밸브(Bypass Valve)가 설치된 것도 있다.

③ 보통 철망으로 만들어져 있으며 비교적 큰 입자의 불순물을 여과한다.

④ 오일필터에 있는 오일을 여과하여 각 윤활부로 보낸다.

12 직접 분사식에 가장 적합한 노즐은?

① 구멍형 노즐

② 핀들형 노즐

③ 스로틀형 노즐

④ 개방형 노즐

13 기관의 기동을 보조하는 장치가 아닌 것은?

① 공기예열장치

② 실린더의 감압장치

③ 과급장치

④ 연소촉진제 공급장치

14 교류 발전기에서 회전하는 구성품이 아닌 것은?

① 로터 코일

② 슬립링

③ 브러시

④ 로터 코어

15 건설기계장비의 기동장치 취급시 주의 사항으로 틀린 것은?

① 기관이 시동된 상태에서 기동스위치를 켜서는 안된다.

② 기동전동기의 회전속도가 규정 이하이면 오랜 시간 연속 회전시켜도 시동이 되지 않으므로 회전속도에 유의해야 한다.

③ 기동전동기의 연속 사용시간은 3분 정도로 한다.

④ 전설 굵기는 규정 이하의 것을 사용하면 안 된다.

16 배터리의 자기방전 원인에 대한 설명으로 틀린 것은?

① 배터리의 구조상 부득이하다.
② 이탈된 작용물질이 극판의 아래 부분에 퇴적되어 있다.
③ 배터리 케이스의 표면에서는 전기 누설이 없다.
④ 전해액 중에 불순물이 혼입되어 있다.

17 충전된 축전지라도 방치해 두면 사용하지 않아도 조금씩 자연 방전하여 용량이 감소하는 현상은?

① 화학방전
② 자기방전
③ 강제방전
④ 급속방전

18 방향 지시등 전구에 흐르는 전류를 일정한 주기로 단속·점멸하여 램프의 광도를 증감시키는 것은?

① 디머 스위치
② 플래셔 유닛
③ 파일럿 유닛
④ 방향지시기 스위치

19 지게차의 작업용도 및 효율성에 따라 작업장치를 선택하여 부착할 수 있는 장치가 아닌 것은?

① 로테이팅 장치
② 폴더
③ 포크 포지셔너
④ 사이드 시프트

20 지게차에서 리프트 실린더의 주된 역할은?

① 마스터를 틸트 시킨다.
② 마스터를 이동시킨다.
③ 포크를 상승, 하강시킨다.
④ 포크를 앞뒤로 기울게 한다.

21 지게차의 운전 전 점검사항으로 거리가 가장 먼 것은?

① 주요부의 볼트, 너트의 풀림점검
② 연료, 작동유, 냉각수, 엔진오일 점검
③ 타이어의 손상 및 공기압 점검
④ 배기가스의 색깔 점검

22 수동 변속기에서 변속할 때 기어가 끌리는 소음이 발생하는 원인으로 맞는 것은?

① 브레이크 라이닝의 마모
② 변속기 출력축에 속도계 구동기어 마모
③ 클러치가 유격이 너무 클 때
④ 클러치판의 마모

23 브레이크 드럼이 갖추어야 할 조건으로 틀린 것은?

① 내마멸성이 적어야 한다.
② 정적·동적 평형이 잡혀 있어야 한다.
③ 냉각이 잘 되어야 한다.
④ 가볍고 강도와 강성이 커야한다.

24 지게차를 주차하고자 할 때 포크는 어떤 상태로 하면 안전한가?

① 앞으로 3°정도 경사지에 주차하고 마스트 전경각을 최대로 포크는 지면에 접하도록 내려놓는다.
② 평지에 주차하고 포크는 녹이 발생하는 것을 방지하기 위하여 10cm 정도 들어 놓는다.
③ 평지에 주차하면 포크의 위치는 상관없다.
④ 평지에 주차하고 포크는 지면에 접하도록 내려놓는다.

25 지게차의 틸트 레버를 운전석에서 운전자 몸 쪽으로 당기면 마스트는 어떻게 기울어지는가?

① 운전자의 몸 쪽에서 멀어지는 방향으로 기운다.
② 지면방향 아래쪽으로 내려온다.
③ 지면에서 위쪽으로 올라간다.
④ 운전자의 몸 쪽 방향으로 기운다.

26 차축의 스플라인부는 차동장치의 어느 기어와 결합되어 있는가?

① 차동 피니언 기어
② 링 기어
③ 구동 피니언 기어
④ 차동 사이드 기어

27 도로교통법상 서행 또는 일시 정지할 장소로 지정된 곳은?

① 교량 위
② 좌우를 확인할 수 있는 교차로
③ 가파른 비탈길의 내리막
④ 안전지대 우측

28 도로교통법상 주차금지 장소가 아닌 것은?

① 전신주로부터 20m 이내인 곳
② 소방용 방화 물통으로부터 5m 이내인 곳
③ 터널 안 및 다리 위
④ 화재경보기로부터 3m 이내인 곳

29 다음 그림의 교통안전표지에 대한 설명으로 맞는 것은?

① 최저시속 30킬로미터 속도제한 표시
② 최고중량 제한표시
③ 30ton 자동차 전용도로
④ 최고시속 30킬로미터 속도제한 표시

30 건설기계 조종사는 성명, 주민등록번호 및 국적의 변경이 있는 경우에는 주소지를 관할하는 시장·군수 또는 구청장에게 그 사실을 며칠 이내에 변경신고서를 제출하여야 하는가?

① 30일
② 15일
③ 45일
④ 10일

31 자동차전용 편도 4차로 도로에서 굴착기와 지게차의 주행차로는?

① 4차로　　　② 1차로

③ 3차로　　　④ 2차로

32 교통사고 시 사상자가 발생하였을 때, 도로교통법상 운전자가 즉시 취하여야 할 조치사항 중 가장 옳은 것은?

① 즉시 정차 – 신고 – 위해방지

② 즉시 정차 – 사상자 구호 – 신고

③ 즉시 정차 – 위해방지 – 신고

④ 증인확보 – 정차 – 사상자 구호

33 건설기계의 조종에 관한 교육과정을 이수한 경우 조종사 면허를 받은 것으로 보는 소형건설기계가 아닌 것은?

① 5ton 이상의 기중기

② 5ton 미만의 불도저

③ 3ton 미만의 지게차

④ 3ton 미만의 굴착기

34 건설기계검사의 종류가 아닌 것은?

① 예비검사　　　② 정기검사

③ 구조변경검사　④ 신규등록검사

35 차마가 도로 이외의 장소에 출입하기 위하여 보도를 횡단하려고 할 때 가장 적절한 통행방법은?

① 보행자가 없으면 빨리 주행한다.

② 보행자가 있어도 차마가 우선 출입한다.

③ 보행자 유무에 구애받지 않는다.

④ 보도 직전에서 일시 정지하여 보행자의 통행을 방해받지 말아야 한다.

36 건설기계 정기검사 연기사유에 해당되지 않는 것은?

① 7일 이내의 기계정비

② 건설기계의 도난

③ 건설기계의 사고발생

④ 천재지변

37 기어식 유압펌프에 폐쇄작용이 생기면 어떤 현상이 생길 수 있는가?

① 기포의 발생

② 기름의 토출

③ 출력의 증가

④ 기어 진동의 소멸

38 유압실린더의 종류에 해당하지 않은 것은?

① 복동실린더 더블로드형

② 단동실린더 램형

③ 복동실린더 싱글로드형

④ 단동실린더 배플형

39 사용중인 작동유의 수분함유 여부를 현장에서 판정하는 것으로 가장 적합한 방법은?

① 오일을 가열한 철판 위에 떨어뜨려 본다.

② 오일을 시험관에 담아서 침전물을 확인한다.

③ 여과지에 약간(3~4방울)의 오일을 떨어뜨려 본다.

④ 오일의 냄새를 맡아본다.

40 그림의 유압기호는 무엇을 표시하는가?

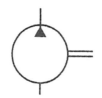

① 유압펌프   ② 유압밸브
③ 유압 탱크   ④ 오일 쿨러

41 유압장치에서 펌프의 흡입축에 설치하여 여과작용을 하는 것은?

① 에어 필터(Air Filter)
② 바이패스 필터(By-Pass Filter)
③ 스트레이너(Strainer)
④ 리턴 필터(Return Filter)

42 오일은 한쪽 방향으로만 흐르게 하는 밸브는?

① 체크 밸브   ② 로터리 밸브
③ 파일럿 밸브   ④ 릴리프 밸브

43 유압모터의 종류에 해당하지 않는 것은?

① 플런저 모터
② 기어 모터
③ 베인 모터
④ 직권형 모터

44 유압계통에서 오일누설 시의 점검사항이 아닌 것은?

① 볼트의 이완
② 실(Seal)의 마모
③ 오일의 윤활성
④ 실(Seal)의 파손

45 유압의 장점이 아닌 것은?

① 과부하 방지가 간단하고 정확하다.
② 오일온도가 변하면 속도가 변한다.
③ 소형으로 힘이 강력하다.
④ 무단변속이 가능하고 작동이 원활하다.

46 압력제어밸브 중 상시 닫혀 있다가 일정조건이 되면 열려 작동하는 밸브가 아닌 것은?

① 감압 밸브   ② 무부하 밸브
③ 릴리프 밸브   ④ 시퀀스 밸브

47 연소 조건에 대한 설명으로 틀린 것은?

① 산화되기 쉬운 것일수록 타기 쉽다.
② 열전도율이 적은 것일수록 타기 쉽다.
③ 발열량이 적은 것일수록 타기 쉽다.
④ 산소와의 접촉면이 클수록 타기 쉽다.

48 산업안전보건법상 산업재해의 정의로 맞는 것은?

① 고의로 물적 시설의 파손한 것도 산업재해에 포함하고 있다.
② 일상 활동에서 발생하는 사고로서 인적 피해뿐만 아니라 물적 손해까지 포함하는 개념이다.
③ 근로자가 업무에 관계되는 작업이나 기타 업무에 기인하여 사망 또는 부상하거나 질병에 걸리게 되는 것을 말한다.
④ 운전 중 본인의 부주의로 교통사고가 발생 된 것을 말한다.

49 장갑을 끼고 작업할 때 가장 위험한 작업은?

① 타이어 교환 작업
② 오일 교환 작업
③ 해머 작업
④ 건설기계운전 작업

50 감전재해 사고 발생 시 취해야 할 행동으로 틀린 것은?

① 설비의 전기 공급원 스위치를 내린다.
② 피해자 구출 후 상태가 심할 경우 인공호흡 등 응급조치를 한 후 작업을 직접 마무리 하도록 도와준다.
③ 전원을 끄지 못했을 때는 고무장갑이나 고무장화를 착용하고 피해자를 구출한다.
④ 피해자가 지닌 금속체가 전선 등에 접촉되었는가를 확인한다.

51 동력기계 장치의 표준 방호덮개 설치 목적이 아닌 것은?

① 동력전달장치와 신체의 접촉방지
② 주유나 검사의 편리성
③ 방음이나 집진
④ 가공물 등의 낙하에 의한 위험방지

52 안전·보건표지의 종류와 형태에서 그림의 안전표지판이 사용되는 곳은?

① 폭발성의 물질이 있는 장소
② 발전소나 고전압이 흐르는 장소
③ 방사능 물질이 있는 장소
④ 레이저광선에 노출될 우려가 있는 장소

53 해머작업의 안전수칙으로 가장 거리가 먼 것은?

① 해머를 사용할 때 자루 부분을 확인할 것
② 공동으로 해머작업 시는 호흡을 맞출 것
③ 열처리 된 장비의 부품은 강하므로 힘껏 때릴 것
④ 장갑을 끼고 해머작업을 하지 말 것

54 스크루(Screw) 또는 머리에 홈이 있는 볼트를 박거나 뺄 때 사용하는 스크루 드라이버의 크기는 무엇으로 표시하는가?

① 손잡이를 제외한 길이
② 손잡이를 포함한 전체 길이
③ 섕크(Shank)의 두께
④ 포인트(Tip)의 너비

55 지게차의 작업용도 및 효율성에 따라 작업장치를 선택하여 부착할 수 있는 장치가 아닌 것은?

① 로테이팅 장치
② 폴더
③ 포크 포지셔너
④ 사이드 시프트

56 사고의 직접원인으로 가장 옳은 것은?

① 성격결함

② 불안전한 행동 및 상태

③ 사회적 환경요인

④ 유전적인 요소

57 지게차의 운전방법으로 틀린 것은?

① 화물 운반은 항상 후진으로 주행한다.

② 화물 운반 시 포크는 지면에서 20~ 30cm 가량 띄운다.

③ 화물 운반 시 마스트를 뒤로 4°가량 경사시킨다.

④ 화물 운반 시 내리막길은 후진으로 오르막길은 전진으로 주행한다.

58 지게차가 무부하상태에서 최대조향각 으로 운행 시 가장 바깥쪽바퀴의 접지 자국 중심점이 그리는 원의 반경을 무 엇이라고 하는가?

① 최대선회 반지름

② 최소직각 통로쪽

③ 최소회전 반지름

④ 윤간거리

59 지게차의 동력조향장치에 사용되는 유 압실린더로 가장 적합한 것은?

① 복동실린더 더블로드형

② 다단실린더 텔레스코픽형

③ 복동실린더 싱글로드형

④ 단동실린더 플런저형

60 다음 건물번호판에 대한 설명으로 맞는 것은?

① 평촌길은 도로명, 30은 건물번호이다.

② 평촌길은 주 출입구, 30은 기초번호 이다.

③ 평촌길은 도로 시작점, 30은, 건물 주소이다.

④ 평촌길은 도로별 구분기준, 30은 상 세주소이다.

1 다음 중 윤활유의 기능으로 모두 옳은 것은?

① 마찰감소, 스러스트작용, 밀봉작용, 냉각작용

② 마멸방지, 수분흡수, 밀봉작용, 마찰증대

③ 마찰감소, 마멸방지, 밀봉작용, 냉각작용

④ 마찰증대, 냉각작용, 스러스트작용, 응력분산

2 열에너지를 기계적 에너지로 변환시켜 주는 장치는?

① 펌프　　　　② 모터

③ 엔진　　　　④ 밸브

3 디젤기관에서 압축압력이 저하되는 가장 큰 원인은?

① 냉각수 부족

② 엔진오일 과다

③ 기어오일의 열화

④ 피스톤 링의 마모

4 노킹이 발생되었을 때 디젤기관에 미치는 영향이 아닌 것은?

① 배기가스의 온도가 낮아진다.

② 엔진 출력이 낮아진다.

③ 엔진이 과열한다.

④ 기계 각 부의 응력이 증가한다.

5 윤활유가 갖추어야 할 성질로 틀린 것은?

① 점도가 적당할 것

② 응고점이 낮을 것

③ 인화점이 낮을 것

④ 발화점이 높을 것

6 디젤기관에서 시동이 되지 않는 원인으로 가장 거리가 먼 것은?

① 연료가 부족하다.

② 기관의 압축압력이 높다.

③ 연료 공급펌프가 불량하다.

④ 연료계통에 공기가 혼입되어 있다.

7 디젤기관에서 발생하는 진동의 원인이 아닌 것은?

① 프로펠러 샤프트의 불균형

② 분사시기의 불균형

③ 분사량의 불균형

④ 분사압력의 불균형

8 2행정 디젤기관의 소기방식에 속하지 않는 것은?

① 루프 소기식　　② 횡단 소기식

③ 복류 소기식　　④ 단류 소기식

9 크랭크 축의 비틀림 진동에 대한 설명 중 틀린 것은?

① 각 실린더의 회전력 변동이 클수록 커진다.

② 크랭크 축이 길수록 커진다.

③ 강성이 클수록 커진다.

④ 회전부분의 질량이 클수록 커진다.

10 건설기계 운전 작업 중 온도 게이지가 "H" 위치에 근접되어 있다. 운전자가 취해야 할 조치로 가장 알맞은 것은?

① 작업을 계속해도 무방하다.

② 잠시 작업을 중단하고 휴식을 취한 후 다시 작업한다.

③ 윤활유를 즉시 보충하고 계속 작업한다.

④ 작업을 중단하고 냉각수 계통을 점검한다.

11 압력식 라디에이터 캡에 대한 설명으로 옳은 것은?

① 냉각장치 내부압력이 규정보다 낮을 때 공기밸브는 열린다.

② 냉각장치 내부압력이 규정보다 높을 때 진공밸브는 열린다.

③ 냉각장치 내부압력이 부압이 되면 진공밸브는 열린다.

④ 냉각장치 내부압력이 부압이 되면 공기밸브는 열린다.

12 4행정 사이클 기관에 주로 사용되고 있는 오일펌프는?

① 원심식과 플런저식

② 기어식과 플런저식

③ 로터리식과 기어식

④ 로터리식과 나사식

13 전기자 철심을 두께 0.35~1.0mm의 얇은 철판을 각각 절연하여 겹쳐 만든 주된 이유는?

① 열 발산을 방지하기 위해

② 코일의 발열 방지를 위해

③ 맴돌이 전류를 감소시키기 위해

④ 자력선의 통과를 차단시키기 위해

14 납산 축전지의 전해액을 만들 때 올바른 방법은?

① 황산에 물을 조금씩 부으면서 유리막대로 젓는다.

② 황산과 물을 1:1의 비율로 동시에 붓고 잘 젓는다.

③ 증류수에 황산을 조금씩 부으면서 잘 젓는다.

④ 축전지에 필요한 양의 황산을 직접 붓는다.

15 전조등의 구성품으로 틀린 것은?

① 전구

② 렌즈

③ 반사경

④ 플래셔 유닛

16 다음 회로에서 퓨즈에는 몇 A가 흐르는가?

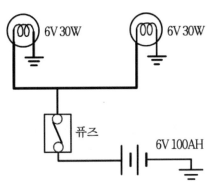

① 5A
② 10A
③ 50A
④ 100A

17 일반적인 축전지 터미널의 식별법으로 적합하지 않는 것은?

① (+), (−)의 표시로 구분한다.
② 터미널의 요철로 구분한다.
③ 굵고 가는 것으로 구분한다.
④ 적색과 흑색 등, 색으로 구분한다.

18 교류 발전기에서 높은 전압으로부터 다이오드를 보호하는 구성품은 어느 것인가?

① 콘덴서
② 필드 코일
③ 정류기
④ 로터

19 수동식 변속기가 장착된 건설기계에서 기어의 이상 음이 발생하는 이유가 아닌 것은?

① 기어 백래시가 과다
② 변속기의 오일부족
③ 변속기 베어링의 마모
④ 웜과 웜기어의 마모

20 지게차에서 틸트 실린더의 역할은?

① 포크의 상·하 이동
② 차체 수평유지
③ 마스트 앞·뒤 경사각 유지
④ 차체 좌·우 회전

21 변속기의 필요성과 관계가 없는 것은?

① 시동 시 장비를 무부하 상태로 한다.
② 기관의 회전력을 증대시킨다.
③ 장비의 후진 시 필요로 한다.
④ 환향을 빠르게 한다.

22 지게차의 틸트 실린더에서 사용되는 유압실린더 형식은?

① 단동식
② 스프링식
③ 복동식
④ 왕복식

23 지게차 작업 시 안전수칙으로 틀린 것은?

① 주차 시에는 포크를 완전히 지면에 내려야 한다.
② 화물을 적재하고 경사지를 내려갈 때는 운전 시야 확보를 위해 전진으로 운행해야 한다.
③ 포크를 이용하여 사람을 싣거나 들어 올리지 않아야 한다.
④ 경사지를 오르거나 내려올 때는 급회전을 금해야 한다.

24 지게차는 조종사가 전경각과 후경각을 적절하게 사용하여 작업하는데 이때 사용하는 조종레버는?

① 전후진 레버
② 리프트 레버
③ 변속 레버
④ 틸트 레버

25 지게차를 주차할 때 취급사항으로 틀린 것은?

① 포크를 지면에 완전히 내린다.
② 기관을 정지한 후 주차 브레이크를 작동시킨다.
③ 시동을 끈 후 시동스위치의 키는 그대로 둔다.
④ 포크의 선단이 지면에 닿도록 마스트를 전방으로 적절히 경사 시킨다.

26 대형 지게차의 마스트를 기울일 때 갑자기 시동이 정지되면 어떤 밸브가 작동하여 그 상태를 유지하는가?

① 틸트록 밸브　　② 스로틀 밸브
③ 리프트 밸브　　④ 틸트 밸브

27 건설기계의 출장검사가 허용되는 경우가 아닌 것은?

① 도서지역에 있는 건설기계
② 너비가 2.0미터를 초과하는 건설기계
③ 최고속도가 시간당 35킬로미터 미만인 건설기계
④ 지체중량이 40ton을 초과하거나 축중이 10ton을 초과하는 건설기계

28 밤에 도로에서 차를 운행하는 경우 등의 등화로 틀린 것은?

① 견인되는 차 : 미등 · 차폭등 및 번호등
② 원동기 장치 자전거 : 전조등 및 미등
③ 자동차 : 자동차안전기준에서 정하는 전조등, 차폭등, 미등
④ 자동차등 외의 모든 차 : 지방경찰청장이 정하는 고시하는 등화

29 술에 취한 상태의 기준은 혈중알콜농도가 최소 몇 퍼센트 이상인 경우인가?

① 0.03
② 0.25
③ 0.50
④ 0.70

30 자동차 1종 대형 운전면허로 건설기계를 운전할 수 없는 것은?

① 덤프트럭
② 노상안정기
③ 트럭적재식 천공기
④ 트레일러

31 건설기계 관리법령상 정기검사 유효기간이 3년인 건설기계는?

① 덤프트럭
② 콘크리트믹서트럭
③ 트럭적재식 콘크리트 펌프
④ 무한궤도식 굴착기

32 건설기계의 연료 주입구는 배기관의 끝으로부터 얼마 이상 떨어져 설치하여야 하는가?

① 5cm
② 10cm
③ 30cm
④ 50cm

33 건설기계 조종사의 면허취소 사유에 해당하는 것은?

① 과실로 인하여 1명을 사망하게 하였을 경우
② 면허의 효력정지기간 중 건설기계를 조종한 경우
③ 과실로 인하여 10명에게 경상을 입힌 경우
④ 건설기계로 1천만원 이상의 재산 피해를 냈을 경우

34 정기검사에 불합격한 건설기계의 정비명령 기간으로 옳은 것은?

① 3개월 이내
② 4개월 이내
③ 5개월 이내
④ 6개월 이내

35 주행 중 차마의 진로를 변경해서는 안되는 경우는?

① 교통이 복잡한 도로일 때
② 시속 30km 이하의 주행도로인 곳
③ 특별히 진로 변경이 금지된 곳
④ 4차로 도로일 때

36 시·도지사가 지정한 교육기관에서 당해 건설기계의 조종에 관한 교육과정을 이수한 경우 건설기계 조종사 면허를 받은 것으로 보는 소형 건설기계는?

① 5ton 미만의 불도저
② 5ton 미만의 지게차
③ 5ton 미만의 굴착기
④ 5ton 미만의 타워크레인

37 유압회로에 사용되는 유압밸브의 역할이 아닌 것은?

① 일의 관성을 제어한다.
② 일의 방향을 변환시킨다.
③ 일의 속도를 제어한다.
④ 일의 크기를 조정한다.

38 유압 작동유의 점도가 지나치게 낮을 때 나타날 수 있는 현상은?

① 출력이 증가한다.
② 압력이 상승한다.
③ 유동저항이 증가한다.
④ 유압실린더의 속도가 늦어진다.

39 유압계통에서 릴리프 밸브의 스프링 장력이 약화될 때 발생될 수 있는 현상은?

① 채터링 현상
② 노킹 현상
③ 블로우 바이 현상
④ 트램핑 현상

40 유압기기의 단점으로 틀린 것은?

① 에너지 손실이 적다.
② 오일은 가연성이므로 화재위험이 있다.
③ 회로구성이 어렵고 누설되는 경우가 있다.
④ 오일은 온도변화에 따라 점도가 변하여 기계의 작동속도가 변한다.

41 유압실린더의 종류에 해당하지 않는 것은?

① 복동실린더 싱글로드형
② 복동실린더 더블로드형
③ 단동실린더 배플형
④ 단동실린더 램형

42 순차 작동 밸브라고도 하며, 각 유압실린더를 일정한 순서로 순차 작동시키고자 할 때 사용하는 것은?

① 릴리프 밸브
② 감압 밸브
③ 시퀀스 밸브
④ 언로드 밸브

43 플런저가 구동축의 직각방향으로 설치되어 있는 유압모터는?

① 캠형 플런저 모터
② 엑시얼형 플런저 모터
③ 블래더형 플런저 모터
④ 레이디얼형 플런저 모터

44 유압·공기압 도면기호 중 그림이 나타내는 것은?

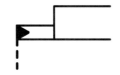

① 유압 파일럿(외부)
② 공기압 파일럿(외부)
③ 유압 파일럿(내부)
④ 공기압 파일럿(내부)

45 건설기계의 작동유 탱크 역할로 틀린 것은?

① 유온을 적정하게 유지하는 역할을 한다.
② 작동유를 저장한다.
③ 오일 내 이물질의 침전작용을 한다.
④ 유압을 적정하게 유지하는 역할을 한다.

46 베인 펌프에 대한 설명으로 틀린 것은?

① 날개로 펌핑동작을 한다.
② 토크가 안정되어 소음이 작다.
③ 싱글형과 더블형이 있다.
④ 베인 펌프는 1단 고정으로 설계된다.

47 불안전한 조명, 불안전한 환경, 방호장치의 결함으로 인하여 오는 산업재해 요인은?

① 지적 요인　　② 물적 요인
③ 신체적 요인　　④ 정신적 요인

48 산업재해의 통상적인 분류 중 통계적 분류에 대한 설명으로 틀린 것은?

① 사망 : 업무로 인해서 목숨을 잃게 되는 경우
② 중경상 : 부상으로 인하여 30일 이상의 노동 상실을 가져온 상해 정도
③ 경상해 : 부상으로 1일 이상 7일 이하의 노동 상실을 가져온 상해 정도
④ 무상해 사고 : 응급처치 이하의 상처로 작업에 종사하면서 치료를 받는 상해 정도

49 안전표지의 종류 중 안내표지에 속하지 않는 것은?

① 녹십자 표지   ② 응급구호 표지
③ 비상구   ④ 출입금지

50 전기화재에 적합하며 화재 때 화점에 분사하는 소화기로 산소를 차단하는 소화기는?

① 포말 소화기
② 이산화탄소 소화기
③ 분말 소화기
④ 증발 소화기

51 다음 중 가스누설 검사에 가장 좋고 안전한 것은?

① 아세톤   ② 성냥불
③ 순수한 물   ④ 비눗물

52 지게차 장비 뒤쪽에 설치되어 작업할 때 지게차가 한쪽으로 기울어지는 것을 방지하는 것은?

① 백 레스트
② 마스트
③ 포크
④ 카운터 웨이트

53 건설기계 작업 시 주의사항으로 틀린 것은?

① 운전석을 떠날 경우에는 기관을 정지시킨다.
② 작업 시에는 항상 사람의 접근에 특별히 주의한다.

③ 주행 시는 가능한 한 평탄한 지면으로 주행한다.
④ 후진 시는 후진 후 사람 및 장애물 등을 확인한다.

54 기계의 회전부분(기어, 벨트, 체인)에 덮개를 설치하는 이유는?

① 좋은 품질의 제품을 얻기 위하여
② 회전부분의 속도를 높이기 위하여
③ 제품의 제작과정을 숨기기 위하여
④ 회전부분과 신체의 접촉을 방지하기 위하여

55 일반적인 보호구의 구비조건으로 맞지 않는 것은?

① 착용이 간편할 것
② 햇볕에 잘 열화될 것
③ 재료의 품질이 양호할 것
④ 위험 유해 요소에 대한 방호성능이 충분할 것

56 지게차 마스트 작업 시 조종레버가 3개 이상일 경우 좌측으로부터 그 설치 순서가 바르게 나열 된 것은?

① 틸트 레버, 부수장치 레버, 리프트 레버
② 리프트 레버, 부수장치 레버, 틸트 레버
③ 리프트 레버. 틸트 레버, 부수장치 레버
④ 틸트 레버, 리프트 레버, 부수장치 레버

57 수공구 사용방법으로 옳지 않은 것은?

① 좋은 공구를 사용할 것

② 해머의 쐐기 유무를 확인할 것

③ 스패너는 너트에 잘 맞는 것을 사용할 것

④ 해머의 사용면이 넓고 얇아진 것을 사용할 것

58 지게차를 주차시킬 때 포크의 위치로 가장 적절한 것은?

① 지면에서 약간 올려 놓는다.

② 지면에 완전히 내린다.

③ 지면에서 약 20~30cm정도 올린다.

④ 지면에서 약 40~50cm정도 올린다.

59 등록되지 않은 건설기계를 사용하거나 운행한 자의 벌칙은?

① 1년 이하의 징역 또는 1천만원 이하의 벌금

② 2년 이하의 징역 또는 2천만원 이하의 벌금

③ 20만원 이하의 벌금

④ 10만원 이하의 벌금

60 지게차를 경사면에서 운전할 때 안전운전 측면에서 적재물(짐)의 방향으로 가장 적절한 것은?

① 적재물(짐)이 언덕 위쪽으로 가도록 한다.

② 적재물(짐)이 언덕 아래쪽으로 가도록 한다.

③ 운전에 편리하도록 적재물(짐)의 방향을 정한다.

④ 적재물(짐)의 크기에 따라 방향이 정해진다.

┃정답┃ 57.④ 58.② 59.② 60.①

1 기관에서 피스톤의 행정이란?

① 피스톤의 길이
② 실린더 벽의 상하 길이
③ 상사점과 하사점과의 총 면적
④ 상사점과 하사점과의 거리

2 압력식 라디에이터 캡에 있는 밸브는?

① 입력 밸브와 진공 밸브
② 압력 밸브와 진공 밸브
③ 입구 밸브와 출구 밸브
④ 압력 밸브와 메인 밸브

3 오일펌프에서 펌프량이 적거나 유압이 낮은 원인이 아닌 것은?

① 오일탱크에 오일이 너무 많을 때
② 펌프 흡입라인(여과망) 막힘이 있을 때
③ 기어와 펌프 내벽 사이 간격이 클 때
④ 기어 옆 펌프 내벽 사이 간격이 클 때

4 라디에이터 캡의 스프링이 파손되는 경우 발생하는 현상은?

① 냉각수 비등점이 높아진다.
② 냉각수 순환이 불량해진다.
③ 냉각수 순환이 빨라진다.
④ 냉각수 비등점이 낮아진다.

5 엔진오일의 작용에 해당되지 않는 것은?

① 오일제거작용   ② 냉각작용
③ 응력분산작용   ④ 방청작용

6 기관에 작동중인 엔진오일에 가장 많이 포함되는 이물질은?

① 유입먼지   ② 금속분말
③ 산화물   ④ 카본(carbon)

7 실린더의 내경이 행정보다 작은 기관을 무엇이라고 하는가?

① 스퀘어 기관   ② 단행정기관
③ 장행정기관   ④ 정방행정기관

8 유압식 밸브 리프터의 장점이 아닌 것은?

① 밸브 간극은 자동으로 조절된다.
② 밸브 개폐시기가 정확하다.
③ 밸브 구조가 간단하다.
④ 밸브 기구의 내구성이 좋다.

9 디젤기관의 노크방지방법으로 틀린 것은?

① 세탄가가 높은 연료를 사용한다.
② 압축비를 높게 한다.
③ 흡기압력을 높게 한다.
④ 실린더 벽의 온도를 낮춘다.

10 다음 중 내연기관의 구비조건으로 틀린 것은?

① 단위 중량 당 출력이 적을 것
② 열 효율이 높을 것
③ 저속에서 회전력이 작을 것
④ 점검 및 정비가 쉬울 것

11 디젤기관 연료장치의 구성품이 아닌 것은?

① 예열플러그
② 분사노즐
③ 연료공급펌프
④ 연료여과기

12 피스톤과 실린더 사이의 간극이 너무 클 때 일어나는 현상은?

① 실린더의 소결
② 압축 압력 증가
③ 기관 출력 향상
④ 윤활유 소비량 증대

13 기동전동기의 전기자 코일을 시험하는 데 사용되는 시험기는?

① 전류계 시험기
② 전압계 시험기
③ 그로울러 시험기
④ 저항 시험기

14 축전지의 용량을 결정짓는 인자가 아닌 것은?

① 셀 당 극판수
② 극판의 크기
③ 단자의 크기
④ 전해액의 양

15 종합경보장치인 에탁스(ETACS)의 기능으로 가장 거리가 먼 것은?

① 간헐 와이퍼 제어기능
② 뒤 유리 열선 제어기능
③ 감광 룸 램프 제어기능
④ 메모리 파워시트 제어기능

16 디젤기관의 전기장치에 없는 것은?

① 스파크플러그
② 글로우플러그
③ 축전지
④ 솔레노이드 스위치

17 AC 발전기에서 전류가 발생되는 곳은?

① 여자 코일   ② 레귤레이터
③ 스테이터 코일   ④ 계자 코일

18 건설기계 기관에 사용되는 축전지의 가장 중요한 역할은?

① 주행 중 점화장치에 전류를 공급한다.
② 주행 중 등화장치에 전류를 공급한다.
③ 주행 중 발생하는 전기부하를 담당한다.
④ 기동장치의 전기적 부하를 담당한다.

19 지게차로 화물을 싣고 경사지에서 주행할 때 안전상 올바른 운전방법은?

① 포크를 높이 들고 주행한다.
② 내려갈 때에는 저속 후진한다.
③ 내려갈 때에는 변속 레버를 중립에 놓고 주행 한다.
④ 내려갈 때에는 시동을 끄고 타력으로 주행한다.

20 타이어식 건설기계의 휠얼라인먼트에서 토인의 필요성이 아닌 것은?

① 조향바퀴의 방향성을 준다.
② 타이어의 이상마멸을 방지한다.
③ 조향바퀴를 평행하게 회전시킨다.
④ 바퀴가 옆방향으로 미끄러지는 것을 방지한다.

21 지게차 기관 연소실이 갖추어야 할 구비조건이다. 가장 거리가 먼 것은?

① 화염전파 거리가 짧아야 한다.
② 돌출부가 없어야 한다.
③ 압축 끝에서 혼합기의 와류를 형성하는 구조이어야 한다.
④ 연소실내의 표면적은 최대가 되도록 한다.

22 클러치의 필요성으로 틀린 것은?

① 전·후진을 위해
② 관성운동을 하기 위해
③ 기어변속 시 기관의 동력을 차단하기 위해
④ 기관 시동 시 기관을 무부하 상태로 하기 위해

23 타이어식 건설기계에서 전·후 주행이 되지 않을 때 점검하여야 할 곳으로 틀린 것은?

① 타이로드 엔드를 점검 한다.
② 변속 장치를 점검한다.
③ 유니버셜 조인트를 점검한다.
④ 주차 브레이크 잠김 여부를 점검한다.

24 유압 작동유의 점도가 너무 높은 때 발생되는 현상으로 적합한 것은?

① 내부 누설의 증가
② 동력 손실의 증가
③ 펌프 효율의 증가
④ 마찰 마모 감소

25 타이어식 건설기계에서 조향바퀴의 토인을 조정하는 것은?

① 핸들
② 타이로드
③ 웜 기어
④ 드래그링크

26 사용 중인 엔진의 오일을 점검하였더니 오일량이 처음량보다 증가하였다. 원인에 해당 될 수 있는 것은?

① 산화물 혼입
② 냉각수 혼입
③ 오일필터 막힘
④ 배기가스 유입

27 도로교통법령상 교통 안전표지의 종류를 올바르게 나열한 것은?

① 교통안전 표지는 주의, 규제, 지시, 안내, 교통표지로 되어있다.
② 교통안전 표지는 주의, 규제, 지시, 보조, 노면표지로 되어있다.
③ 교통안전 표지는 주의, 규제, 지시, 안내, 보조표지로 되어있다.
④ 교통안전 표지는 주의, 규제, 안내, 보조, 통행표지로 되어있다.

28 건설기계 안전기준에 관한 규칙상 건설기계 높이의 정의로 옳은 것은?

① 앞 차축의 중심에서 건설기계의 가장 윗부분까지의 최단거리

② 작업장치를 부착한 자체중량 상태의 건설기계의 가장 위쪽 끝이 만드는 수평면으로부터 지면까지의 최단거리

③ 뒷바퀴의 윗부분에서 건설기계의 가장 윗부분까지의 수직 최단거리

④ 지면에서부터 적재할 수 있는 최고의 최단거리

29 다음 중 도로교통법을 위반한 경우는?

① 밤에 교통이 빈번한 도로에서 전조등을 계속 하향했다.

② 낮에 어두운 터널 속을 통과할 때 전조등을 켰다.

③ 소방용 방화 물통으로부터 10m 지점에 주차하였다.

④ 노면이 얼어붙은 곳에서 최고 속도의 20/100을 줄인 속도로 운행하였다.

30 건설기계관리법령상 국토교통부령으로 정하는 바에 따라 등록번호표를 부착 및 봉인하지 않은 건설기계를 운행하여서는 아니 된다. 이를 1차 위반했을 경우의 과태료는?(단, 임시번호표를 부착한 경우는 제외한다.)

① 5만원

② 10만원

③ 50만원

④ 100만원

31 제1종 운전면허를 받을 수 없는 사람은?

① 두 눈의 시력이 각각 0.5인 이상인 사람

② 대형면허를 취득하려는 경우 보청기를 착용하지 않고 55데시벨의 소리를 들을 수 있는 사람

③ 두 눈을 동시에 뜨고 잰 시력이 0.1인 사람

④ 붉은색, 녹색 및 노란색을 구별할 수 있는 사람

32 건설기계에서 등록의 갱정은 어느 때 하는가?

① 등록을 행한 후에 그 등록에 관하여 착오 또는 누락이 있음을 발견한 때

② 등록을 행한 후에 소유권이 이전되었을 때

③ 등록을 행한 후에 등록지가 이전되었을 때

④ 등록을 행한 후에 소재지가 변동되었을 때

33 건설기계소유자 또는 점유자가 건설기계를 도로에 계속하여 버려두거나 정당한 사유 없이 타인의 토지에 버려둔 경우의 처벌은?

① 1년 이하의 징역 또는 500만원 이하의 벌금

② 1년 이하의 징역 또는 400만원 이하의 벌금

③ 1년 이하의 징역 또는 1000만원 이하의 벌금

④ 1년 이하의 징역 또는 200만원 이하의 벌금

34 편도 4차로 일반도로에서 4차로가 버스전용차로일 때, 건설기계는 어느 차로로 통행하여야 하는가?

① 2차로   ② 3차로
③ 4차로   ④ 한차한 차로

35 건설기계관리법령에서 건설기계의 주요구조변경 및 개조의 범위에 해당하지 않는 것은?

① 기종변경
② 원동기의 형식변경
③ 유압장치의 형식변경
④ 동력전달장치의 형식변경

36 시·도지사로부터 등록번호표제작통지 등에 관한 통지서를 받은 건설기계소유자는 받은날로부터 며칠 이내에 등록번호표 제작자에게 제작 신청을 하여야 하는가?

① 3일   ② 10일
③ 20일   ④ 30일

37 유압모터의 특징을 설명한 것으로 틀린 것은?

① 관성력이 크다.
② 구조가 간단하다.
③ 무단변속이 가능하다.
④ 자동 원격조작이 가능하다.

38 체크 밸브를 나타낸 것은?

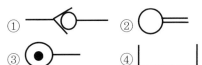

39 유압회로 내의 밸브를 갑자기 닫았을 때, 오일의 속도에너지가 압력에너지로 변하면서 일시적으로 큰 압력증가가 생기는 현상을 무엇이라 하는가?

① 캐비테이션(cavitation)현상
② 서지(surge)현상
③ 채터링(chattering)현상
④ 에어레이션(aeration)현상

40 유압으로 작동되는 작업장치에서 작업 중 힘이 떨어질 때의 원인과 가장 밀접한 밸브는?

① 메인 릴리프 밸브
② 체크(Check)밸브
③ 방향 전환 밸브
④ 메이크업 밸브

41 유압회로에서 유량제어를 통하여 작업속도를 조절하는 방식에 속하지 않는 것은?

① 미터 인(meter-in) 방식
② 미터 아웃(meter-out) 방식
③ 블리드 오프(bleed-off) 방식
④ 블리드 온(bleed-on) 방식

42 유압유의 점도가 지나치게 높았을 때 나타나는 현상이 아닌 것은?

① 오일 누설이 증가한다.
② 유동저항이 커져 압력손실이 증가한다.
③ 동력손실이 증가하여 기계효율이 감소한다.
④ 내부마찰이 증가하고 압력이 상승한다.

43 유압장치에 사용되는 펌프가 아닌 것은?

① 기어 펌프   ② 원심 펌프
③ 베인 펌프   ④ 플런저 펌프

44 유압펌프 내의 내부 누설은 무엇에 반비례하여 증가 하는가?

① 작동유의 오염
② 작동유의 점도
③ 작동유의 압력
④ 작동유의 온도

45 유압장치에서 금속가루 또는 불순물을 제거하기 위해 사용되는 부품으로 짝지어진 것은?

① 여과기와 어큐뮬레이터
② 스크레이퍼와 필터
③ 필터와 스트레이너
④ 어큐뮬레이터와 스트레이너

46 유압펌프에서 발생한 유압을 저장하고 맥동을 제거시키는 것은?

① 어큐뮬레이터   ② 언로드 밸브
③ 릴리프 밸브   ④ 스트레이너

47 중량물 운반 시 안전사항으로 틀린 것은?

① 크레인은 규정용량을 초과하지 않는다.
② 화물을 운반할 경우에는 운전반경 내를 확인한다.
③ 무거운 물건을 상승시킨 채 오랫동안 방치하지 않는다.
④ 흔들리는 화물은 사람이 승차하여 붙잡도록 한다.

48 수공구 사용 시 유의사항으로 맞지 않는 것은?

① 무리한 공구 취급을 금한다.
② 토크렌치는 볼트를 풀 때 사용한다.
③ 수공구는 사용법을 숙지하여 사용한다.
④ 공구를 사용하고 나면 일정한 장소에 관리 보관한다.

49 작업장의 사다리식 통로를 설치하는 관련법상 틀린 것은?

① 견고한 구조로 할 것
② 발판의 간격은 일정하게 할 것
③ 사다리가 넘어지거나 미끄러지는 것을 방지하기 위한 조치를 할 것
④ 사다리식 통로의 길이가 10m 이상인 때에는 접이식으로 설치할 것

50 작업을 위한 공구관리의 요건으로 가장 거리가 먼 것은?

① 공구별로 장소를 지정하여 보관할 것
② 공구는 항상 최소 보유량 이하로 유지할 것
③ 공구 사용 점검 후 파손된 공구는 교환할 것
④ 사용한 공구는 항상 깨끗이 한 후 보관할 것

51 가스 용접 시 사용되는 산소용 호스는 어떤 색인가?

① 적색   ② 황색
③ 녹색   ④ 청색

52 벨트에 대한 안전사항으로 틀린 것은?

① 벨트의 이음쇠는 돌기가 없는 구조로 한다.

② 벨트를 걸 때나 벗길 때에는 기계를 정지한 상태에서 실시한다.

③ 벨트가 풀리에 감겨 돌아가는 부분은 커버나 덮개를 설치한다.

④ 바닥면으로부터 2m 이내에 있는 벨트는 덮개를 제거한다.

53 공장 내 작업안전수칙으로 옳은 것은?

① 기름걸레나 인화물질은 철재 상자에 보관한다.

② 공구나 부속품을 닦을 때에는 휘발유를 사용한다.

③ 차가 잭에 의해 올려져 있을 때는 직원 외에는 차내 출입을 삼가 한다.

④ 높은 곳에서 작업 시 훅을 놓치지 않게 잘 잡고, 체인 블록을 이용한다.

54 산업안전보건법령상 안전 · 보건표지에서 색채와 용도가 틀리게 짝지어진 것은?

① 파란색 : 지시

② 녹색 : 안내

③ 노란색 : 위험

④ 빨간색 : 금지, 경고

55 소화방식의 종류 중 주된 작용이 질식소화에 해당하는 것은?

① 강화액

② 호스방수

③ 에어 – 폼

④ 스프링클러

56 소화설비 선택 시 고려하여야 할 사항이 아닌 것은?

① 작업의 성질

② 작업자의 성격

③ 화재의 성질

④ 작업장의 환경

57 다음 3방향 도로명 예고표지에 대한 설명으로 맞는 것은?

① 좌회전하면 300미터 전방에 시청이 나온다.

② 관평로는 북에서 남으로 도로구간이 설정되어 있다.

③ 우회전하면 300미터 전방에 평촌역이 나온다.

④ 직진하면 300미터 전방에 관평로가 나온다.

58 다음 중 관공서용 건물번호판은?

①   ②

③   ④

59 기계식 변속기가 설치된 건설기계에서 클러치판의 비틀림 코일 스프링의 역할은?

① 클러치판이 더욱 세게 부착되게 한다.
② 클러치 작동 시 회전충격을 흡수한다.
③ 클러치의 회전력을 증가시킨다.
④ 클러치 압력판의 마멸을 방지한다.

60 가동하고 있는 엔진에서 화재가 발생하였다. 불을 끄기 위한 조치 방법으로 올바른 것은?

① 원인분석을 하고, 모래를 뿌린다.
② 포말소화기를 사용 후, 엔진에서 시동스위치를 끈다.
③ 엔진 시동스위치를 끄고, ABC 소화기를 사용한다.
④ 엔진을 급가속하여 팬의 강한 바람을 일으켜 불을 끈다.

1 발전소 상호간, 변전소 상호간 또는 발전소와 변전소간의 전선로를 나타내는 용어로 맞는 것은?

① 배전 선로

② 송전 선로

③ 인입 선로

④ 전기 수용 설비 선로

2 건설기계 운전 중 엔진부조를 하다가 시동이 꺼졌다. 그 원인이 아닌 것은?

① 연료 필터 막힘

② 연료에 물 혼입

③ 분사 노즐이 막힘

④ 연료장치의 오버플로 호스가 파손

3 무면허 건설기계 조종사에 대한 벌금은?

① 100만 원 이하의 벌금

② 20만 원 이하의 벌금

③ 자격증 대여, 알선, 차용시 1000만 원 이하의 벌금

④ 50만 원 이하의 벌금

4 디젤기관 노크의 방지 방법으로 적당한 것은?

① 압축비를 높게 한다.

② 착화지연시간을 길게 한다.

③ 흡기 압력을 낮게 한다.

④ 연소실 벽의 온도를 낮게 한다.

5 건설기계 동력전달 계통에서 최종적으로 구동력 증가를 하는 것은?

① 종감속 기어　② 트랙 모터

③ 스프로킷　④ 변속기

6 건설기계의 구조 또는 장치를 변경하는 사항으로 적합하지 않은 것은?

① 관할 시 · 도지사에게 구조변경 승인을 받아야 한다.

② 건설기계 정비 업소에서 구조 또는 장치의 변경 작업을 한다.

③ 구조변경검사를 받아야 한다.

④ 구조변경검사는 주요 구조를 변경 또는 개조한 날부터 20일 이내에 신청하여야 한다.

7 가솔린 기관에 사용되는 연료 여과기의 역할은?

① 연료의 흐름을 조절한다.

② 연료의 분사량을 일정하게 한다.

③ 연료 중의 수분 및 불순물을 걸러준다.

④ 연료의 압력을 조절한다.

8 유압펌프에서 토출압력이 가장 높은 것은?

① 레이디얼 플런저 펌프

② 기어 펌프

③ 액시얼 플런저 펌프

④ 베인 펌프

9 다음 중 커먼레일 디젤기관의 흡기 온도 센서(ATS)에 대한 설명 중 맞지 않는 것은?

① 연료량 제어 보정 신호로 사용된다.
② 분사시기 제어 보정 신호로 사용된다.
③ 부특성 서미스터이다.
④ 스모그 제한 부스터 압력제어용으로 사용한다.

10 유압실린더를 행정 최종단계에서 실린더의 속도를 감속하여 서서히 정지시키고자 할 때 사용되는 밸브는?

① 디셀러레이션 밸브(deceleration valve)
② 셔틀 밸브(shuttle valve)
③ 프레필 밸브(prefill valve)
④ 디컴프레션 밸브(decompression valve)

11 자연적 재해가 아닌 것은?

① 지진　　　② 태풍
③ 홍수　　　④ 방화

12 엔진 오일의 여과방식이 아닌 것은?

① 샨트식　　② 전류식
③ 분류식　　④ 자력식

13 안전표지 중 안내표지의 바탕색으로 맞는 것은?

① 백색　　　② 흑색
③ 적색　　　④ 녹색

14 방향전환 밸브 중 4포트 3위치 밸브에 대한 설명으로 틀린 것은?

① 직선형 스풀 밸브이다.

② 스풀의 전환위치가 3개이다.
③ 밸브와 주배관이 접속하는 접속구는 3개이다.
④ 중립위치를 제외한 양끝 위치에서 4포트 2위치

15 도로 운행 시의 건설기계의 축하중 및 총중량 제한은?

① 윤하중 5ton 초과, 총중량 20ton 초과
② 축하중 10ton 초과, 총중량 20ton 초과
③ 축하중 10ton 초과, 총중량 40ton 초과
④ 윤하중 10ton 초과, 총중량 10ton 초과

16 공동(Cavitation)현상이 발생하였을 때의 영향 중 가장 거리가 먼 것은?

① 체적효율이 감소한다.
② 고압부분의 기포가 과포화상태로 된다.
③ 최고 압력이 발생하여 급격한 압력파가 일어난다.
④ 유압장치 내부에 국부적인 고압이 발생하여 소음과 진동이 발생한다.

17 작업장에서 전기가 예고 없이 정전되었을 경우 전기로 작동하던 기계 기구의 조치방법 중 틀린 것은?

① 즉시 스위치를 끈다.
② 안전을 위해 작업장을 정리해 놓는다.
③ 퓨즈의 단락 유무를 검사한다.
④ 전기가 들어오는 것을 알기 위해 스위치를 넣어둔다.

18 시동 모터가 회전이 안 되거나 회전력이 약한 원인이 아닌 것은?

① 시동 스위치 접촉 불량이다.
② 배터리 단자와 터미널의 접촉이 나쁘다.
③ 브러시가 정류자에 잘 밀착되어 있다.
④ 배터리 전압이 낮다.

19 디젤기관에서 실화(miss fire)가 일어났을 때의 현상으로 맞는 것은?

① 엔진의 출력이 증가한다.
② 연료소비가 적다.
③ 엔진이 과냉한다.
④ 엔진 회전이 불량하다.

20 브레이크 오일이 비등하여 송유 압력의 전달 작용이 불가능하게 되는 현상은?

① 페이드 현상
② 베이퍼록 현상
③ 사이클링 현상
④ 브레이크 록 현상

21 인력운반 작업의 재해 중 취급하는 중량물과 지면, 건축물 등에 끼여 발생하는 재해는?

① 요추 염좌 ② 충돌
③ 낙하 ④ 협착(압상)

22 건설기계 운전자가 조종 중 고의로 중상 2명, 경상 5명의 사고를 일으킬 때 면허저분 기준은?

① 면허 취소
② 면허효력 정지 30일
③ 면허효력 정지 20일
④ 면허효력 정지 10일

23 공구 사용 시 주의해야 할 사항으로 틀린 것은?

① 주위 환경에 주의해서 작업할 것
② 강한 충격을 가하지 않을 것
③ 해머 작업시 보호 안경을 쓸 것
④ 손이나 공구에 기름을 바른 다음 작업 할 것

24 건설기계 장비에서 기관을 시동한 후 정상운전 가능 상태를 확인하기 위해 운전자가 가장 먼저 점검해야 할 것은?

① 주행속도계 ② 엔진 오일량
③ 냉각수온도계 ④ 오일압력계

25 전기장치에서 접촉 저항이 발생하는 개소 중 가장 거리가 먼 것은?

① 배선 중간 지점 ② 스위치 접점
③ 축전지 터미널 ④ 배선 커넥터

26 스패너의 사용시 주의할 사항 중 틀린 것은?

① 스패너 손잡이에 파이프를 이어서 사용하는 것은 삼가 할 것
② 미끄러지지 않도록 조심성 있게 죌 것
③ 스패너는 당기지 말고 밀어서 사용할 것
④ 치수를 맞추기 위해 스패너와 너트 사이에 다른 물건을 끼워서 사용하지 말 것

27 축전지가 완전 충전이 제대로 되지 않는다. 그 원인이 아닌 것은?

① 축전지 극판 손상
② 축전지 접지선 접속이완
③ 본선(B+) 연결부분 접속이완
④ 발전기 브러시 스프링 장력과다

28 기관 과열의 직접적인 원인이 아닌 것은?

① 팬벨트의 느슨함
② 라디에이터의 코어 막힘
③ 냉각수의 부족
④ 타이밍 체인(timing chain)의 헐거움

29 조향핸들의 유격이 커지는 원인과 관계없는 것은?

① 피트먼 암의 헐거움
② 타이어 공기압 과대
③ 조향기어, 링키지 조정 불량
④ 앞바퀴 베어링 과대 마모

30 축전지 케이스와 커버 세척에 가장 알맞은 것은?

① 솔벤트와 물 ② 소금과 물
③ 소다와 물 ④ 가솔린과 물

31 도로교통법상 서행 또는 일시정지 할 장소로 지정된 곳은?

① 안전지대 우측
② 가파른 비탈길의 내리막
③ 좌우를 확인할 수 있는 교차로
④ 교량 위를 통행할 때

32 건설기계 등록말소 신청 시 구비서류에 해당되는 것은?

① 건설기계 등록증
② 주민등록등본
③ 수입면장
④ 제작증명서

33 4행정 사이클 디젤기관의 흡입행정에 관한 설명 중 맞지 않는 것은?

① 흡입밸브를 통하여 혼합기를 흡입한다.
② 실린더 내의 부압(負壓)이 발생한다.
③ 흡입밸브는 상사점 전에 열린다.
④ 흡입계통에는 벤투리, 초크 밸브가 없다.

34 유압장치의 수명연장을 위해 가장 중요한 요소에 해당하는 것은?

① 유압 컨트롤 밸브의 세척 및 교환
② 오일량 점검 및 필터 교환
③ 유압펌프의 점검 및 교환
④ 오일 쿨러의 점검 및 세척

35 화재의 분류가 옳게 된 것은?

① A급 화재 : 일반 가연물 화재
② B급 화재 : 금속 화재
③ C급 화재 : 유류 화재
④ D급 화재 : 전기 화재

36 건설기계용 디젤기관의 냉각장치 방식에 속하지 않는 것은?

① 강제 순환식 ② 압력 순환식
③ 진공 순환식 ④ 자연 순환식

37 제1종 운전면허를 받을 수 없는 사람은?

① 한쪽 눈을 보지 못하고, 색체 식별이 불가능한 사람

② 양쪽 눈의 시력이 각각 0.5 이상인 사람

③ 두 눈을 동시에 뜨고 잰 시력이 0.8 이상인 사람

④ 적색·황색·녹색의 색체 식별이 가능한 사람

38 두 개 이상의 분기회로에서 실린더나 모터의 작동순서를 결정하는 자동 제어 밸브는?

① 리듀싱 밸브

② 릴리프 밸브

③ 시퀀스 밸브

④ 파일럿 체크 밸브

39 유압실린더의 속도를 제어하는 블리드 오프(bleed off) 회로에 대한 설명으로 틀린 것은?

① 펌프 토출량 중 일정한 양을 탱크로 되돌린다.

② 릴리프 밸브에서 과잉 압력을 줄일 필요가 없다.

③ 유량 제어 밸브를 실린더와 직렬로 설치한다.

④ 부하변동이 급격한 경우에는 정확한 유량제어가 곤란하다.

40 건설기계 등록번호표에 대한 사항 중 틀린 것은?

① 지게차일 경우 기종별 기호표시는 04로 한다.

② 재질은 철판 또는 알루미늄 판이 사용된다.

③ 모든 번호표의 규격은 동일하다.

④ 외곽선은 1.5mm 튀어나와야 한다.

41 다음에서 유압 작동유 탱크의 기능으로 모두 맞는 것은?

> ㉠ 오일의 저장
> ㉡ 오일의 역류 방지
> ㉢ 격판을 설치하여 오일의 출렁거림 방지
> ㉣ 오일 온도 조정(방열)

① ㉠, ㉡, ㉢   ② ㉡, ㉢, ㉣

③ ㉠, ㉢, ㉣   ④ ㉠, ㉡, ㉣

42 유압장치 중에서 회전운동을 하는 것은?

① 급속배기밸브

② 유압모터

③ 하이드롤릭 실린더

④ 복동실린더

43 다음 배선의 색과 기호에서 파랑색(Blue)의 기호는?

① G   ② L

③ B   ④ R

44 야간에 차가 서로 마주보고 진행하는 경우 등화조작 중 맞는 것은?

① 전조등, 보호등, 실내 조명등을 조작한다.

② 전조등을 켜고 보조등을 끈다.

③ 전조등 변환빔을 하향으로 한다.

④ 전조등을 상향으로 한다.

7

45 유압실린더의 지지방식에 속하지 않는 것은?

① 푸트형   ② 플랜지형
③ 유니언형   ④ 트러니언형

46 디젤기관에서 흡입공기 압축 시 압축 온도는 약 얼마인가?

① 300~350℃   ② 500~550℃
③ 1100~1150℃   ④ 1500~1600℃

47 기계에 사용되는 방호덮개 장치의 구비 조건으로 틀린 것은?

① 마모나 외부로부터 충격에 쉽게 손상 되지 않을 것
② 작업자가 임의로 제거 후 사용할 수 있을 것
③ 검사나 급유·조정 등 장비가 용이 할 것
④ 최소의 손질로 장시간 사용할 수 있을 것

48 연소의 3요소에 해당되지 않는 것은?

① 물   ② 공기
③ 점화원   ④ 가연물

49 다음 중 통행의 우선순위가 맞는 것은?

① 승합자동차 → 원동기장치 자전거 → 긴급자동차
② 긴급 자동차 → 원동기장치 자전거 → 승용자동차
③ 건설기계 → 원동기장치 자전거 → 승합자동차

④ 긴급 자동차 → 일반 자동차 → 원동 기장치 자전거

50 도로교통법상 3색 등화로 표시되는 신호등의 신호 순서로 맞는 것은?

① 녹색(적색 및 녹색 화살표)등화, 황색등화, 적색등화의 순서이다.
② 적색(적색 및 녹색 화살표)등화, 황색등화, 녹색등화의 순서이다.
③ 녹색(적색 및 녹색 화살표)등화, 적색등화, 황색등화의 순서이다.
④ 적색점멸등화, 황색등화, 녹색(적색 및 녹색화살표)등화의 순서이다.

51 검사 연기신청을 하였으나 불허 통지를 받은 자는 언제까지 검사를 신청하여야 하는가?

① 불허통지를 받은 날로부터 5일 이내
② 불허통지를 받은 날로부터 10일 이내
③ 검사신청기간 만료일로부터 5일 이내
④ 검사신청기간 만료일로부터 10일 이내

52 토크 컨버터에서 회전력이 최댓값이 될 때를 무엇이라 하는가?

① 토크 변환비
② 유체 충돌 손실비
③ 회전력
④ 스톨 포인트

53 기관 냉각장치에서 비등점을 높이는 기능을 하는 것은?

① 압력식 캡   ② 라디에이터
③ 물 펌프   ④ 물 재킷

54 건설기계가 고압전선에 근접 또는 접촉함으로써 가장 많이 발생될 수 있는 사고 유형은?

① 감전   ② 화재

③ 화상   ④ 절전

55 평탄한 노면에서 지게차를 운전하여 하역 작업 시 올바른 방법이 아닌 것은?

① 파렛트에 실은 짐이 안정되고 확실하게 실려 있는가를 확인한다.

② 포크를 삽입하고자 하는 곳과 평행하게 한다.

③ 불안정한 적재의 경우에는 빠르게 작업을 진행시킨다.

④ 화물 앞에서 정지한 후 마스트가 수직이 되도록 기울여야 한다.

56 유압장치의 기본적인 구성요소가 아닌 것은?

① 유압 발생장치

② 유압 재순환장치

③ 유압 제어장치

④ 유압 구동장치

57 다음 도로명판에 대한 설명으로 맞는 것은?

강남대로   1→699
Gangnam-daero

① 왼쪽과 오른쪽 양 방향용 도로평판이다.

② 강남대로는 도로이름을 나타낸다.

③ 강남대로는 699미터이다.

④ "1→"이 위치는 도로가 끝나는 지점이다.

58 회전하는 물체를 정지시키는 방법으로 옳은 것은?

① 발로 세운다.

② 손으로 잡는다.

③ 공구를 사용한다.

④ 자연스럽게 정지하도록 가만히 둔다.

59 축전지를 병렬로 연결하였을 때 맞는 것은?

① 전압이 증가한다.

② 전압이 감소한다.

③ 용량이 증가한다.

④ 전류가 감소한다.

60 디젤기관의 부하에 따라 자동적으로 분사량을 가감하여 최고 회전속도를 제어하는 것은?

① 플런저 펌프   ② 캠축

③ 거버너   ④ 타이머

1 특별표지판 부착 대상인 대형 건설기계가 아닌 것은?

① 길이가 15m인 건설기계
② 너비가 2.8m인 건설기계
③ 높이 가 6m인 건설기계
④ 총중량 45ton인 건설기계

2 건설기계의 구조변경 가능 범위에 속하지 않는 것은?

① 수상작업용 건설기계 선체의 형식 변경
② 적재함의 용량 증가를 위한 변경
③ 건설기계의 깊이, 너비, 높이 변경
④ 조종장치의 형식 변경

3 건설기계 운전자가 조종 중 고의로 인명피해를 입히는 사고를 일으켰을 때 면허처분 기준은?

① 면허취소
② 면허효력 정지 30일
③ 면허효력 정지 20일
④ 면허효력 정지 10일

4 건설기계 등록번호표의 표시내용이 아닌 것은?

① 기종   ② 등록 번호
③ 등록 관청   ④ 장비 연식

5 성능이 불량하거나 사고가 자주 발생하는 건설기계의 안전성 등을 점검하기 위하여 실시하는 심사는?

① 예비검사   ② 구조변경검사
③ 수시검사   ④ 정기검사

6 건설기계의 등록 전에 임시운행 사유에 해당되지 않는 것은?

① 장비 구입 전 이상 유무 확인을 위해 1일간 예비 운행을 하는 경우
② 등록신청을 하기 위하여 건설기계용 등록지로 운행하는 경우
③ 수출을 하기 위하여 건설기계를 선적지로 운행하는 경우
④ 신개발 건설기계를 시험ㆍ연구의 목적으로 운행하는 경우

7 커먼레일 디젤기관의 연료장치 시스템에서 출력요소는?

① 공기 유량 센서
② 인젝터
③ 엔진 ECU
④ 브레이크 스위치

8 기동 전동기 구성품 중 자력선을 형성하는 것은?

① 전기자   ② 계자 코일
③ 슬립링   ④ 브러시

9 디젤기관의 예열 장치에서 코일형 예열 플러그와 비교한 실드형 예열 플러그의 설명 중 틀린 것은?

① 발열량이 크고 열용량도 크다.
② 예입 플러그들 사이의 회로는 병렬로 결선되어 있다.
③ 기계적 강도 및 가스에 의한 부식에 약하다.
④ 예열 플러그 하나가 단선되어도 나머지는 작동된다.

10 엔진오일이 연소실로 올라오는 주된 이유는?

① 피스톤 링 마모
② 피스톤 핀 마모
③ 커넥팅로드 마모
④ 크랭크 축 마모

11 4행정기관에서 1사이클을 완료할 때 크랭크 축은 몇 회전 하는가?

① 1회전　　　② 2회전
③ 3회전　　　④ 4회전

12 축전지의 전해액으로 알맞은 것은?

① 순수한 물　　② 과산화납
③ 해면상납　　④ 묽은 황산

13 디젤기관 연료여과기에 설치된 오버플로 밸브(overflow valve)의 기능이 아닌 것은?

① 여과기 각 부분 보호
② 연료공급펌프 소음발생 억제
③ 운전 중 공기배출 작용

④ 인젝터의 연료분사시기 재어

14 교류발전기의 다이오드가 하는 역할은?

① 전류를 조정하고, 교류를 정류한다.
② 전압을 조정하고, 교류를 정류한다.
③ 교류를 정류하고, 역류를 방지한다.
④ 여자전류를 조정하고, 역류를 방지한다.

15 라디에이터(Radiator)에 대한 설명으로 틀린 것은?

① 라디에이터의 재료 대부분은 알루미늄 합금이 사용된다.
② 단위 면적당 방열량이 커야한다.
③ 냉각 효율을 높이기 위해 방열판이 설치된다.
④ 공기 흐름 저항이 커야 냉각 효율이 높다.

16 디젤기관의 연소실 중 연료 소비율이 낮으며 연소 압력이 가장 높은 연소실 형식은?

① 예연소실식　　② 와류실식
③ 직접분사실식　④ 공기실식

17 유압장치에서 방향제어밸브에 대한 설명으로 틀린 것은?

① 유체의 흐름 방향을 변환한다.
② 액추에이터의 속도를 제어한다.
③ 유체의 흐름 방향을 한쪽으로 허용한다.
④ 유압실린더나 유압모터의 작동 방향을 바꾸는데 사용된다.

18 유압펌프가 작동 중 소음이 발생할 때의 원인으로 틀린 것은?

① 펌프 축의 편심 오차가 크다.
② 펌프 흡입관 접합부로부터 공기가 유입된다.
③ 릴리프 밸브 출구에서 오일이 배출되고 있다.
④ 스트레이너가 막혀 흡입용량이 너무 작아졌다.

19 자체중량에 의한 자유낙하 등을 방지하기 위하여 회로에 배압을 유지하는 밸브는?

① 감압 밸브
② 체크 밸브
③ 릴리프 밸브
④ 카운터 밸런스 밸브

20 다음 유압기호가 나타내는 것은?

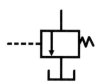

① 릴리프 밸브   ② 감압 밸브
③ 순차 밸브   ④ 무부하 밸브

21 유압모터의 종류에 포함되지 않는 것은?

① 기어형   ② 베인형
③ 플런저형   ④ 터빈형

22 유압장치에 사용되는 오일 실(seal)의 종류 중 O-링이 갖추어야 할 조건은?

① 체결력이 작을 것
② 압축변형이 작을 것
③ 작동 시 마모가 클 것
④ 오일의 입·출입이 가능할 것

23 유압장치에서 작동 및 움직임이 있는 곳의 연결 관으로 적합한 것은?

① 플렉시블 호스
② 구리 파이프
③ 강 파이프
④ PVC 호스

24 건설기계의 유압장치를 가장 적절히 표현한 것은?

① 오일을 이용하여 전기를 생산하는 것
② 기체를 액체로 전환시키기 위해 압축하는 것
③ 오일의 연소에너지를 통해 동력을 생산하는 것
④ 오일의 유체에너지를 이용하여 기계적인 일을 하는 것

25 유압계통에 사용되는 오일의 점도가 너무 낮을 경우 나타날 수 있는 현상이 아닌 것은?

① 시동 저항 증가
② 펌프 효율 저하
③ 오일 누설 증가
④ 유압회로 내 압력 저하

26 제동 유압장치의 작동원리는 어느 이론에 바탕을 둔 것인가?

① 열역학 제1법칙   ② 보일의 법칙
③ 파스칼의 원리   ④ 가속도 법칙

27 전기기기에 의한 감전 사고를 막기 위하여 필요한 설비로 가장 중요한 것은?

① 접지설비
② 방폭등 설비
③ 고압계 설비
④ 대지 전위 상승 설비

28 유류 화재 시 소화방법으로 부적절한 것은?

① 모래를 뿌린다.
② 다량의 물을 부어 끈다.
③ ABC소화기를 사용한다.
④ B급 화재 소화기를 사용한다.

29 소화 작업의 기본요소가 아닌 것은?

① 가연물질을 제거하면 된다.
② 산소를 차단하면 된다.
③ 점화원을 제거시키면 된다.
④ 연료를 기화시키면 된다.

30 밀폐된 공간에서 엔진을 가동할 때 가장 주의해야 할 사항은?

① 소음으로 인한 추락
② 배출가스 중독
③ 진동으로 인한 직업병
④ 작업 시간

31 벨트를 교체할 때 기관의 상태는?

① 고속상태
② 중속상태
③ 저속상태
④ 정지상태

32 진동 장애의 예방대책이 아닌 것은?

① 실외작업을 한다.
② 저진동 공구를 사용한다.
③ 진동업무를 자동화 한다.
④ 방진장갑과 귀마개를 착용한다.

33 화재 및 폭발의 우려가 있는 가스발생 장치 작업장에서 지켜야 할 사항으로 맞지 않는 것은?

① 불연성 재료 사용금지
② 화기 사용금지
③ 인화성 물질 사용금지
④ 점화원이 될 수 있는 기재 사용금지

34 해머 작업 시 틀린 것은?

① 장갑을 끼지 않는다.
② 작업에 알맞은 무게의 해머를 사용한다.
③ 해머는 처음부터 힘차게 때린다.
④ 자루가 단단한 것을 사용한다.

35 다음 중 드라이버 사용방법으로 틀린 것은?

① 날 끝 홈의 폭과 깊이가 같은 것을 사용한다.
② 전기 작업 시 자루는 모두 금속으로 되어 있는 것을 사용한다.
③ 날 끝이 수평이어야 하며 둥글거나 빠진 것은 사용하지 않는다.
④ 작은 공작물이라도 한손으로 잡지 않고 바이스 등으로 고정하고 사용한다.

36 크레인으로 무거운 물건을 위로 달아 올릴 때 주의할 점이 아닌 것은?

① 달아 올릴 때 화물의 무게를 파악하여 제한하중 이하에서 작업한다.
② 매달린 화물이 불안전하다고 생각될 때는 작업을 중지한다.
③ 신호의 규정이 없으므로 작업자가 적절히 한다.
④ 신호자의 신호에 따라 작업한다.

37 화물 인양 시 줄걸이용 와이어 로프에 장력이 걸리면 일단 정지하여 점검해야 할 내용이 아닌 것은?

① 장력의 배분은 맞는지 확인한다.
② 와이어 로프의 종류와 규격을 확인한다.
③ 화물이 파손될 우려는 없는지 확인한다.
④ 장력이 걸리지 않는 로프는 없는지 확인한다.

38 권상용 드럼에 플리트(Fleet) 각도를 두는 이유는?

① 드럼의 균열 방지
② 드럼의 역회전 방지
③ 와이어 로프의 부식 방지
④ 와이어 로프가 엇갈려서 겹쳐 감김을 방지

39 기중기에 대한 설명 중 틀린 것을 모두 고른 것은?

> A : 붐의 각과 기중능력은 반비례한다.
> B : 붐의 길이와 작업반경은 반비례한다.

> C : 상부회전체의 최대 회전각은 270°이다.

① A, B
② A, C
③ B, C
④ A, B, C

40 기중기의 드래그라인 작업방법으로 틀린 것은?

① 도랑을 팔 때 경사면이 크레인 앞쪽에 위치하도록 한다.
② 굴착력을 높이기 위해 버킷 투스를 날카롭게 연마한다.
③ 기중기 앞에 작업한 토사를 쌓아 놓지 않는다.
④ 드래그 베일 소켓을 페어리드 쪽으로 당긴다.

41 그림과 같이 기중기에 부착된 작업장치는?

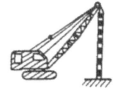

① 클램셸
② 백호
③ 파일 드라이버
④ 훅

42 기중기의 붐 각을 40°에서 60°로 조작하였을 때의 설명으로 옳은 것은?

① 붐의 길이가 짧아진다.
② 입체 하중이 작아진다.
③ 작업 반경이 작아진다.
④ 기중 능력이 작아진다.

43 파권방지장치의 설치 위치 중 맞는 것은?

① 붐 끝단 시브와 훅 블록 사이
② 메인원치와 붐 끝단 시브 사이
③ 겐트리시브와 붐 끝단 시브 사이
④ 북 하부 푸트핀과 상부선회체 사이

44 다음 중 기중기의 작업 시 후방전도 위험상황으로 가장 거리가 먼 것은?

① 급경사로 내려올 때
② 붐의 기복각도가 큰 상태에서 기중기를 앞으로 이등할 때
③ 붐의 기복각도가 큰 상태에서 급가속으로 양중할 때
④ 양중물을 갑자기 해제하여 반력이 붐의 후방으로 발생할 경우

45 기중기의 작업 전 점검해야 할 안전장치가 아닌 것은?

① 과부하 방지장치
② 붐 과권장치
③ 훅 과권장치
④ 어큐뮬레이터

46 기중기에서 와이어 로프 드럼에 주로 쓰이는 작업 브레이크의 형식은?

① 내부 수축식　　② 내부 확장식
③ 외부 확장식　　④ 외부 수축식

47 기중기를 트레일러에 상차하는 방법을 설명한 것으로 틀린 것은?

① 흔들리거나 미끄러져 전도되지 않도록 고정한다.

② 붐을 분리시키기 어려운 경우 낮고 짧게 유지시킨다.
③ 최대한 무거운 카운터웨이트를 부착하여 상차한다.
④ 아우트리거는 완전히 집어넣고 상차한다.

48 기중기에서 선회 장치의 회전 중심을 지나는 수직선과 훅의 중심을 지나는 수직선 사이의 최단거리를 무엇이라 하는가?

① 붐의 각　　　　② 붐의 중심축
③ 작업 반경　　　④ 선회 중심축

49 와이어 로프가 이탈되는 것을 방지하기 위해 훅에 설치된 안전장치는?

① 해지장치　　　② 걸림장치
③ 이송장치　　　④ 스위블장치

50 장비가 있는 장소보다 높은 곳의 굴착에 적합한 기중기의 작업장치는?

① 훅　　　　　　② 셔볼
③ 드래그라인　　④ 파일 드라이버

51 기중기의 주행 중 유의사항으로 틀린 것은?

① 언덕길을 올라갈 때는 가능한 붐을 세운다.
② 기중기를 주행할 때는 선회 록(lock)을 고정 시킨다.
③ 타이어식 기중기를 주차할 경우 반드시 주차브레이크를 걸어둔다.
④ 고압선 아래를 통과할 때는 충분한 간격을 두고 신호자의 지시에 따른다.

7

CBT경점 출제예상문제

52 타이어식 기중기에서 브레이크 장치의 유압회로에 베이퍼록이 생기는 원인이 아닌 것은?

① 마스터 실린더 내외 잔압 저하
② 비점이 높은 브레이크 오일 사용
③ 드럼과 라이닝의 끌림에 의한 가열
④ 긴 내리막길에서 과도한 브레이크 사용

53 와이어 로프의 구성요소 중 심강(core)의 역할에 해당하지 않는 것은?

① 충격 흡수　② 마멸 방지
③ 부식 방지　④ 풀림 방지

54 기중기 작업장치 중 디젤 해머로 할 수 있는 작업은?

① 파일 항타
② 수중 굴착
③ 수직 굴토
④ 와이어 로프 감기

55 화물의 하중을 직접 지지하는 와이어 로프의 안전계수는?

① 4 이상　　② 5 이상
③ 8 이상　　④ 10 이상

56 기중기에 아우트리거를 설치 시 가장 나중에 해야 하는 일은?

① 아우트리거 고정 핀을 빼낸다.
② 모든 아우트리거 실린더를 확장한다.
③ 기중기가 수평이 되도록 정렬시킨다.
④ 모든 아우트리거 빔을 원하는 폭이 되도록 연장시킨다.

57 도로교통법상 모든 차의 운전자가 서행하여야 하는 장소에 해당하지 것은?

① 도로가 구부러진 부근
② 비탈길의 고개 마루 부근
③ 편도 2차로 이상의 다리 위
④ 가파른 비탈길의 내리막

58 그림의 교통안전 표지는?

① 좌 · 우회전 표지
② 좌 · 우회전 금지표지
③ 양측방 일방 통행표지
④ 양측방 통행 금지표지

59 도로교통법상에서 정의된 긴급자동차가 아닌 것은?

① 응급 전신 · 전화 수리공사에 사용되는 자동차
② 긴급한 경찰업무수행에 사용되는 자동차
③ 위독환자의 수혈을 위한 혈액 운송 차량
④ 학생운송 전용버스

60 승차 또는 적재의 방법과 제한에서 운행상의 안전기준을 넘어서 승차 및 적재가 가능한 경우는?

① 도착지를 관할하는 경찰서장의 허가를 받은 때
② 출발지를 관할하는 경찰서장의 허가를 받은 때
③ 관할 시 · 군수의 허가를 받은 때
④ 동 · 읍 면장의 허가를 받은 때

1 기관에서 피스톤의 행정이란?

① 피스톤의 길이

② 실린더 벽의 상하 길이

③ 상사점과 하사점과의 총면적

④ 상사점과 하사점과의 거리

2 입력식 라디에이터 캡에 있는 밸브는?

① 입력 밸브와 진공 밸브

② 압력 밸브와 진공 밸브

③ 입구 밸브와 출구 밸브

④ 압력 밸브와 메인 밸브

3 오일펌프에서 펌프량이 적거나 유압이 낮은 원인이 아닌 것은?

① 오일탱크에 오일이 너무 많을 때

② 펌프 흡입라인(여과망) 막힘이 있을 때

③ 기어와 펌프 내벽 사이 간격이 클 때

④ 기어 옆 부분과 펌프 내벽 사이 간격이 클 때

4 라디에이터 캡의 스프링이 파손되는 경우 발생하는 현상은?

① 냉각수 비등점이 높아진다.

② 냉각수 순환이 불량해진다.

③ 냉각수 순환이 빨라진다.

④ 냉각수 비등점이 낮아진다.

5 엔진오일의 작용에 해당되지 않는 것은?

① 오일제거작용   ② 냉각작용

③ 응력분산작용   ④ 방청작용

6 기관에서 작동중인 엔진오일에 가장 많이 포함되는 이물질은?

① 유입먼지   ② 금속분말

③ 산화물   ④ 카본(carbon)

7 실린더의 내경이 행정보다 작은 기관을 무엇이라고 하는가?

① 스퀘어 기관   ② 단행정기관

③ 장행정기관   ④ 정방행정기관

8 유압식 밸브 리프터의 장점이 아닌 것은?

① 밸브 간극은 자동으로 조절된다.

② 밸브 개폐시기가 정확하다.

③ 밸브 구조가 간단하다.

④ 밸브 기구의 내구성이 좋다.

9 디젤기관의 노크방지방법으로 틀린 것은?

① 세탄가가 높은 연료를 사용한다.

② 압축비를 높게 한다.

③ 흡기압력을 높게 한다.

④ 실린더의 벽의 온도를 낮춘다.

10 다음 중 내연기관의 구비조건으로 틀린 것은?

① 단위 중량 당 출력이 적을 것
② 열효율이 높을 것
③ 저속에서 회전력이 작을 것
④ 점검 및 정비가 쉬울 것

11 디젤기관 연료장치의 구성품이 아닌 것은?

① 예열플러그   ② 분사노즐
③ 연료공급펌프   ④ 연료여과기

12 피스톤과 실린더 사이의 간극이 너무 클 때 일어나는 현상은?

① 실린더의 소결
② 압축 압력 증가
③ 기관 출력 향상
④ 윤활유 소비량 증대

13 기동 전동기의 전기자 코일을 시험하는 데 사용되는 시험기는?

① 전류계 시험기
② 전압계 시험기
③ 그로울러 시험기
④ 저항 시험기

14 축전지의 용량을 결정짓는 인자가 아닌 것은?

① 셀 당 극판수
② 극판의 크기
③ 단자의 크기
④ 전해액의 양

15 종합경보장치인 에탁스(ETACS)의 기능으로 가장 거리가 먼 것은?

① 간헐 와이퍼 제어기능
② 뒤 유리 열선 제어기능
③ 감광 룸 램프 제어기능
④ 메모리 파워시트 제어기능

16 디젤기관의 전기장치에 없는 것은?

① 스파크 플러그
② 글로우 플러그
③ 축전지
④ 솔레노이드 스위치

17 AC 발전기에서 전류가 발생되는 곳은?

① 여자 코일   ② 레귤레이터
③ 스테이터 코일   ④ 계자 코일

18 건설기계 기관에 사용되는 축전지의 가장 중요한 역할은?

① 주행 중 점화장치에 전류를 공급한다.
② 주행 중 등화장치에 전류를 공급한다.
③ 주행 중 발생하는 전기부하를 담당한다.
④ 기동장치의 전기적 부하를 담당한다.

19 크레인으로 무거운 물건을 위로 달아 올릴 때 주의할 점이 아닌 것은?

① 달아 올릴 때 화물의 무게를 파악하여 제한하중 이하에서 작업한다.
② 매달린 화물이 불안전하다고 생각될 때는 작업을 중지한다.
③ 신호의 규정이 없으므로 작업자가 적절히 한다,
④ 신호자의 신호에 따라 작업한다.

20 타이어식 건설기계의 휠 얼라이먼트에서 토인의 필요성이 아닌 것은?

① 조향바퀴의 방향성을 준다.
② 타이어의 이상마멸을 방지한다.
③ 조향바퀴를 평행하게 회전시킨다.
④ 바퀴가 옆방향으로 미끄러지는 것을 방지한다.

21 기중기에 대한 설명 중 옳은 것은?

① 붐의 각과 기중 능력은 반비례한다.
② 붐의 길이와 운전 반경은 반비례한다.
③ 상부 회전체의 최대 회전각은 270°이다.
④ 마스트 클러치가 연결되면 케이블 드럼에 축이 제일 먼저 회전한다.

22 기중작업 시 무거운 하중을 들기 전에 반드시 점검해야 할 사항으로 가장 거리가 먼 것은?

① 클러치 　　② 와이어 로프
③ 브레이크 　　④ 붐의 강도

23 타이어식 건설기계에서 전·후 주행이 되지 않을 때 점검하여야 할 곳으로 틀린 것은?

① 도랑을 팔 때 경사면이 크레인 앞쪽에 위치하도록 한다.
② 굴착력을 높이기 위해 버킷 투스를 날카롭게 연마한다.
③ 기중기 앞에 작업한 토사를 쌓아 놓지 않는다.
④ 드래그 베일 소켓을 페어리드 쪽으로 당긴다.

24 기중기의 드래그라인 작업방법으로 틀린 것은?

① 작업 전에 기어실과 클러치실 등의 드레인 플러그의 조임 상태를 확인한다.
② 습지용 슈를 사용했으면 주행장치의 베어링에 주유하지 않는다.
③ 작업 후에는 세차를 하고 각 베어링에 주유를 해야 된다.
④ 작업 후 기어실과 클러치실의 드레인 플러그를 열어 물의 침입을 확인한다.

25 타이어식 건설기계에서 조향 바퀴의 토인을 조정하는 것은?

① 핸들
② 타이로드
③ 워엄기어
④ 드래그링크

26 기중기의 주행 중 유의사항으로 틀린 것은?

① 언덕길을 올라갈 때는 가능한 붐을 세운다.
② 기중기를 주행할 때는 선회 록(lock)을 고정시킨다.
③ 타이어식 기중기를 주차할 경우 반드시 주차브레이크를 걸어둔다.
④ 고압선 아래를 통과할 때는 충분한 간격을 두고 신호자의 지시에 따른다.

27 도로교통법령상 교통안전표지의 종류를 올바르게 나열한 것은?

① 교통안전표지는 주의, 규제, 지시, 안내, 교통표지로 되어 있다.

② 교통안전표지는 주의, 규제, 지시, 보조, 노면표지로 되어 있다.

③ 교통안전표지는 주의, 규제, 지시, 안내, 보조표지로 되어 있다.

④ 교통안전표지는 주의, 규제, 안내, 보조, 통행표지로 되어 있다.

28 건설기계 안전기준에 관한 규칙상 건설기계 높이의 정의로 옳은 것은?

① 앞 차축의 중심에서 건설기계의 가장 윗부분까지의 최단거리

② 작업장치를 부착한 자체중량 상태의 건설기계의 가장 위쪽 끝이 만드는 수평면으로부터 지면까지의 최단 거리

③ 뒷바퀴의 윗부분에서 건설기계의 가장 윗부분까지의 수직 최단거리

④ 지면에서부터 적재할 수 있는 최고의 최단거리

29 다음 중 도로교통법을 위반한 경우는?

① 밤에 교통이 빈번한 도로에서 전조등을 계속 하향했다.

② 낮에 어두운 터널 속을 통과할 때 전조등을 켰다.

③ 소방용 방화 물통으로부터 10m 지점에 주차하였다.

④ 노면이 얼어붙든 곳에서 최고 속도의 10/100을 줄인 속도로 운행했다.

30 건설기계관리법령상 국토교통부령으로 정하는 바에 따라 등록번호표를 부착 및 봉인하지 않은 건설기계를 운행하여서는 아니 된다. 이를 1차 위반했을 경우의 과태료는? (단, 임시번호표를 부착한 경우는 제외한다.)

① 5만원

② 10만원

③ 50만원

④ 100만원

31 제1종 운전면허를 받을 수 없는 사람은?

① 두 눈의 시력이 각각 0.5인 이상인 사람

② 대형면허를 취득하려는 경우 보청기를 착용하지 않고 55데시벨의 소리를 들을 수 있는 사람

③ 두 눈을 동시에 뜨고 잰 시력이 0.1인 사람

④ 붉은색, 녹색 및 노란색을 구별할 수 있는 사람

32 건설기계에서 등록의 갱정은 어느 때 하는가?

① 등록을 행한 후에 그 등록에 관하여 착오 또는 누락이 있음을 발견한 때

② 등록을 행한 후에 소유권이 이전되었을 때

③ 등록을 행한 후에 등록지가 이전되었을 때

④ 등록을 행한 후에 소재지가 변동되었을 때

33 건설기계소유자 또는 점유자가 건설기계를 도로에 계속하여 버려두거나 정당한 사유 없이 타인의 토지에 버려둔 경우의 처벌은?

① 1년 이하의 징역 또는 500만 원 이하의 벌금

② 1년 이하의 징역 또는 400만 원 이하의 벌금

③ 1년 이하의 징역 또는 1000만 원 이하의 벌금

④ 1년 이하의 징역 또는 200만 원 이하의 벌금

34 편도 4차로 일반도로에서 4차로가 버스전용차로일 때, 건설기계는 어느 차로로 통행하여야 하는가?

① 2차로   ② 3차로

③ 4차로   ④ 한가한 차로

35 건설기계관리법령에서 건설기계의 주요구조변경 및 개조의 범위에 해당하지 않는 것은?

① 기종변경

② 원동기의 형식변경

③ 유압장치의 형식변경

④ 동력전달장치의 형식변경

36 시·도지사로부터 등록번호표제작통지 등에 관한 통지서를 받은 건설기계소유자는 받은 날부터 며칠 이내에 등록번호표 제작자에게 제작 신청을 하여야 하는가?

① 3일   ② 10일

③ 20일   ④ 30일

37 유압모터의 특징을 설명한 것으로 틀린 것은?

① 관성력이 크다.

② 구조가 간단하다.

③ 무단변속이 가능하다.

④ 자동 원격조작이 가능하다.

38 체크 밸브를 나타낸 것은?

①

②

③

④

39 유압회로 내의 밸브를 갑자기 닫았을 때, 오일의 속도에너지가 압력에너지로 변하면서 일시적으로 큰 압력증가가 생기는 현상을 무엇이라 하는가?

① 캐비테이션(cavitation) 현상

② 서지(surge) 현상

③ 채터링(chattering) 현상

④ 에어레이션(aeration) 현상

40 유압으로 작동되는 작업장치에서 작업 중 힘이 떨어질 때의 원인과 가장 밀접한 밸브는?

① 메인 릴리프 밸브

② 체크(Check) 밸브

③ 방향 전환 밸브

④ 메이크업 밸브

41 유압회로에서 유량제어를 통하여 작업 속도를 조절하는 방식에 속하지 않는 것은?

① 미터 인(meter-in) 방식
② 미터 아웃(meter-out) 방식
③ 블리드 오프(bleed-off) 방식
④ 블리드 온(bleed-on) 방식

42 유압유의 점도가 지나치게 높았을 때 나타나는 현상이 아닌 것은?

① 오일 누설이 증가한다.
② 유동저항이 커져 압력손실이 증가한다.
③ 동력손실이 증가하여 기계효율이 감소한다.
④ 내부마찰이 증가하고 압력이 상승한다.

43 유압장치에 사용되는 펌프가 아닌 것은?

① 기어 펌프
② 원심 펌프
③ 베인 펌프
④ 플런저 펌프

44 유압펌프 내의 내부 누설은 무엇에 반비례하여 증가하는가?

① 작동유의 오염
② 작동유의 점도
③ 작동유의 압력
④ 작동유의 온도

45 유압장치에서 금속가루 또는 불순물을 제거하기 위해 사용되는 부품으로 짝지어진 것은?

① 여과기와 어큐뮬레이터
② 스크레이퍼와 필터
③ 필터와 스트레이너
④ 어큐뮬레이터와 스트레이너

46 유압펌프에서 발생한 유압을 저장하고 맥동을 제거시키는 것은?

① 어큐뮬레이터
② 언로딩 밸브
③ 릴리프 밸브
④ 스트레이너

47 154KV 송전선로 주변에서 크레인 작업에 관한 설명으로 가장 적합한 내용은?

① 전력회사에만 연락하면 전력선에 접촉해도 안전하다.
② 전력선에 접촉만 않도록 하여 조심하여 작업한다.
③ 전력선에 접촉되더라도 끊어지지 않으면 계속 작업한다.
④ 전력선에 접근되지 않도록 충분한 이격 거리를 확보한다.

48 수공구 사용 시 유의사항으로 맞지 않는 것은?

① 무리한 공구 취급을 금한다.
② 토크렌치는 볼트를 풀 때 사용한다.
③ 수공구는 사용법을 숙지하여 사용한다.
④ 공구를 사용하고 나면 일정한 장소에 관리 보관한다.

49 작업장의 사다리식 통로를 설치하는 관련법상 틀린 것은?

① 견고한 구조로 할 것

② 발판의 간격은 일정하게 할 것

③ 사다리가 넘어지거나 미끄러지는 것을 방지하기 위한 조치를 할 것

④ 사다리식 통로의 길이가 10m 이상인 때에는 접이식으로 설치할 것

50 작업을 위한 공구관리의 요건으로 가장 거리가 먼 것은?

① 공구별로 장소를 지정하여 보관 할 것

② 공구는 항상 최소 보유량 이하로 유지할 것

③ 공구 사용 점검 후 파손된 공구는 교환할 것

④ 사용한 공구는 항상 깨끗이 한 후 보관할 것

51 가스 용접 시 사용되는 산소용 호스는 어떤 색인가?

① 적색　　　② 황색

③ 녹색　　　④ 청색

52 벨트에 대한 안전사항으로 틀린 것은?

① 벨트의 이음쇠는 돌기가 없는 구조로 한다.

② 벨트를 걸 때나 벗길 때에는 기계를 정지한 상태에서 실시한다.

③ 벨트가 폴리에 감겨 돌아가는 부분은 커버나 덮개를 설치한다.

④ 바닥면으로부터 2m 이내에 있는 벨트는 덮개를 제거한다.

53 공장 내 작업안전수칙으로 옳은 것은?

① 기름걸레나 인화물질은 철재 상자에 보관한다.

② 공구나 부속품을 닦을 때에는 휘발유를 사용한다.

③ 차가 잭에 의해 올려져 있을 때는 직원 외에는 차내 출입을 삼가 한다.

④ 높은 곳에서 작업 시 혹을 놓치지 않게 잘 잡고, 체인 블록을 이용한다.

54 산업안전보건법상 안전 · 보건표지에서 색채와 용도가 짝지어진 것으로 틀린 것은?

① 파란색 : 지시

② 녹색 : 안내

③ 노란색 : 위험

④ 빨간색 : 금지, 경고

55 소화방식의 종류 중 주된 작용이 질식 소화에 해당하는 것은?

① 강화액

② 호스방수

③ 에어-폼

④ 스프링클러

56 소화설비 선택 시 고려하여야 할 사항이 아닌 것은?

① 작업의 성질

② 작업자의 성격

③ 화재의 성질

④ 작업장의 환경

57 다음 그림에서 A는 배전선로에서 전압을 변환하는 기기이다. A의 명칭으로 옳은 것은?

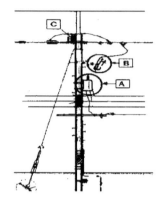

① 현수애자
② 컷아웃스위치(COS)
③ 아킹혼(Arcing horn)
④ 주상변압기(P.Tr)

58 도시가스가 공급되는 지역에서 굴착공사 중에 [그림]과 같은 것이 발견되었다. 이것은 무엇인가?

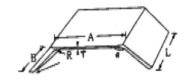

① 보호포
② 보호판
③ 라인마크
④ 가스누출검지공

59 노출된 가스배관의 길이가 몇 m 이상인 경우에 기준에 따라 점검통로 및 조명시설을 설치하여야 하는가?

① 10
② 15
③ 20
④ 30

60 6600V 고압전선로 주변에서 굴착 시 안전작업 조치사항으로 가장 올바른 것은?

① 버켓과 붐의 길이는 무시해도 된다.
② 전선에 버켓이 근접하는 것은 괜찮다.
③ 고압전선에 붐이 근접하지 않도록 한다.
④ 고압전선에 장비가 직접 접촉하지 않으면 작업을 할 수 있다.

1 부동액에 대한 설명으로 옳은 것은?

① 에틸렌 글리콜과 글리셀린은 단맛이 있다.

② 부동액 100%인 원액 사용을 원칙으로 한다.

③ 온도가 낮아지면 화학적 변화를 일으킨다.

④ 부동액은 냉각 계통에 부식을 일으키는 특징이 있다.

2 프라이밍 펌프를 이용하여 디젤기관 연료장치 내에 있는 공기를 배출하기 어려운 곳은?

① 공급 펌프   ② 연료 필터

③ 분사 펌프   ④ 분사 노즐

3 예열플러그의 고장이 발생하는 경우로 거리가 먼 것은?

① 엔진이 과열되었을 때

② 발전기의 발전 전압이 낮을 때

③ 예열시간이 길었을 때

④ 정격이 아닌 예열플러그를 사용했을 때

4 기관의 연소실에서 발생하는 스퀴시 (Squi sh)에 대한 설명으로 옳은 것은?

① 연소 가스가 크랭크 케이스로 누출되는 현상

② 흡입밸브에 의한 와류현상

③ 압축행정 말기에 발생한 와류 현상

④ 압축공기가 피스톤 링 사이로 누출되는 현상

5 압력식 라디에이터 캡을 사용함으로써 얻어지는 이점은?

① 냉각수의 비등점을 올릴 수 있다.

② 냉각 팬의 크기를 작게 할 수 있다.

③ 물 펌프의 성능을 향상시킬 수 있다.

④ 라디에이터의 구조를 간단하게 할 수 있다.

6 디젤기관의 시동을 용이하게 하기 위한 사항으로 틀린 것은?

① 압축비를 높인다.

② 시동 시 회전속도를 낮춘다.

③ 흡기온도를 상승시킨다.

④ 예열장치를 사용한다.

7 착화순서가 1 → 5 → 3 → 6 → 2 → 4인 기관에서 1번 실린더가 동력행정을 할 때 6번 실린더의 행정은?

① 흡입행정

② 압축행정

③ 동력행정

④ 배기행정

8 기관에서 공기청정기의 설치 목적으로 옳은 것은?

① 연료의 여과와 가압작용
② 공기의 가압작용
③ 공기의 여과와 소음방지
④ 연료의 여과와 소음방지

9 디젤기관 인젝션 펌프에서 딜리버리 밸브의 기능으로 틀린 것은?

① 역류 방지　　② 후적 방지
③ 잔압 유지　　④ 유량 조정

10 배기행정 초기에 배기밸브가 열려 실린더 내의 연소가스가 스스로 배출되는 현상은?

① 피스톤 슬랩　　② 블로우 바이
③ 블로우 다운　　④ 피스톤 행정

11 엔진오일의 점도지수가 작은 경우 온도 변화에 따른 점도 변화는?

① 온도에 따른 점도변화가 작다.
② 온도에 따른 점도변화가 크다.
③ 점도가 수시로 변화한다.
④ 온도와 점도는 무관하다.

12 과급기를 부착하였을 때의 이점으로 틀린 것은?

① 고지대에서도 출력의 감소가 적다.
② 회전력이 증가한다.
③ 기관 출력이 향상된다.
④ 압축온도의 상승으로 착화지연 시간이 길어진다.

13 겨울철에 디젤기관 기동 전동기의 크랭킹 회전수가 저하되는 원인으로 틀린 것은?

① 엔진오일의 점도 상승
② 온도에 의한 축전지의 용량 감소
③ 점화코일의 저항 증가
④ 기온저하로 기동부하 증가

14 전조등 회로의 구성품으로 틀린 것은?

① 전조등 릴레이
② 전조등 스위치
③ 디머 스위치
④ 플래셔 유닛

15 축전지의 케이스와 커버를 청소할 때 사용하는 용액으로 가장 옳은 것은?

① 비누와 물
② 소금과 물
③ 소다와 물
④ 오일과 가솔린

16 충전장치에서 IC 전압 조정기의 장점으로 틀린 것은?

① 조정 전압 정밀도 향상이 크다.
② 내열성이 크며 출력을 증대시킬 수 있다.
③ 진동에 의한 전압변동이 크고 내구성이 우수하다.
④ 초소형화가 가능하므로 발전기 내에 설치할 수 있다.

17 납산 축전지가 불량 했을 때에 대한 설명으로 옳은 것은?

① 크랭킹 시 발열하면서 심하면 터질 수 있다.

② 방향지시등이 켜졌다가 꺼짐을 반복한다.

③ 제동등이 상시 점등된다.

④ 가감속이 어렵고 공회전 상태가 심하게 흔들린다.

18 퓨즈의 접촉이 나쁠 때 나타나는 현상으로 옳은 것은?

① 연결부의 저항이 떨어진다.

② 전류의 흐름이 높아진다.

③ 연결부가 끊어진다.

④ 연결부가 튼튼해진다.

19 수동 변속기가 장착된 건설기계에서 기어의 이중 물림을 방지하는 장치는?

① 인젝션 장치 ② 인터쿨러 장치

③ 인터록 장치 ④ 인터널 기어 장치

20 무한궤도식 건설기계에서 트랙 장력이 너무 팽팽하게 조정되었을 때 다음과 같은 부분에서 마모가 촉진되는 부분(기호)을 모두 나열한 항은?

ㄱ 트랙 핀의 마모
ㄴ 부싱의 마모
ㄷ 스프로킷 마모
ㄹ 블레이드 마모

① ㄱ, ㄷ   ② ㄱ, ㄴ, ㄹ
③ ㄱ, ㄴ, ㄷ   ④ ㄱ, ㄴ, ㄷ, ㄹ

21 크레인으로 중량물을 운반할 때의 주의사항으로 틀린 것은?

① 운반물이 추락하지 않도록 한다.

② 운반물이 흔들리지 않도록 한다.

③ 규정 무게를 초과하여 들어 올리지 않는다.

④ 시선은 반드시 운반물만을 주시한다.

22 타이어에서 고무로 피복된 코드를 여러 겹으로 겹친 층에 해당되며 타이어 골격을 이루는 부분은?

① 카커스(carcass)부

② 트레드(tread)부

③ 숄더(shoulder)부

④ 비드(bead)부

23 기중기의 각 장치 가운데 옆 방형 전도 방지를 위한 것은?

① 붐 스톱 장치

② 스윙록 장치

③ 아우트 리거 장치

④ 파워로-링 장치

24 기중기의 주행 중 유의사항으로 틀린 것은?

① 언덕길을 올라갈 때는 가능한 붐을 세운다.

② 기중기를 주행할 때는 선회 록(lock)을 고정 시킨다.

③ 타이어식 기중기를 주차할 경우 반드시 주차브레이크를 걸어둔다.

④ 고압선 아래를 통과할 때는 충분한 간격을 두고 신호자의 지시에 따른다.

25 기관의 플라이휠과 항상 같이 회전하는 부품은?

① 압력판 　　② 릴리스 베어링

③ 클러치 축 　④ 디스크

26 트랙 슈의 종류로 틀린 것은?

① 단일 돌기 슈 　② 습지용 슈

③ 이중 돌기 슈 　④ 변하중 돌기 슈

27 건설기계 조종사의 적성검사 기준으로 가장 거리가 먼 것은?

① 두 눈을 동시에 뜨고 잰 시력이 0.7 이상이고, 두 눈의 시력이 각각 0.3 이상일 것

② 시각은 150° 이상일 것

③ 언어분별력 80% 이상일 것

④ 교정시력의 경우는 시력이 2.0 이상일 것

28 야간에 화물 자동차를 도로에서 운행하는 경우 등의 등화로 옳은 것은?

① 주차등

② 방향지시등 또는 비상등

③ 안개등과 미등

④ 전조동, 차폭등, 미등, 번호등

29 야간에 차가 서로 마주보고 진행하는 경우의 등화조작 방법 중 맞는 것은?

① 전조등, 보호등, 실내조명등을 조작한다.

② 전조등을 켜고 보조등을 끈다.

③ 전조등 불빛을 하향으로 한다.

④ 전조등 불빛을 상향으로 한다.

30 검사대행자 지정을 받고자 할 때 신청서에 첨부할 사항이 아닌 것은?

① 검사업무 규정안

② 시설 소유 증명서

③ 기술자 보유 증명서

④ 장비 보유 증명서

31 건설기계관리법령상 자동차손해배상보장법에 따른 자동차보험에 반드시 가입하여야 하는 건설기계가 아닌 것은?

① 타이어식 지게차

② 타이어식 굴착기

③ 타이어식 기중기

④ 덤프트럭

32 건설기계관리법령상 건설기계 조종사 면허취소 또는 효력정지를 시킬 수 있는 자는?

① 대통령

② 경찰서장

③ 시 · 군 · 구청장

④ 국토교통부장관

33 철길 건널목 통과 방법에 대한 설명으로 옳지 않은 것은?

① 철길 건널목에서는 앞지르기를 하여서는 안 된다.

② 철길 건널목 부근에서는 주 · 정차를 하여서는 안 된다.

③ 철길 건널목에 일시 정지표지가 없을 때에는 서행하면서 통과한다.

④ 철길 건널목에서는 반드시 일시 정지 후 안전함을 확인한 후에 통과한다.

34 대형 건설기계 특별 표지판 부착을 하지 않아도 되는 건설기계는?

① 너비 3미터인 건설기계
② 길이 16미터인 건설기계
③ 최소 회전반경이 13미터인 건설기계
④ 총중량 50ton인 건설기계

35 중량물 운반 시 안전사항으로 틀린 것은?

① 크레인은 규정용량을 초과하지 않는다.
② 화물을 운반할 경우에는 운전반경 내를 확인한다.
③ 무거운 물건을 상승시킨 채 오랫동안 방치하지 않는다.
④ 흔들리는 화물은 사람이 승차하여 붙잡도록 한다.

36 차로가 설치된 도로에서 통행방법 위반으로 옳은 것은?

① 택시가 건설기계를 앞지르기하였다.
② 차로를 따라 통행하였다.
③ 경찰관의 지시에 따라 중앙 좌측으로 진행하였다.
④ 두 개의 차로에 걸쳐 운행하였다.

37 유압펌프 중 토출량을 변화시킬 수 있는 것은?

① 가변 토출량형
② 고정 토출량형
③ 회전 토출량형
④ 수평 토출량형

38 유압펌프의 소음발생 원인으로 틀린 것은?

① 펌프 흡입관부에서 공기가 혼입된다.
② 흡입오일 속에 기포가 있다.
③ 펌프의 회전이 너무 빠르다.
④ 펌프축의 센터와 원동기축의 센터가 일치한다.

39 유압실린더의 움직임이 느리거나 불규칙할 때의 원인이 아닌 것은?

① 피스톤 링이 마모되었다.
② 유압유의 점도가 너무 높다.
③ 회로 내에 공기가 혼입되어 있다.
④ 체크 밸브의 방향이 반대로 설치되어 있다.

40 유압탱크에 대한 구비조건으로 가장 거리가 먼 것은?

① 적당한 크기의 주유구 및 스트레이너를 설치한다.
② 드레인(배출밸브) 및 유면계를 설치한다.
③ 오일에 이물질이 혼입되지 않도록 밀폐되어야 한다.
④ 오일 냉각을 위한 쿨러를 설치한다.

41 유압장치에서 사용되는 오일의 점도가 너무 낮을 경우 나타날 수 있는 현상이 아닌 것은?

① 펌프 효율 저하
② 오일 누설
③ 계통 내의 압력 저하
④ 시동 시 저항 증가

7

CBT경향 출제예상문제

42 유압모터에 대한 설명 중 맞는 것은?

① 유압발생장치에 속한다.

② 압력, 유량, 방향을 제어한다.

③ 직선운동을 하는 작동기(Actuator)이다.

④ 유압 에너지를 기계적 일로 변환한다.

43 다음 중 압력제어밸브가 아닌 것은?

① 릴리프 밸브

② 체크 밸브

③ 언로드 밸브

④ 카운터 밸런스밸브

44 기중기를 트레일러에 상차하는 방법을 설명한 것으로 틀린 것은?

① 흔들리거나 미끄러져 전도되지 않도록 고정한다.

② 붐을 분리시키기 어려운 경우 낮고 짧게 유지시킨다.

③ 최대한 무거운 카운터 웨이트를 부착하여 상차한다.

④ 아우트리거는 완전히 집어넣고 상차한다.

45 유압장치 중에서 회전운동을 하는 것은?

① 급속배기밸브

② 유압모터

③ 하이드로릭 실린더

④ 복동실린더

46 그림의 유압기호가 나타내는 것은?

① 유압밸브

② 차단 밸브

③ 오일 탱크

④ 유압실린더

47 운반 작업 시 지켜야 할 사항으로 옳은 것은?

① 운반 작업은 장비를 사용하기보다 가능한 많은 인력을 동원하여 하는 것이 좋다.

② 인력으로 운반 시 무리한 자세로 장시간 취급하지 않도록 한다.

③ 인력으로 운반 시 보조구를 사용하되 몸에서 멀리 떨어지게 하고, 가슴 위치에서 하중이 걸리게 한다.

④ 통로 및 인도에 가까운 곳에서는 빠른 속도록 벗어나는 것이 좋다.

48 스패너 및 렌치 사용 시 유의 사항이 아닌 것은?

① 스패너의 입이 너트 폭과 잘 맞는 것을 사용한다.

② 스패너를 너트에 단단히 끼워서 앞으로 당겨 사용한다.

③ 멍키렌치는 웜과 랙의 마모 상태를 확인한다.

④ 멍키렌치는 윗 턱 방향으로 돌려서 사용한다.

49 작업장의 안전수칙 중 틀린 것은?

① 공구는 오래 사용하기 위하여 기름을 묻혀서 사용한다.

② 작업복과 안전장구는 반드시 착용한다.

③ 각종기계를 불필요하게 공회전 시키지 않는다.

④ 기계의 청소나 손질은 운전을 정지시킨 후 실시한다.

50 하인리히의 사고예방원리 5단계를 순서대로 나열한 것은?

① 조직, 사실의 발견, 평가분석, 시정책의 선정, 시정책의 적용

② 시정책의 적용, 조직, 사실의 발견, 평가분석, 시정책의 선정

③ 사실의 발견, 평가분석, 시정책의 선정, 시정책의 적용, 조직

④ 시정책의 선정, 시정책의 적용, 조직, 사실의 발견, 평가분석

51 자연발화가 일어나기 쉬운 조건으로 틀린 것은?

① 발열량이 클 때

② 주위온도가 높을 때

③ 착화점이 낮을 때

④ 표면적이 작을 때

52 2줄 걸이로 하물을 인양 시 인양각도가 커지면 로프에 걸리는 장력은?

① 감소한다.

② 증가한다.

③ 변화가 없다.

④ 장소에 따라 다르다.

53 화재발생으로 부득이 화염이 있는 곳을 통과할 때의 요령으로 틀린 것은?

① 몸을 낮게 엎드려서 통과한다.

② 물수건으로 입을 막고 통과한다.

③ 머리카락, 얼굴, 발, 손 등을 불과 닿지 않게 한다.

④ 뜨거운 김은 입으로 마시면서 통과한다.

54 작업장에서 수공구 재해예방 대책으로 잘못된 사항은?

① 결함이 없는 안전한 공구 사용

② 공구의 올바른 사용과 취급

③ 공구는 항상 오일을 바른 후 보관

④ 작업에 알맞은 공구 사용

55 다음 그림과 같은 안전 표지판이 나타내는 것은?

① 비상구

② 출입금지

③ 인화성 물질 경고

④ 보안경 착용

56 산업재해 방지 대책을 수립하기 위하여 위험요인을 발견하는 방법으로 가장 적합한 것은?

① 안전 점검

② 재해 사후 조치

③ 경영층 참여와 안전조직 진단

④ 안전 대책 회의

57 전력 케이블이 매설돼 있음을 표시하기 위한 표지 시트는 차도에서 지표면 아래 몇 cm깊이에 설치되어 있는가?

① 10

② 30

③ 50

④ 100

58 기중기에서 선회 장치의 회전 중심을 지나는 수직선과 훅의 중심을 지나는 수직선 사이의 최단거리를 무엇이라 하는가?

① 붐의 각 　　　② 붐의 중심축
③ 작업 반경 　　④ 선회 중심축

59 타이어식 기중기에서 브레이크 장치의 유압회로에 배이퍼록이 생기는 원인이 아닌 것은?

① 마스터 실린더 내외 잔압 저하
② 비점이 높은 브레이크 오일 사용
③ 드럼과 라이닝의 끌림에 의한 가열
④ 긴 내리막길에서 과도한 브레이크 사용

60 와이어 로프가 이탈되는 것을 방지하기 위해 훅에 설치된 안전장치는?

① 해지장치 　　　② 걸림장치
③ 이송장치 　　　④ 스위블장치

1 기관에서 실린더 마모가 가장 큰 부분은?

① 실린더 아래 부분
② 실린더 윗 부분
③ 실린더 중간 부분
④ 실린더 연소실 부분

2 엔진에서 오일의 온도가 상승하는 원인이 아닌 것은?

① 과부하 상태에서 연속작업
② 오일 냉각기의불량
③ 오일의 점도가 부적당 할 때
④ 유량이 과다

3 디젤기관 노즐(nozzle)의 연료분사 3대 요건이 아닌 것은?

① 무화
② 관통력
③ 착화
④ 분포

4 가솔린 기관과 비교한 디젤기관의 단점이 아닌 것은?

① 소음이 크다.
② rpm이 높다.
③ 진동이 크다.
④ 마력당 무게가 무겁다.

5 디젤기관에서 회전속도에 따라 연료의 분사시기를 조절하는 장치는?

① 과급기
② 기화기
③ 타이머
④ 조속기

6 디젤기관에 과급기를 부착하는 주된 목적은?

① 출력의 증대
② 냉각효율의 증대
③ 배기 효율의 증대
④ 윤활성의 증대

7 디젤기관 작동 시 과열되는 원인이 아닌 것은?

① 냉각수 양이 적다
② 물 재킷 내의 물 때(scale)가 많다.
③ 수온저절기가 열려 있다.
④ 물 펌프의 회전이 느리다.

8 기관 과급기에서 공기의 속도에너지를 압력에너지로 변환시키는 것은?

① 터빈(turbine)
② 디퓨저(diffuser)
③ 압축기
④ 배기관

9 디젤기관의 배출물로 규제 대상은?

① 탄화수소
② 매연
③ 일산화탄소
④ 공기과잉율(λ)

10 기관의 수온조절기에 있는 바이패스(by pass) 회로의 기능은?

① 냉각수 온도를 제어한다.
② 냉각팬의 속도를 제어한다.
③ 냉각수의 압력을 제어한다.
④ 냉각수를 여과시킨다.

11 기관의 피스톤 링에 대한 설명 중 틀린 것은?

① 압축 링과 오일 링이 있다.
② 기밀유지의 역할을 한다.
③ 연료분사를 좋게 한다.
④ 열전도 작용을 한다.

12 기관 윤활장치에서 오일의 역할에 해당 되지 않는 것은?

① 방청작용   ② 냉각작용
③ 응력분산작용   ④ 오일제어작용

13 건설기계에서 방향 지시등의 점멸횟수 가 너무 빠른 원인으로 가장 거리가 먼 것은?

① 퓨즈용량이 크다.
② 회로 내 전압이 높다.
③ 플래셔 유닛이 고장이다.
④ 램프 규격이 틀리다.

14 전구나 전동기에 전압을 가하여 전류를 흐르게 하면 빛이나 열을 발생하거나 기계적인 일을 한다. 이 대 전기가 하는 일의 크기를 (㉠)이라 하고, 전류가 어 떤 시간동안에 한 일의 총량을 (㉡)이 라 한다. ㉠과 ㉡에 알맞은 말은?

① ㉠ – 일, ㉡ – 일률
② ㉠ – 일률, ㉡ – 일
③ ㉠ – 전력, ㉡ – 전력량
④ ㉠ – 전력량, ㉡ – 전력

15 축전지 격리판의 필요조건으로 틀린 것은?

① 기계적 강도가 있을 것
② 다공성이고 전해액에 부식되지 않을 것
③ 극판에 좋지 않은 물질을 내뿜지 않을 것
④ 전도성이 좋으며 전해액의 확산이 잘 될 것

16 발전기의 발전 전압이 과다하게 높은 원인은?

① 메인 퓨즈의 단선
② 발전기 L단자의 접촉 불량
③ 아이들 베어링 손상
④ 발전기 벨트 소손

17 납산 축전지를 충전할 때 화기를 가까 이 하면 위험한 이유는?

① 수소가스가 폭발성 가스이기 때문에
② 산소가스가 폭발성 가스이기 때문에
③ 수소가스가 조연성 가스이기 때문에
④ 산소가스가 인화성 가스이기 때문에

18 건설기계에서 기동 전동기가 회전하지 않을 경우 점검할 사항이 아닌 것은?

① 축전지의 방전 여부
② 배터리 단자의 접촉 여부
③ 타이밍벨트의 이완 여부
④ 배선의 단선 여부

19 기중기의 붐이 하강하지 않는 원인은?

① 붐과 호이스트 레버를 하강방향으로 같이 작용시켰기 때문이다.
② 붐에 큰 하중이 걸려 있기 때문이다.
③ 붐에 너무 낮은 하중이 걸려 있기 때문이다.
④ 붐 호이스트 브레이크가 풀리지 않았기 때문이다.

20 변속기에서 기어의 이중 물림을 방지하는 역할을 하는 것은?

① 인터록 볼
② 로크 핀
③ 셀렉터
④ 로킹 볼

21 유압 브레이크에서 잔압을 유지시키는 것은?

① 부스터
② 실린터
③ 첵 밸브
④ 피스톤 스프링

22 브레이크에서 하이드로백에 관한 설명으로 틀린 것은?

① 대기압과 흡기다기관 부압과의 차를 이용하였다.
② 하이드로백에 고장이 나면 브레이크가 전혀 작동하지 않는다.
③ 외부에 누출이 없는데도 브레이크 작동이 나빠지는 것은 하이드로백 고장일 수도 있다.
④ 하이드로백은 브레이크 계통에 설치되어 있다.

23 크레인 운전 시 운전자 안전수칙을 설명한 것으로 틀린 것은?

① 운반물을 작업자 머리 위로 운반해서는 안 된다.
② 운전석을 이석할 때는 크레인을 정지 위치로 이동시킨 후 훅을 최대한 내려 놓는다.
③ 옥외 크레인은 강풍이 불어 올 경우 운전 및 옥외 점검 정비를 제한한다.
④ 운반물이 흔들리거나 회전하는 상태로 운반해서는 안 된다.

24 제동장치의 기능을 설명한 것으로 틀린 것은?

① 속도를 감속시키거나 정지시키기 위한 장치이다.
② 독립적으로 작동시킬 수 있는 2계통의 제동장치가 있다.
③ 급제동 시 노면으로부터 발생되는 충격을 흡수하는 장치이다.
④ 경사로에서 정지된 상태로 유지할 수 있는 구조이다.

25 이동식 크레인 작업 시 일반적인 안전 대책으로 틀린 것은?

① 붐의 이동범위 내에서는 전선 등의 장애물이 있어도 된다.

② 크레인의 정격 하중을 표시하여 하중이 초과하지 않도록 하여야 한다.

③ 지반이 연약할 때에는 침하방지 대책을 세운 후 작업을 하여야 한다.

④ 인양물은 경사지 등 작업바닥의 조전이 불량한 곳에 내려놓아서는 안 된다.

26 기중기에서 와이어 로프 끝을 고정시키는 장치는?

① 조임장치　　② 스프로켓

③ 소켓장치　　④ 체인장치

27 건설기계의 등록번호를 부착 또는 봉인하지 아니하거나 등록번호를 새기지 아니한 자에게 부가하는 법규상의 과태로로 맞는 것은?

① 30만원 이하의 과태료

② 50만원 이하의 과태료

③ 100만원 이하의 과태료

④ 20만원 이하의 과태료

28 건설기계 소유자가 정비업소에 건설기계정비를 의뢰한 후 정비업자로부터 정비완료통보를 받고 며칠 이내에 찾아가지 않을 때 보관·관리비용을 지불하여야 하는가?

① 5일　　　　② 10일

③ 15일　　　　④ 20일

29 도로교통법규상 4차로 이상 고속도로에서 건설기계의 최저속도는?

① 30km/h　　② 40km/h

③ 50km/h　　④ 60km/h

30 건설기계의 형식신고의 대상기계가 아닌 것은?

① 불도저

② 무한궤도식 굴착기

③ 리프트

④ 아스팔트 피니셔

31 건설기계등록번호표에 대한 설명으로 틀린 것은?

① 모든 번호표의 규격은 동일하다.

② 재질은 철판 또는 알루미늄판이 사용된다.

③ 굴착기일 경우 기종별 기호 표시는 02로 한다.

④ 번호표에 표시되는 문자 및 외곽선은 1.5mm 튀어나와야 한다.

32 도로교통법상 폭우·폭설·안개등으로 가시거리가 100m 이내일 때 최고속도의 감속기준으로 옳은 것은?

① 20%　　　　② 50%

③ 60%　　　　④ 80%

33 건설기계등록번호표의 색칠 기준으로 틀린 것은?

① 자가용 – 녹색 판에 흰색 문자

② 영업용 – 주황색 판에 흰색 문자

③ 관용 – 흰색 판에 검은색 문자

④ 수입용 – 적색 판에 흰색 문자

34 횡단보도로부터 몇 m 이내에 정차 및 주차를 해서는 안되는가?

① 3m

② 5m

③ 8m

④ 10m

35 자동차 1종 대형면허 소지자가 조종할 수 없는 건설기계는?

① 지게차

② 콘크리트 펌프

③ 아스팔트 살포기

④ 노상 안정기

36 철길 건널목 안에서 차가 고장이 나서 운행할 수 없게 된 경우 운전자의 조치 사항과 가장 거리가 먼 것은?

① 철도 공무 중인 직원이나 경찰공무 원에게 즉시 알려 차를 이동하기 위 한 필요한 조치를 한다.

② 차를 즉시 건널목 밖으로 이동시킨다.

③ 승객을 하차시켜 즉시 대피시킨다.

④ 현장을 그대로 보존하고 경찰서로 가 서 고장 신고를 한다.

37 유압회로에서 메인 유압보다 낮은 압력 으로 유압작동기를 동작시키고자 할 때 사용하는 밸브는?

① 감압 밸브

② 릴리프 밸브

③ 시컨스 밸브

④ 카운터 밸런스 밸브

38 유압장치에서 작동 유압에너지에 의해 연속적으로 회전운동을 함으로서 기계 적인 일을 하는 것은?

① 유압모터

② 유압실린더

③ 유압제어 밸브

④ 유압 탱크

39 오일 필터의 여과 입도가 너무 조밀하 였을 때 가장 발생하기 쉬운 현상은?

① 오일 누출 현상

② 공동 현상

③ 맥동 현상

④ 블로바이 현상

40 유압펌프의 작동유 유출여부 점검방법 에 해당하지 않는 것은?

① 정상작동 온도로 난기운전을 실시하 여 점검하는 것이 좋다.

② 고정 볼트가 풀린 경우에는 추가 조 임을 한다.

③ 작동유 유출 점검은 운전자가 관심 을 가지고 점검하여야 한다.

④ 하우징에 균열이 발생되면 패킹을 교환한다.

41 다음 유압 도면기호의 명칭은?

① 스트레이너　　② 유압모터

③ 유압펌프　　　④ 압력계

42 일반적으로 유압장치에서 릴리프 밸브가 설치되는 위치는?

① 펌프와 오일탱크 사이
② 여과기와 오일탱크 사이
③ 펌프와 제어밸브 사이
④ 실린더와 여과기 사이

43 액추에이터(actuator)의 작동속도와 가장 관계가 깊은 것은?

① 압력　　　　② 온도
③ 유량　　　　④ 점도

44 현장에서 오일의 열화를 찾아내는 방법이 아닌 것은?

① 색깔의 변화나 수분, 침전물의 유무 확인
② 흔들었을 때 생기는 거품이 없어지는 양상 확인
③ 자극적인 악취의 유무 확인
④ 오일을 가열했을 때 냉각되는 시간 확인

45 유체의 압력, 유량 또는 방향을 제어하는 밸브의 총칭은?

① 안전밸브　　② 제어밸브
③ 감압밸브　　④ 측압기

46 유압유의 온도가 상승할 경우 나타날 수 있는 현상이 아닌 것은?

① 오일 누설 저하
② 오일 점도 저하
③ 펌프 효율 저하
④ 작동유의 열화 촉진

47 화재예방 조치로서 적합하지 않은 것은?

① 가연성 물질을 인화장소에 두지 않는다.
② 유류취급 장소에는 방화수를 준비한다.
③ 흡연은 정해진 장소에서만 한다.
④ 화기는 정해진 장소에서만 취급한다.

48 다음 중 유해한 작업환경 요소가 아닌 것은?

① 화재나 폭발의 원인이 되는 환경
② 신선한 공기가 공급되도록 환풍장치 등의 설비
③ 소화기와 호흡기를 통하여 흡수되어 건강장애를 일으키는 물질
④ 피부나 눈에 접촉하여 자극을 주는 물질

49 벨트를 풀리에 걸 때는 어떤 상태에서 거는 것이 좋은가?

① 고속상태　　② 중속상태
③ 저속상태　　④ 정지상태

50 와이어 줄걸이 작업에서 사용되는 용구를 점검하여 하는 안전조건으로 맞는 것은?

① 단위 용구의 시험인양하중을 확인하여야 한다.
② 스크류 및 핀의 상태를 확인하여야 한다.
③ 샤클의 나사부는 해체하여 점검한다.
④ 샤클 본체는 구부려서 인장강도 시험을 한다.

51 안전한 작업을 하기 위하여 작업 복장을 선정할 때의 유의사항으로 가장 거리가 먼 것은?

① 화기사용 장소에서는 방염성, 불연성의 것을 사용하도록 한다.

② 착용자의 취미, 기호 등에 중점을 두고 선정한다.

③ 작업복은 몸에 맞고 동작이 편하도록 제작한다.

④ 상의의 소매나 바지자락 끝 부분이 안전하고 작업하기 편리하게 잘 처리된 것을 선정한다.

52 줄 작업 시 주의사항으로 틀린 것은?

① 줄은 반드시 자루를 끼워서 사용한다.

② 줄은 반드시 바이스 등에 올려놓아야 한다.

③ 줄은 부러지기 쉬우므로 절대로 두드리거나 충격을 주어서는 안 된다.

④ 줄은 사용하기 전에 균열의 유무를 충분히 점검하여야 한다.

53 건설기계에 비치할 가장 적합한 종류의 소화기는?

① A급 화재소화기   ② 포말 B소화기

③ ABC 소화기   ④ 포말 소화기

54 안전·보건표지의 종류와 형태에서 그림의 표지로 맞는 것은?

① 차량통행금지   ② 사용금지

③ 탑승금지   ④ 물체이동금지

55 공구사용 시 주의사항이 아닌 것은?

① 결함이 없는 공구를 사용한다.

② 작업에 적당한 공구를 선택한다.

③ 공구의 이상 유무는 사용 후 점검한다.

④ 공구를 올바르게 취급하고 사용한다.

56 산업안전의 중요성에 대한 설명으로 틀린 것은?

① 직장의 신뢰도를 높여준다.

② 기업의 투자경비가 많이 소요된다.

③ 이직률이 감소된다.

④ 근로자의 생명과 건강을 지킬 수 있다.

57 굴착공사를 위하여 가스배관과 근접하여 H 파일을 설치하고자 할 때 가장 근접하여 설치할 수 있는 수평거리는?

① 10cm   ② 20cm

③ 30cm   ④ 50cm

58 도로 굴착자가 굴착공사 전에 이행할 사항에 대한 설명으로 옳지 않은 것은?

① 도면에 표시된 가스배관과 기타 지장물 매설 유무를 조사하여야 한다.

② 조사된 자료로 시험굴착 위치 및 굴착개소등을 정하여 가스배관 매설 위치를 확인하여야 한다.

③ 위치 표시용 페인트와 표지판 및 황색 깃발 등을 준비하여야 한다.

④ 굴착 용역 회사의 안전관리자가 지정하는 일정에 시험 굴착을 수립하여야 한다.

59 건설현장의 이동식 전기기계·기구에 감전사고 방지를 위한 설비로 맞는 것은?

① 시건장치
② 피뢰기 설비
③ 접지 설비
④ 대지전위 상승장치

60 작업 중 고압 전력선에 근접 및 접촉할 우려가 있을 때 조치사항으로 가장 적합한 것은?

① 우선 줄자를 이용하여 전력선과의 거리 측정을 한다.
② 관할 시설물 관리자에게 연락을 취한 후 지시를 받는다.
③ 현장의 작업반장에게 도움을 청한다.
④ 고압전력선에 접촉만 하지 않으면 되므로 주의를 기울이면서 작업을 계속한다.

1 기관에서 배기상태가 불량하여 배압이 높을 때 발생하는 현상과 관련 없는 것은?

① 기관이 과열된다.
② 냉각수 온도가 내려간다.
③ 기관의 출력이 감소된다.
④ 피스톤의 운동을 방해한다.

2 디젤기관 연소과정에서 연소 4단계와 거리가 먼 것은?

① 전기연소기간(전 연소기간)
② 화염전파기간(폭발연소기간)
③ 직접연소기간(제어연소기간)
④ 후기연소기간(후 연소기간)

3 디젤기관 연료계통에 응축수가 생기면 시동이 어렵게 되는데 이 응축수는 주로 어느 계절에 가장 많이 생기는가?

① 봄
② 여름
③ 가을
④ 겨울

4 디젤기관의 윤활장치에서 오일여과기의 역할은?

① 오일의 역순환 방지 작용
② 오일에 필요한 방청 작용
③ 오일에 포함된 불순물 제거 작용
④ 오일 계통에 압력 증대 작용

5 라디에이터 캡(radiator cap)에 설치되어 있는 밸브는?

① 진공 밸브와 첵 밸브
② 압력 밸브와 진공 밸브
③ 첵 밸브와 압력 밸브
④ 부압 밸브와 첵 밸브

6 윤활유의 점도가 너무 높은 것을 사용했을 때의 설명으로 맞는 것은?

① 좁은 공간에 잘 침투하므로 충분한 주유가 된다.
② 엔진 시동을 할 때 필요 이상의 동력이 소모된다.
③ 점차 묽어지기 때문에 경제적이다.
④ 겨울철에 특히 사용하기 좋다.

7 다음 중 연소실과 연소의 구비조건이 아닌 것은?

① 분사된 연료를 가능한 한 긴 시간 동안 완전연소 시킬 것
② 평균 유효압력이 높을 것
③ 고속회전에서의 연소 상태가 좋을 것
④ 노크 발생이 적을 것

8 디젤기관에서 부실식과 비교할 경우 직접 분사식 연소실의 장점이 아닌 것은?

① 냉간 시동이 용이하다.
② 연소실 구조가 간단하다.
③ 연료 소비율이 낮다.
④ 저질 연료의 사용이 가능하다.

9 밸브 간극이 작을 때 일어나는 현상으로 가장 적당한 것은?

① 기관이 과열된다.
② 밸브 시트의 마모가 심하다.
③ 밸브가 적게 열리고 닫히기는 꽉 닫힌다.
④ 실화가 일어날 수 있다.

10 다음 중 엔진의 과열 원인으로 적절하지 않은 것은?

① 배기 계통의 막힘이 많이 발생함
② 연료 혼합비가 너무 농후하게 분사됨
③ 점화시기가 지나치게 늦게 조정됨
④ 수온 조절기가 열려있는 대로 고착됨

11 기관에서 흡입 효율을 높이는 장치는?

① 소음기   ② 과급기
③ 압축기   ④ 기화기

12 4행정 싸이클 디젤기관 동력행정의 연료분사 진각에 관한 설명 중 맞지 않는 것은?

① 기관 회전속도에 따라 진각 된다.
② 진각에는 연료의 점화 늦음을 고려한다.

③ 진각에는 연료 자체의 압축률을 고려한다.
④ 진각에는 연료통로의 유동저항을 고려한다.

13 기동 전동기가 저속으로 회전할 때의 고장 원인으로 틀린 것은?

① 전기자 또는 정류자에서의 단락
② 경음기의 단선
③ 전기자코일의 단선
④ 배터리의 방전

14 다음 램프 중 조명용인 것은?

① 주차등   ② 번호등
③ 후진등   ④ 후미등

15 급속 충전 시에 유의할 사항으로 틀린 것은?

① 통풍이 잘되는 곳에서 충전한다.
② 건설기계에 설치된 상태로 충전한다.
③ 충전 시간을 짧게 한다.
④ 전해액 온도가 45℃를 넘지 않게 한다.

16 디젤엔진의 예열장치에서 연소실 내의 압축공기를 직접 예열하는 형식은?

① 히트 릴레이식
② 예열 플러그식
③ 흡기 히트식
④ 히트 렌지식

17 교류 발전기에서 회전체에 해당하는 것은?

① 스테이터   ② 브러시
③ 엔드프레임   ④ 로터

18 축전지의 전해액에 관한 내용으로 옳지 않은 것은?

① 전해액의 온도가 1℃ 변화함에 따라 비중은 0.0007씩 변한다.

② 온도가 올라가면 비중이 올라가고 온도가 내려가면 비중이 내려간다.

③ 전해액은 증류수에 황산을 혼합하여 희석시킨 묽은 황산이다.

④ 축전지 전해액 점검은 비중계로 한다.

19 무한궤도식 로더로 진흙탕이나 수중 작업을 할 때 관련된 사항으로 틀린 것은?

① 작업 전에 기어실과 클러치실 등의 드레인 플러그의 조임 상태를 확인한다.

② 습지용 슈를 사용했으면 주행장치의 베어링에 주유하지 않는다.

③ 작업 후에는 세차를 하고 각 베어링에 주유를 해야 된다.

④ 작업 후 기어실과 클러치실의 드레인 플러그를 열어 물의 침입을 확인한다.

20 로더의 동력전달순서로 맞는 것은?

① 엔진 → 토크컨버터 → 유압변속기 → 종감속장치→구동륜

② 엔진 → 유압변속기 → 종감속장치 → 토크컨버터 → 구동륜

③ 엔진 → 유압변속기 → 토크컨버터 → 종감속장치 → 구동륜

④ 엔진 → 토크컨버터 → 종감속장치 → 유압변속기 → 구동륜

21 로더 작업에서 트럭이나 쌓여있는 흙 쪽으로 이동할 때에는 버킷을 지면에서 얼마나 들고 이동하는가?

① 0.1m ② 1.5m

③ 1.0m ④ 0.5m

22 드라이브 라인에 슬립이음을 사용하는 이유는?

① 회전력을 직각으로 전달하기 위해

② 출발을 원활하게 하기 위해

③ 추진축의 길이 방향에 변화를 주기 위해

④ 추진축의 각도 변화에 대응하기 위해

23 무한궤도식 장비에서 프론트 아이들러의 작용에 대한 설명으로 가장 적당한 것은?

① 회전력을 발생하여 트랙에 전달한다.

② 트랙의 진로를 조정하면서 주행방향으로 트랙을 유도한다.

③ 구동력을 트랙으로 전달한다.

④ 파손을 방지하고 원활한 운전을 하게 한다.

24 긴 내리막길을 내려갈 때 베이퍼록을 방지하려고 하는 좋은 운전 방법은?

① 변속레버를 중립으로 놓고 브레이크 페달을 밟고 내려간다.

② 시동을 끄고 브레이크 페달을 밟고 내려간다.

③ 엔진 브레이크를 사용한다.

④ 클러치를 끊고 브레이크 페달을 계속 밟고 속도를 조정하며 내려간다.

7

CBT건설 출제예상문제

25 작업장치를 갖춘 건설기계의 작업 전 점검사항이다. 틀린 것은?

① 제동장치 및 조종 장치 기능의 이상 유무
② 하역장치 및 유압장치 기능의 이상 유무
③ 유압장치의 과열 이상 유무
④ 전조등, 후미등, 방향지시등 및 경보 장치의 이상 유무

26 로더의 버킷 용도별 분류 중 나무뿌리 뽑기, 제초, 제석 등 지반이 매우 굳은 땅의 굴착 등에 적합한 버킷은?

① 스켈리턴 버킷
② 사이드 덤프 버킷
③ 래크 블레이드 버킷
④ 암석용 버킷

27 건설기계의 형식에 관한 승인을 얻거나 그 형식을 신고한 자의 사후관리 사항으로 적절한 것은?

① 건설기계를 판매한 날부터 12개월 동안 무상으로 건설기계의 정비 및 정비에 필요한 부품을 공급하여야 한다.
② 사후관리 기간 내 일지라도 지급설명서에 따라 관리하지 아니함으로 인하여 발생한 고장 또는 하자는 유상으로 정비하거나 부품을 공급 할 수 있다.
③ 사후관리 기간 내 일지라도 정기적으로 교체하여야 하는 부품 또는 소모성 부품에 대하여는 유상으로 공급할 수 있다.
④ 주행거리가 2만 킬로미터를 초과하거나 가동시간이 2천 시간을 초과하

여도 2개월 이내이면 무상으로 사후 관리하여야 한다.

28 다음 건설기계 중 수상 작업용 건설기계에 속하는 것은?

① 준설선
② 스크레이퍼
③ 골재살포기
④ 쇄석기

29 야간에 차가 서로 마주보고 진행하는 경우의 등화조작 중 맞는 것은?

① 전조등, 보조등, 실내조명등을 조작한다.
② 전조등을 켜고 보조등을 끈다.
③ 전조등 변환빔을 하향으로 한다.
④ 전조등을 상향으로 한다.

30 과실로 사망 1명의 인명피해를 입힌 건설기계를 조종한 자의 처분기준은?

① 면허효력 정지 45일
② 면허효력 정지 30일
③ 면허효력 정지 15일
④ 면허효력 정지 5일

31 다음 그림의 교통안전 표시는?

① 좌·우 회전 금지표지이다.
② 양측방 일방 통행표지이다.
③ 좌·우회전 표지이다.
④ 양측방 통행금지 표지이다.

32 도로의 중앙을 통행할 수 있는 행렬은?

① 학생의 대열
② 말, 소를 몰고 가는 사람
③ 사회적으로 중요한 행사에 따른 시가행진
④ 군부대의 행렬

33 다음 중 무면허 운전에 해당되는 것은?

① 제2종 보통면허로 원동기장치 자전거 운전
② 제1종 보통면허로 12ton 화물 자동차를 운전
③ 제1종 대형면허로 긴급 자동차 운전
④ 면허증을 휴대하지 않고 자동차를 운전

34 도로교통법상 술에 취한 상태의 기준으로 옳은 것은?

① 혈중 알콜 농도 0.02% 이상일 때
② 혈중 알콜 농도 0.1% 이상일 때
③ 혈중 알콜 농도 0.03% 이상일 때
④ 혈중 알콜 농도 0.2% 이상일 때

35 건설기계 검사소에서 검사를 받아야 하는 건설기계는?

① 콘크리트 살포기
② 트럭적재식 콘크리트 펌프
③ 지게차
④ 스크레이퍼

36 등록된 건설기계의 소유자는 등록번호의 반납사유가 발생하였을 경우에는 며칠 이내에 반납하여야 하는가?

① 20일
② 10일
③ 15일
④ 30일

37 유압건설기계의 고압호스가 자주 파열되는 원인으로 가장 적합한 것은?

① 유압펌프의 고속 회전
② 오일의 점도저하
③ 릴리프 밸브의 설정 압력 불량
④ 유압모터의 고속 회전

38 내경이 10cm인 유압실린더에 20kgf/cm^{2}의 압력이 작용할 때 유압실린더가 최대로 들어 올릴 수 있는 무게는 얼마인가? (단. 손실은 무시한다.)

① 1000kgf
② 1570kgf
③ 2000kgf
④ 2750kgf

39 기어 펌프의 장·단점이 아닌 것은?

① 소형이며 구조가 간단하다.
② 피스톤 펌프에 비해 흡입력이 나쁘다.
③ 피스톤 펌프에 비해 수명이 짧고 진동 소음이 크다.
④ 초고압에는 사용이 곤란하다.

40 유압이 진공에 가까워짐으로서 기포가 생기며 이로 인해 국부적인 고압이나 소음이 발생하는 현상을 무엇이라 하는가?

① 담그밀 현상
② 시효경화 현상
③ 캐비네이션 현상
④ 오리피스 현상

41 다음 중 압력의 단위가 아닌 것은?

① bar   ② atm

③ pa   ④ J

42 유압장치에서 오일의 역류를 방지하기 위한밸브는?

① 변환밸브
② 압력조절밸브
③ 체크밸브
④ 흡기밸브

43 유압모터의 장점이 아닌 것은?

① 작동이 신속, 정확하다.
② 관성력이 크며 소음이 크다.
③ 전동모터에 비하여 급속 정지가 쉽다.
④ 광범위한 무단변속을 얻을 수 있다.

44 유압장치 중에서 회전운동을 하는 것은?

① 급속 배기밸브
② 유압모터
③ 하이드로릭 실린더
④ 복동실린더

45 체크밸브가 내장되는 밸브로써 유압회로의 한방향의 흐름에 대해서는 설정된 배압을 생기게 하고 다른 방향의 흐름은 자유롭게 흐르도록 한 밸브는?

① 셔틀 밸브
② 언로더 밸브
③ 슬로 리턴 밸브
④ 카운터 밸런스 밸브

46 건설기계 운전 시 갑자기 유압이 발생되지 않을 때 점검내용으로 가장 거리가 먼 것은?

① 오일 개스킷 파손 여부 점검
② 유압실린더의 피스톤 마모 점검
③ 오일파이프 및 호스가 파열되었는지 점검
④ 오일량 점검

47 전기 화재 시 가장 좋은 소화기는?

① 포말 소화기
② 이산화탄소 소화기
③ 중조산식 소화기
④ 알칼리 소화기

48 화상을 입었을 때 응급조치로 가장 적합한 것은?

① 옥도정기를 바른다.
② 메탈 알콜에 담근다.
③ 아연화 연고를 바르고 붕대를 감는다.
④ 찬물에 담갔다가 아연화 연고를 바른다.

49 유압장치 작동 시 안전 및 유의사항으로 틀린 것은?

① 규정의 오일을 사용한다.
② 냉간시에는 난기 운전 후 작업한다.
③ 작동 중 이상음이 생기면 작업을 중단한다.
④ 오일이 부족하면 종류가 다른 오일이라도 보충한다.

50 중량물 운반작업 시 착용하여야 할 운전화는?

① 중작업용　　② 보통작업용
③ 경작업용　　④ 절연용

51 운반작업을 하는 작업장의 통로에서 통과 우선순위로 가장 적당한 것은?

① 짐차 → 빈차 → 사람
② 빈차 → 짐차 → 사람
③ 사람 → 짐차 → 빈차
④ 사람 → 빈차 → 짐차

52 재해조사의 직접적인 목적에 해당되지 않는 것은?

① 동종재해의 재발방지
② 유사재해의 재발방지
③ 재해관련 책임자 문책
④ 재해원인의 규명 및 예방자료 수집

53 일반공구의 안전한 사용법으로 적합하지 않은 것은?

① 언제나 깨끗한 상태로 보관한다.
② 엔진의 헤드 볼트 작업에는 소켓렌치를 사용한다.
③ 렌치의 조정조에 잡아당기는 힘이 가해져야 한다.
④ 파이프렌치에는 연장대를 끼워서 사용하지 않는다.

54 해머작업에 대한 내용으로 잘못된 것은?

① 타격범위에 장애물이 없도록 한다.
② 작업자가 서로 마주보고 두드린다.
③ 녹슨 재료 사용 시 보안경을 착용한다.

④ 작게 시작하여 차차 큰 행정으로 작업하는 것이 좋다.

55 안전관리상 인력 운반으로 중량물을 운반하거나 들어 올릴 때 발생할 수 있는 재해와 가장 거리가 먼 것은?

① 낙하　　　　② 협착(압상)
③ 단전(정전)　　④ 충돌

56 중장비 기계 작업 후 점검사항으로 거리가 먼 것은?

① 파이프나 실린더의 누유를 점검한다.
② 작동시 필요한 소모품의 상태를 점검한다.
③ 겨울철엔 가급적 연료 탱크를 가득 채운다.
④ 다음날 계속 작업하므로 차의 내외부는 그대로 둔다.

57 무한궤도식 로더에서 덤핑 클리어런스가 커지면?

① 롤링 속도가 빨라진다.
② 주행속도가 빨라진다.
③ 상승 속도가 빨라진다.
④ 버킷을 들어 올리는 높이가 높아진다.

58 휠 로더의 휠 허브에 있는 유성기어 장치에서 유성기어가 핀과 용착되었을 때 일어나는 현상은?

① 바퀴의 회전속도가 증가한다.
② 바퀴의 회전속도가 늦어진다.
③ 바퀴가 회전하지 않는다.
④ 바퀴가 역전 증속하게 된다.

59 로더에서 허리꺾기 조향 방식의 설명으로 가장 거리가 먼 것은?

① 최근 많이 사용 된다.

② 좁은 장소에서의 작업에 유리하다.

③ 유압실린더를 사용하여 굴절하는 형식이다.

④ 후륜 조향 방식에 비해 선회 반경이 크다.

60 타이어식 로더가 무한궤도식 로더에 비해 좋은 점은?

① 견인력

② 습지에서의 작업성

③ 기동성

④ 좁은 공간에서의 선회성

1 기관의 총 배기량에 대한 내용으로 옳은 것은?

① 1번 연소실 체적과 실린더 체적의 합이다.

② 각 실린더 행정체적의 합이다.

③ 행정체적과 실린더 체적의 합이다.

④ 실린더 행정체적과 연소실 체적의 곱이다.

2 디젤기관의 출력저하 원인으로 틀린 것은?

① 분사시기 늦음

② 배기계통 막힘

③ 흡기계통 막힘

④ 압력계 작동 이상

3 겨울철에 사용하는 엔진오일의 점도는 어떤 것이 좋은가?

① 계절에 관계없이 점도는 동일해야 한다.

② 겨울철 오일 점도가 높아야 한다.

③ 겨울철 오일 점도가 낮아야 한다.

④ 오일은 점도와는 아무런 관계가 없다.

4 디젤기관이 흡입행정에서 흡입하는 것은?

① 경유

② 등유

③ 가솔린

④ 공기

5 기관 온도계가 표시하는 온도는 무엇인가?

① 연소실 내의 온도

② 작동유 온도

③ 기관 오일 온도

④ 냉각수 온도

6 오일펌프의 압력 조절밸브(릴리프 밸브)에서 조정 스프링 장력을 크게 하면?

① 유압이 낮아진다.

② 유압이 높아진다.

③ 유량이 많아진다.

④ 채터링 현상이 생긴다.

7 윤활장치에서 오일 필터의 역할은?

① 오일의 순환 작용

② 오일의 여과 작용

③ 오일의 압송 작용

④ 오일의 점도 조정

8 기관 시동 전에 점검 할 사항으로 틀린 것은?

① 엔진 오일량

② 엔진 주변 오일 누유 확인

③ 엔진 오일의 압력

④ 냉각수량

9 실린더 헤드의 볼트를 풀었음에도 실린더 헤드가 분리되지 않을 때 탈거방법으로 틀린 것은?

① 압축입력을 이용하는 방법
② 자중을 이용하는 방법
③ 플라스틱 해머를 이용하여 충격을 가하는 방법
④ 드라이버와 해머를 사용하여 블록과 헤드 틈새에 충격을 가하는 방법

10 디젤기관 연료여과기의 기능으로 옳은 것은?

① 연료분사량을 증가시켜 준다.
② 연료파이프 내의 압력을 높여준다.
③ 엔진오일의 먼지나 이물질을 걸러낸다.
④ 연료 속의 이물질이나 수분을 제거 분리한다.

11 디젤엔진의 과냉 시 발생할 수 있는 사항으로 틀린 것은?

① 압축압력이 저하된다.
② 블로바이 현상이 발생된다.
③ 연료 소비량이 증대된다.
④ 연젠의 회전저항이 감소한다.

12 디젤엔진에서 고압의 연료를 연소실에 분사하는 것은?

① 프라이밍 펌프
② 인젝션 펌프
③ 분사노즐
④ 조속기

13 납산 축전지를 오랫동안 방전상태로 방치하면 사용하지 못하게 되는 원인은?

① 극판이 영구 황산납이 되기 때문이다.
② 극판에 산화납이 형성되기 때문이다.
③ 극판에 수소가 형성되기 때문이다.
④ 극판에 녹이 슬기 때문이다.

14 축전지 전해액이 자연 감소되었을 때 보충에 가장 적합한 것은?

① 증류수　　　　② 황산
③ 경수　　　　　④ 수돗물

15 교류 발전기의 설명으로 틀린 것은?

① 타여자 방식의 발전기다.
② 고정된 스테이터에서 전류가 생성된다.
③ 정류자와 브러시가 정류작용을 한다.
④ 발전기 조정기는 전압 조정기만 필요하다.

16 방향 지시등에 대한 설명으로 틀린 것은?

① 램프를 점멸시키거나 광도를 증감시킨다.
② 전자 열선식 플래셔 유닛은 전압에 의한 열선의 차단작용을 이용한 것이다.
③ 점멸을 플래셔 유닛을 사용하여 램프에 흐르는 전류를 일정한 주기로 단속 점멸한다.
④ 중아에 있는 전자석과 이 전자석에 의해 끌어 당겨지는 2조의 가동접점으로 구성되어 있다.

17 전압, 전류, 저항에 대한 설명으로 옳은 것은?

① 직렬회로에서 전류와 저항은 비례관계이다.

② 직렬회러에서 분압된 전압의 합은 전원전압과 같다.

③ 직렬회로에서 전압과 전류는 반비례 관계이다.

④ 직렬회로에서 전압과 저항은 반비례 관계이다.

18 기동 전동기의 브러시는 본래 길이의 얼마정도 마모되면 교환하는가?

① $\frac{1}{10}$ 이상

② $\frac{1}{3}$ 이상

③ $\frac{1}{5}$ 이상

④ $\frac{1}{4}$ 이상

19 로더의 작업 중 가장 효과적인 작업은?

① 토사 적재작업

② 굴토 작업

③ 제설 작업

④ 파이프 매설 작업

20 동력전달장치에서 클러치의 고장과 관계없는 것은?

① 클러치 압력판 스프링 손상

② 클러치 면의 마멸

③ 플라이휠 링기어의 마멸

④ 릴리스 레버의 조정불량

21 유압식 모터 그레이더에서 유압모터가 설치되는 곳은?

① 리닝장치

② 서클 횡송장치

③ 블레이드 승강장치

④ 블레이드 회전장치

22 사용압력에 따른 타이어의 분류에 속하지 않는 것은?

① 고압 타이어

② 초고압 타이어

③ 저압 타이어

④ 초저압 타이어

23 십자축 자재이음을 추진축 앞뒤에 둔 이유를 가장 적합하게 설명한 것은?

① 추진축의 진동을 방지하기 위하여

② 회전 각속도의 변화를 상쇄하기 위하여

③ 추친축의 굽음을 방지하기 위하여

④ 길이의 변화를 다소 가능케 하기 위하여

24 로더의 동력전달순서로 맞는 것은?

① 엔진 → 토크컨버터 → 유압변속기 → 종감속장치→구동륜

② 엔진 → 유압변속기 → 종감속장치 → 토크컨버터 → 구동륜

③ 엔진 → 유압변속기 → 토크컨버터 → 종감속장치 → 구동륜

④ 엔진 → 토크컨버터 → 종감속장치 → 유압변속기 → 구동륜

7

CBT경정 출제예상문제

25 무한궤도식 로더에서 덤핑 클리어런스가 커지면?

① 롤링 속도가 빨라진다.
② 주행속도가 빨라진다.
③ 상승 속도가 빨라진다.
④ 버킷을 들어 올리는 높이가 높아진다.

26 타이어에 11.00 − 20 − 12PR이란 표시 중 11.00이 나타내는 것은?

① 타이어 외경을 인치로 표시한 것
② 타이어 폭을 센티미터로 표시한 것
③ 타이어 내경을 인치로 표시한 것
④ 타이어 폭을 인치로 표시한 것

27 건설기계로 등록한 지 10년 된 덤프트럭의 검사유효기간은?

① 6월   ② 1년
③ 2년   ④ 3년

28 소형건설기계 교육기관에서 실시하는 5ton 미만 로더, 불도저 및 천공기에 대한 교육 이수시간은 몇 시간인가?

① 이론 6시간, 실습 6시간
② 이론 6시간, 실습 12시간
③ 이론 8시간, 실습 8시간
④ 이론 8시간, 실습 12시간

29 차로가 설치되지 아니한 좁은 도로에서 보행자의 옆을 지나는 경우 가장 올바른 방법은?

① 보행자 옆을 속도 감속없이 빨리 주행한다.
② 경음기를 울리면서 주행한다.

③ 안전거리를 두고 서행한다.
④ 보행자가 멈춰 있을 때는 서행하지 않아도 된다.

30 편도 4차로의 경우 교차로 30미터 전방에서 우회전을 하려면 몇 차로로 진입 통행해야 하는가?

① 2차로와 3차로로 통행한다.
② 1차로와 2차로로 통행한다.
③ 1차로로 통행한다.
④ 4차로로 통행한다.

31 건설기계관리법에서 정의한 건설기계 형식을 가장 잘 나타낸 것은?

① 엔진구조 및 성능을 말한다.
② 형식 및 규격을 말한다.
③ 성능 및 용량을 말한다.
④ 구조 · 규격 및 성능 등에 관하여 일정하게 정한 것을 말한다.

32 밤에 도로에서 차를 운행하거나 일시 정차할 때에 켜야 하는 등화는?

① 전조등, 안개등과 번호등
② 전조등, 차폭등과 미등
③ 전조등, 실내등과 미등
④ 전조등, 제동등과 번호등

33 건설기계 정기검사를 연기하는 경우 그 연장기간은 몇 월 이내로 하여야 하는가?

① 1월   ② 2월
③ 3월   ④ 6월

┃정답┃ 25. ④ 26. ④ 27. ② 28. ② 29. ③ 30. ④ 31. ④ 32. ② 33. ④

34 건설기계 형식승인 신청 시 첨부서류가 아닌 것은?

① 건설기계 외관도

② 건설기계 제원표

③ 도로 이동시의 분해·운송방법

④ 건설기계정비시설의 보유를 증명하는 서류

35 좌회전을 하기 위하여 교차로 내에 진입되어 있을 때 황색 등화로 바뀌면 어떻게 하여야 하는가?

① 정지하여 정지선으로 후진한다.

② 그 자리에 정지하여야 한다.

③ 신속히 좌회전하여 교차로 밖으로 진행한다.

④ 좌회전을 중단하고 횡단보도 앞 정지선까지 후진하여야 한다.

36 건설기계 조종사 면허를 받지 아니하고 건설기계를 조종한 자에 대한 벌금은?

① 300만원 이하의 벌금

② 400만원 이하의 벌금

③ 500만원 이하의 벌금

④ 1,000만원 이하의 벌금

37 유압장치에서 속도제어회로에 속하지 않는 것은?

① 미터-인 회로

② 미터-아웃 회로

③ 블리드 오프 회로

④ 블리드 온 회로

38 그림의 유압기호는 무엇을 표시하는가?

① 오일 쿨러

② 유압 탱크

③ 유압펌프

④ 유압밸브

39 유압 작동유의 점도가 지나치게 높을 때 나타날 수 있는 현상으로 가장 적합한 것은?

① 내부마찰이 증가하고 압력이 상승한다.

② 누유가 많아진다.

③ 파이프 내의 마찰손실이 작아진다.

④ 펌프의 체적효율이 감소한다.

40 유압장치의 장점에 속하지 않는 것은?

① 소형으로 큰 힘을 낼 수 있다.

② 정확한 위치제어가 가능하다.

③ 배관이 간단하다.

④ 원격제어가 가능하다.

41 유압장치에서 압력제어밸브가 아닌 것은?

① 릴리프 밸브

② 감압 밸브

③ 시퀀스 밸브

④ 서보 밸브

42 다음 중 유압실린더에서 발생되는 피스톤 자연하강현상(cylinder drift)의 발생원인으로 모두 맞는 것은?

> ㉠ 작동압력이 높을 때
> ㉡ 실린더 내부 마모
> ㉢ 컨트롤 밸브의 스풀 마모
> ㉣ 릴리프 밸브의 불량

① ㉠, ㉡, ㉢　　　② ㉠, ㉡, ㉣
③ ㉡, ㉢, ㉣　　　④ ㉠, ㉢, ㉣

43 유압회로에서 작동유의 정상작동 온도에 해당되는 것은?

① 5~10℃　　　② 40~80℃
③ 112~115℃　　　④ 125~140℃

44 유압원에서의 주회로부터 유압실린더 등의 2개 이상의 분기회로를 가질 때, 각 유압실린더를 일정한 순서로 순차 작동시키는 밸브는?

① 시퀀스 밸브　　② 감압 밸브
③ 릴리프 밸브　　④ 체크 밸브

45 유압모터의 장점이 아닌 것은?

① 효율이 기계식에 비해 높다.
② 무단계로 회전속도를 조절할 수 있다.
③ 회전체의 관성이 작아 응답성이 빠르다.
④ 동일출력 전동기에 비해 소형이 가능하다.

46 유압장치의 구성요소 중 유압 액추에이터에 속하는 것은?

① 유펌 펌프
② 엔진 또는 전기모터
③ 오일 탱크
④ 유압실린더

47 정비작업에서 공구의 사용범에 대한 내용으로 틀린 것은?

① 스패너의 자루가 짧다고 느낄 때는 반드시 둥근 파이프로 연결할 것
② 스패너를 사용할 때는 앞으로 당길 것
③ 스패너는 조금씩 돌리며 사용할 것
④ 파이프 렌치는 반드시 둥근 물체에만 사용할 것

48 산업안전 보건표지에서 그림이 나타내는 것은?

① 비상구 없음 표지
② 방사선 위험 표지
③ 탑승금지 표지
④ 보행금지 표지

49 안전사고와 부상의 종류에서 재해 분류상 중상해는?

① 부상으로 1주 이상의 노동 손실을 가져온 상해 정도
② 부상으로 2주 이상의 노동 손실을 가져온 상해 정도
③ 부상으로 3주 이상의 노동 손실을 가져온 상해 정도
④ 부상으로 4주 이상의 노동 손실을 가져온 상해 정도

50 방호장치 및 방호조치에 대한 설명으로 틀린 것은?

① 충전전로 인근에서 차량, 기계장치 등의 작업이 있는 경우 충전부로부터 3m 이상 이격시킨다.

② 지반 붕괴의 위험이 있는 경우 흙막이 지보공 및 방호망을 설치해야 한다.

③ 발파작업 시 피난장소는 좌우측을 견고하게 방호한다.

④ 직접접촉이 가능한 벨트에는 덮개를 설치해야 한다.

51 전기기설과 관련된 화재로 분류되는 것은?

① A급 화재

② B급 화재

③ C급 화재

④ D급 화재

52 기계·기구 또는 설비에 설치한 방호장치를 해체하거나 사용을 정지할 수 있는 경우로 틀린 것은?

① 방호장치의 수리 시

② 방호장치의 정기점검 시

③ 방호장치의 교체 시

④ 방호장치의 조정 시

53 안전·보건표지의 종류와 형태에서 그림과 같은 표지는?

인화성물질 경고

① 인화성 물질 경고

② 폭발물 경고

③ 고온 경고

④ 낙하물 경고

54 산업안전에서 근로자가 안전하게 작업을 할 수 있는 세부 작업 행동지침을 무엇이라고 하는가?

① 안전수칙

② 안전표지

③ 작업지시

④ 작업수칙

55 사고로 인하여 위급한 환자가 발생하였다. 의사의 치료를 받기 전까지 응급처치를 실시할 때 응급처치 실시자의 준수사항으로 가장 거리가 먼 것은?

① 사고현장 조사를 실시한다.

② 원칙적으로 의약품의 사용은 피한다.

③ 의식확인이 불가능하여도 생사를 임의로 판정하지 않는다.

④ 정확한 방법으로 응급처리를 한 후 반드시 의사의 치료를 받도록 한다.

56 연삭작업 시 주의사항으로 틀린 것은?

① 숫돌 측면을 사용하지 않는다.

② 작업은 반드시 보안경을 쓰고 작업한다.

③ 연삭작업은 숫돌차의 정면에 서서 작업한다.

④ 연삭숫돌에 일감을 세게 눌러 작업하지 않는다.

57 전류에 대한 설명으로 틀린 것은?

① 전류는 전압크기에 비례한다.

② 전류는 저항크기에 반비례한다.

③ $E = IR$(E : 전압, I : 전류, R : 저항)이다.

④ 전류는 전력크기에 반비례한다.

58 중장비 기계 작업 후 점검사항으로 거리가 먼 것은?

① 파이프나 실린더의 누유를 점검한다.

② 작동시 필요한 소모품의 상태를 점검한다.

③ 겨울철엔 가급적 연료 탱크를 가득 채운다.

④ 다음날 계속 작업하므로 차의 내외부는 그대로 둔다.

59 로더에서 허리꺾기 조향 방식의 설명으로 가장 거리가 먼 것은?

① 최근 많이 사용 된다.

② 좁은 장소에서의 작업에 유리하다.

③ 유압실린더를 사용하여 굴절하는 형식이다.

④ 후륜 조향 방식에 비해 선회 반경이 크다.

60 건설기계 운전 시 갑자기 유압이 발생되지 않을 때 점검내용으로 가장 거리가 먼 것은?

① 오일 개스킷 파손 여부 점검

② 유압실린더의 피스톤 마모 점검

③ 오일파이프 및 호스가 파열되었는지 점검

④ 오일량 점검

1 디젤기관을 분해 정비하여 조립한 후 시동하였을 때 가장 먼저 주의하여 점검 할 사항은?

① 발전기가 정상적으로 가동하는지 확인해야 한다.

② 윤활계통이 정상적으로 순환하는지 확인해야 한다.

③ 냉각계통이 정상적으로 순환하는지 확인해야 한다.

④ 동력전달계통이 정상적으로 작동하는지 확인해야 한다.

2 1kW는 몇 PS인가?

① 0.75   ② 1.36

③ 75   ④ 735

3 기관에서 캠축을 구동시키는 체인 장력을 자동 조정하는 장치는?

① 댐퍼   ② 텐셔너

③ 서포트   ④ 부시

4 디젤기관이 가솔린기관보다 압축비가 높은 이유는?

① 연료의 무화를 정확하게 하기 위하여

② 기관 과열과 진동을 적게 하기 위하여

③ 공기의 압축열로 착화시키기 위하여

④ 연료의 분사를 높게 하기 위하여

5 냉각장치에서 가압식 라디에이터의 장점이 아닌 것은?

① 냉각수의 순환 속도가 빠르다.

② 라디에이터를 작게 할 수 있다.

③ 냉각수의 비등점을 높일 수 있다.

④ 비등점이 내려가고 냉각수 용량이 커진다.

6 2행정 사이클 기관에만 해당되는 과정(행정)은?

① 흡입   ② 압축

③ 동력   ④ 소기

7 연료탱크의 연료를 분사펌프 저압부까지 공급하는 것은?

① 연료공급 펌프

② 연료분사 펌프

③ 인젝션 펌프

④ 로터리 펌프

8 기관의 실린더 블록과 헤드 사이에 끼워서 기밀을 유지시키는 것은?

① 오일 링

② 헤드 개스킷

③ 피스톤 링

④ 물 재킷

9 윤활장치에서 바이패스 밸브의 작동 주기로 옳은 것은?

① 오일이 오염되었을 때 작동
② 오일 필터가 막혔을 때 작동
③ 오일이 과냉 되었을 때 작동
④ 엔진 기동 시 항상 작동

10 엔진오일이 공급되는 곳이 아닌 것은?

① 피스톤
② 크랭크 축
③ 습식 공기청정기
④ 차동기어장치

11 윤활유의 구비조건으로 틀린 것은?

① 청정성이 양호할 것
② 적당한 점도를 가질 것
③ 인화점 및 발화점이 높을 것
④ 응고점이 높고 유막이 적당할 것

12 엔진 내부의 연소를 통해 일어나는 열에너지가 기계적 에너지로 바뀌면서 뜨거워진 엔진을 물로 냉각하는 방식으로 옳은 것은?

① 수냉식
② 공랭식
③ 유냉식
④ 가스 순환식

13 축전지의 자기방전량 설명으로 적합하지 않은 것은?

① 전해액의 온도가 높을수록 자기방전량은 작아진다.

② 전해액의 비중이 높을수록 자기방전량은 크다.
③ 날짜가 경과할수록 자기방전량은 많아진다.
④ 충전 후 시간의 경과에 따라 자기방전량의 비율은 점차 낮아진다.

14 12V용 납산 축전지의 방전 종지전압은?

① 12V
② 10.5V
③ 7.5V
④ 1.75V

15 납산 축전지의 양극 단자를 구분하는 설명으로 옳은 것은?

① 음극보다 작다.
② 표시하는 색상의 회색이다.
③ Neg라 표시되어 있다.
④ 음극보다 약간 굵다.

16 AC 발전기의 출력은 무엇을 변화시켜 조정하는가?

① 축전지 전압
② 발전기의 회전속도
③ 로터 전류
④ 스테이터 전류

17 충전장치에서 축전지 전압이 낮을 때의 원인으로 틀린 것은?

① 조정 전압이 낮을 때
② 다이오드가 단락되었을 때
③ 축전지 케이블 접속이 불량할 때
④ 충전회로에 부하가 적을 때

18 타이어식 로더가 무한궤도식 로더에 비해 좋은 점은?

① 견인력
② 기동성
③ 습지에서의 작업성
④ 좁은 공간에서의 선회성

19 무한궤도식 로더에서 덤핑 클리어런스가 커지면?

① 롤링 속도가 빨라진다.
② 주행속도가 빨라진다.
③ 상승 속도가 빨라진다.
④ 버킷을 들어 올리는 높이가 높아진다.

20 동력조향장치에서 안전 첵밸브의 역할로 맞는 것은?

① 고장 시 수동으로 조작이 가능하게 한다.
② 최고 유압을 조정한다.
③ 조향 핸들 조작력을 가볍게 한다.
④ 유압 조절 밸브이다.

21 타이어의 구조 중 내부에는 고탄소강의 강선을 묶음으로 넣고 고무로 피복한 림 상태의 보강 부위로 타이어를 림에 견고하게 고정시키는 역할을 하는 부분은?

① 카커스(carcass) 부
② 비드(bead) 부
③ 숄더(shoulder) 부
④ 트레드(tread) 부

22 트랜스미션 내부에서 소음이 발생했을 때 운전자가 가장 먼저 조치해야 할 사항은?

① 기어 교체
② 이의 치합 상태 점검
③ 기어 잇면의 마모 점검
④ 기어오일의 양 점검

23 무한궤도식 로더에서 덤핑 클리어런스가 커지면?

① 롤링 속도가 빨라진다.
② 주행속도가 빨라진다.
③ 상승 속도가 빨라진다.
④ 버킷을 들어 올리는 높이가 높아진다.

24 밤에 도로에서 차를 운행하거나 일시 정차할 때에 켜야 하는 등화는?

① 전조등, 안개등과 번호등
② 전조등, 차폭등과 미등
③ 전조등, 실내등과 미등
④ 전조등, 제동등과 번호등

25 로더의 적재방식에 의한 분류 중 전후 양쪽으로 덤프 하는 방식은?

① 프런트 엔드형 　② 사이드 덤프형
③ 스윙형 　　　　④ 오버 헤드형

26 건설기계의 일상점검 정비사항이 아닌 것은?

① 볼트, 너트 등의 이완 및 탈락 상태
② 유압장치, 엔진, 롤러 등의 누유 상태
③ 브레이크 라이닝 교환주기 상태
④ 각 계기류, 스위치, 등화장치 작동 상태

27 최고 속도의 100분의 20을 줄인 속도로 운행하여야 할 경우는?

① 노면이 얼어붙은 경우
② 폭우 · 폭설 · 안개 등으로 가시거리가 100미터 이내인 경우
③ 눈이 20밀리미터 이상 쌓인 경우
④ 비가 내려 노면이 젖어있는 경우

28 건설기계 검사의 종류가 아닌 것은?

① 신규 등록검사　② 감항검사
③ 정기검사　　　④ 수시검사

29 다음 중 도로교통법상 가장 우선하는 신호는?

① 경찰공무원의 신호
② 신호기의 신호
③ 운전자의 수신호
④ 안전표지의 지시

30 콘크리트펌프의 건설기계 범위에서 콘크리트 배송능력은 매 시간당 몇 세제곱미터 이상인가?

① 5　　　　　　② 10
③ 15　　　　　④ 20

31 건설기계 소유자는 건설기계의 도난, 사고발생 등 부득이한 사유로 검사 신청기간 내에 검사를 신청할 수 없는 경우에 연기신청은 언제까지 하여야 하는가?

① 검사유효기간 만료일까지
② 검사유효기간 만료일 10일 전까지
③ 검사신청기간 만료일까지
④ 검사신청기간 만료일 10일 전까지

32 과실로 사망 1명의 인명피해를 입힌 건설기계를 조종한 자의 처분기준은?

① 면허효력정지 45일
② 면허효력정지 30일
③ 면허효력정지 15일
④ 면허효력정지 5일

33 특별표지 부착대상 건설기계 중 건설기계의 식별이 쉽도록 하는 특별도색을 하지 않아도 되는 건설기계는 최고주행 속도가 시간당 몇 km미만의 건설기계인가?

① 50
② 40
③ 35
④ 80

34 도로주행 건설기계의 주 · 정차 방법에 대한 설명으로 틀린 것은?

① 도로에 정차하고자 할 때는 차도 우측 가장자리에 정차하여야 한다.
② 차도와 보도의 구분이 없는 도로에서 정차할 때는 도로 우측 가장자리에 최대한 붙여서 정차해야 한다.
③ 주 · 정차시는 다른 교통에 방해가 되지 않도록 해야 한다.
④ 도로에서 정차 및 주차를 하고자 하는 때에는 지방경찰청이 정하는 주차의 장소 · 시간 및 방법에 따라야 한다.

35 건설기계의 조종에 관한 교육과정을 이수한 경우 조종사 면허를 받은 것으로 보는 소형 건설기계가 아닌 것은?

① 5ton 미만의 불도저
② 5ton 이상의 기중기
③ 3ton 미만의 지게차
④ 3ton 미만의 굴착기

36 차마의 통행방법으로 도로의 중앙이나 좌측부분을 통행할 수 있는 경우로 가장 적합한 것은?

① 교통신호가 자주 바뀌어 통행에 불편을 느낄 경우
② 과속 방지턱이 있어 통행이 불편할 경우
③ 차량의 혼잡으로 교통소통이 원활하지 않은 경우
④ 도로가 일방통행인 경우

37 유압기호 표시 중 단동실린더는?

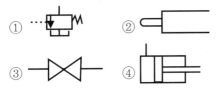

38 유압모터의 종류에 해당하지 않는 것은?

① 기어 모터   ② 베인 모터
③ 플런저 모터   ④ 직권형 모터

39 유압회로에서 어떤 부분회로의 압력을 주회로의 압력보다 저압으로 해서 사용하고자 할 때 사용하는 밸브는?

① 릴리프 밸브
② 리듀싱 밸브
③ 체크 밸브
④ 카운터 밸런스 밸브

40 유압 작동유의 구비조건이 아닌 것은?

① 휘발성이 좋을 것
② 윤활성이 좋을 것
③ 비압축성일 것
④ 유동성이 좋을 것

41 가스형 축압기(어큐뮬레이터)에 가장 널리 이용되는 가스는?

① 질소   ② 수소
③ 아르곤   ④ 산소

42 일반적인 유압시스템에서 유압유 제어기능이 아닌 것은?

① 온도제어
② 유량제어
③ 방향제어
④ 압력제어

43 일반적으로 건설기계의 유압펌프는 무엇에 의해 구동되는가?

① 엔진의 플라이휠에 의해 구동된다.
② 엔진의 캠축에 의해 구동된다.
③ 전동기에 의해 구동된다.
④ 에어 컴프레셔에 의해 구동된다.

44 유압오일에서 온도에 따른 점도 변화정도를 표시하는 것은?

① 점도 분포   ② 관성력
③ 점도지수   ④ 윤활성

45 유압회로에 사용되는 제어밸브의 역할과 종류의 연결사항으로 틀린 것은?

① 일의 크기 제어 : 압력제어 밸브
② 일의 속도 제어 : 유량조절 밸브
③ 일의 방향 제어 : 방향전환 밸브
④ 일의 시간 제어 : 속도제어 밸브

46 다음 중 유압 오일탱크의 기능으로 모두 맞는 것은?

| ㉠ 유압회로에 필요한 유량 확보 |
| ㉡ 격판에 의한 기포 분리 및 제거 |
| ㉢ 유압회로에 필요한 압력 설정 |
| ㉣ 스트레이너 설치로 회로 내 불순물 혼입 방지 |

① ㉠, ㉡, ㉢   ② ㉠, ㉡, ㉣
③ ㉡, ㉢, ㉣   ④ ㉠, ㉢, ㉣

47 안전·보건표지의 종류와 형태에서 그림의 안전 표지판이 나타내는 것은?

① 병원 표지   ② 비상구 표지
③ 녹십자 표지   ④ 안전지대 표지

48 다음 중 기계작업 시 적절한 안전거리를 가장 크게 유지해야 하는 것은?

① 프레스
② 선반
③ 절단기
④ 전동 띠톱 기계

49 공장에서 엔진 등 중량물을 이동하려고 한다. 가장 좋은 방법은?

① 여러사람이 들고 조용히 움직인다.
② 체인 블록이나 호이스트를 사용한다.
③ 로프로 묶어 인력으로 당긴다.
④ 지렛대를 이용하여 움직인다.

50 화재의 분류가 옳게 된 것은?

① A급 화재 : 일반가연물 화재
② B급 화재 : 금속 화재
③ C급 화재 : 유류 화재
④ D급 화재 : 전기 화재

51 볼트 머리나 너트의 크기가 명확하지 않을 때나 가볍게 조이고 풀 때 사용하며 크기는 전체 길이로 표시하는 렌치는?

① 소켓 렌치   ② 조정 렌치
③ 복스 렌치   ④ 파이프 렌치

52 해머 사용 시 주의사항이 아닌 것은?

① 쐐기를 박아서 자루가 단단한 것을 사용한다.
② 기름 묻은 손으로 자루를 잡지 않는다.
③ 타격면이 닳아 경사진 것은 사용하지 않는다.
④ 처음에는 크게 휘두르고 차차 작게 휘두른다.

53 구급처치 중에서 환자의 상태를 확인하는 사항과 가장 거리가 먼 것은?

① 의식   ② 상처
③ 출혈   ④ 격리

54 정비작업 시 안전에 가장 위배되는 것은?

① 깨끗하고 먼지가 없는 작업환경을 조성한다.

② 회전부분에 옷이나 손이 닿지 않도록 한다.

③ 연료를 채운 상태에서 연료통을 용접한다.

④ 가연성 물질을 취급 시 소화기를 준비한다.

55 중량물을 들어 올리거나 내릴 때 손이나 발이 중량물과 지면 등에 끼어 발생하는 재해는?

① 낙하
② 충돌
③ 전도
④ 협착

56 훅(Hook)의 점검과 관리 방법을 설명한 것 중 맞는 것은?

① 입구의 벌어짐이 5% 이상된 것은 교환하여야 한다.

② 훅의 안전계수는 3 이하이다.

③ 훅의 마모, 균열 및 변형 등을 점검하여야 한다.

④ 훅의 마모는 와이어 로프가 걸리는 곳에 5mm의 흠이 생기면 그라인딩한다.

57 겨울철에 사용하는 엔진오일의 점도는 어떤 것이 좋은가?

① 계절에 관계없이 점도는 동일해야 한다.

② 겨울철 오일 점도가 높아야 한다.

③ 겨울철 오일 점도가 낮아야 한다.

④ 오일은 점도와는 아무런 관계가 없다.

58 매몰된 배관의 침하여부는 침하관측공을 설치하고 관측한다. 침하관측공은 줄파기를 하는 때에 설치하고 침하측정은 매 몇일에 1회 이상을 원칙으로 하는가?

① 3일
② 7일
③ 10일
④ 15일

59 무한궤도식 로더에서 덤핑 클리어런스가 커지면?

① 롤링 속도가 빨라진다.

② 주행속도가 빨라진다.

③ 상승 속도가 빨라진다.

④ 버킷을 들어 올리는 높이가 높아진다.

60 휠 로더의 휠 허브에 있는 유성기어 장치에서 유성기어가 핀과 용착되었을 때 일어나는 현상은?

① 바퀴의 회전속도가 증가한다.

② 바퀴의 회전속도가 늘어진다.

③ 바퀴가 회전하지 않는다.

④ 바퀴가 역전 증속하게 된다.

7

CBT경정 출제예상문제

건설기계운전기능사 필기

정가 ┃ 22,000원

지은이 ┃ 조성만 · 조기현 · 노경성
펴낸이 ┃ 차 승 녀
펴낸곳 ┃ 도서출판 건기원

2022년 5월 16일 제1판 제1쇄 인쇄
2022년 5월 20일 제1판 제1쇄 발행

주소 ┃ 경기도 파주시 연다산길 244(연다산동 186-16)
전화 ┃ (02)2662-1874~5
팩스 ┃ (02)2665-8281
등록 ┃ 제11-162호, 1998. 11. 24
홈페이지 ┃ www.kkwbooks.com

ISBN 979-11-5767-674-3 13550